Wissen, Kommunikation und Gesellschaft

Schriften zur Wissenssoziologie

Herausgegeben von
H.-G. Soeffner, Essen, Deutschland
R. Hitzler, Dortmund, Deutschland
H. Knoblauch, Berlin, Deutschland
J. Reichertz, Essen, Deutschland

Wissenssoziologie hat sich schon immer mit der Beziehung zwischen Gesellschaft(en), dem in diesen verwendeten Wissen, seiner Verteilung und der Kommunikation (über) dieses Wissen(s) befasst. Damit ist auch die kommunikative Konstruktion von wissenschaftlichem Wissen Gegenstand wissenssoziologischer Reflexion. Das Projekt der Wissenssoziologie besteht in der Abklärung des Wissens durch exemplarische Re- und Dekonstruktionen gesellschaftlicher Wirklichkeitskonstruktionen. Die daraus resultierende Programmatik fungiert als Rahmen-Idee der Reihe. In dieser sollen die verschiedenen Strömungen wissenssoziologischer Reflexion zu Wort kommen: Konzeptionelle Überlegungen stehen neben exemplarischen Fallstudien und historische Rekonstruktionen neben zeitdiagnostischen Analysen.

Weitere Bände in der Reihe http://www.springer.com/series/12130

Eric Lettkemann · René Wilke
Hubert Knoblauch
(Hrsg.)

Knowledge in Action

Neue Formen der Kommunikation in der Wissensgesellschaft

Herausgeber
Eric Lettkemann
Institut für Soziologie
Technische Universität Berlin
Berlin, Deutschland

Hubert Knoblauch
Institut für Soziologie
Technische Universität Berlin
Berlin, Deutschland

René Wilke
Institut für Soziologie
Technische Universität Berlin
Berlin, Deutschland

Wissen, Kommunikation und Gesellschaft
ISBN 978-3-658-18336-3   ISBN 978-3-658-18337-0   (eBook)
DOI 10.1007/978-3-658-18337-0

Die Deutsche Nationalbibliothek verzeichnet diese Publikation in der Deutschen Nationalbibliografie; detaillierte bibliografische Daten sind im Internet über http://dnb.d-nb.de abrufbar.

Springer VS
© Springer Fachmedien Wiesbaden GmbH 2018
Das Werk einschließlich aller seiner Teile ist urheberrechtlich geschützt. Jede Verwertung, die nicht ausdrücklich vom Urheberrechtsgesetz zugelassen ist, bedarf der vorherigen Zustimmung des Verlags. Das gilt insbesondere für Vervielfältigungen, Bearbeitungen, Übersetzungen, Mikroverfilmungen und die Einspeicherung und Verarbeitung in elektronischen Systemen.
Die Wiedergabe von Gebrauchsnamen, Handelsnamen, Warenbezeichnungen usw. in diesem Werk berechtigt auch ohne besondere Kennzeichnung nicht zu der Annahme, dass solche Namen im Sinne der Warenzeichen- und Markenschutz-Gesetzgebung als frei zu betrachten wären und daher von jedermann benutzt werden dürften.
Der Verlag, die Autoren und die Herausgeber gehen davon aus, dass die Angaben und Informationen in diesem Werk zum Zeitpunkt der Veröffentlichung vollständig und korrekt sind. Weder der Verlag noch die Autoren oder die Herausgeber übernehmen, ausdrücklich oder implizit, Gewähr für den Inhalt des Werkes, etwaige Fehler oder Äußerungen. Der Verlag bleibt im Hinblick auf geografische Zuordnungen und Gebietsbezeichnungen in veröffentlichten Karten und Institutionsadressen neutral.

Gedruckt auf säurefreiem und chlorfrei gebleichtem Papier

Springer VS ist Teil von Springer Nature
Die eingetragene Gesellschaft ist Springer Fachmedien Wiesbaden GmbH
Die Anschrift der Gesellschaft ist: Abraham-Lincoln-Str. 46, 65189 Wiesbaden, Germany

Inhaltsverzeichnis

Teil I Neue Formen und Paradigmen der Wissen(schaft)skommunikation

„Public Sociology" und „Public Understanding of Science" (PUS) bzw. „Medialisierung" der Wissenschaft 3
Oliver Neun

Comics als visueller Zugang zum transdisziplinären Diskurs über Technikzukünfte 21
Philipp Schrögel und Marc-Denis Weitze

Fiktionale Fakten 49
Sonja Fücker und Uwe Schimank

Die Bewältigung interdisziplinärer Wissenskommunikation im Group Talk 73
René Wilke und Eric Lettkemann

Teil II Online-Communities und -Plattformen

„+1 für die Frage" 111
Sandra Hölbling-Inzko

Wissenschaft@YouTube 137
Andrea Geipel

Das Rätsel hochschulischer Imagefilme: Eröffnungssequenzen 165
Stefan Bauernschmidt und Bernt Schnettler

Teil III   Grenzgänge

Virtuelle Identitäten 191
Barbara Hendriks

**„Jetzt ändere Dein Gehirn in diese
Richtung!" - Aneignungsprozesse der Steuerung von
Hirnaktivität über das Brain-Computer Interface** 213
Melike Şahinol

Präsentationales Wissen 239
René Wilke, Eric Lettkemann und Hubert Knoblauch

Über die Herausgeber

Hubert Knoblauch ist Professor für Allgemeine Soziologie/Theorie moderner Gesellschaften am Institut für Soziologie der Technischen Universität Berlin. Seine Arbeitsschwerpunkte umfassen Wissens-, Kommunikations- und Religionssoziologie, Thanatosoziologie, qualitative Methoden/Videografie. Neueste Publikationen: Die kommunikative Konstruktion der Wirklichkeit. Wiesbaden: Springer VS (2017).

Kontaktdaten:
Prof. Dr. Hubert Knoblauch
Technische Universität Berlin
Fakultät VI: Planen Bauen Umwelt
Institut für Soziologie
Fraunhoferstraße 33–36
Sekretariatszeichen FH 9–1
10587 Berlin
Email: hubert.knoblauch@tu-berlin.de
Webseite: http://www.tu-berlin.de/?id=73120

Eric Lettkemann ist Postdoc im DFG-Graduiertenkolleg „Innovationsgesellschaft heute: Die reflexive Herstellung des Neuen" am Institut für Soziologie der Technischen Universität Berlin. Seine aktuellen Forschungsschwerpunkte sind sozialwissenschaftliche Wissenschafts- und Technikforschung, Theorien und Methoden interpretativer Videoanalysen, Mensch-Computer-Interaktion. Neueste Publikationen: Stabile Interdisziplinarität. Eine Biografie der Elektronenmikroskopie aus historisch-soziologischer Perspektive. Baden-Baden: Nomos (2016).

Kontaktdaten:
Dr. Eric Lettkemann

Technische Universität Berlin
Fakultät VI: Planen Bauen Umwelt
Institut für Soziologie
Fraunhoferstraße 33–36
Sekretariatszeichen FH 9–1
10587 Berlin
Email: eric.lettkemann@tu-berlin.de
Webseite: https://www.innovation.tu-berlin.de/v_menue/postdoc/

René Wilke ist wissenschaftlicher Mitarbeiter im DFG- Projekt „Bildkommunikation in der Wissenschaft am Beispiel der Computational Neuroscience" am Institut für Soziologie der Technischen Universität Berlin. Neueste Publikationen (gemeinsam mit Hubert Knoblauch): The Common Denominator: The Reception and Impact of Berger and Luckmann's The Social Construction of Reality. In: Human Studies 39 (2016), S. 51–69.

Kontaktdaten:
René Wilke, M.A.
Technische Universität Berlin
Fakultät VI: Planen Bauen Umwelt
Institut für Soziologie
Fraunhoferstraße 33–36
Sekretariatszeichen FH 9–1
10587 Berlin
Email: rene.wilke@tu-berlin.de
Webseite: http://www.as.tu-berlin.de/?id=74299

Einleitung

Zusammenfassung

Die gegenwärtige Wissensgesellschaft zeichnet aus, dass zunehmend Wissen zwischen unterschiedlichen Handlungsfeldern kommuniziert und übersetzt wird. Neben den klassischen Bildungsinstitutionen gehört Wissenskommunikation mittlerweile zum festen Leistungsspektrum von Massenmedien, Forschungslaboren, Industrieunternehmen usw. Im öffentlichen Diskurs wird der Begriff der Wissenskommunikation in der Regel noch unreflektiert und undifferenziert verwendet. Diesem populären Gebrauch setzen wir ein wissenssoziologisch begründetes und differenziertes Begriffsverständnis entgegen. Es dient dazu, die wissensgesellschaftlichen Dynamiken der Entgrenzung und Remarkierung von Wissensbereichen analytisch zu erfassen, und liefert ein provisorisches Ordnungsschema für die empirischen Phänomene, die die Beiträge dieses Bands untersuchen.

Schlüsselwörter

Wissensgesellschaft · Wissenskommunikation · Wissenssoziologie · Kommunikation · Knowledge in Action

Knowledge in Action

Der Titel des vorliegenden Bands geht auf eine Tagung zurück, die im Januar 2016 an der *Technischen Universität Berlin* stattfand und die Frage untersuchte, welche neuen Formen der Kommunikation und Übersetzung von Wissen sich gegenwärtig herausbilden bzw. wie sich alte Formen wandeln. Obwohl sozialwissenschaftliche Zeitdiagnosen, wie die der *Wissensgesellschaft*, schon seit geraumer Zeit den wachsenden Stellenwert von (wissenschaftlichem) Wissen für alle Teilsysteme gegenwärtiger Gesellschaften betonen (z. B. Bell 1975 [1973], S. 171–245; Böhme und Stehr 1986; Knoblauch 2014), fehlt bisher ein dezidert wissenssoziologischer Blick auf die handlungspraktischen Konsequenzen dieser Entwicklung: etwa die Erfordernisse, Wissen zu kommunizieren und für andere Handlungsfelder zu übersetzen, sowie der stete technisch induzierte Wandel der *Wissenskommunikation* durch Mediatisierung und Digitalisierung. Noch ist weitgehend unerforscht, wie die Akteure der Wissensgesellschaft die zunehmenden Kommunikationserfordernisse bewältigen und gestalten.

Die hier versammelten Beiträge treten an, diese Forschungslücke ein Stück zu schließen, wobei neben wissens- und wissenschaftssoziologischen Perspektiven im engeren Sinne auch Praktiker/-innen der Wissen(schaft)skommunikation zu Wort kommen, um so weitere Theoriearbeit zu befruchten. Aufgabe dieser Einleitung ist es, einen konzeptionellen Rahmen für die Untersuchung wissensgesellschaftlicher Kommunikationsformen zu entwerfen und weiterführende Forschungsfragen aufzuzeigen. Wir möchten dies in drei Schritten tun. Zunächst beschäftigen wir uns mit dem Titel des Bands, der ins Herz der Wissenssoziologie dringt, also *Knowledge in Action*. Weil Wissen im sozialen Handeln aus unserer Sicht immer auch Kommunikation ist, gehen wir im zweiten Schritt genauer auf den Terminus der Wissenskommunikation ein. Im dritten Schritt möchten wir das Verhältnis zwischen Wissen und Wissenschaft sowie Wissenschafts- und Wissenssoziologie ansprechen. Schließlich geben wir einen inhaltlichen Überblick der verschiedenen Beiträge, die wir entlang dreier Perspektiven sortieren.

Knowledge in Action klingt hip, weil es das, was uns im Deutschen vertraut ist, auf sprachliche Weise befremdet. Die Formulierung geht auch schon deutlich über die klassische Wissenssoziologie hinaus. Denn deren erster Beitrag bestand ja darin, die Sozialität des Wissens aufzuweisen. Wissen galt nicht mehr als eigengesetzlich, sondern als abhängig von einem sozialen Standpunkt (Mannheim 1929). Wurde dies zunächst korrelational gefasst, so wird es in der neoklassischen Wissenssoziologie, dem *Sozialkonstruktivismus,* integriert. Dass Wissen Teil des Handelns ist, bildet eine der zentralen Grundlagen der Wissenssoziologie seit Berger und Luckmann (1969 [1966]). Diese schließt bekanntlich an Weber an, der Handeln grundlegend durch Sinn definiert. Wissen ist der Sinn, der Handeln leitet. So selbstverständlich die Aussage ist, so missverständlich ist sie offenbar auch.[1] Verwunderlich ist etwa, dass neuere Praxistheorien die Auffassung

---

[1]Zu den (Fehl-)Rezeptionen der sozialkonstruktivistischen Wissenssoziologie vgl. Knoblauch und Wilke (2016).

verbreiten, der sozialkonstruktivistische Wissensbegriff sei kognitivistisch, nichtkörperlich und weitgehend subjektivistisch, war es doch gerade die Schütz'sche Wende, die mit der Lebenswelt die Bedeutung des Vorsprachlichen bzw. Vorprädikativen, des leiblichen und der Sozialität des Wissens zum ausdrücklichen Thema gemacht hat (Schütz und Luckmann 1975).

Da sie die Bedeutung des Wissens für das deutende Verstehen und ursächliche Erklären sozialen Handelns hoch einschätzt, übersieht die Wissenssoziologie zuweilen sogar selbst, dass es keineswegs nur um das „Wissen" geht. Die sozialkonstruktivistische Wende beschränkt sich ja nicht auf das Wissen in den Köpfen, ihr geht es, wie Berger und Luckmann im Eingang zum Hauptteil ihres Buches sagen, um „eine Analyse jenes Wissens, welches das Verhalten in der Alltagswelt reguliert" (Berger und Luckmann 1969 [1966], S. 21). Wenn im englischen Text „conduct" steht, lenkt sie das Augenmerk auch auf die körperlichen Aspekte des Handelns, auf die die neueren Praxistheorien aufmerksam machten. Es kann also mitnichten behauptet werden, dass der Blick auf den körperlichen Ablauf von Handeln in der Wissenssoziologie keine Rolle spielte. Ihre aktuelle Wendung hin zur Kommunikation und zur kommunikativen Konstruktion (Keller et al. 2013) bringt diesen häufig übersehenen Aspekt nun mit Nachdruck zum Ausdruck. Denn der körperliche Ablauf nimmt in diesem neuesten Ansatz der Wissenssoziologie eine Bedeutung an, die als Objektivierung einen wahrnehmbaren Zusammenhang zu Dingen und allem anderen herstellt. Der hier vertretene *kommunikative Konstruktivismus* zeichnet sich gerade dadurch aus, dass er die Objektivationen sozusagen tiefer legt als die Sprache (Knoblauch 2017). Als materialisierte Sinnträger stellen sie die basalen Vermittlungsinstanzen alltagsweltlichen Zusammenlebens dar.

Wissenskommunikation

Wir möchten an dieser Stelle nicht den kommunikativen Konstruktivismus in seiner Gänze erläutern, sondern nur erwähnen, dass er einen theoretischen Hintergrund für einen Begriff der Wissenskommunikation bildet, der nicht am naiven Sender-Empfänger-Modell des Wissenstransfers klebt.[2] Das Wort

---

[2] Das klassische Sender-Empfänger-Modell wie auch die verschiedenen neueren Ansätze der Wissens- und Wissenschaftskommunikation, die mit Labels wie *Public Understanding of Science* (PUS) belegt sind, werden beschrieben und diskutiert in Weitze und Heckl (2016); siehe dazu auch *Neun* in diesem Band.

Wissenskommunikation ist erläuterungsbedürftig, ist doch aus kommunikativ-konstruktivistischer Perspektive alles Handeln mit Wissen verbunden und alles soziales Handeln immer auch kommunikatives Handeln. Zwar konstruiert kommunikatives Handeln gesellschaftliche Wirklichkeit, doch bildet das Wissen dabei lediglich ein Mittel, das, um es systemtheoretisch auszudrücken, das Subjekt an die Kommunikation koppelt. Irreführend wäre es also, weil jedes soziale Handeln mit Wissen verbunden ist und weil Kommunikation bzw. genauer: kommunikatives Handeln immer Wissen voraussetzt, alles gesellschaftliche Handeln unterschiedslos als Wissenskommunikation zu behandeln. Ein solcher Begriff wäre ein bloßes Synonym für kommunikatives Handeln, der keinen analytischen Mehrwert besitzt. Was aber bezeichnet dann die Wissenskommunikation? In einem wissenssoziologischen Sinne reden wir von Wissenskommunikation, wenn Wissen „als Wissen" thematisch wird (siehe auch Knoblauch 2014; Lettkemann und Wilke 2016). Thematisch wird Wissen eigentlich nur, wenn es eben als Wissen auch objektiviert wird, und das ist dann die Wissenskommunikation.

Mit Wissenskommunikation beziehen wir uns genauer auf jene Formen der Kommunikation, die ausdrücklich und explizit Wissen thematisieren. Und damit ist zumeist auch ein Machtaspekt verbunden, geht es doch bei der Frage, was Wissen ist, immer auch darum, was und bei wem als Wissen gesellschaftlich anerkannt ist. Es geht hier also nicht um jede Form des Wissens, sondern um „legitime" Formen des Wissens. Eine der Fragen, die sich einer gegenwärtigen Wissenssoziologie stellt, ist: welche Formen des Wissens gelten als legitim? Diese Frage nach der Thematisierung und sozialen Anerkennung (und Ausschließung) von Wissen können wir an dieser Stelle nicht weiterverfolgen. Unter dem Titel der Wissenskommunikation möchten wir vielmehr die Frage anschneiden, woran wir überhaupt erkennen, dass Wissens als Wissen thematisiert wird. Da Wissen empirisch immer als Kommunikation auftritt, richtet sich das Augenmerk deswegen auf die besonderen Formen der Kommunikation, die Wissen als Wissen auszeichnen. Denn was als Wissen ausgegeben oder anerkannt wird, muss selbst als Wissen markiert oder gerahmt sein, und diese Markierung muss solche kommunikativen Formen annehmen, die eben als Wissen erkennbar sind.

Wissenskommunikation zeichnet eigentlich alle Gesellschaften aus, bleibt dort aber auf wenige, besonders eingegrenzte sozialisatorische Einrichtungen wie (Hoch-)Schulen oder Bibliotheken beschränkt. Die gegenwärtige Wissensgesellschaft zeichnet sich dagegen zum einen dadurch aus, dass die Wissenskommunikation entgrenzt wird. Zweifellos bilden die klassischen Institutionen der Wissensvermittlung dafür ein bedeutendes Feld, insbesondere das Bildungssystem, aber auch die Einrichtungen der Weiterbildung, Fortbildung und des

Tagungs- und Konferenzwesens und ihre Veranstaltungstypen (Kreativ-Workshops, Brainstorming etc.). Wissensgesellschaften zeichnen sich zum anderen durch die Ausweitung und Differenzierung der Wissenskommunikation aus: Wissen wird in immer mehr Institutionen vermittelt, es wird über die Institutionen hinweg vermittelt und bildet eigene populärkulturelle Formate wie *Science Slam* aus (Hill 2016; Wilke und Hill im Erscheinen). Neben den alten Lexika, Wörterbüchern, Handbüchern, Gebrauchsanleitungen oder den Dialoggattungen der Belehrung und des Lehrvortrags entwickeln sich zahlreiche Formate, Muster und Gattungen der Wissenskommunikation, die der Wissensgesellschaft gleichsam eine kommunikative Form geben: Von „Galileo" auf Pro 7 über das Telekolleg bis zu Powerpoint-Vorträgen, von Wikipedia-Einträgen zu thematischen und problembezogenen Internetforen bis hin zu Gebrauchsanleitungsvideos und visuellen Handy-Instruktionen. Diese Formen der externen Wissenskommunikation, die sich hauptsächlich an eine breite (Laien-)Öffentlichkeit richten, erfahren selbst eine zunehmende Verwissenschaftlichung und werden in der Regel von Expert/-innen für *science communication* und *science marketing* betrieben, die sich in Deutschland mit dem *Forum Wissenschaftskommunikation* eine weithin sichtbare Plattform geschaffen haben.

Wissenschaft, Wissen und Gesellschaft

Ist die externe Wissensvermittlung durch Bildungseinrichtungen und Massenmedien eine gesellschaftliche Institution der Wissenskommunikation, so stellt Wissenschaft als Forschungsbetrieb natürlich eine weitere, historisch spezifischere Institution der wissenschaftsinternen Wissenskommunikation dar. Denn Wissenschaft ist ja nicht bloß eine „Praxis", die ihren jeweiligen Gegenstand auf ihre eigene Weise (etwa die Natur im Labor oder den subjektiven Sinn im Interview) erzeugt; sie besteht auch darin, den Gegenstand auf diese Weise sichtbar zu machen und ihn – durchaus auch und immer noch durch zeichenhafte Repräsentationen – zu kommunizieren. Die Kommunikation der wissenschaftlichen Wissensproduktion in Fachzeitschriften und Konferenzbeiträgen gehört deswegen zur Wissenskommunikation; doch ist, wie wir aus ethnografischen Laborstudien wissen, auch die Wissensproduktion selbst eine Wissenskommunikation, sei es in Form von technischen Zurichtungen im Labor, maschinellen Visualisierungen und natürlich dem, was man als „Intersubjektivität" zum Grundprinzip der Wissenschaft erklärt: Das gemeinsame Sehen, das technische Messen mit seinen vielen zeichenhaften Instrumenten und alles andere verkörperte, verdinglichte und technisierte Kommunizieren beim Produzieren des Wissens (vgl. z. B. Lynch und Woolgar 1990). Zur Wissenskommunikation innerhalb der Forschung zählen selbstverständlich die klassischen Formen der wissenschaftlichen Kommunikation, wie etwa die abstrakten und formalen Formelsprachen, die Kuhn (1976) als ein grundlegendes Merkmal von Paradigmen ansieht; sicherlich sind auch mathematische Zeichen ein starker Hinweis auf Wissenschaftlichkeit, auch wenn diese ebenso schon klassisch bei verschiedensten Formen des Wirtschaftens auftreten. Bestimmtere Merkmale der innerwissenschaftlichen Wissenskommunikation finden sich in verschiedenen Gattungen, wie etwa dem Forschungsbericht, dem begutachteten Artikel, dem wissenschaftlichen Vortrag oder der Dissertationsprüfung. Sie zeigen, dass Wissenschaft nicht nur ein Sprachspiel mit feldspezifischen Regeln ist, sondern auch eigene Formen, Formate und Gattungen hat, die sich über die Sprach- und Textform hinaus auf die Performanz (etwa die Haltung der Sachlichkeit) und die sozialweltlichen Kontexte (Labore, Seminare, Institute) beziehen.

Die Bedeutung der Wissenschaft als einer besonderen modernen Institution hat vor allem bei Differenzierungstheorien den Eindruck erzeugt, als könne man die Wissenschaft für sich untersuchen. Große Teile der institutionalistischen Wissenschaftsforschung setzen eine solche Abgegrenztheit ihres Gegenstandes zumeist implizit voraus.[3] So wenig, wie sie sich mit der allgemeinen Wissenssoziologie beschäftigt, so sehr grenzt sie ihren Gegenstand, die Wissenschaft, von dem ab, was sich angeblich außerhalb der Wissenschaft abspielt. Auch wenn Garfinkel (1960) einst laut behauptete, die Wissenschaft, und zwar auch die Soziologie, setze eigentlich nur Alltagsmethoden ein, so steht in der Wissenschaftssoziologie doch selten außer Zweifel, dass es sich beim ihren Untersuchungsgegenständen um Wissenschaft handelt. Ein wenig erscheint uns dies wie die kirchensoziologische Forschung in der Religionssoziologie, die es noch dann mit Religion zu tun zu haben glaubt, wenn sie es auch nur mit Kirchen und Theologie zu tun hat – auch in den Fällen, in denen die Kirchen selbst nur mehr politisch sind und in denen die Weltanschauungen außerhalb der Kirchen religiös werden (vgl. dazu Knoblauch 2009).

---

[3]Eine wichtige Ausnahme und Inspirationsquelle stellen die wissenschaftssoziologischen Studien von Thomas Gieryn (1999) zur Grenzziehungsarbeit *(boundary-work)* dar, die die institutionelle Außengrenze der Wissenschaft als kulturelle Konstruktion fasst und ihre historische Wandelbarkeit nachzeichnet. Während Gieryn seine Überlegungen vor allem vor dem Hintergrund der frühmodernen Wissenschaft entwickelt, zielt das in diesem Abschnitt skizzierte Konzept der Entgrenzung und Remarkierung von Wissenschaft darauf, die besonderen Dynamiken der Gegenwartsgesellschaft herauszuarbeiten.

Entsprechendes scheint uns auch in der Wissenschaft vorzuliegen. Während die Wissenschaft ebenso wie die Wissenschaftsforschung ausdrücklich oder praktisch von einem System ausgeht, das sich von anderen Bereichen des Wissens unterscheidet, können wir doch schon institutionell eine massive Entgrenzung beobachten. Bekannt geworden ist die Vorstellung des Übergangs von *mode 1* in *mode 2* : ein Wechsel von der disziplinären, analytischen und hierarchisch organisierten zur transdisziplinären, synthetischen und heterarchischen Wissensproduktion (Gibbons et al. 1994). Selbst die innerwissenschaftliche Wissensproduktion ist immer weniger an ihren eigenen autonomen (also wissenschaftlichen) Zielen ausgerichtet; ihre Ziele werden vielmehr zunehmend nicht nur von der Politik und der Wirtschaft, sondern auch von der der medialen Öffentlichkeit und dem demokratischen Mitspracherecht zivilgesellschaftlicher Institutionen definiert.

Auch wenn die Annahme des Übergangs von *mode 1* zu *mode 2* überzogen war, so sehen wir doch die verschiedensten institutionellen Überbrückungen zwischen Wissenschaft und Nichtwissenschaft im Aufwind. Dies gilt nicht nur für die alte *Forschung & Entwicklung* (F&E)-Abteilung industrieller Unternehmen, sondern auch für die Ausweitung von „Forschung", die nun auch in der Kunst, im Theater und in der Religion betrieben wird. Diese Entgrenzung wird durch die Neoliberalisierung verstärkt, die zum einen eine Rechtfertigung des öffentlichen Nutzens der Wissenschaft einfordert, zum anderen wissenschaftliches Wissen allverfügbar macht. Dies gilt nicht nur für das Open Access und die immer weniger institutionell kontrollierte Zugänglichkeit des wissenschaftlichen Wissens, sondern auch für die Entgrenzung der Expertisen, die nun durch den massenhaften Zugang zu höheren mehr oder weniger wissenschaftlichen Bildungseinrichtungen entgrenzt wird.

Diese Entgrenzung ist sicherlich übertrieben worden, denn ihr stehen starke Tendenzen zur Remarkierung der Wissenschaft gegenüber. Man könnte deswegen von einer Gleichzeitigkeit zweier Tendenzen sprechen, wie sie sich auch in anderen Systemen zeigt. Sie lassen sich als gesellschaftliche Dynamiken der Verwissenschaftlichung und Entwissenschaftlichung bezeichnen. Die Gegenläufigkeit beider Tendenzen hängt mit der enormen Bedeutung neuer Kommunikationstechnologien zusammen, die – wie im Fall von *Powerpoint* geschehen – einerseits aus dem Wirtschaftssystem in akademische Kontexte hineingetragen werden und dort anderseits für die spezifischen Zwecke innerwissenschaftlicher Kommunikation adaptiert werden (Knoblauch 2013).

Mit Blick auf die Wissenschaft behandelt die soziologische Gegenwartsdiagnostik diese gegenläufigen Entwicklungen vor allem in Bezug auf die Wissensgesellschaft. Dies ist auch nicht überraschend, denn die Wissenschaft ist – neben der oben erwähnten öffentlichen Wissensvermittlung – die zweite Säule der

Wissensgesellschaft, und sie ist (wie man an den gesellschaftlichen Diskursen zur „Exzellenz" sieht) legitimatorisch enorm bedeutsam. Doch weil sie Teil der Wissensgesellschaft ist, überrascht es kaum, dass es immer mehr Überschneidungen der institutionalisierten Kommunikationsformate gibt, wie etwa das Seminar, das schon in den 1970er-Jahren Einzug in das *New Age* gehalten hat. Ähnliches gilt für den Kongress, für die verschiedenen Kongressformate, Workshops und die dafür notwendigen einfachen Darstellungsformen (Statistiken, Modelle, Literaturangaben etc.). Umgekehrt finden wir auch den Einzug von Formaten, Gattungen und Kommunikationsformen aus anderen Gesellschaftsbereichen in die Wissenschaft. Zu nennen sind hier etwa der *Wissenschaftscomic* (siehe *Schrögel und Weitze* in diesem Band) oder der aus dem *Poetry Slam* hervorgegangene *Science Slam* (Hill 2016; Wilke und Hill im Erscheinen). Die kosmologische Bedeutung der Wissenschaft wird wiederum weltanschaulich deutlich: Man denke nur daran, in welch dramatischer Weise konstruktivistische Theorien etwa in der Genderdebatte eine Popularisierung erfahren haben, die mit Gendermainstreaming und der daran anschließenden Debatte, wie geplant, jede Grenze zwischen Wissenschaft, Politik und Alltag zu überspringen scheint – ebenso wie der philosophische Neorealismus mit den populistischen Gegenbewegungen eine Mesalliance einzugehen scheint. Der lebensweltliche Alltag füllt sich auf so vielfältige Weise mit Wissenschaft, dass man von einer Wissensgesellschaft reden könnte. Doch ist dieses Wort mit Vorsicht zu verwenden. Ist denn die Wissensgesellschaft eine, in der die Wissenschaft herrscht und damit die alte Utopie Comtes, ja Platons sich erfüllt? Oder stellt sie nicht eine Legitimation dar, die überdeckt, was in ihrem Namen geschieht: eine Auflösung der Wissenschaft im Namen der Wissenschaft, die Durchsetzung eines reflexionslosen Positivismus, der nur noch macht, was denen nützlich scheint, die gar nicht selbst Wissenschaft betreiben.

Das ideologische Problem der Wissensgesellschaft, das aus der zunehmenden Vereinnahmung wissenschaftlicher Erkenntnisse durch weltanschauliche Bewegungen resultiert, kann hier nicht weiter ausbuchstabiert werden. Es muss genügen darauf hinzuweisen, dass es dazu dienen kann, die Annahme der systemischen oder funktionalen Eigenständigkeit der Wissenschaft infrage zu stellen und zum Gegenstand soziologischer Forschung zu machen. Vor allen Dingen eröffnet es ein Modell, dass die Wissenschaft nicht neben die Gesellschaft setzt, sondern sie in der Gesellschaft so verortet, dass auch die Wissenschaftssoziologie als Teil einer Wissenssoziologie betreibbar wird. Erst diese erweiterte Perspektive erlaubt die Frage zu behandeln, was die Wissenschaft auszeichnet, was sie unterscheidet und was sie verbindet. Die empirische Untersuchung von Wissenskommunikation scheint dabei die offenbarsten Evidenzen zu bieten, um diese Fragen zu beantworten, die natürlich im Zusammenhang mit institutionellen und subjektiven Aspekten gesehen werden muss. So muss etwa die Frage gestellt werden, ob Wissenschaft gleichsam in den Alltag in verschiedenen Stufen übersetzt wird, ob wir den Alltag überhaupt noch von der Wissenschaft unterscheiden können oder die Wissenschaft nicht sogar selbst die Form so wechselt, dass von dem, was sie differenzierungstheoretisch auszeichnet („Code Wahrheit"), nichts mehr als Wissen übrig bleibt. Man kann auch die Frage stellen, ob die Wissenschaft selbst schon so sehr durch populäre und nichtwissenschaftliche Formen durchdrungen ist, dass sie ihr ureigenstes Geschäft schon gar nicht mehr verfolgt. Man denke nur an die Frage, ob und wie die Wissenschaft der kritischen Aufgabe Rechnung trägt, nicht nur ihre Ergebnisse zu berichten, sondern ihre eigenen Verfahren auf Weisen offen zu legen, die über legitimatorische Gemeinplätze hinausgehen. Aus dieser Sicht wirft die Ausbreitung des Populären auch die Frage auf, ob man bestimmte Entwicklungen in der Wissenschaft nicht als eine Gegenbewegung ansehen muss, die den Fundamentalismen in der Religion ähneln: Die Berufung auf einen Realismus, der schon die technischen Konstruktionen seiner eigenen Methoden nicht mehr reflexiv ausweisen möchte, die Dominanz eines Technizismus, der Wissenschaft am schieren Funktionieren bemisst, und die Ausbreitung eines Relativismus, der bei aller Kritik an der Einseitigkeit des Epistemischen jeden Anspruch auf Erkenntnis insgesamt aufgegeben hat.

Wir dramatisieren das Problem natürlich, doch hilft ein Konzept der Entgrenzung und Remarkierung von Wissenschaftlichkeit vielleicht, die besondere Dynamik der Wissenschaft in der Wissensgesellschaft deutlich zu machen; in jedem Falle aber soll es dazu dienen, die Frage danach zu stellen, ob und wie sich wissenschaftliches Wissen von dem Wissen unterscheidet, das wir einst Alltagswissen nannten – und vor allem – was Wissenschaft heute ist. Selbstredend lässt sich aus den Fallstudien dieses Bands keine zufriedenstellende Antwort auf diese programmatische Frage ableiten; sie weisen aber methodische Wege zur empirischen Erforschung von neuen Formen der Wissenskommunikation und liefern einen ersten – kaleidoskophaften – Eindruck der Vielfalt von Diskursgattungen, die die Wissensgesellschaft prägen.

Zu den Beiträgen dieses Bandes

Die Gliederung folgt drei analytischen Foki, wobei die in den Kapiteln beschriebenen Phänomene durchaus über das von uns gesetzte Ordnungsschema hinausragen und wechselseitige Querbezüge erlauben. Den ersten Abschnitt zu den neuen Formen und Paradigmen der Wissen(schaft)skommunikation eröffnet *Oliver Neun* mit einem Vergleich von zwei prominenten Modellen, die unter den

Stichworten „public sociology" und „Public Understanding of Science" (PUS) breit diskutiert werden. In seinem Beitrag macht er auf die grundlegenden Differenzen der zwei Paradigmen aufmerksam, die unabhängig voneinander entstanden seien und sich bisher kaum wechselseitig wahrnehmen würden. Aus diesem Vergleich zieht er allgemeine Schlüsse für das Feld der Wissenschaftskommunikation. An diesen eher theoretisch orientierten Beitrag schließt ein Praxisbeispiel an. *Philipp Schrögel und Marc-Denis Weitze* veranschaulichen u. a. am Beispiel der künstlichen Fotosynthese, dass das Comicformat aufgrund seiner Offenheit geeignet ist, wissenschaftliche Themen in die Gesellschaft zu kommunizieren. Die Gattung des Sachcomics, so argumentieren die Autoren, erweise sich in der Praxis der Technikfolgenabschätzung als ein probates Kommunikationswerkzeug im transdisziplinären Dialog über Technikzukünfte. Auch der nächste Beitrag von *Sonja Fücker und Uwe Schimank* beschäftigt sich mit einer literarischen Gattung. Anhand einer kontrastiven Inhaltsanalyse von Wissenschaftsromanen einerseits und ihrer Rezeption in Lesekreisen andererseits gehen Fücker und Schimank der Frage nach, welchen Einfluss literarische Produkte auf gesellschaftliche Deutungsprozesse von und über Wissenschaft haben. Zum einen, so die These, biete die Popularisierung in der Literatur der Wissenschaft die Chance, von der Öffentlichkeit wahrgenommen zu werden. Zum anderen bekäme Wissenschaft in der populären Rezeption jedoch häufig einen dystopischen Charakter zugeschrieben. Das letzte Kapitel von *René Wilke und Eric Lettkemann* widmet sich schließlich der wissenschaftsinternen Wissenskommunikation. In ihrem Beitrag liefern die Autoren Elemente einer Gattungsanalyse des Group Talks. Dabei handelt es sich um eine wissenschaftliche Diskursgattung, die sich im interdisziplinären Schnittfeld der Computational Neuroscience etabliert hat und dort als kommunikativer Kreuzungspunkt eine konstitutive Rolle für eine fachlich heterogene Forschungsgruppe spielt.

Im zweiten Abschnitt stehen Gattungsanalysen von Online-Kommunikationsformen im Mittelpunkt, die sich unter den Bedingungen der digitalen Mediatisierung von Wissenskommunikation herauskristallisieren. *Sandra Hölbling-Inzko* untersucht die Wissensstrukturen öffentlicher Question-and-Answer (Q&A)-Plattformen und stellt die Frage, welches Wissen man benötige, um an der Aushandlung von Wissen auf diesen Plattformen teilzuhaben. Am Beispiel der Plattform „Stack Exchange" stellt sie die Bedeutung von Alltagswissen heraus. So würden zwar wissenschaftliches Wissen und wissenschaftliche Logiken erläutert, diese aber würden vor dem Hintergrund alltagsrelevanter Kriterien verhandelt. Im Gegensatz zu textbasierten Q&A-Plattformen befasst sich *Andrea Geipel* mit audiovisuellen Formaten und stellt die Frage, wie Wissenschaft und wissenschaftliches Wissen in Online-Videos dargestellt werden. Sie fokussiert insbesondere die Aufmerksamkeitsökonomie, die Channelproduzent/-innen auf Plattformen wie „YouTube" betreiben, wenn sie ihre Klickzahlen optimieren wollen. Trotz der betont alltagsnahen Darstellungsweise im Video, so eines von Geipels Ergebnissen, verberge sich dahinter dennoch ein hohes Maß an Professionalität. Online-Videos stehen auch im Zentrum des Kapitels von *Stefan Bauernschmidt und Bernt Schnettler*. Sie analysieren die Eröffnungssequenzen *hochschulischer Imagefilme* in den Mittelpunkt der Aufmerksamkeit. Im Verlauf dieser Analyse zeige sich, dass sich ein elaboriertes Verständnis dieser Eröffnungssequenzen aus dem Zusammenspiel der unterschiedlichen gattungsanalytischen Beobachtungsebenen konstituiere.

Der dritte Abschnitt untersucht Grenzgänger/-innen, die Wissen zwischen verschiedenen institutionellen Bereichen bzw. zwischen Wissenschaft und Gesellschaft vermitteln. Zunächst wendet sich Barbara Hendriks der neuen Berufsgruppe der „Clinician Scientists" zu, die sich an der Schnittstelle von klinischer Forschung und ärztlicher Praxis etabliert. Als ein Werkzeug der Selbstthematisierung und -inszenierung dieser forschungsaktiven Mediziner/-innen fokussiert die Autorin „Science Blogs". In der Darstellung von persönlichen Identitäts- und Rollenkonflikten mittels Science Blogs, so Hendriks, transformiere sich die tagebuchartige Selbstthematisierung der Individuen zu einer öffentlichen Kritik am System der Wissenschaft. Demzufolge entwickelten sich Science Blogs zu einem politischen Instrument der Identitätskonzeption einer gesellschaftlichen Gruppierung. Grenzüberschreitend sind auch die Übersetzungen medizintechnischer Innovationen in das Alltagswissen von Patient/-innen mit neuropathologisch bedingten motorischen Einschränkungen, die im Beitrag von *Melike Şahinol* thematisiert werden. Basierend auf teilnehmenden Beobachtungen verschiedener neurowissenschaftlicher Studien untersucht sie die interaktiven Aneignungsprozesse der Steuerung von Hirnaktivität über sog. Brain-Computer-Interfaces. Dabei stellt sich Şahinol die Frage, wie sich die Kommunikation im klinischen Labor gestaltet, wenn Neurowissenschaftler/-innen mit dem von ihrem Sonderwissen abweichenden Alltagsverständnis konfrontiert werden. Dem Problem der Übersetzung zwischen unterschiedlichen Wissensbereichen widmet sich auch das letzte Kapitel von *René Wilke, Eric Lettkemann und Hubert Knoblauch*. Im stark von Visualisierungspraktiken geprägten, interdisziplinären Forschungsfeld der Computational Neuroscience beobachten sie die Entwicklung eines spezifischen „präsentationalen Wissens". Im Gegensatz zu klassischen Repräsentationsordnungen ziele es nicht auf die Abbildung epistemischer Objekte, sondern darauf, Wissen auf eine Weise zu zeigen, die es für andere verwendbar mache. Dies gelinge den Beteiligten, weil sie lernten, die Sehgewohnheiten anderer

Wissenschaftsdisziplinen zu antizipieren und auf dieser Grundlage (neue) visuelle Formen zu entwickeln.

Hubert Knoblauch, Eric Lettkemann, René Wilke

Literatur

Bell, Daniel. 1975 [1973]. *Die nachindustrielle Gesellschaft*. Frankfurt am Main: Campus.
Berger, Peter L., und Thomas Luckmann. 1969 [1966]. *Die gesellschaftliche Konstruktion der Wirklichkeit. Eine Theorie der Wissenssoziologie. Mit einer Einleitung zur deutschen Ausgabe von Helmuth Plessner*. Frankfurt am Main: Fischer.
Böhme, Gernot, und Nico Stehr. 1986. The Growing Impact of Scientific Knowledge on Social Relations. In *The Knowledge Society*, hrsg. Gernot Böhme und Nico Stehr, 7–29. Dordrecht: Reidel.
Garfinkel, Harold. 1960. The rational properties of scientific and common sense activities. *Behavioral Science* 5: 72–83.
Gieryn, Thomas F. 1999. *Cultural Boundaries of Science: Credibility on the Line*. Chicago u. a.: The University of Chicago Press.
Gibbons, Michael, Camille Limoges, Helga Nowotny, Simon Schwartzman, Peter Scott und Martin Trow. 1994. *The New Production of Knowledge: The Dynamics of Science and Research in Contemporary Societies*. London: Sage.
Hill, Miira. 2016. *Slamming Science. The New Art Of Old Public Science Communication*. Unveröffentlichte Dissertationsschrift: Technische Universität Berlin.
Wilke, René, und Miira Hill. im Erscheinen. On new forms of science communication and communication in science: Visual representations in science slams and academic group talks. In *Forum Qualitative Research Special Issue: Visibilities: Multiple Orders and Practices through Visual Discourse Analysis and Beyond*, hrsg. Traue, Boris; Mathias Blanc, Maria-Carolina Cambre.
Keller, Reiner, Hubert Knoblauch und Jo Reichertz. Hrsg. 2013. *Kommunikativer Konstruktivismus. Theoretische und empirische Arbeiten zu einem neuen wissenssoziologischen Ansatz*. Wiesbaden: Springer VS.
Knoblauch, Hubert. 2009. *Populäre Religion. Auf dem Weg in eine spirituelle Gesellschaft*. Frankfurt am Main: Campus.
Knoblauch, Hubert. 2013. *Powerpoint, Communication, and the Knowledge Society*. New York: Cambridge University Press.
Knoblauch, Hubert. 2014. Wissenssoziologie, Wissensgesellschaft und Wissenskommunikation. *Universitas* 2: 60–76.
Knoblauch, Hubert. 2017. *Die kommunikative Konstruktion der Wirklichkeit*. Wiesbaden: Springer VS (Neue Bibliothek der Sozialwissenschaften).
Knoblauch, Hubert und René Wilke. 2016. The Common Denominator: The Reception and Impact of Berger and Luckmann's *The Social Construction of Reality*. *Human Studies* 39: 51–69.

Kuhn, Thomas S. 1976. *Die Struktur wissenschaftlicher Revolutionen, 2. revidierte und um das Postskriptum von 1969 ergänzte Auflage.* Frankfurt am Main: Suhrkamp.

Lettkemann, Eric, und René Wilke. 2016. Kommunikationsformen. Zur kommunikativen Konstruktion institutioneller Ordnungen am Beispiel des Group-Talks in der Computational Neuroscience. In *Wissen – Organisation – Forschungspraxis. Der Makro-Meso-Mikro-Link in der Wissenschaft*, hrsg. Nina Baur, Cristina Besio, Maria Norkus und Grit Petschick, 447–79. Weinheim: Beltz Juventa.

Lynch, Michael und Steve Woolgar. 1990. *Representation in Scientific Practice.* Cambridge: Cambridge University Press.

Mannheim, Karl. 1929. *Ideologie und Utopie.* Bonn: Vitorio Klostermann.

Schütz, Alfred, und Thomas Luckmann. 1975. *Strukturen der Lebenswelt.* Darmstadt: Luchterhand.

Weitze, Marc-Denis, und Wolfgang M. Heckl. 2016. *Wissenschaftskommunikation – Schlüsselideen, Akteure, Fallbeispiele.* Wiesbaden: Springer VS.

Teil I
Neue Formen und Paradigmen der Wissen(schaft)skommunikation

"Public Sociology" und "Public Understanding of Science" (PUS) bzw. "Medialisierung" der Wissenschaft

Zwei Paradigmen der Wissenschaftskommunikation im Vergleich

Oliver Neun

Zusammenfassung

In dem Bereich der Wissenschaftskommunikation werden in Deutschland zurzeit hauptsächlich die beiden Modelle der „public sociology" für die Soziologie und das des „Public Understanding of Science" (PUS) bzw. „Medialisierung" der Wissenschaft für die gesamte Forschung diskutiert, die unabhängig voneinander entstanden sind und sich bisher kaum wechselseitig wahrnehmen. Die grundlegenden Differenzen zwischen ihnen werden daher häufig übersehen. Diese Unterschiede sollen in diesem Beitrag hervorgehoben und die Ansätze dazu auf verschiedenen Ebenen miteinander verglichen werden. Abschließend sollen aus den Befunden allgemeine Folgerungen für das Feld der Wissenschaftskommunikation gezogen werden.

Schlüsselwörter

Michael Burawoy · Medialisierung · Öffentliche Soziologie · Öffentliche Wissenschaft · Public sociology · Soziologie der Soziologie · Soziologiegeschichte · Peter Weingart

---

O. Neun (✉)
Fachbereich 05 Gesellschaftswissenschaften, Fachgruppe Soziologie, Universität Kassel, Nora-Platiel-Straße 1, 34127 Kassel, Deutschland
E-Mail: Oliver.Neun@uni-kassel.de

1 Einleitung

Im Feld der Wissenschaftskommunikation bzw. der „Public Understanding of Science" (PUS)/„Public Communication of Science" (PCS) liegt bisher der Fokus der Aufmerksamkeit auf der Vermittlung naturwissenschaftlicher Ergebnisse (Dernbach et al. 2012a; Cassidy 2014; Bucchi und Trench 2014a, 2016a, b, c, d). Für die Soziologie stellt dagegen der Anstoß für die neuere Debatte um eine stärkere Orientierung des Faches auf die Öffentlichkeit Michael Burawoys (2005a) Modell der „Public Sociology" dar, das in Deutschland erst mit Verzögerung rezipiert wurde (Bude 2005; Neun 2011; Froese et al. 2016). Obwohl dieses empirisch mit Erfolg auch auf andere Disziplinen angewendet wurde (Brym und Nakhaie 2009) und generell nur sehr wenige Modelle der Wissenschaftskommunikation entwickelt wurden (Bucchi und Trench 2014b, S. 3), wird es in der PUS/PCS-Diskussion jedoch nicht berücksichtigt. Dagegen ist dort ein theoretischer Einfluss von Peter Weingarts (2001, 2005) These der zunehmenden „Medialisierung" der Wissenschaft zu erkennen (Dernbach et al. 2012a; Bucchi und Trench 2014b, S. 9).[1] Ein Grund für deren starke Wirkung ist u. a., dass die an sie anschließenden Arbeiten vorrangig eine empirische Bestätigung, nicht aber eine konzeptionelle Weiterentwicklung zum Ziel haben (vgl. aber Schäfer 2008).

In Deutschland werden daher im Bereich der Wissenschaftskommunikation zurzeit hauptsächlich die beiden Modelle der „public sociology" für die Soziologie und der PUS bzw. „Medialisierung" der Wissenschaft für die gesamte Forschung diskutiert (Beck 2013), die unabhängig voneinander entstanden sind. Aufgrund der scheinbar ähnlichen Thematik, der stärkeren Öffentlichkeitsorientierung der Wissenschaft, werden die grundlegenden Differenzen zwischen ihnen jedoch häufig übersehen. Die Unterschiede sollen deshalb hier hervorgehoben und die Ansätze dazu auf verschiedenen Ebenen miteinander verglichen werden, insbesondere bezüglich ihres *geografischen* Ursprungs, des *Zeitpunktes* ihres Entstehens, der für sie paradigmatischen *Disziplinen* sowie der *Bewertung* und des *Ziels* der Wissenschaftskommunikation. Abschließend sollen aus den Ergebnissen allgemeine Folgerungen für das Feld der „Wissenschaftskommunikation" gezogen werden.

---

[1]Weingart beeinflusst mit seiner These auch historische Arbeiten, die dem Verhältnis von Wissenschaft und Öffentlichkeit nachgehen (Nikolow und Schirrmacher 2007; Ash 2007; Brandt et al. 2014).

2 Geografischer Ursprung der Paradigmen: USA vs. England/Deutschland

Die beiden Modelle entstehen in unterschiedlichen *nationalen* Kontexten. Burawoy (2005a) entwickelt seine Idee der „public sociology" im Rahmen der *amerikanischen* Soziologie, die aufgrund ihrer grundsätzlich pragmatischen Ausrichtung als „angewandte Aufklärung" bezeichnet wird (Dahrendorf 1962). Die Disziplin kannte daher schon frühere Versuche, z. B. von Lewis Coser (1975) oder Herbert Gans (1989), ein größeres Publikum mit ihren Arbeiten zu erreichen. Auch wird bereits in Mills' (1959) Buch „Sociological Imagination", das Burawoy (2008) zu seinem Modell inspiriert, der Begriff „public sociology" zwar noch nicht explizit genannt,[2] aber in den Besprechungen dazu eingeführt (Neun 2014). Der von Heinz Haber (1968, 1984) in die deutsche Diskussion eingeführte Ausdruck der „öffentlichen Wissenschaft" ist ebenfalls eine Übersetzung des amerikanischen Ausdruckes „public science", den er während eines Aufenthaltes in den USA kennenlernte.

Die Forschungsrichtung „Public Understanding of Science" (PUS) geht dagegen auf eine gleichnamige *englische* Initiative aus dem Jahre 1985 zurück (Royal Society 1985), aus der Ende der 1980er Jahre ein umfangreiches Forschungsprogramm und 1992 die Zeitschrift „Public Understanding of Science" hervorgeht (Ziman 1991).[3] Die Prägewirkung dieser Initiative zeigt sich daran, dass mit dem Begriff „PUS" auch der gesamte Bereich der Wissenschaftskommunikation bezeichnet wird (Bauer und Falade 2014, S. 140). Zudem ist die Geschichtsschreibung dieses Feldes an der britischen Entwicklung ausgerichtet, während amerikanische Vorläufer dafür nur kurz erwähnt werden (Irwin und Wynne 1996b, S. 4; Bauer und Falade 2014, S. 155, 141).[4] Der englische Fokus wirkt ebenfalls in der deutschen Debatte nach, u. a. durch die auf PUS zurückgehende Initiative „Wissenschaft im Dialog", die z. B. das Handbuch „Wissenschaftskommunikation" prägt (Dernbach et al. 2012b, S. 5).[5]

---

[2]Dieses Werk von Mills (2016) ist vor kurzem in neuer deutscher Übersetzung erschienen.
[3]Auch die folgende Kritik orientiert sich an den Überlegungen des PUS-Programm (Ziman 1991, S. 101; Irwin und Wynne 1996a). 1990 wird aber auch eine parallele Studie dazu in den USA durchgeführt (Ziman 1991).
[4]Die deutsche Studie aus dem Jahre 1966 zu dem Thema wird überhaupt nicht genannt (Krauch und Schreiber 1966). Generell behandeln weder Marin W. Bauer und Bankole A. Falade (2014) noch Angela Cassidy (2014) die deutsche Diskussion zu dem Gebiet.
[5]Der Schwerpunkt auf der englischen Debatte wird auch in Peter Faulstichs (2006) und Oliver Hochadels (2003) Arbeiten zur „öffentlichen Wissenschaft" deutlich, in denen sie z. B. Heinz Habers (1968) frühere Begriffsbildung der „öffentlichen Wissenschaft" nicht erwähnen.

C. P. Snow (1987b) weist jedoch in der Nachbemerkung zu seiner These des Grabens zwischen den beiden Kulturen der Natur- und der Geisteswissenschaften, die einflussreich für die PUS/PCS ist (Bucchi und Trench 2016a),[6] daraufhin, dass eine Besonderheit Großbritanniens die späte Institutionalisierung der Sozialwissenschaften ist. Diese Disziplinen besitzen daher nicht die zentrale Stellung wie etwa in den USA, die zu der Bezeichnung der Gegenwart als „sociological age" führt (Parsons 1959). Bei Snow (1987a, b) werden die Sozialwissenschaften deshalb nur kurz als „dritte Kultur" erwähnt, was er selbst bedauert.

3 Zeitpunkt der Entwicklung der Paradigmen: Ende der 1950er Jahre vs. 1980er/1990er Jahre

Der *Zeitpunkt* der Entwicklung der Paradigmen differiert ebenfalls. In den USA setzt die Debatte um die „public sociology" Ende der 50er Jahre im Rahmen des Erscheinens von Mills' Buch „Sociological Imagination" ein, das auch Resonanz im deutschen Raum erfährt und z. B. von René König (1961) besprochen wird. 1973 erfolgt aufgrund des großen Erfolgs sogar eine deutsche Sonderausgabe dieses Werkes von Mills (1973). Generell werden zudem die ersten empirischen Arbeiten zum Verhältnis von Wissenschaft und Öffentlichkeit in den Vereinigten Staaten von Amerika bereits kurz nach Kriegsende durchgeführt, wobei ein wichtiges Ziel davon die Stärkung der Demokratie ist (Members of the Association of Scientific Workers 1947, S. 246).[7] In Deutschland wird, dadurch angestoßen, 1966 ebenfalls die erste Studie zu dem Thema „Forschung und technischer Fortschritt im Bewußtsein der Öffentlichkeit" durchgeführt und in der Zeit bereits grundsätzlich eine Debatte zur „Popularisierung" der Wissenschaft geführt (Glaser 1965).

PUS wird dagegen in den neoliberalen 1980er Jahren entwickelt und besitzt deshalb einen anderen Fokus, weshalb die Initiative ausdrücklich auf die Unterstützung der Wirtschaft ausgerichtet ist (Royal Society 1985). Ihr Ausgangspunkt ist die Annahme eines „attitudinal deficit" gegenüber der Wissenschaft, das behoben werden soll, um durch verbesserte Kenntnisse eine positivere Einstellung

---

[6]Der in der Debatte verwendete Begriff der „Culture of Science" geht z. B. auf Snow zurück (Bucchi und Trench 2014b, S. 8).

[7]Deshalb wird in den Arbeiten zur Popularisierung der Wissenschaft 1945 als zentrales Datum genannt (Glaser 1965).

z. B. zur Kernkraft zu befördern (Bauer und Falade 2014, S. 148).[8] Auch der Beginn der Debatte zur Wissenschaftskommunikation wird daher auf die Mitte der 1980er Jahre datiert und PUS 1996 als „a relatively new field" bezeichnet (Irwin und Wynne 1996b, S. 226). In dem von Massimiano Bucchi und Brian Trench (2016a, b, c, d) herausgegebenen Sammelbänden mit Arbeiten zu PUS/PCS sind ebenfalls, abgesehen von Aufsätzen von Snow und Ludwik Fleck, nur nach 1985 erschienene Arbeiten enthalten (vgl. auch die Bibliografie von Irwin und Wynne 1996c). Weingart (2001) stützt sich Ende der 1990er Jahre in seiner Arbeit ebenfalls auf diese Initiative und veröffentlicht zudem in deren Zeitung „Public Understanding of Science".

4 Beschreibung der historischen Entwicklung und der Gegenwart durch die Paradigmen: Bruch nach 1968 vs. lineare Entwicklung seit Mitte der 1980er Jahre

Beide Paradigmen bieten zudem, wenn auch nur rudimentär, differierende Beschreibungen der *historischen* Entwicklung der Soziologie bzw. der Wissenschaft im Allgemeinen. Mills (1959, 1960) interpretiert die soziologischen Klassiker wie Max Weber als Vorbild einer „public sociology" und stellt sie in kritischer Absicht der zeitgenössischen Soziologie gegenüber, die auf die „große Theorie" und den „abstrakten Empirismus" ausgerichtet ist (Weber 1946; Neun 2016a). Auch Burawoy (2005a) sieht in der Gründungszeit der amerikanischen Soziologie und bei den soziologischen Klassikern noch eine starke Verbindung zur gesellschaftlichen Praxis gegeben, die für ihn aber verloren gegangen ist. Die Proteste von 1968 führen für ihn nicht zu einer Stärkung der „öffentlichen", sondern der „kritischen Soziologie", weshalb Erstere in der Gegenwart keine zentrale Rolle mehr einnimmt und deshalb eine Rückkehr zu der ursprünglichen Position des Faches notwendig ist.[9]

Diese Beschreibung ist ebenfalls für die deutsche Soziologie zutreffend, in der es nach 1945 noch einen großen Konsens innerhalb der Disziplin gibt, öffentlich

---

[8]Der Unterschied zu den amerikanischen Vorläufern zeigt sich darin, dass zwar grundsätzlich deren Idee aufgenommen wird, jedoch, wie es Irwin und Wynne (1996b, S. 4) formulieren, „except for the absence of socialist rhetoric".

[9]Noch schärfer fällt das Urteil von McAdam (2007) aus, der durch die Ereignisse von 1968 sogar negative Folgen für die Entwicklung der öffentlichen Soziologie beobachtet.

wirken zu wollen. Die Studentenproteste von 1968 befördern dann jedoch innerhalb des Faches eine Abwendung von dieser Position. Stattdessen und dagegen wird der *zu große* öffentliche Einfluss der Soziologie beklagt (Schelsky 1975). In den 1980er Jahren ist daher der Tiefpunkt der gesellschaftlichen Wirkung erreicht, was u. a. in der „Krise der Soziologie"-Debatte reflektiert wird (Grühn et al. 1985), auch in den 1990er Jahren wird die Frage kaum mehr diskutiert (Neun 2017a).

Dagegen diagnostiziert Weingart (2001) eine stärkere „Medialisierung" der Wissenschaft ab den 1980er Jahren. Ein Grund dafür ist für ihn, in Anlehnung an Luhmann (1996), die Ausbildung eines eigenen Systems der Medien. Grundsätzlich ist sein Ansatz aber schlecht historisch belegt, da an ihn anschließende geschichtswissenschaftliche Arbeiten fehlen (Brandt et al. 2014).

5 Paradigmatische Disziplinen der Paradigmen: Soziologie bzw. Sozialwissenschaften vs. Naturwissenschaften

Ein möglicher Grund für die unterschiedliche Beschreibung der historischen Entwicklung ist, dass die beiden Ansätze in den für sie paradigmatischen *Disziplinen* differieren. Wie der Begriff „public *sociology*" andeutet, liegt für Burawoy (2005b) der Schwerpunkt auf der Soziologie, auch wenn er sein Modell auf andere sozialwissenschaftliche Disziplinen wie die Ökonomie oder die Politikwissenschaften anwendet und daher von „public *social sciences*" spricht.[10] Zudem besteht eine intrinsische Verbindung der Sozialwissenschaften zu einem größeren Publikum und zur gesellschaftlichen Praxis (Hirsch-Kreiensen 2003), weil dort für die breite Öffentlichkeit relevante Themen behandelt werden.

In PUS/PCS wird dagegen, wie ebenfalls bereits der Begriff signalisiert, fokussiert auf das „Public Understanding of *Science*" bzw. „Public Communication of *Science*", d. h. den *Natur*wissenschaften, weshalb die deutsche Übersetzung des Forschungsfeldes als „Wissenschaftskommunikation" irreführend ist.[11]

---

[10]In einer empirischen Untersuchung wird Burawoys Unterteilung zudem erfolgreich auf das gesamte wissenschaftliche Feld angewendet (Brym und Nakhaie 2009).

[11]Bei der kurzen Erwähnung der amerikanischen Vorläufer werden in der PUS/PSC-Literatur auch nur die entsprechenden Versuche in den Naturwissenschaften genannt. In einem von Irwin und Wynne (1996b, S. 4) angeführten Zitat wird aber explizit das bessere Wissen des „social [!] and technical thinking" gefordert (Members of the Association of Scientific Workers 1947, S. 246).

Die Sozialwissenschaften nehmen allein bei der Messung des Grades des öffentlichen Verständnisses von Wissenschaft eine Rolle ein (Irwin und Wynne 1996b, S. 6). Auch in den vorliegenden historischen Arbeiten zum Verhältnis von Wissenschaft und Öffentlichkeit bzw. zur „öffentlichen Wissenschaft" liegt der Schwerpunkt auf der Geschichte der Naturwissenschaften (Hochadel 2003; Faulstich 2006; Nikolow und Schirrmacher 2007, S. 18).[12] Dies wird weiter dadurch befördert, dass das Hauptinteresse der Wissenschaftssoziologie in dem 1980er und 1990er Jahren, z. B. in der „Sociology of Scientific Knowledge"-Debatte, die eine starke Verbindung zur PUS-Diskussion besitzt (Whitley 1985, S. 10; Wynne 1991; Irwin und Wynne 1996b, S. 17), ebenfalls diesen Disziplinen gilt.

Auch Weingart (1983, S. 235) nennt zwar noch in einem frühen Text zur Politisierung der Wissenschaft die Sozialwissenschaften, d. h. die „Disziplinen, die allererst mit der Verwissenschaftlichung der Politik in Verbindung gebracht werden: Politikwissenschaft, Soziologie, Ökonomie und ihre verwandten Spezialgebiete." Zudem hebt er deren Nähe zur gesellschaftlichen Praxis hervor: „Politik, Entscheidungen sind vielmehr konstitutiv für ihre Gegenstandsbereiche" (Weingart 1983, S. 235). In der Medialisierungsthese liegt der theoretische und empirische Fokus aber dennoch gleichfalls auf den Naturwissenschaften (Schäfer 2008) und erst neuerdings werden Arbeiten aus dieser Richtung zu den Sozialwissenschaften unternommen.

Der Schwerpunkt wird ebenfalls in der deutschen Initiative „PUSH", später umbenannt in „Wissenschaft im Dialog", übernommen, deren Ziel die Nachwuchsförderung für die MINT-Fächer ist, obwohl auch dort angemerkt wird, dass die Geistes- und Sozialwissenschaften sich eine größere Nähe zur Gesellschaft erhalten konnten als die Technik-, Ingenieur- und Naturwissenschaften (Dernbach et al. 2012b, S. 3).

6 Theoretische Grundlage der Paradigmen: Feldtheorie bzw. Kritische Theorie vs. Systemtheorie

Die Paradigmen haben zudem unterschiedliche *theoretische Grundlagen*. Bei Burawoy (2005) liegt eine Mischung der Ansätze von Pierre Bourdieu (1988) und von Jürgen Habermas (1981) bzw. der Feldtheorie und der Kolonialisierungsthese

---

[12]Die Sozialwissenschaften werden aber in den historischen Arbeiten zur „öffentlichen Wissenschaft" kurz als paradigmatisch hervorgehoben. Für Mitchell Ash (2007, S. 354) sind ganze Disziplinen als öffentliche Wissenschaften entstanden, ein Beispiel dafür sind für ihn gerade die „Sozialwissenschaften im deutschsprachigen Raum".

der Lebenswelt vor (Neun 2016b), während die Medialisierungsthese eine systemtheoretische, an Niklas Luhmann orientierte Ausrichtung besitzt, wobei Weingart (2003) die Verbindung seiner Wissenschaftssoziologie zu dieser Gesellschaftstheorie gerade als theoretischen Vorzug seines Ansatzes sieht. Eine Gemeinsamkeit ist dabei, dass sowohl Bourdieu als auch Luhmann an der Autonomie der Wissenschaft festhalten.

7 Bewertung der Wissenschaftskommunikation der Paradigmen: positiv vs. negativ

Sie kommen aber in der *Bewertung* der Wissenschaftskommunikation zu unterschiedlichen Ergebnissen. Bourdieu (1999) verteidigt zwar die Eigenständigkeit der Wissenschaft gegen externe Einflüsse, leitet daraus jedoch eine Verpflichtung für ForscherInnen ab, die wissenschaftlichen Ergebnisse einer breiten Öffentlichkeit mitzuteilen. In Anlehnung an Bourdieu nennt Burawoy (2005) daher die Verbreitung soziologischer Erkenntnisse ebenfalls ausdrücklich als positives Ziel.

Luhmann (1970, 2010) fordert dagegen schon früh einen Fokus der ForscherInnen auf die eigene wissenschaftliche „peer"-Group, da das wissenschaftliche System für ihn, anders etwa das politische System, keine Publikumsrolle besitzt (vgl. Bühl 1974). Der theoretische Einfluss von Luhmann hat deshalb bei Weingart (2001) ebenfalls eine Abwendung von der Öffentlichkeit zur Folge und er beurteilt die Öffentlichkeitsorientierung daher kritisch, weil er dadurch die Funktions- und Kontrollmechanismen der Wissenschaft außer kraft gesetzt sieht und er insbesondere eine negative Rückwirkung auf die Wissenschaft befürchtet.

8 Ziel der Wissenschaftskommunikation der Paradigmen: Aufklärung vs. PR der Wissenschaft

Die unterschiedlichen theoretischen Wurzeln führen zudem zu einer abweichenden Bestimmung des *Ziels* der Wissenschaftskommunikation. Burawoy (2005a) sieht dieses, wie schon Mills in der Tradition der amerikanischen Soziologie (Dahrendorf 1962), in der Aufklärung einer breiteren Öffentlichkeit. In der „Medialisierungs"-These wird die Öffentlichkeitsorientierung der Wissenschaft oder einzelner WissenschaftlerInnen dagegen vorrangig als Form der

Eigenwerbung oder als Mittel zur Sicherung öffentlicher Mittel bzw. der Legitimation verstanden (Weingart 2001).[13]
Diese Differenz zeigt sich auch bei den verwendeten „Öffentlichkeits"-Begriffen. Burawoy (2005a) zählt in Anschluss u. a. an Habermas' (1962) Modell den Markt und den Staat nicht zur Öffentlichkeit und grenzt daher die Form der „policy sociology" von der „public sociology" ab.[14] In PUS wird dagegen unter „public" bzw. „publics" der Wissenschaft auch z. B. das Militär oder die Wirtschaft verstanden (Whitley 1985, S. 5; vgl. Faulstich 2006, S. 25). Bei Weingart (2001) wiederum liegt eine starke Identifikation der „Öffentlichkeit" mit dem System der Medien vor.

9 Fazit und Ausblick

Trotz der scheinbar gemeinsamen Ausgangsposition nehmen die Paradigmen z. T. diametral unterschiedliche Position z. B. hinsichtlich der Analyse der derzeitigen Situation der Wissenschaftskommunikation ein. Dabei sind die theoretischen Quellen, auf die sie sich beziehen, ein Grund für die differierenden Einschätzungen. Aufgrund u. a. des englischen Ursprungs und des Zeitpunktes der Entstehung der PUS/PCS-Richtung sind zudem die Sozialwissenschaften in der Diskussion unterrepräsentiert.[15] Gerade bei diesen Fächern liegt aber eine intrinsische Beziehung zur Öffentlichkeit vor, wie die starke Stellung der Soziologie in der Nachkriegsgeschichte der Bundesrepublik zeigt, in der sie die Rolle als „Schlüsselwissenschaft" der Bundesrepublik einnimmt (Boll 2004). Anfang der 1970er Jahre werden die Sozialwissenschaften daher als dominierende „dritte Kultur" neben den Natur- und Geisteswissenschaften genannt (Kärtner 1972).

Das Beispiel der Soziologie widerlegt zudem die generelle „Medialisierungs"-These oder schränkt ihren Erkenntniswert zumindest stark ein. Die Geschichte des Faches zeigt dagegen, dass der Beginn der Diskussion des Verhältnisses von Wissenschaft und Öffentlichkeit wie die entsprechenden Bemühungen, soziologische Ergebnisse zu verbreiten, schon früher anzusetzen ist, als dort

---

[13]Diese unterschiedlichen Begründungen für die Öffentlichkeitsorientierung der Wissenschaft finden sich ebenfalls bereits in den Debatten Anfang der 1970er Jahre (Kärtner 1972).

[14]Mills (1959) ist wiederum von dem Öffentlichkeitsmodell Deweys (2001) beeinflusst.

[15]Dieses Desiderat ist aber auch auf den generellen Mangel an soziologischer Selbstreflexion zurückzuführen, der sich z. B. in der schwachen Stellung der Soziologiegeschichte in der Disziplin zeigt.

angenommen.[16] Zudem werden bereits hier bestimmte Fragen, die von PUS/PCS später wieder aufgegriffen werden, diskutiert. Die Funktion der Wissenschaftskommunikation als Kontakt *zwischen* verschiedenen Wissenschaften hebt etwa schon Habermas (1968) hervor[17] oder, dass die Popularisierung einer bestimmten wissenschaftlichen Position deren Stellung in der akademischen Kontroverse stärken kann, Friedrich Tenbruck (1971; Whitley 1985, S. 9).

Auch die konstitutiven Unterschiede der Sozialwissenschaften im Vergleich mit anderen Fächern werden durch einen Vergleich der Ansätze deutlich. Das „Defizit"-Modell der PUS ist z. B. für sie besonders unrealistisch (Hilgartner 1990), da sie immer, mit einem zumindest rudimentären soziologischen Wissen bei den Menschen rechnen müssen (Offe 1977). In den Disziplinen liegt zudem eine andere Struktur der Wissensvermittlung vor, die nicht über Wissenschaftsjournalisten, sondern z. B. über Intellektuelle oder SozialwissenschaftlerInnen selbst erfolgt (Cassidy 2014), weshalb der für PUS/PCS zentrale Begriff der „Popularisierung" für sie problematisch ist (Bucchi und Trench 2014b, S. 3).[18] Die stärkere Beachtung der Fächer bringt zudem eine andere Motivation für diese Wissenschaftsverbreitung zum Vorschein, die über die in der Literatur dominierende, und von den Natur- bzw. Technikwissenschaften geprägte, Legitimations- bzw. Akzeptanzstrategie hinausgeht (u. a. Faulstich 2006, S. 17).

Der Fokus sollte daher nicht allein auf die bereits in der Literatur zur PUS/PCS genannten *theoretischen Vorläufern* wie Ludwik Fleck (1980) und Snow (1987a, b) mit ihrem Schwerpunkt auf den Naturwissenschaften gelegt (u. a.

---

[16]Die Geschichte der Soziologie lenkt zudem den Blick auf die politischen Gründe, die zu einer *Abkehr* der Wissenschaft von diesem Ziel führen. Diese Beobachtung macht darauf aufmerksam, dass bei der Beschreibung der wissenschaftlichen Entwicklung der historische Kontext zu beachten und Wissenschaftsgeschichte nicht als reine Diskursgeschichte zu betreiben ist. Die Historie des Faches ist darüber hinaus für andere Fächer relevant, da die bisherigen historischen Arbeiten zum Verhältnis von Wissenschaft und Öffentlichkeit nur die Zeit bis, nicht aber die nach, 1968 behandeln (Brandt et al. 2014).

[17]Habermas wird dagegen in PUS/PCS gerade dafür kritisiert, dass er in seinem „Öffentlichkeits"-Modell die Rolle der Wissenschaften nicht behandelt (Bensaude-Vincent 2001, S. 111). Dabei wird aber nur sein früheres Werk „Strukturwandel der Öffentlichkeit" berücksichtigt (Habermas 1962).

[18]Richard Whitley (1985, S. 18) schränkt selbst ein, dass bei Geisteswissenschaften die Grenze zwischen Spezialisten und Publikum nicht so klar gezogen sind, „so that popularisation is not always sharply distinguished form contribution to collective intellectual goals". Es wird daher in der Soziologie auch nicht, wie alternativ vorgeschlagen, von „*popular* sociology" (Chinoy 1964), sondern von „*public* sociology" gesprochen (Burawoy 2005).

Nikolow und Schirrmacher 2007, S. 25, 28; Whitley 1985, S. 7; Bucchi und Trench 2016a), sondern auch andere, z. T. wirkungsstarke Anstöße für einen engeren Kontakt der Wissenschaft mit der Öffentlichkeit beachtet werden. Dies sind z. B. Karls Mannheims (1932) Bestimmung der gesellschaftlichen Aufgaben der Soziologie (Neun 2015),[19] Gerths und Mills' (1946) alternative Weber-Interpretation (Neun 2016a), Mills' (1959) Werk „The Sociological Imagination", Arbeiten von Bourdieu (2010) zum Verhältnis von wissenschaftlichen und journalistischen Feld,[20] frühe Untersuchungen von Florian Znaniecki (1940) zur Bedeutung des „social circle" für die WissenschaftlerInnen oder Habermas' (1968) Bestimmung des Verhältnisses von Wissenschaft und Öffentlichkeit.[21]

Zudem sollten die *empirischen* Arbeiten zum Verhältnis von Soziologie und Medien bzw. Öffentlichkeit aus der Verwendungsforschung der späten 1970er und 1980er Jahre stärker in den Arbeiten zur Wissenschaftskommunikation berücksichtigt werden (Hömberg 1978; Peters 1982; Neun 2017c). In ihnen wird z. B. bereits die Hierarchisierung der verschiedenen Wissensformen infrage gestellt und die Tatsache registriert, dass wissenschaftliches Wissen in der Verwendung zunehmend „verschwindet" (Beck und Bonß 1989; Wynne 1991, S. 116).[22]

Auch sollten in Zukunft die gesellschaftlichen Wirkungen der Soziologie, z. B. im Vergleich mit der Position der Ökonomie in der Öffentlichkeit, stärker im Mittelpunkt der Forschung stehen. Annäherungen zwischen Burawoys Modell der „public sociology" und der „Medialisierungsthese" von Weingart bzw. der PUS ergeben sich dabei durch spätere Äußerungen Weingarts, in denen er als Aufgabe der Wissenschaft ebenfalls die Förderung der Demokratie nennt (Wormer und

---

[19]Zum einem Vergleich der Arbeiten von Mannheim und Fleck siehe Neun (2017b).

[20]Die Arbeiten Bourdieus werden in der Wissenschaftssoziologie bisher generell nur unzureichend erfasst. Zu neueren feldtheoretischen Analysen der Wissenschaft vgl. nun Hamann et al. (2016).

[21]Zudem wird in der englischen Debatte, obwohl dort grundsätzlich ein konstruktivistischer Ansatz verfolgt wird, Peter Bergers und Thomas Luckmanns (1966) Werk „The Social Construction of Reality" nicht berücksichtigt, das z. B. Klaus-Georg Riegel (1974) in seinem Konzept von „öffentlichem Wissen" verwendet. Ein neueres Modell zur Wissenskommunikation aus sozialkonstruktivistischer Richtung entwickelt aber Hubert Knoblauch (2013).

[22]Die Ergebnisse der deutschen Verwendungsdebatte sind im anglo-amerikanischen Raum kaum bekannt, weil der zentrale Band dazu von Ulrich Beck und Wolfgang Bonß (1989) nicht ins Englische übersetzt wurde. Andere, übertragene Arbeiten Becks (1992) wie „Risikogesellschaft" hingegen werden dort genannt (Irwin und Wynne 1996c, S. 227).

Weingart 2014) oder und die Rückkehr der PUS/PCS zu der aufklärerischen Idee einer skeptischen, aber informierten öffentlichen Meinung (Bauer und Falade 2014, S. 150).[23] Zudem hat Burawoy (2005a) bei der Forderung der Vermittlung soziologischer Ergebnisse nicht die Pressestellen von Hochschulen im Blick, die in der empirischen Überprüfung der „Medialisierungs"-These im Mittelpunkt stehen (Franzen 2014), da für ihn ein Anstoß für sein Modell gerade die Kritik an der zunehmenden Ökonomisierung der Hochschulen ist. Auch bleibt bei ihm die „professionelle Soziologie" der Kern der Soziologie (Burawoy 2005a).

Literatur

Ash, Mitchell G. 2007. Wissenschaft(en) und Öffentlichkeit(en) als Ressourcen füreinander. Weiterführende Bemerkungen zur Beziehungsgeschichte. In *Wissenschaft und Öffentlichkeit als Ressourcen füreinander. Studien zur Wissenschaftsgeschichte im 20. Jahrhundert,* hrsg. Sybilla Nikolow und Arne Schirrmacher, 349–362. Frankfurt a. M.: Campus.
Bauer, Martin W., Bankole A. Falade. 2014. Public understanding of science: survey research around the world. In *Routledge Handbook of Public Communication of Science and Technology. Second Edition,* hrsg. Massiamo Bucchi und Brian Trench, 140–159. London: Routledge.
Beck, Gerald. 2013. *Sichtbare Soziologie. Visualisierung und soziologische Wissenschaftskommunikation in der Zweiten Moderne.* Bielefeld: Transcript.
Beck, Ulrich. 1992. *Risk Society. Towards a New Modernity.* London: Sage.
Beck, Ulrich und Wolfgang Bonß. (Hrsg.) 1989. Verwissenschaftlichung ohne Aufklärung? Zum Strukturwandel von Sozialwissenschaft und Praxis. In *Weder Sozialtechnologie noch Aufklärung? Analysen zur Verwendung sozialwissenschaftlichen Wissens,* hrsg. Ulrich Beck und Wolfgang Bonß, 7–45. Frankfurt a. M.: Suhrkamp.
Bensaude-Vincent, Bernadette. 2001. A geneaology of the increasing gap between science and the public. *Public Understanding of Science* 10: 99–113.
Berger, L. Peter und Thomas Luckmann. 1966. *The Social Construction of Reality. A Treatise in the Sociology of Knowledge.* New York: Doubleday.
Boll, Monika. 2004. *Nachtprogramm. Intellektuelle Gründungsdebatten in der frühen Bundesrepublik.* Münster: LiT
Bourdieu, Pierre. 1988. *Homo Academicus.* Frankfurt a. M.: Suhrkamp.
Bourdieu, Pierre. 1999. *Die Regeln der Kunst. Genese und Struktur des literarischen Feldes.* Frankfurt a. M.: Suhrkamp.
Bourdieu, Pierre. 2010. Politik, Sozialwissenschaften und Journalismus. In *Politik. Schriften zur Politischen Ökonomie 2,* hrsg. Franz Schultheis und Stephan Eggers, 265–290. Konstanz: UVK.

---

[23]Das Konzept der „citizen science" nimmt ebenfalls wieder Ideen der Aufklärung zur „öffentlichen Meinung" auf (Bensaude-Vincent 2001, S. 109 f.).

Brandt, Sebastian, Christa-Irene Klein, Nadine Kopp, Sylvia Paletschek, Livia Prüll, und Olaf Schütze. (Hrsg.). 2014. *Wissenschaft und Öffentlichkeit in Westdeutschland (1945 bis ca. 1970)*. Stuttgart: Steiner.
Brym, Robert J., und Reza M. Nakhaie. 2009. Professional, Critical, Policy, and Public Academics in Canada. *Canadian Journal of Sociology* 34 (3): 655–670.
Bucchi, Massimiano, und Brian Trench. (Hrsg.). 2014a. *Routledge Handbook of Public Communication of Science and Technology. Second Edition*. London: Routledge.
Bucchi, Massimiano, und Brian Trench. 2014b. Science communication research: themes and challenges. In *Routledge Handbook of Public Communication of Science and Technology. Second Edition*, hrsg. Massimiano Bucchi und Brian Trench, 1–14. London: Routledge.
Bucchi, Massimiano, und Brian Trench. (Hrsg.). 2016a. *The Public Communication of Science. Critical Concepts in Sociology. Bd. 1. Theories and Models*. London: Routledge.
Bucchi, Massimiano, und Brian Trench. (Hrsg.). 2016b. *The Public Communication of Science. Critical Concepts in Sociology. Bd. 2. Processes and Strategies*. London: Routledge.
Bucchi, Massimiano, und Brian Trench. (Hrsg.). 2016c. *The Public Communication of Science. Critical Concepts in Sociology. Bd. 3. Publics for Science*. London: Routledge.
Bucci Massimiano, und Brian Trench. (Hrsg.). 2016d. *The Public Communication of Science. Critical Concepts in Sociology. Bd. 4. Media Representations of Science*. London: Routledge.
Bude, Heinz. 2005. Auf der Suche nach einer öffentlichen Soziologie. Ein Kommentar zu Michael Burawoy von Heinz Bude. *Soziale Welt* 56: 375–380.
Bühl, Walter L. 1974. *Einführung in die Wissenschaftssoziologie*. München: Beck.
Burawoy, Michael. 2005a. For Public Sociology. *American Sociological Review* 70: 4–28.
Burawoy, Michael. 2005b. Provincializing the Social Sciences. In *The Politics of Method in the Human Sciences*, hrsg. George Steinmetz, 508–525. Durham: Duke University Press.
Burawoy, Michael. 2008. Open Letter to C. Wright Mills. *Antipode* 40 (3): 365–375.
Cassidy, Angela. 2014. Communicating the social sciences: a specific challenge? In *Routledge Handbook of Public Communication of Science and Technology. Second Edition*, hrsg. Massiamo Bucchi und Brian Trench, 186–197. London: Routledge.
Chinoy, Ely. 1964. Popular Sociology. In *Sociology and Contemporary Education*, hrsg. Charles H. Page, 115–134. New York: Random House.
Coser, Lewis. 1975. Two Methods in Search of a Substance. *American Sociological Review* 40 (6): 691–700.
Dahrendorf, Ralf. 1962. *Die angewandte Aufklärung. Gesellschaft und Soziologie in Amerika*. München: Piper.
Dernbach, Beatrice, Christian Kleinert, und Herbert Münder. (Hrsg.). 2012a. *Handbuch Wissenschaftskommunikation*. Wiesbaden: Springer VS.
Dernbach, Beatrice, Christian Kleinert, und Herbert Münder. 2012b. Einleitung: Die drei Ebenen der Wissenschaftskommunikation. In *Handbuch Wissenschaftskommunikation*, hrsg. Beatrice Dernbach, Christian Kleinert und Herbert Münder, 1–15. Wiesbaden: Springer VS.
Dewey, John. 2001. *Die Öffentlichkeit und ihre Probleme*. Berlin: Philo Verlagsgesellschaft.

Faulstich, Peter. 2006. Öffentliche Wissenschaft. In *Neue Perspektiven der Vermittlung in der wissenschaftlichen Weiterbildung*, hrsg. Peter Faulstich, 11–32 Bielefeld: transcript.

Fleck, Ludwik. 1980. *Entstehung und Entwicklung einer wissenschaftlichen Tatsache. Einführung in die Lehre von Denkstil und Denkkollektiv. Mit einer Einleitung herausgegeben von Lothar Schäfer und Thomas Schnelle*. Frankfurt a. M.: Suhrkamp.

Franzen, Martina, 2014. Medialisierungstendenzen im wissenschaftlichen Kommunikationssytem. In *Wissen – Nachricht – Sensation. Zur Kommunikation zwischen Wissenschaft, Öffentlichkeit und Medien*, hrsg. Peter Weingart und Patricia Schulz, 19–45. Weilerswist: Velbrück Wissenschaft.

Froese, Anna, Dagmar Simon, und Julia Böttcher. (Hrsg.). 2016. *Sozialwissenschaften und Gesellschaft. Neue Verortungen von Wissenstransfer*. Bielefeld: transcript.

Gans, Herbert J. 1989. Sociology in America: The Discipline and the Public. *American Sociological Review* 54: 1–16.

Glaser, Ernst. 1965. *Kann die Wissenschaft verständlich sein? Von der Schwierigkeit ihrer Popularisierung*. Wien: Econ-Verlag.

Grühn, Dieter, Klaus Schroeder, und Werner Süß. (Hrsg.). 1985. *Wider das Krisengerede in den Sozialwissenschaften – oder: Wozu noch Soziologie*. Bielefeld: AJZ-Druck und Verlag.

Haber, Heinz. 1968. Öffentliche Wissenschaft. *Bild der Wissenschaft* 5 (9): 744–753.

Haber, Heinz. 1984. Stichwort: „Öffentliche Wissenschaft". In *Medizin & Medien. Krankt die Gesundheit am Journalismus?*, hrsg. Hans Wagner und Heinz Starkulla, 168–170. München: publicom.

Habermas, Jürgen. 1962. *Strukturwandel der Öffentlichkeit. Untersuchungen zu einer Kategorie der bürgerlichen Gesellschaft*. Neuwied: Luchterhand.

Habermas, Jürgen. 1968. Verwissenschaftlichte Politik und öffentliche Meinung. In *Technik und Wissenschaft als ‚Ideologie'*, 120–145. Frankfurt a. M.: Suhrkamp.

Habermas, Jürgen. 1981. *Theorie des kommunikativen Handelns. 2 Bd*. Frankfurt a. M.: Suhrkamp.

Hamann, Julian, Jens Maeße, Vincent Gengnagel, und Alexander Hirschfeld. (Hrsg.). 2016. *Macht in Wissenschaft und Gesellschaft. Diskurs- und feldanalytische Perspektiven*. Wiesbaden: Springer VS.

Hilgartner, Stephen. 1990. The Dominant View of Popularization: Conceptual Problems, Political Uses. *Social Studies of Science* 20: 519–539.

Hirsch-Kreiensen, Hartmut. 2003. Ein neuer Modus sozialwissenschaftlicher Wissensproduktion? In *Forschen – lernen – beraten. Der Wandel von Wissensproduktion und -transfer in den Sozialwissenschaften*, hrsg. Hans-Werner Franz, Jürgen Howaldt, Heike Jacobsen und Ralf Kopp, 257–268. Berlin: sigma.

Hochadel, Oliver. 2003. *Öffentliche Wissenschaft. Elektrizität in der deutschen Aufklärung*. Göttingen: Wallstein.

Hömberg, Walter. 1978. Soziologie und Sozialwissenschaften in den Massenmedien. Beobachtungen, Fragen, Vorschläge. *Soziologie* (1): 5–23.

Irwin, Alan, und Brian Wynne. (Hrsg.). 1996a. *Misunderstanding science? The public reconstruction of science and technology*. Cambridge: Cambridge University Press.

Irwin, Alan, und Brian Wynne. 1996b. Introduction. In *Misunderstanding science? The public reconstruction of science and technology*, hrsg. Alan Irwin und Brian Wynne, 1–17. Cambridge: Cambridge University Press.

Irwin, Alan, und Brian Wynne. 1996c. Select bibliography. In *Misunderstanding science? The public reconstruction of science and technology*, hrsg. Alan Irwin und Brian Wynne, 226–229. Cambridge: Cambridge University Press.

Kärtner, Georg. 1972. *Wissenschaft und Öffentlichkeit. Die gesellschaftliche Kontrolle der Wissenschaft als Kommunikationsproblem. Eine Analyse anhand der Berichterstattung des Nachrichtenmagazins „Der Spiegel" und anderer Massenmedien*. Göppingen: Kümmerle.

Knoblauch, Hubert. 2013. Wissenssoziologie, Wissensgesellschaft und Wissenskommunikation. *Aus Politik und Zeitgeschichte* 63 (18–20): 9–16.

König, René. 1961. Zwei ungleiche Brüder. *Kölner Zeitschrift für Soziologie und Sozialpsychologie* 13 (3): 500–507.

Krauch, Helmut, und Klaus Schreiber. 1966. Forschung und technischer Fortschritt im Bewußtsein der Öffentlichkeit. Ergebnisse einer Repräsentativbefragung. *Soziale Welt* 17: 289–315.

Luhmann, Niklas. 1970. Selbststeuerung der Wissenschaft. In *Soziologische Aufklärung 1. Aufsätze zur Theorie sozialer Systeme*, 232–252. Opladen: Westdeutscher Verlag.

Luhmann, Niklas. 1996. *Die Realität der Massenmedien*. 2., erw. Aufl. Opladen: Westdeutscher Verlag.

Luhmann, Niklas. 2010. *Politische Soziologie*, hrsg. André Kieserling. Berlin: Suhrkamp.

Mannheim, Karl. 1932. *Die Gegenwartsaufgaben der Soziologie. Ihre Lehrgestalt*. Tübingen: Mohr.

McAdam, Doug. 2007. From Relevance to Irrelevance: The Curious Impact of the Sixties on Public Sociology. In *Sociology in America. A History*, hrsg. Craig Calhoun, 411–426. Chicago: The University of Chicago Press.

Members of the Association of Scientific Workers. 1947. *Science and the Nation*. Harmondsworth: Penguin Books.

Mills, C. Wright. 1959. *The Sociological Imagination*. New York: Oxford University Press.

Mills, C. Wright. 1960. *Images of Man: The Classical Tradition in Sociological Thinking*. New York: Braziller.

Mills, C. Wright. 1973. *Kritik der soziologischen Denkweise*. Sonderausgabe. Neuwied: Luchterhand.

Mills, C. Wright. 2016: *Soziologische Phantasie*. Wiesbaden: Springer VS.

Neun, Oliver. 2011. Die Rückkehr der Kritischen Theorie nach Deutschland. Die „New York Intellectuals" und das Konzept der „public sociology" nach Michael Burawoy. *Sozialwissenschaften und Berufspraxis* 42: 179–194.

Neun, Oliver. 2014. *Daniel Bell und der Kreis der „New York Intellectuals" Frühe amerikanische öffentliche Soziologie*. Wiesbaden: VS Verlag.

Neun, Oliver. 2015. Zwei Ansätze der Soziologie der Soziologie: Karl Mannheim und Pierre Bourdieu im Vergleich. *Österreichische Zeitschrift für Soziologie* 15, H 4: 373–390.

Neun, Oliver. 2016a. Der andere amerikanische Max Weber: Hans H. Gerths und C. Wright Mills' *From Max Weber*, dessen deutsche Rezeption und das Konzept der „public sociology". *Berliner Journal für Soziologie* 25: 333–357.

Neun, Oliver. 2016b. Unbekannte Wahlverwandtschaften: Die wechselseitige Rezeption von Machtanalysen der Wissenschaft in der kritischen amerikanischen und französischen Soziologie. In *Macht in Wissenschaft und Gesellschaft: diskurs- und feldanalytische Perspektiven*, hrsg. Julian Hamann, Jens Maeße, Vincent Gengnagel und Alexander Hirschfeld, 528–548. Wiesbaden: Springer VS.

Neun, Oliver. 2017a. Geschichte der Verhältnisses zwischen Soziologie und Öffentlichkeit in der deutschsprachigen Soziologie. In *Handbuch der deutschsprachigen Soziologie. Bd 1: Geschichte der Soziologie im deutschsprachigen Raum*, hrsg. Stephan Moebius und Andrea Ploder. Wiesbaden: Springer VS (im Erscheinen).

Neun, Oliver. 2017b. Zum Verhältnis von Ludwik Flecks und Karls Mannheims Wissenssoziologie. *Zyklos* 3 (im Erscheinen).

Neun, Oliver. 2017c. Die Verwendungsdebatte innerhalb der deutschen Soziologie: eine vergessene Phase der fachlichen Selbstreflexion. In *Soziologie in Österreich – Internationale Verflechtungen*, hrsg. von Helmut Staubmann (im Erscheinen).

Nikolow, Sybilla, und Arne Schirrmacher. (Hrsg.). 2007. *Wissenschaft und Öffentlichkeit als Ressourcen füreinander. Studien zur Wissenschaftsgeschichte im 20. Jahrhundert*. Frankfurt a. M.: Campus.

Offe, Claus. 1977. Die kritische Funktion der Sozialwissenschaften. In *Interaktion von Wissenschaft und Politik. Theoretische und praktische Probleme der anwendungsorientierten Sozialwissenschaften*, hrsg. Wissenschaftszentrum Berlin, 321–329. Frankfurt a. M.: Campus.

Parsons, Talcott. 1959. Some Problems Confronting Sociology as a Profession. *American Sociological Review* 24: 547–559.

Peters, Hans Peter. 1982. Vergleich physikalischer und soziologischer Wissenschaftsberichterstattung und Darstellung einiger Veränderungen auf den Wissenschaftsseiten von Zeitungen seit 1959. *Soziologie* 11 (1): 37–46.

Riegel, 1974. *Öffentliche Legitimation der Wissenschaft*. Stuttgart: Kohlhammer.

Royal Society. 1985. The Public Understanding of Science. London: Royal Society.

Schäfer, Mike S. 2008. Medialisierung der Wissenschaft? *Zeitschrift für Soziologie* 37 (3): 206–225.

Schelsky, Helmut. 1975. *Die Arbeit tun die anderen. Klassenkampf und Priesterherrschaft der Intellektuellen*. Opladen: Westdeutscher Verlag.

Snow, Charles P. 1987a. Die zwei Kulturen. Rede Lecture, 1959. In *Die zwei Kulturen. Literarische und naturwissenschaftliche Intelligenz. C. P. Snows These in der Diskussion*, hrsg. Helmut Kreuzer, 19–58. Frankfurt a. M.: Suhrkamp.

Snow, Charles P. 1987b. Ein Nachtrag, 1963. In *Die zwei Kulturen. Literarische und naturwissenschaftliche Intelligenz. C. P. Snows These in der Diskussion*, hrsg. Helmut Kreuzer, 59–96. Frankfurt a. M.: Suhrkamp.

Tenbruck, Friedrich. 1971. Wissenschaft, Politik und Öffentlichkeit. In *Politik und Wissenschaft*, hrsg. Hans Maier, Klaus Ritter und Ulrich Matz, 323–356. München: Beck.

Weber, Max. 1946. *From Max Weber. Essays in Sociology*, hrsg. Hans H. Gerth und C. Wright Mills. New York: Oxford University Press.

Weingart, Peter. 1983. Verwissenschaftlichung der Gesellschaft – Politisierung der Wissenschaft. *Zeitschrift für Soziologie* 12 (3): 225–241.

Weingart, Peter. 2001. *Die Stunde der Wahrheit? Zum Verhältnis der Wissenschaft zu Politik, Wirtschaft und Medien in der Wissensgesellschaft*. Weilerswist: Velbrück Wissenschaft.

Weingart, Peter. 2003. *Wissenschaftssoziologie*. Bielefeld: transcript.

Weingart, Peter. 2005. *Die Wissenschaft der Öffentlichkeit. Essays zum Verhältnis von Wissenschaft, Medien und Öffentlichkeit*. Weilerswist: Velbrück.

Whitley, Richard. 1985. Knowledge Producers and Knowledge Acquirers: Popularisation as a Relation Between Scientific Fields and Their Publics. In *Expository Science:*

Forms and Functions of Popularisation, hrsg. Terry Shinn und Richard Whitley, 3–28. Dordrecht: Reidel.

Wormer, Holger, und Peter Weingart. 2014. Sensation, Sensation! Was in der Kommunikation zwischen Wissenschaftlern und Öffentlichkeit schief läuft – und was sich ändern muss. *Zeit* (26), 6. Juli.

Wynne, Brian. 1991. Knowledges in Context. *Science, Technology, & Human Values* 16 (1): 111–121.

Ziman, John. 1991. Public Understanding of Science. *Science, Technology, & Human Values* 16 (1): 99–105.

Znaniecki, Florian. 1940. *The Social Role of the Man of Knowledge.* New York: Columbia University Press.

Über den Autor

Oliver Neun studierte Neuere Deutsche Literaturwissenschaft, Linguistik, Politikwissenschaft, Soziologie und Philosophie in Göttingen, Freiburg, Berlin und München. Seine Forschungsschwerpunkte sind Wissens- und Wissenschaftssoziologie, soziologische Theorie, Soziologiegeschichte. Aktuelle Veröffentlichungen: Daniel Bell und der Kreis der „New York Intellectuals". Frühe amerikanische öffentliche Soziologie, Wiesbaden: VS Springer, 2014; Zwei Ansätze der Soziologie der Soziologie: Karl Mannheim und Pierre Bourdieu und im Vergleich, in: Österreichische Zeitschrift für Soziologie 40 (2015), 373–390; Der andere „amerikanische" Max Weber: Hans Gerths und C. Wright Mills' „From Max Weber", dessen deutsche Rezeption und das Konzept der „public sociology", in: Berliner Journal für Soziologie 25 (2016), 333–357.

Comics als visueller Zugang zum transdisziplinären Diskurs über Technikzukünfte

Eine Praxisperspektive

Philipp Schrögel und Marc-Denis Weitze

Zusammenfassung

Die partizipative Gestaltung von Wissenschaft und Technik wird in Gesellschaft und Politik zunehmend eingefordert. Die Wissenschaft öffnet sich der transdisziplinären Produktion und Reflexion von Wissen. Eine Methode zu einem frühzeitigen Technikdiskurs mit der Öffentlichkeit, sind Technikzukünfte – das sind z. B. Szenarien, die neben technischen Aspekten auch die gesellschaftliche und ethische Dimension enthalten. Für eine transdisziplinäre Technikgestaltung stellt sich die Herausforderung, einen Diskussionszugang zu den im frühen Stadium noch sehr abstrakten Themen für fachliche Laien zu finden. Insbesondere Kinder und Jugendliche, die als künftige Generation von den möglichen Entwicklungen betroffen sein werden, sind oft schwer erreichbar. Als ein möglicher Ansatz dazu wird hier die Nutzung von Comics als visuelles und intuitives Kommunikationsmittel vorgestellt. Es existieren bereits vielfältige Erfahrungen in der Nutzung von Comics zur Wissensvermittlung, insbesondere im schulischen Kontext. Aber Comics können genauso

---

P. Schrögel (✉)
Institut für Germanistik: Literatur, Sprache, Medien, Karlsruher Institut für Technologie (KIT), Abt. Wissenschaftskommunikation, Kaiserstraße 12, 76131 Karlsruhe, Deutschland
E-Mail: philipp.schroegel@kit.edu

M.-D. Weitze
Leiter Technikkommunikation, acatech – Deutsche Akademie der Technikwissenschaften, Karolinenplatz 4, 80333 München, Deutschland
E-Mail: weitze@acatech.de

© Springer Fachmedien Wiesbaden GmbH 2018
E. Lettkemann et al. (Hrsg.), *Knowledge in Action,* Wissen, Kommunikation und Gesellschaft, DOI 10.1007/978-3-658-18337-0_2

als Werkzeug zur Formulierung lebensweltlicher Ansichten und Bewertungen von Technologien genutzt werden. In einem Projekt der Deutschen Akademie der Technikwissenschaften (acatech) wurde dies für das Thema „Künstliche Fotosynthese" im Rahmen eines Comic-Workshops umgesetzt. Dieser Beitrag präsentiert die Erfahrung damit aus einer praktischen Perspektive.

Schlüsselwörter

Bürgerbeteiligung · Comic · Gesellschaftsberatung · Künstliche Fotosynthese · Partizipation · Technikfolgenabschätzung · Technikkommunikation · Technikzukünfte · Visuelle Kommunikation · Wissenschaftskommunikation

1 Partizipation und Transdisziplinäre Technikgestaltung[1]

1.1 Technikgestaltung unter frühzeitiger Einbindung der Öffentlichkeit

In einer demokratischen Gesellschaft sollen die Bürgerinnen und Bürger die Politik im Großen und Ganzen verstehen und an wichtigen politischen Auseinandersetzungen teilhaben. Darüber hinaus lassen sich heute – bei Bürgerinitiativen wie den sogenannten „Wutbürgern", befördert durch die technischen Möglichkeiten des Internet und die dadurch veränderten Kommunikationslogiken der Medien – veränderte Ansprüche an die Kommunikation und Mitbestimmung feststellen. Diese sind eine Herausforderung für die Gestaltung gesellschaftlich-politischer Diskurse (Bussemer 2011) und reichen über den bisherigen gesetzlichen Rahmen der repräsentativen Demokratie hinaus (acatech 2011, S. 12).

Für die sozialwissenschaftliche Technikforschung steht fest, dass Nutzer bei der Entwicklung und Verbreitung von Technologien, nicht nur im Rahmen der (passiven) Akzeptanz von Produkten, als Nachfrager nach Produkten oder Betroffene der Auswirkungen eine Funktion übernehmen können (Durant 1999). So ist eine aktive Aneignung (etwa die Integration in die Alltagspraxis) wichtig für den Erfolg von Innovationen. Die Einbeziehung der Öffentlichkeit bereits in einem frühen Stadium technischer Projekte oder wissenschaftlicher Erkenntnisprozesse markiert ein neues Verhältnis zwischen Wissenschaft und Öffentlichkeit (Wilsdon und Willis 2004). Nutzer können – zumal bei Technologien, die in ihrem Alltag

---

[1]Dieser Abschnitt ist angelehnt an den Projektbericht (acatech 2016), Kap. 2.

wirken – bei der Gestaltung und Verbesserung neuer Technologien mitwirken. Standen bei der Forschung zu und Gestaltung von zukünftigen Technologien bislang die (angewandte) Wissenschaft mit ihrer Orientierung auf technische Neuerungen und die Wirtschaft mit ihrer Orientierung an dem Markt im Mittelpunkt, rücken nun also die Bürgerinnen und Bürger bzw. die Zivilgesellschaft als Mit-Gestalter einer transdisziplinären Forschungspraxis ins Blickfeld: „Fragen der Zukunftsforschung sind in der Regel so komplex, dass sie sich nur durch Integration von sowohl wissenschaftlichen als auch lebenspraktischen Perspektiven verstehen, bearbeiten und lösen lassen, kurz: durch transdisziplinäre Arbeit" (Dienel 2014, S. 71). Die transdisziplinäre Arbeitsweise gewinnt zunehmend an Bedeutung im Forschungsalltag, auch wenn Möglichkeiten, Grenzen und Ausgestaltung intensiv diskutiert werden (Hanschitz et al. 2009).

Auch die Wissenschafts- und Technologiepolitik hat erkannt, dass Antworten auf zentrale Herausforderungen der Gegenwart so zu gestalten sind, dass sie Bedürfnisse, Bedenken und Erwartungen der Bürgerinnen und Bürger berücksichtigen. Die neue Hightech-Strategie der Bundesregierung betont, dass Innovationen „[…] aus dem Wechselspiel von gesellschaftlicher Nachfrage, wissenschaftlichen Entwicklungen und technologischen Möglichkeiten [entstehen und es dabei] noch konsequenter als bisher gilt […], die Gesellschaft einzubeziehen" (BMBF 2014, S. 44). Mit dieser Partizipation beabsichtigt die Bundesregierung, gewünschte und akzeptierte Technologien in den Alltag zu integrieren und aus Ideen schneller Innovationen zu machen (ebd., S. 44 f., siehe dazu auch das aktuelle Grundsatzpapier Partizipation des BMBF 2016). Partizipation ist ebenfalls ein zentrales Thema im Rahmenprogramm „Horizon 2020" der Europäischen Kommission. Den Rahmen bilden die gesellschaftlichen Herausforderungen wie Gesundheit, Ernährungssicherheit und Energieversorgung. „Responsible research and innovation" (RRI) wird dabei wie folgt verstanden: „[It] anticipates and assesses potential implications and societal expectations with regard to research and innovation, with the aim to foster the design of inclusive and sustainable research and innovation" (European Commission 2015).

Der Wissenschaftsrat erkennt die Beteiligung von Akteuren außerhalb der Wissenschaft als Chance: „Die Berücksichtigung spezifischer Wissensbestände, Interessen und Wertvorstellungen verschiedener gesellschaftlicher Akteursgruppen erhöht die Perspektivenvielfalt und verbreitet die Wissensbasis hinsichtlich der Entwicklung von Forschungsagenden und Förderprogrammen" (Wissenschaftsrat 2015, S. 26). Der Beitrag der Wissenschaft besteht einerseits in erkenntnis- und lösungsorientierter Forschung und andererseits darin, „Grenzen wissenschaftlichen Wissens und die Unsicherheit bei dessen Anwendung [anzusprechen]" (ebd., S. 22), „[…] die Bedingungen und Möglichkeiten unterschiedlicher Beteiligungsformen zu untersuchen und dafür Experimentierräume zu schaffen" (ebd., S. 27).

Der Bundesverband der deutschen Industrie (BDI) beschreibt in seinem Papier „Zukunft durch Industrie" kontrastierende Bilder der Gesellschaft, unter anderem das Gegenbild zu einer technikoffenen Gesellschaft: „Wenn die Beteiligten in Politik und in Unternehmen die Bürger künftig kaum oder gar nicht mehr an wichtigen Zukunftsfragen beteiligen, wird das Interesse der Gesellschaft an neuen Technologien und innovativen Produkten in den nächsten Jahrzehnten deutlich zurückgehen" (BDI 2015, S. 44). „[Deshalb wird es] immer wichtiger, die Menschen in Veränderungsprozesse einzubeziehen, um die notwendige gesellschaftliche Unterstützung für neue Technologien und künftige Entwicklungen der Industrie zu erhalten" (ebd., S. 42).

Nichtregierungsorganisationen (NGOs) wie der Bund für Umwelt und Naturschutz (BUND) fordern, nach Jahren einer staats- bzw. industriegetriebenen Wissenschaftspolitik einen Weg hin zu einer gesellschaftlich ausgewogenen Wissenschaftspolitik einzuschlagen, so im vom BUND (2012) herausgegebenen „Plädoyer für eine Wissenschaft für und mit der Gesellschaft": „Mit welchen Fragestellungen sich Wissenschaft beschäftigt, darf [...] nicht alleine durch einzelne gesellschaftliche Gruppen und durch ökonomische Interessen bestimmt sein. Forschungsfelder und -themen müssen möglichst pluralistisch mit der Wissenschaft festgelegt werden. Es muss insbesondere transparent sein, wer auf die Definition von Forschungsthemen Einfluss nimmt" (ebd., S. 5) und: „Gesellschaftliche Gruppen sind [...] schon viel früher in die Prozesse zur Definition von Forschungsprogrammen einzubeziehen" (ebd., S. 11).

„Citizen Science" schließlich ist der Name einer aktuellen Bewegung, in der Laien eine zentrale Rolle spielen: „Laien" haben definitionsgemäß keine formale Ausbildung in dem betreffenden Wissenschaftsgebiet und beschäftigen sich üblicherweise nicht institutionell und in einem Professionskontext mit den wissenschaftsbezogenen Themen. Aber sie beschäftigen sich in irgendeiner Weise mit derartigen Themen und/oder sind davon betroffen, zum Beispiel als Konsumenten oder als Patienten. Deshalb haben sie auch Wissen zu diesen Themen. Wenn Beobachten, Beschreiben und Erklären, Anwendungs- und Nutzenabsichten Basisfunktionen jeder Art von Wissenschaft sind, kann sich Citizen Science durch folgende Merkmale auszeichnen (Finke 2014, S. 89 ff.):

- Ergänzungs- und Kompensationsfunktion: Citizen Science ist oft im Lokalen stark, zum Beispiel im Rahmen der Regionalforschung in der Geschichtswissenschaft
- Übersetzungsfunktion: Übertragung von Wissensinhalten in die Allgemeinsprache und Einbettung in die Erfahrungswelt des Alltags

- Orientierungs- und Zusammenhangsfunktion: Verbindungen und Querbezüge herstellen, auch indem „disziplinäre Schubladen" gar nicht erst aufgebaut werden
- Kontrollfunktion, etwa im Bereich des Umweltschutzes

1.2 Praktische Herausforderungen bei Partizipativen Prozessen

In der praktischen Umsetzung von Dialog- und Partizipationsformaten (WID 2011) haben sich verschiedene kritische Punkte gezeigt, die bei den jeweiligen Aktivitäten zu bedenken sind:

- Wann sollen die Folgen einer einzusetzenden Technik diskutiert werden? Hier ergibt sich ein Dilemma, das nach dem britischen Technikforscher David Collingridge benannt ist: Während sich Technologie über die Zeit entwickelt, wächst auch das Wissen über ihre Wirkungen (Chancen, Risiken) (siehe Abb. 1). Ist die Technologie jedoch weit entwickelt, sind etwa die Produktionsbedingungen, Nutzungskontexte und Entsorgungsverfahren bekannt, besteht nur noch wenig Möglichkeit, diese gestaltend zu beeinflussen, denn dann ist die Entwicklung bereits abgeschlossen oder wenigstens so weit fortgeschritten, dass aus ökonomischen Gründen ein Umsteuern kaum noch oder nicht mehr möglich ist – die Technologie ist „verhärtet" durch die Pfadabhängigkeit der getroffenen Entscheidungen. Sehr früh mit der Gestaltung anzusetzen ist jedoch praktisch unmöglich, weil man ja über mögliche Produkte, Anwendungen und Folgen noch nichts Genaues weiß, also nicht weiß, in welche Richtung man eingreifen soll, um zu besserer Technik zu kommen (Grunwald 2012, S. 165).

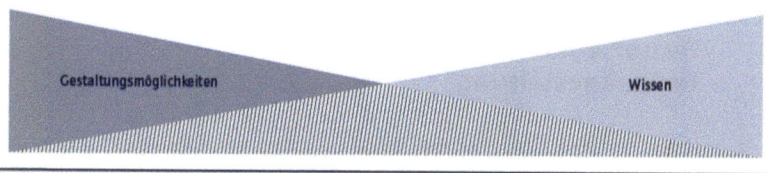

Abb. 1 Das Dilemma der gegenläufigen Entwicklung von Gestaltungsmöglichkeiten und Kontrolle und Wissen zu einer Technologie in deren Entwicklungsprozess. (Nach Collingridge 1980, S. 19)

- Wie interessiert man bei einem Thema wie „Künstliche Fotosynthese" die Menschen, die sich (noch) nicht betroffen fühlen und zunächst wenig Interesse daran haben? Wie „mobilisiert" man Laien für solch eine Diskussion? Welche Teilöffentlichkeiten lassen sich überhaupt erreichen? Jeder Ansatz, mit dem man Interesse weckt, beeinflusst freilich auch die Wahrnehmung des Themas (Anderson et al. 2013).
- Was kommt heraus? Welche Wirkungen werden erzielt? Bei Dialogveranstaltungen zur Synthetischen Biologie und zu anderen neuen Technologien zeigt sich mitunter, dass es zwar Lerneffekte aufseiten der Bürgerinnen und Bürger gab, aber meist keine darüber hinausgehende Wirkung in Richtung der Wissenschaft (z. B. Torgersen und Schmidt 2012; Bogner et al. 2010). Robert Jungk hatte bereits vor einem halben Jahrhundert das Problem erkannt:

> Meine ersten Versuche Mitte der sechziger Jahre, junge Arbeiter und Angestellte in Wien zu Äußerungen über ihre Wünsche für die Welt von morgen zu veranlassen, scheiterten ziemlich kläglich. Entweder schwiegen sie, oder sie plapperten einfach nach, was ihnen Propaganda und Konsumwerbung eingetrichtert hatten. […] Das eigene Denken, das eigene Phantasieren, die eigenen Wünsche hatte man ihnen gründlich ausgetrieben (Jungk und Müllert 1989, S. 24).

Bei „Dialogen" zur Nanotechnologie wurde mitunter eine Reproduktion des Expertendiskurses beobachtet, in dem also keine neuen Aspekte sichtbar wurden. Konsens zu kontroversen Punkten wurde allenfalls künstlich hergestellt (Bogner et al. 2010).
- Generell ist der Aufwand recht hoch. Es werden – bezogen auf den hohen Aufwand – nur „Wenige" erreicht. Allerdings ist hier die Qualität der Interaktion zu berücksichtigen: Bei Umfragen der Meinungsforscher werden mehrstellige Personenanzahlen erreicht, über Massenmedien noch viel mehr – jedoch ist die Art der Interaktion sehr beschränkt (Rowe und Frewer 2005).

2 Technikzukünfte als Medium der Technikgestaltung[2]

Wie kann man ein Thema in einem frühen Forschungsstadium relevant und interessant machen für Bürgerinnen und Bürger, die sich einerseits in den Dialog einbringen sollen, andererseits aber nur über beschränkte zeitliche Kapazitäten

---

[2]Dieser Abschnitt ist angelehnt an den Projektbericht (acatech 2016), Kap. 3.

verfügen? Eine bewährte Methode in der partizipativen Technikfolgenabschätzung ist es, anhand verschiedener Forschungsansätze „Technikzukünfte" zu entwickeln. Dies sind dabei keine Prognosen, sondern Szenarien, die – auf Grundlage transparenter Voraussetzungen und Annahmen – eine Basis für die Diskussion darstellen sollen, in welche Richtung die (Forschungs-)Reise gehen soll und was letztlich das Ziel der Forschung sein sollte (Grunwald 2012, 2016).

Technikzukünfte sind Vorstellungen zukünftiger gesellschaftlicher Wirklichkeiten in Kombination mit dem wissenschaftlich-technischen Fortschritt. Diese Kombination ist die besondere Stärke der Methode, denn für praxisbezogene Zukunftsforschung (partizipativ oder nicht) gilt es also, sowohl wissenschaftlich fundiertes Wissen über mögliche Zukünfte bereitzustellen als auch handlungstheoretisch begründete Umsetzungsstrategien im Spannungsfeld zwischen IST- und SOLL-Stand zu entwerfen (Popp 2009, S. 133). Auch wenn es in der Zukunft nur eine Gegenwart geben wird, verweist der Plural auf die zahlreichen sowie unterschiedlichen Bilder und Vorstellungen über Zukunft. Technikzukünfte sind offen, zumal sie wiederum von den nicht vorhersehbaren Entscheidungen der Menschen abhängen. So werden mit dem Begriff Zukünfte ganz allgemein Beschreibungen zukünftiger Sachverhalte oder Entwicklungen bezeichnet.

Sich mit den Folgen erst dann zu befassen, wenn sie auftreten, ist ethisch problematisch, politisch unverantwortbar und ökonomisch abträglich – dies ist ein Ausgangspunkt der hier skizzierten Überlegungen. So lassen sich verschiedene Zwecke von Technikzukünften identifizieren.

> Ein Blick auf die zukünftige Entwicklung einer Techniklinie erlaubt es […], neue Möglichkeiten von Produkten, technischen Funktionen und Organisationsformen zu imaginieren (Früherkennung von Chancen), aber auch mögliche Risiken und Nebenfolgen vorzustellen (Frühwarnung). Sie bieten auch eine, wenngleich vorsichtig zu handhabende Entscheidungshilfe bei Problemen der Planung, Förderung, Steuerung und Kontrolle von Entwicklungsprozessen. Sie helfen zu bewerten, welche Entwicklung gewünscht oder unerwünscht ist und tragen damit zur Explikation der Präferenzen sowie zum Öffnen und Schließen von Möglichkeitsräumen bei (acatech 2012b, S. 22).

Technikzukünfte können als Zukunftsaussagen „benutzt werden, um ein Versprechen über eine künftige Entwicklung zu untermauern, zu einer Entscheidung zu ermuntern, für bestimmte Chancen oder auch Risiken zu sensibilisieren oder auch vor absehbaren, aber unerwünschten Folgen bestimmter Entwicklungen frühzeitig zu warnen" (ebd., S. 22). Kurz: Sie sind Medium des technischen Fortschritts, sie motivieren Forscher und sind zentraler Bestandteil von Entscheidungen über Technik. Insbesondere sind sie Grundlage und Medium der gesellschaftlichen Debatte um Chancen und Risiken von Technik.

Technikzukünfte sind selbst Interventionen und verändern die Welt, wenn sie kommuniziert werden – womit der Kommunikation mit und über Technikzukünfte eine besondere Verantwortung zukommt. Eines muss man bei der Diskussion um Technikzukünfte stets im Blick behalten: Technikzukünfte sind keine Prognosen auf „objektiver" Basis. Vielmehr hängen sie von gegenwärtig gemachten Voraussetzungen und von normativen Einstellungen ab. Sie mischen Wissen, Nichtwissen und Werte. Technikzukünfte können auch ein geeignetes Einfallstor für Interessen sein. Die Kraft narrativer Technikzukünfte wurde im Fall der Kernenergie (1950er-Jahre) und der Nanotechnologie (Ende des 20. Jahrhunderts) besonders deutlich. Solche Geschichten können uns beeinflussen – ob sie realistisch oder spekulativ sind (Grunwald 2012).

Wie auch immer die Technikzukünfte dargestellt werden: Aus Sicht von acatech sollten große Versprechen (zum Beispiel die „Lösung unserer Energieprobleme") vermieden werden, weil sie nie einlösbar sind (acatech 2016, S. 21 f.). Die „hinter der Formulierung von Technikzukünften stehenden Werte, Zwecke und Interessen sollten offengelegt werden, insofern es um öffentliche Belange und demokratische Debatten geht. Der Entstehungsprozess sollte transparent gemacht werden" (acatech 2012b, S. 50). Das Gewährleisten von Transparenz kann auch dem Generalverdacht der Beliebigkeit, der Ideologie und Interessengetriebenheit von Technikzukünften entgegenwirken (ebd., S. 24) und ist mithin eine Voraussetzung für eine Diskussion um Technikzukünfte, in der unterschiedliche Perspektiven mit je eigenen blinden Flecken zusammengebracht werden.

Technikzukünfte werden in unterschiedlichen Formen, etwa als Vorhersagen, Szenarien oder Visionen, zum Ausdruck gebracht. „Teils werden sie von Wissenschaftlern entworfen, etwa als modellbasierte Szenarien, teils handelt es sich um künstlerische Entwürfe, wie literarische oder filmische Produkte der Science-Fiction, teils sind es Erwartungen oder Befürchtungen, die über Massenmedien Teil der öffentlichen Kommunikation werden" (ebd., S. 6). „Sie können diffus und implizit auftreten oder auch als konkrete und explizite Aussagen formuliert werden – wobei es gerade die impliziten Zukünfte zu sein scheinen, die eine besondere Wirkmächtigkeit besitzen" (ebd., S. 12). „Aber auch Wünsche, Hoffnungen, Erwartungen und Befürchtungen, normative Setzungen und Interessen, Werte oder schlichte Annahmen können Teile von Zukünften sein" (ebd., S. 11).

Technikzukünfte können mit quantitativen Methoden (z. B. statistischen Methoden, Simulation) und qualitativen Methoden (z. B. Delphi-Befragung) erstellt werden. Darüber hinaus werden – so auch in diesem Projekt – „intuitive Verfahren" eingesetzt: „Mit ihnen können qualitative Szenarien erstellt werden, sei es durch Theaterimprovisation, Erzählungen, Fantasie, durch Kreativitätstechniken wie Synektik, Brainstorming […] und ähnliches sowie technologische

Visionen in Literatur, Prospekten und Medien. Man kann dieses Vorgehen auch partizipativ arrangieren; sie sind für Überraschungen offen, explorativ und können auch langfristige Entwicklungen zum Gegenstand haben" (ebd., S. 23 f.).

3 Comics und visuelle Kommunikation

3.1 Wissenskommunikation und „Visual Turn"

Die Kommunikation zwischen Wissenschaft und Gesellschaft über neue Technologien verdeutlicht ein zentrales Element der heutigen Wissensgesellschaft: das Verständnis von Wissen als „soziales Wissen", das zu einer kommunikativen Konstruktion der Wirklichkeit führt. Diese zentrale Rolle von Kommunikation für das das Verständnis von Wissen wird auch als „kommunikative Wende" bezeichnet (Knoblauch 2014).

Für die aktuelle Wissens- und insbesondere auch Wissenschaftskommunikation ist eine zweite Wende von großer Bedeutung: die visuelle Wende als „iconic turn" (Boehm 1994) oder „pictorial turn" (Mitchell 1994). Auch wenn beide Theorien sich in einigen Sichtweisen unterscheiden (Boehm und Mitchell 2009), ist die zentrale Aussage eine zunehmende Bedeutung des Visuellen gegenüber der klassischen verbalen (textlichen) Kommunikation zur Herstellung und Verbreitung von Wissen (Schnettler und Pötzsch 2007).

Auch wenn das Verständnis mittlerweile mehr zu einem kontinuierlichen Wandel als zu einem abrupten „turn" tendiert, bleibt der grundlegende Bedeutungszuwachs visueller Kommunikation bestehen: „Vor diesem Hintergrund muss der Iconic Drift bis heute als ein kontinuierliches Projekt verstanden werden, Bilder nicht nur aus wissenschaftlicher Perspektive ernst zu nehmen, ihre originär bildlichen Qualitäten bei der Erkenntnisgenerierung sowie der Vermittlung, Strukturierung und Konstruktion von Wissen stärker in den Fokus zu rücken [...]" (Geise et al. 2016).

Zur Rolle des Visuellen in der Wissensproduktion insbesondere in den Natur- und Technikwissenschaften (mit einer langen Tradition visuellen Arbeitens von Naturbeobachtungen bis zu Datenvisualisierungen) gibt es etliche Betrachtungen (z. B. Adelmann et al. 2008). Aber genauso rückt auch die Rolle von Visualisierungen für Gesellschafts- und Geisteswissenschaften in den Aufmerksamkeitsfokus der Forschung (Beck 2014). Die Vermittlung von Wissen, insbesondere auch wissenschaftlichen Wissens, verlässt sich zunehmend auf Visualisierungen und nutzt vermehrt Ansätze und Methoden aus anderen Kommunikationsfeldern, wie zum Beispiel der Werbung (Lester 2013). Jean Trumbo (1999) leitet daraus die Forderung nach einer „visual literacy" für die Wissenschaftskommunikation ab, die aus drei Komponenten besteht: „visual learning", „visual thinking" und „visual communication". Auch für die Wissensvermittlung an Schulen und anderen Bildungseinrichtungen spielen Visualisierungen eine wichtige Rolle: „As an extraordinarily plastic medium, SciV [scientific visualization] affords the construction of provocative images that can resemble physical phenomena and serve as the basis for the construction, debate, and negotiation of meaning that stands at the heart of the process of education" (Gordin und Pea 1995). Kurzum: die Untersuchung visuellen Wissens und seiner Rolle in der Kommunikation zur Produktion und Vermittlung von Wissen ist ein hochaktuelles Forschungsfeld mit einer Vielzahl an Aktivitäten (Lucht et al. 2012).

Es zeigt sich dabei auch, dass sich die Bereiche der Produktion und Vermittlung (visuellen) Wissens zunehmend schwerer trennen lassen. Die Gesellschaft und Kommunikation ist von einer Medialisierung geprägt, und „Bilder und visuelle Medien sind zentrale Elemente dieser medialen Durchdringung des Alltags" (Lobinger und Geise 2015, S. 9). Dies führt zu einer zunehmenden Entgrenzung zwischen klassischen wissenschaftlichen Institutionen und der Öffentlichkeit. Innerwissenschaftliche Diskurse werden in der Öffentlichkeit geführt und kommentiert, öffentliche Diskurse prägen Wissenschaft. Eine mögliche Konsequenz dieser Entwicklung wäre, „[...] dass sich das Wissen von der Struktur der auf Sonderwissen spezialisierten Institutionen, den damit verbundenen Rollen (Spezialisierte, Experten, Professionelle) und der von ihnen getragenen Wissensordnung ablöst und zum *populären Wissen* wird" (Knoblauch 2013, S. 16).

Die partizipative Erstellung und Kommentierung von Technikzukünften setzt an dieser Stelle an, in dem sie von vornherein zu einer offenen Verhandlung über die Wissensbestände einlädt. Visualisierungen können dabei ihre Stärke entfalten, als im Wortsinne anschaulicher Diskussionsanlass und intuitiver Vermittlungsweg für Wissen zu dienen.

3.2 Comics und Wissensvermittlung

Gerade für Jugendliche, die künftige (technischen) Entwicklungen in ihrem späteren Leben erfahren werden, sind andere Zugangswege für eine frühe Beteiligung und Diskussion zu Technikzukünften nötig als die herkömmlichen Diskussionsrunden oder Vortragsabende. Das Kommunikationsverhalten von Jugendlichen ist stark visuell geprägt (Richard et al. 2010), sei es die Kommunikation in Sozialen Netzwerken und Messengern mittels Fotos und „Selfies" oder auch die Nutzung von ikonografischen Symbolen – „emoji" – in Textnachrichten (Highfield und Leaver 2016).

Mit Blick auf diese Präferenzen und die zuvor erwähnte Entwicklung hin zu einer visuelleren Wissenskommunikation, können Comics ein effektiver Vermittlungsweg für Wissen zu Jugendlichen sein (Short und Reeves 2009). Comics sind nicht nur ein etabliertes Phänomen der Jugendkultur, sondern können darüber hinaus auch ein attraktiver Zugangsweg zu technischen und wissenschaftlichen Themen sein. Wissenschaft spielt schon in „normalen Unterhaltungscomics" eine Rolle, wenn auch oft repräsentiert durch den stereotypen „verrückte[n] Wissenschaftler" (Weingart 2008). Warum also nicht den Spieß umdrehen, und die erzählerischen und visuellen Stärken der Comics mit echter wissenschaftlicher Information verbinden?

Comics und wissenschaftliche Inhalte sind nur auf den ersten Blick ein Widerspruch. Während in Deutschland Comics noch häufig (und zu Unrecht) als Kindereien und „Schmuddelheftchen" abgetan werden (Grünewald 2014), wurde in Ländern mit einer ausgeprägteren Comic-Kultur, wie beispielsweise den USA, schon vor über sechzig Jahren deren Verwendung im Unterricht erörtert (Hutchinson 1949) und die Vor- und Nachteile einer Wissensvermittlung durch Comics diskutiert (Frank 1949).

Die grundlegende Definition, was eigentlich ein Comic ist, ist nicht eindeutig entschieden. Es existieren viele verschiedene Comic-Kulturen mit entsprechenden Konventionen („Fumetti" in Italien, „Manga" in Japan usw.), unterschiedliche Zeichenstile sowie enge und weite Auslegungen des Begriffs (Grünewald 2000). Dem Konzept des Comic-Workshops und den weiteren Betrachtungen hier soll eine breit aufgestellte Definition zugrunde liegen. Diese basiert auf Will Eisners (1985) Verständnis von Comics als „sequentielle Kunst". Darauf aufbauend und erweiternd formulierte Scott McCloud (1993) in „Understanding Comics" eine Definition von Comics als Bild(er)geschichten: „[…] zu räumlichen Sequenzen angeordnete, bildliche oder andere Zeichen, die Informationen vermitteln und/oder eine ästhetische Wirkung beim Betrachter erzeugen" (ebd., S. 9). Kernelement dieses Verständnisses ist die Sequenz mehrerer grafischer Bildelemente, nicht notwendigerweise (beispielsweise bei grafischen Bauanleitungen oder Notfallanweisungen im Flugzeug) in Kombination mit Textelementen. Dennoch ist die Text-Bild Kombination gerade in der Praxis narrativer Comics häufig ein zentraler Darstellungsmechanismus (Straßner 2002).

Comics ermöglichen durch ihre Gestaltung einen intuitiven Einstieg und eine spielerische Auseinandersetzung mit Themen und sie kommen nicht im Gewand vermeintlich langweiliger Schultexte daher (Diamond et al. 2015). Die visuelle Sprache von Comics (Cohn 2013) ermöglicht eine niedrige Zugangshürde zum Thema bzw. zur Geschichte. Somit eignen sich Comics gut dazu, fachliche/technische Themen zugänglich zu machen: „Das Erscheinen des Educational Comic markiert die Rückkehr zu einer Bildersprache, die gegenüber dem abstrakteren Code des Wortes die Vorzüge der Unmittelbarkeit und der Konkretion aufzuweisen scheint" (Blank 2010, S. 230). Dies ist insbesondere relevant, wenn die sonst zum Thema verwendeten textlichen Codes Fachbegriffe fern des Lebensalltages enthalten.

Ein Informationsverlust ist dabei nicht zwingend gegeben, vielmehr können Informationen auf verschiedensten Ebenen (Visualisierungen, zeitlicher Verlauf durch die Geschichte, durch Beschreibungen oder Handlungen von Figuren im Comic und vieles mehr) dargestellt werden (Leinfelder et al. 2015). Darüber hinaus regt der Zugang über Comics zur Auseinandersetzung mit einem Thema an: „Our results suggest that, with regard to student learning, comic book stories lose nothing to traditional textbooks while having the added potential benefit of improving attitudes about biology" (Hosler und Boomer 2011, S. 316). Comics wurden daher in unterschiedlichen Kontexten und Themen zur Wissensvermittlung im Unterricht eingesetzt (Lin et al. 2015; Olson 2008; Rota und Izquierdo 2003; Spiegel et al. 2013; Tatalovic 2009).

Der Einsatz von Comics zur Wissensvermittlung bezieht sich bisher häufig auf den schulischen Kontext, wie die oben zitierten Beispiele zeigen. Comics zur Wissenskommunikation werden aber auch zunehmend über das Klassenzimmer hinaus eingesetzt (Plank 2013a), ob in der Form des Comic-Journalismus (Plank 2013b) oder als dezidiert gestaltete Sachcomics mit einem breiten Einsatzgebiet (Hangartner et al. 2013; Jüngst 2010).

Aktuelle Beispiele für Sachcomics in Deutschland sind die Comic-Version des WBGU Gutachtens zur großen Transformation (Hamann et al. 2013), der Comic „Die Anthropozän-Küche" (Leinfelder et al. 2016) oder die Online-Wissenschaftscomics „Klar Soweit?" der Helmholtz Gemeinschaft (Mischitz o. J.). Insbesondere der Wissenschaftscomic zum WBGU Gutachten wurde nicht nur als reines Kommunikationsprojekt konzipiert, sondern in enger Abstimmung mit den Wissenschaftlerinnen und Wissenschaftlern umgesetzt und auch forschend begleitet (Leinfelder 2014). In der Evaluation bestätigten sich die Stärken des Comic-Formates, insbesondere die „Abholung der Leser aus dem ‚richtigem' Leben, also in der leicht nachvollziehbaren Kontextualisierung wissenschaftlicher Themen im persönlichen Umfeld" (ebd., S. 4).

Auch im Umfeld klassischer akademischer Publikationen sind Comics angekommen. Als eine der Vorreiter haben Carles Sanchis-Segura und Rainer Spanagel (2006) vom Zentralinstitut für Seelische Gesundheit in Mannheim einen Übersichtsartikel zur Suchtforschung mit Comic-Strips illustriert. Die Taylor & Francis Group hat eine Pressemitteilung zu einem wissenschaftlichen Fachartikel über die öffentliche Wahrnehmung von Synthetischer Biologie rein als Comic gestaltet (Taylor & Francis Group 2015). Richard Monastersky und Nick Sousanis (2015) haben einen Comic über die Klimaverhandlungen in Paris in Nature veröffentlicht. Auch über den in diesem Beitrag beschriebenen Comic-Workshop erschien ein Comic als Fachartikel in „Technikfolgenabschätzung in Theorie und Praxis" (Schrögel 2016).

3.3 Comics als Dialogwerkzeug

Comics eignen sich aber nicht nur dazu, als einseitiges Lehrmedium wissenschaftliche Information zu vermitteln. Die Stärken der intuitiv zugänglichen visuell geprägten Kommunikation und des jugendaffinen Comic-Formates können genauso für die Wissenskommunikation in die andere Richtung genutzt werden. Jugendlichen (aber auch Erwachsenen) kann durch das eigenständige Entwerfen und Zeichnen von Comics eine Möglichkeit gegeben werden, sich selbst zu einem Thema zu äußern. Die Comic-Methoden bieten ihnen einen Werkzeugkasten, ihre Ansichten und Ideen auszudrücken, ohne in der abstrakten Formulierung von Texten zu sozio-technischen Systemen erfahren zu sein und das entsprechende Vokabular aufzuweisen.

Nick Sousanis (2015a), der seine Dissertation „Unflattening" als Comic eingereicht und veröffentlicht hat, sieht Comics nicht nur als Methode, sondern als „Art zu denken", die es „ermöglicht, eine tiefere Ebene im Diskurs zu ergründen". Dies ermöglicht es, durch Comic-Rezeption, aber insbesondere auch durch die Denkprozesse bei der aktiven Erstellung von Comics, Wissen auf eine neue Art zu erschließen: „In exploring through the visual and the verbal, in ways comics make possible, we open ourselves to discoveries and expand our capacity to make meaning beyond what we could have while remaining solely tied to a single mode" (Sousanis 2015b, S. 11).

An verschiedener Stelle wird dieser Ansatz bereits verfolgt. Ein Beispiel ist der Einsatz vom Comic-Zeichnen im naturwissenschaftlichen Unterricht, um mit den Schülerinnen und Schülern durch das Zeichnen eines Phänomens (beispielsweise die Entwicklung einer Kerzenflamme) den wissenschaftlichen Prozess von Beobachtung – Beschreibung – Reduktion – Modellbildung nachzuvollziehen und ein tieferes Verständnis der Konzepte zu ermöglichen (Prechtl und Sieve 2013). Auch in anderen Projekten wurden ähnliche Erfahrungen mit dem Einsatz von Comics als Erschließungswerkzeug für wissenschaftliche Phänomene gemacht (z. B. González-Espada 2003; Morrison et al. 2002).

Die Eigenschaften als kreative Methode, die zu einem intuitiven und breiten Blick auf ein Thema einlädt, machen Comics zu einem guten Werkzeug für den

Diskurs über Technikzukünfte. Aber auf der anderen Seite bieten Technikzukünfte auch eine ideale Ausgangsbasis für die Verarbeitung in einem Comic: auch Science-Fiction Geschichten stellen Technikzukünfte dar, wenn auch fiktive. Science-Fiction ist – neben dem Unterhaltungswert, von dem das breite und aktive Segment von Science-Fiction Comics zeugt – auch eine etablierte Foresight Methode (Steinmüller 2010) zur Exploration möglicher Zukunftsszenarien.

Damit sind Comics und Technikzukünfte über die Science-Fiction Verbindung eine ideale Brücke zwischen Wissenschaft und Gesellschaft. Die Umsetzung als Workshop zum Comic Zeichnen nutzt die Freiräume der Methode: „[…] science fiction is much less a normative exercise than a scenario, leaving room to explore the effects of the broad spectrum of human nature" (Idier 2000, S. 255). So können die Technikzukünfte von Jugendlichen erschlossen, diskutiert und um Ihre Perspektive erweitert werden.

Der zuvor erwähnte Comic zur Anthropozän-Küche, der im Jahr 2015 am Exzellenzcluster Bild Wissen Gestaltung der TU Berlin entstanden ist, hat ebenfalls Sachcomics als Ansatz gewählt, um „[…] die Trennung zwischen wissenschaftlicher Wissensproduktion und Wissenschaftskommunikation aufzuheben. […] [In einem] sachcomicbasierte[n] Co-Design sowie eine[r] daraus resultierende[n] Forschungs-Co-Production mit der Zivilgesellschaft […]" (Leinfelder et al. 2015, S. 3) wurden Geschichten zum Thema Ernährung mit Comic-Zeichnerinnen und gesellschaftlichen Vertretern entwickelt, die anschließend forschend weiter ergründet wurden.

4 Fallstudie: Technikzukünfte zu Künstlicher Fotosynthese als Comic erschließen[3]

4.1 Das acatech-Projekt „Künstliche Fotosynthese – Entwicklung von Technikzukünften"

Wie kann die Einbindung der Öffentlichkeit in die Technikgestaltung konkret bewerkstelligt werden? Mit Dialogformaten zur Entwicklung von Technikzukünften betritt man unweigerlich ein Experimentierfeld der Wissenschafts- und Technikkommunikation (Kaiser et al. 2014; Kolbert 2012). In einem Projekt der Deutschen Akademie der Technikwissenschaften wurden – ausgehend von

---

[3]Abschn. 4.1 und 4.2 sind angelehnt an den Projektbericht (acatech 2016), Kap. 5 und 6.

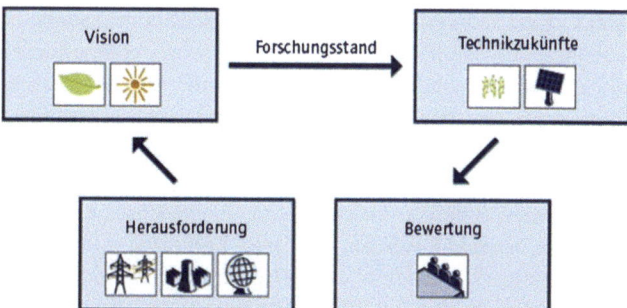

Abb. 2 Frühzeitige Einbindung der Öffentlichkeit: Von der Formulierung einer Herausforderung zur Bewertung von Technikzukünften

einer ausführlichen Befassung mit Fragen der Biotechnologie-Kommunikation (acatech 2012a; Weitze et al. 2016) – im Juni 2015 anhand des Themas „Künstliche Fotosynthese Comics" (neben Science Cafés und einem Debating-Workshop) als Zugang zu einem Diskurs über Technikzukünfte getestet. Der methodische Ansatz zur frühzeitigen Einbindung der Öffentlichkeit wird anhand der in Abb. 2 dargestellten Prozessphasen erläutert.

Am Beginn des Prozesses stand die Formulierung einer Herausforderung und dann einer Vision, die der Herausforderung begegnen kann. Unter Berücksichtigung des Forschungsstandes wurden drei Technikzukünfte erstellt und in einem transdisziplinären Prozess in verschiedenen Formaten bewertet.

4.2 Technikzukünfte zu Künstlicher Fotosynthese

Vor dem Hintergrund eines wachsenden globalen Energiebedarfs, schwindender fossiler Energieträger und dem Wunsch, die CO_2-Emissionen zu reduzieren, ist künstliche Fotosynthese eine visionäre Technologie, die zum Energiemix einen wichtigen Beitrag leisten könnte. Nach dem Vorbild der Pflanzen nutzt die künstliche Fotosynthese Sonnenlicht, um aus den Rohstoffen Wasser und CO_2 energiereiche Verbindungen herzustellen – oder elektrische Energie, die entsprechend weiter umgewandelt werden kann.

Tatsächlich ist Sonnenlicht die ultimative erneuerbare Ressource: überall auf der Welt ist es kostenlos verfügbar. Die Sonne strahlt vieltausendfach mehr Energie auf die Erde, als die gesamte Menschheit verbraucht (z. B. Lubitz und Cox 2013; Wohlgemuth und Antonietti 2013).

So groß das prinzipielle Potenzial der Nutzung der Sonnenenergie ist, so groß sind bis heute aber die damit verbundenen technisch-wissenschaftlichen Herausforderungen. Sowohl hinsichtlich der Fotovoltaik, die als besonders teure regenerative Energie gilt, als auch hinsichtlich der künstlichen Fotosynthese werden derzeit verschiedene biobasierte Ansätze verfolgt. So könnte der Wirkungsgrad des natürlichen fotosynthetischen Systems erhöht werden, etwa mittels Gentechnik oder Synthetischer Biologie. Als ergänzend können Ansätze der lichtabhängigen Metallkatalyse betrachtet werden, bei denen Kohlendioxid (CO_2) etwa durch Fotokatalyse zu Methanol reduziert wird. Das Sonnenlicht soll dabei von organischen Farbstoffen absorbiert und seine Energie zur Aktivierung von CO_2 verwendet werden. Hinsichtlich der technischen Nutzung der Fotosynthese liegt der Zeithorizont von marktfähigen Produkten bei 2050.

Künstliche Fotosynthese ist derzeit also noch kein „aktuelles" Thema im Sinne von Medienpräsenz. Um darüber sprechen zu können, muss zunächst Interesse geweckt werden, um dann aus der Gesellschaft heraus Ideen und kritische Fragen aufnehmen zu können.

Im Unterschied etwa zu Gentechnik oder Nukleartechnik handelt es sich bei der künstlichen Fotosynthese um ein durch Kontroversen bzw. verfestigte Meinungsbilder noch kaum „vorbelastetes" Feld. Im Unterschied zur Kernfusion, die in einer vergleichbaren Zeitperspektive verfolgt wird, handelt es sich voraussichtlich nicht um eine Großtechnologie, sondern möglicherweise um dezentrale, an der Biologie orientierte Formen der Energieerzeugung. So scheint das kontroverse Potenzial dieser Technologie auf den ersten Blick eher gering. Jedoch können hier durch den möglichen Einsatz von Gentechnik oder Schwermetall-Katalysatoren auch durchaus kontroverse umweltrelevante und ethische Fragen erwachsen.

Die wissenschaftlichen Ausgangspunkte und technischen Realisierungsmöglichkeiten sind bislang allenfalls in Ansätzen erkennbar. Dabei kann es zum jetzigen Zeitpunkt noch gar nicht darum gehen, Forschungsagenden zu entwerfen oder konkrete Technologien zu entwickeln, sondern zunächst Technikzukünfte zu erstellen, die ihrerseits die Diskussion und den Prozess der Lösungsfindung in Wissenschaft und Gesellschaft anregen können.

Die drei im Rahmen des Projektes erstellten und diskutierten Technikzukünfte werden im Folgenden skizziert (ausführlich siehe acatech 2016, Kap. „Wissenschaft@YouTube"). Eine narrative Darstellung dieser Themen findet sich in filmischer Form auf der Projekthomepage (acatech 2015).

4.2.1 Technikzukunft „Algenbiotechnologie"

Fototrophe Mikroorganismen (Cyanobakterien und eukaryotische Mikroalgen) wandeln Sonnenlicht mit einer im Vergleich mit Nutzpflanzen höheren Effizienz in Biomasse um. Neben ihrer Fähigkeit, auch vergleichsweise größere Mengen an CO_2 aufzunehmen (optimales Wachstum bei ca. 100facher atmosphärischer CO_2-Konzentration) und zu verwenden, hat ihr Aufbau als einzellige Organismen den großen Vorteil, dass keine metabolische Energie aus der Verwertung des Sonnenlichtes in sogenannte nicht-fotosynthetische Komponenten wie Wurzel, Stängel oder Blüte investiert werden muss. Aus diesem Grund werden bestimmte Cyanobakterien- und Mikroalgenspezies vermehrt in offenen Becken oder geschlossenen Fotobioreaktoren gezüchtet und zur Produktion von Biotreibstoffen wie Ethanol oder Biodiesel auf Land- oder Meeresflächen eingesetzt. Das geschieht vorzugsweise auf Flächen, die nicht anderweitig (etwa landwirtschaftlich) genutzt werden können. Mit der Molekularbiologie und der Synthetischen Biologie eröffnen sich Möglichkeiten zur Erhöhung der Effizienz der Energieumwandlung in Biomasse von derzeit ca. zwei bis drei Prozent auf mehr als sechs Prozent über das Design effizienterer Fotosynthesemechanismen in diesen Organismen. Hilfreich ist hier auch die zunehmende Verfügbarkeit von immer mehr Algenspezies, für die die notwendigen gentechnologischen und molekularbiologischen Werkzeuge zur Verfügung stehen, und aus denen sich somit „grüne Zellfabriken" herstellen lassen.

4.2.2 Technikzukunft „Fotoelektrochemie"

Durch elektrochemische Prozesse kann die elektrische Energie aus erneuerbaren Quellen industriell und wirtschaftlich dazu genutzt werden, Wasser und CO_2 als Reaktionspartner elektrochemisch in neue, aus Kohlenstoff und Wasserstoff zusammengesetzte, Moleküle umzuwandeln. Wasser und CO_2 werden also mithilfe von Sonnenlicht über den „Umweg" Elektrizität in Energieträger und in Rohstoffe für die Industrie umgewandelt. Das CO_2 als Ausgangsstoff entstammt Kraftwerks- und Industrieabgasen oder Biogasprozessen. Dort steht es in großen Mengen zur Verfügung und kann in Zeiten, in denen nicht ausreichend Sonnen- oder Windenergie vorhanden ist, auch in größeren Mengen so lange gespeichert werden, bis wieder ausreichend erneuerbar gewonnener Strom bereitsteht. Im Prinzip kann das CO_2 unmittelbar aus der Atmosphäre entnommen werden. Dies wird einen weiteren Entwicklungsschritt zu kleineren, verteilten, dezentralen Systemen erforderlich machen. Für diesen Schritt werden dann nicht mehr zentrale und mitunter weit entfernte Solar- oder Windkraftwerke zur Stromversorgung genutzt, sondern es werden Foto- und elektrochemisch aktive Katalysatormaterialien eingesetzt, die bei Bestrahlung mit Licht die benötigte elektrische Energie direkt dort erzeugen, wo sie gebraucht wird. Im Ergebnis liegen Paneele vor, vergleichbar den heutigen Solarmodulen, die mit Licht beschienen werden, um direkt atmosphärisches CO_2 in nutzbringende Ausgangsstoffe umzuwandeln.

4.2.3 Technikzukunft „Alternative Fotovoltaik"

Neben Silizium-basierten Zellen werden Solarzellen auch auf Basis anderer Materialien erforscht. So bezeichnet die „Organische Fotovoltaik" Stromerzeugung durch Solarzellen mit organischen Molekülen oder Polymeren als Halbleiter. Lichtabsorption, Ladungstrennung und Ladungstransport sind hier – wie im Fall der natürlichen Fotosynthese – die Schritte zur Umsetzung von Licht in elektrischen Strom. Im Vergleich zu Silizium-Solarzellen lassen sich Solarzellen auf der Basis von organischen Molekülen, hoch- und niedermolekularen organischen Halbleitern, Polymeren oder Farbstoffen potenziell einfacher und kostengünstiger herstellen (wegen geringen Materialaufwands und kostengünstigerer Herstellungsprozesse). Neuartige Möglichkeiten ergeben sich auch in Anwendung und Design. Ein Hauptproblem der organischen Fotovoltaik ist die mangelnde Stabilität der eingesetzten Stoffe, zumal im Außenbereich. Ziel ist eine Steigerung der Effizienz (derzeit etwa zehn Prozent) durch neue, stabile Materialien und durch die Kombinationen mit anderen Fotovoltaiktechnologien.

4.3 Comic-Workshop: Ablauf und Methodik

Der Comic-Workshop fand als Satellitenprogramm zum Comic-Festival München 2015 statt. Durch die Einbindung in das Festival sollte ein breiterer Personenkreis für die Teilnahme angesprochen und die klare Bezugnahme des Workshops auf die Comic-Kultur unterstrichen werden.

Im selben Zeitraum war eine Anthropozän-Sonderausstellung im Deutschen Museum zu sehen. Teil davon war ein Comic-Projekt von Studierenden der Universität der Künste Berlin. Sie haben zu 30 Exponaten bzw. Themen der Dauerausstellung im Deutschen Museum (wichtige Meilensteine der technischen Entwicklung, von der Dampfmaschine über das Telefon bis zur Kernenergie) Comic-Interpretationen zur Technologie und den gesellschaftlichen Hintergründen erstellt (Hamann et al. 2014). Dies wurde für den Workshop genutzt, um mit einer Führung einen Einstieg in das Thema „Wissenschaft und Comics" zu bieten. Nach einer anschließenden fachlichen Einführung in das Thema „Künstliche Fotosynthese" und die drei Technikzukünfte waren die Teilnehmenden aufgefordert ihre Zukunftsüberlegungen zu formulieren und in der Gruppe zu diskutieren. Dabei waren auch unrealistische Ideen und Science-Fiction Szenarien erwünscht. Die genannten Punkte waren vielfältig und griffen sowohl technische Optionen als auch gesellschaftliche Fragen auf (Beispiel: „pflanzlich gewachsene Baustoffe", „künstlicher Wald", „Haushalts-Autarkie", „Dezentralisierung der Versorgung", „Monopolbildung – wer profitiert?" usw.).

Zur grafischen Umsetzung stellten die Comic-Künstler Markus Färber und Max Baitinger als Coaches einige Grundlagen zur Erstellung von Comics und zeichnerischen Grundtechniken vor und standen dann sowohl mit zeichnerischen Hilfestellungen als auch mit Beratung zur Themenfindung, Konzeption und Story-Entwicklung zur Verfügung. Die Teilnehmenden machten davon unterschiedlich Gebrauch – manche hatten bereits eine konkrete Idee und wenig Hilfebedarf, andere haben für den Prozess der Ideenfindung wesentlich länger gebraucht.

4.4 Ergebnisse aus dem Pilotprojekt: Comics und Beobachtungen

Aufgrund der knapp bemessenen Zeit und der eingeschränkten zeichnerischen Erfahrung der Teilnehmenden konnten im Rahmen des Workshops nur erste Skizzen erstellt werden. Dies wurde den Teilnehmenden während des Workshops auch kommuniziert, um keine falschen Erwartungen zu schüren. Entsprechend lagen die Skizzen in unterschiedlichen Stadien vor: vom fertig kolorierten Comic, über fertige Entwurfszeichnungen bis hin zu unfertigen Geschichten mit fehlenden Panels.

Inhaltlich lassen sich aus den produzierten Comics mehrere Erkenntnisse ableiten. Das gesteckte Ziel, die Teilnehmenden konkrete Technikzukünfte zu künstlicher Fotosynthese ausarbeiten zu lassen, und so mehr über die Interessen, Werte und Ansichten der Teilnehmenden konkret zum Thema zu erfahren, konnte nur zum Teil erreicht werden. Manche der Comics verlassen den Themenfokus der künstlichen Fotosynthese (z. B. andere fiktive Formen der Energiegewinnung und intelligente Textilien) oder bieten keine weiteren Erkenntnisse über den Input zum Workshop hinaus.

Einige der Comics greifen zusätzliche Themen von gesellschaftlicher oder wissenschaftlicher Relevanz auf und arbeiten sie in die Geschichte ein (z. B. Stadtentwicklung, 3-D-Druck oder Umweltfragen). Hieraus lässt sich schließen, dass Comic-Geschichten grundsätzlich dazu geeignet sind, zum Nachdenken über Zukunftsszenarien anzuregen und dabei eine große Bandbreite von Werten und Interessen der Beteiligten und deren kreativen Blickwinkeln auf Technologien abzubilden. Ein Beispiel aus dem Workshop ist das Comic-Szenario „Die Super Alge", in dem die Verschmutzung der Meere durch Plastik thematisiert wird. Der eigentliche Fokus „Künstliche Fotosynthese" wurde nicht aufgegriffen, aber die als Problemgrundlage präsentierte Frage der Energiegewinnung in Verbindung mit der Müllproblematik im Comic adressiert: durch eine Alge, die Müll zersetzt und daraus elektrische Energie erzeugt (siehe Abb. 3).

Abb. 3 Ausschnitt aus dem Comic „Die Super Alge". (C. Strauß)

Der Comic „Die Nanokuppel" zeigt die Reflexion über die gesellschaftlichen Auswirkungen und die Akzeptanz von Technologien. Dies ist besonders erwähnenswert, da der Autor ein Schüler der Mittelstufe ist. Beinahe exemplarisch wird im Lauf der Geschichte zu einer fiktiven „Nano-Kuppel" über einer Stadt ein typischer Verlauf von Technikdiskursen zu Infrastrukturprojekten im wirklichen Alltag abgebildet: Zu Beginn optimistische Euphorie auf der einen Seite und prinzipielle Skepsis („Was interessiert mich das?") auf der anderen Seite. Das finale Panel des Comics (siehe Abb. 4) zeigt zwar eine geglückte technische Umsetzung und eine überwiegend glückliche Menschenmenge. Aber die zwei Figuren auf der rechten Seite sind mit unglücklichen Gesichtern gezeichnet und ihre Äußerung gibt das NIMBY Phänomen (Dear 1992) wieder: „Eine Stütze direkt an unserem Haus". Technologien werden primär nach der unmittelbaren Auswirkung auf die eigene lebensweltliche Umgebung bewertet, und nicht nach übergeordneten gesellschaftlichen Kriterien.

Sowohl die beiden Autoren des Artikels als auch weiterer acatech Mitarbeiterinnen haben aktiv am Workshop teilgenommen und sind selbst zeichnerisch tätig geworden (siehe Abb. 5). Aus dieser Erfahrung hat sich gezeigt, dass auch Personen mit fachlicher Erfahrung im Thema die Comics als neue Zugangswege nutzen können und so auch einmal kreative und vielleicht auf den ersten Blick abwegige Gedanken entwickeln.

Diese stark fiktionalen Technikzukünfte stellen auf den ersten Blick keinen unmittelbaren inhaltlichen Mehrwert für den Diskurs zur Entwicklung künstlicher

Comics als visueller Zugang zum transdisziplinären Diskurs ...

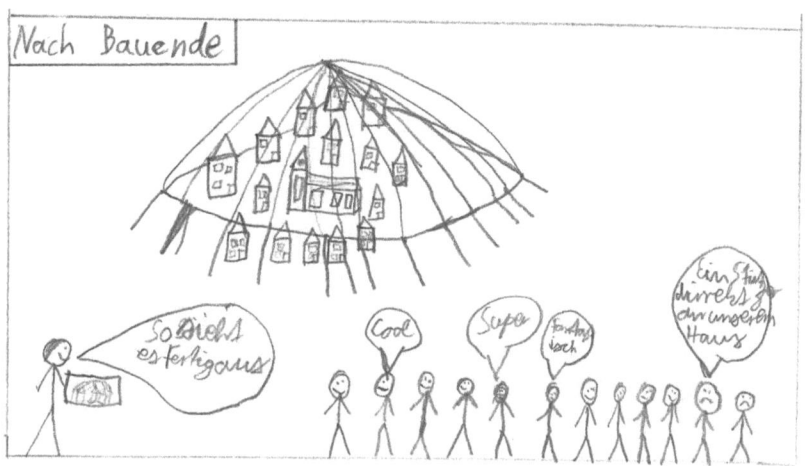

Abb. 4 Ausschnitt aus dem Comic „Die Nanokuppel". (T. Jaud)

Abb. 5 Ausschnitt aus dem Comic „Schwarzwald". (P. Schrögel)

Fotosynthese dar. Aber ähnlich wie bei anderen Konzepten wie zum Beispiel Design Thinking[1] (Brown 2008) oder anderen Kreativitätsmethoden (Bilton 2007) kann das Comic-Zeichnen als Katalysator für neue Ideen dienen und festgefahrene Denk- und Argumentationsstrukturen aufbrechen. So gibt es durchaus Forschung zu den Vor- und Nachteilen schwarzer Pflanzen (z. B. Hatier et al. 2013) und es finden sich neue Realitätsanknüpfungen für das fiktive Szenario.

5   Fazit und Ausblick

Im Rahmen des Projektes haben sich Technikzukünfte als Ausgangsbasis und Leitlinien für einen transdisziplinären Diskurs über mögliche technologische Entwicklungen in ihrem gesellschaftlichen Kontext bewährt. Technikzukünfte können Interesse wecken, gesellschaftlich relevante Aspekte eines Themas schon in frühen Forschungsstadien relevant machen und als konkreter Bezugspunkt, z. B. für eine Diskussion um Chancen und Risiken, dienen.

Es konnte gezeigt werden, dass Comics ein intuitiver Zugang zur Beschäftigung mit wissenschaftlich-technischen Themen sind und eine kreative Auseinandersetzung mit dem Thema anregen – sowohl bei Kindern und Jugendlichen als auch bei Experten und Expertinnen, die bereits mit den Inhalten vertraut sind. Die praktische Erfahrung im Projekt belegt, dass Comics nicht nur zur Wissensvermittlung und Visualisierung bestehender Wissensbestände genutzt werden können, sondern genauso als interaktives Diskurswerkzeug zur transdisziplinären Wissensgenerierung.

Die Kombination aus Technikzukünften als inhaltlicher Basis und Comics als Darstellungsmittel weist eine besondere Eignung auf. So können komplexe Szenarien und Technologien in ihrer gesellschaftlichen Einbettung und Bewertung erfasst und dargestellt werden.

Als ein exemplarisches Technikfeld, das mit großen Erwartungen verknüpft ist, sich aber noch weitgehend im Forschungsstadium befindet, wurde im Rahmen des Projektes die künstliche Fotosynthese behandelt. Die Ansätze einer frühzeitigen Einbindung der Öffentlichkeit, wie sie getestet wurden, können systematisch auf andere Technikfelder angewendet werden. Damit lassen sich dann spezifische „kritische Punkte" und die jeweiligen Bedingungen der Akzeptanz ausloten.

Der Einsatz von Comics in der Wissenschafts- und Technikkommunikation kann ebenfalls in weiteren Themenfelder und Anwendungssituationen erprobt werden. Aus der Erfahrung im Projekt heraus ist davon auszugehen, dass die Möglichkeiten der Methode noch nicht erschöpft sind.

Literatur

acatech (Hrsg.). 2011. *Akzeptanz von Technik und Infrastrukturen. Anmerkungen zu einem aktuellen Gesellschaftlichen Problem (acatech POSITION)*. Heidelberg u. a.: Springer-Verlag.

acatech (Hrsg.). 2012a. *Perspektiven der Biotechnologie-Kommunikation. Kontroversen Randbedingungen – Formate (acatech POSITION)*. Wiesbaden: Springer Vieweg.

acatech (Hrsg.). 2012b. *Technikzukünfte. Vorausdenken – Erstellen – Bewerten (acatech IMPULS)*. Heidelberg u. a.: Springer-Verlag.
acatech (Hrsg.). 2015. Künstliche Fotosynthese: Drei Technikzukünfte in Form von Geschichten. Deutsche Akademie der Technikwissenschaften. http://www.acatech.de/fotosynthese-geschichten. Zugegriffen: 15. Oktober 2016.
acatech (Hrsg.). 2016. *Technik gemeinsam gestalten. Frühzeitige Einbindung der Öffentlichkeit am Beispiel der Künstlichen Fotosynthese (acatech IMPULS)*. Heidelberg u. a.: Springer-Verlag.
Adelmann, R., J. Hennig, und M. Hessler. 2008. Visuelle Wissenskommunikation in Astronomie und Nanotechnologie. Zur epistemischen Produktivität und den Grenzen von Bildern. In *Wissensproduktion und Wissenstransfer. Wissen im Spannungsfeld von Wissenschaft, Politik und Öffentlichkeit*, hrsg. Renate Mayntz et al., 41–74. Bielefeld: transcript Verlag.
Anderson, A. A., J. Kim, D. A. Scheufele, D. Brossard, und M. A. Xenos 2013. What's in a name? How we define nanotech shapes public reactions. *Journal of Nanoparticle Research* 15(2): 1–5.
BDI (Bundesverband der Deutschen Industrie e. V.) (Hrsg.). 2015. Zukunft durch Industrie. Den Wandel als Chance begreifen – Herausforderungen und Implikationen. http://www.bdi.eu/download_content/ForschungTechnikUndInnovation/Zukunft_durch_Industrie.pdf. Zugegriffen: 24. August 2016.
Beck, G. 2014. *Sichtbare Soziologie: Visualisierung und soziologische Wissenschaftskommunikation in der zweiten Moderne*. Bielefeld: transcript Verlag.
Bilton, C. 2007. *Management and creativity: From creative industries to creative management*. New Jersey: Blackwell Publishing.
Blank, J. 2010. Alles ist zeigbar? Der Comic als Medium der Wissensvermittlung. *Kultur-Poetik* 10(2): 214–233.
BMBF (Bundesministerium für Bildung und Forschung) (Hrsg.). 2014. Die neue Hightech-Strategie. Innovationen für Deutschland. http://www.bmbf.de/pub_hts/HTS_Broschure_Web.pdf. Zugegriffen: 24. August 2015.
BMBF (Bundesministerium für Bildung und Forschung) (Hrsg.). 2016. Grundsatzpapier des BMBF zur Partizipation. https://www.zukunft-verstehen.de/application/files/8614/7325/3984/BMBF_grundsatzpapier_partizipation_barrierefrei.pdf. Zugegriffen: 19. Oktober 2016.
Boehm, G. 1994. Die Wiederkehr der Bilder. In *Was ist ein Bild?* hrsg. Boehm, G., 11–38. München: Fink.
Boehm, G., W.T. Mitchell. 2009. Pictorial versus iconic turn: two letters. *Culture, Theory and Critique* 50 (2–3): 103–121.
Bogner, A., K. Kastenhofer, und H. Torgersen. 2010. *Inter-und Transdisziplinarität – Zur Einleitung in eine anhaltend aktuelle Debatte*. Baden-Baden: Nomos Verlagsgesellschaft.
Brown, T. 2008. Design thinking. *Harvard business review* 86(6): 84–92.
BUND (Bund für Umwelt und Naturschutz Deutschland e. V.) (Hrsg.). 2012. Nachhaltige Wissenschaft. Plädoyer für eine Wissenschaft für und mit der Gesellschaft. (Diskussionspapier). http://www.bund.net/fileadmin/bundnet/publikationen/nachhaltigkeit/20110202_nachhaltigkeit_wissenschaft_diskussion.pdf. Zugegriffen: 24. August 2016.

Bussemer, T. 2011. *Die erregte Republik: Wutbürger und die Macht der Medien*. Stuttgart: Klett-Cotta.
Cohn, N. 2013. *The Visual Language of Comics: Introduction to the Structure and Cognition of Sequential Images*. London: Bloomsbury.
Collingridge, D. 1980. *The social control of technology*. London: Pinter.
Dear, M. 1992. Understanding and overcoming the NIMBY syndrome. *Journal of the American Planning Association* 58(3): 288–300.
Diamond, J. et al. 2015. Engaging Teenagers with Science through Comics. *Research in science education* 43(6): 2309–2326.
Dienel, H.-L. 2014. Transdisziplinarität. In *Standards und Gütekriterien der Zukunftsforschung: Ein Handbuch für Wissenschaft und Praxis (Vol. 4)* hrsg. Gerhold, L. et al., 71–82. Wiesbaden: Springer VS.
Durant, J. 1999. Participatory technology assessment and the democratic model of the public understanding of science. *Science and Public Policy* 26(5): 313–319.
Eisner, W. 1985. *Comics & sequential art*. Tamarac, FL: Poorhouse Press.
European Commission (Hrsg.). 2015. European Commission: Responsible research & innovation. http://ec.europa.eu/programmes/horizon2020/en/h2020-section/responsible-research-innovation. Zugegriffen: 24. August 2016.
Finke, S. 2014. *Citizen Science. Das unterschätzte Wissen der Laien*. München: oekom verlag.
Frank, J. 1949. Some questions and answers for teachers and parents. *The Journal of Educational Sociology* 23(4): 206–214.
Geise, S., T. Birkner, K. Arnold, M. Löblich, und K. Lobinger (Hrsg.). 2016. *Historische Perspektiven auf den Iconic Turn – Die Entwicklung der öffentlichen visuellen Kommunikation*. Köln: Herbert Von Halem Verlag.
González-Espada, W. J. 2003. Integrating physical science and the graphic arts with scientifically accurate comic strips: rationale, description, and implementation. *Revista Electrónica de Enseñanza de las Ciencias* 2(1): 58–66.
Gordin, D. N., und R.D. Pea. 1995. Prospects for Scientific Visualization as an Educational Technology. *The Journal of the Learning Sciences* 4(3): 249–279.
Grünewald, D. 2000. *Comics (Vol. 8)*. Berlin: Walter de Gruyter.
Grünewald, D. 2014: Zur Comicrezeption in Deutschland. *APuZ Aus Politik und Zeitgeschichte* 64, 33–34/2014: 42–47.
Grunwald, A. 2012. *Technikzukünfte als Medium von Zukunftsdebatten und Technikgestaltung (Vol. 6)*. Karlsruhe: KIT Scientific Publishing.
Grunwald, A. 2016. Synthetic Biology: Seeking for Orientation in the Absence of Valid Prospective Knowledge and of Common Values. In *The Argumentative Turn in Policy Analysis. Reasoning about Uncertainty*, hrsg. Hansson, S. O., und G. Hirsch-Hadorn, 325–344. Cham: Springer International Publishing.
Hamann, A., C. Zea-Schmidt, und R. Leinfelder (Hrsg.). 2013. *Die Große Transformation. Klima – Kriegen wir die Kurve?* (Graphik Hartmann, J. et al.; in Kooperation mit dem WBGU). Berlin: Jacoby & Stuart.
Hamann, A., R. Leinfelder, H. Trischler, und H. Wagenbreth (Hrsg.). 2014. *Anthropozän. 30 Meilensteine auf dem Weg in ein neues Erdzeitalter. Eine Comic-Anthologie*. München: Deutsches Museum.
Hangartner, U., F. Keller, und D. Oechslin. 2013. *Wissen durch Bilder. Sachcomics als Medien von Bildung und Information*. Bielefeld: transcript Verlag.

Hanschitz, R. C., E. Schmidt, E., und G. Schwarz. 2009. *Transdisziplinarität in Forschung und Praxis: Chancen und Risiken partizipativer Prozesse (Vol. 5)*. Wiesbaden: VS Verlag für Sozialwissenschaften.

Hatier, J. H. B., M.J. Clearwater, und K. S. Gould. 2013. The functional significance of black-pigmented leaves: photosynthesis, photoprotection and productivity in Ophiopogon planiscapus 'Nigrescens'. *PloS one* 8(6): e67850.

Highfield, T., und T. Leaver. 2016. Instagrammatics and digital methods: studying visual social media, from selfies and GIFs to memes and emoji. *Communication Research and Practice* 2(1): 47–62.

Hosler, J., und K.B. Boomer. 2011. Are Comic Books an Effective Way to Engage Nonmajors in Learning and Appreciating Science? 1. *CBE-Life Sciences Education* 10(3): 309–317.

Hutchinson, K. H. 1949. An experiment in the use of comics as instructional material. *The Journal of Educational Sociology* 23(4): 236–245.

Idier, D. 2000. Science fiction and technology scenarios: comparing Asimov's robots and Gibson's cyberspace. *Technology in Society* 22(2): 255–272.

Jungk, R., und N.R. Müllert. 1989. *Zukunftswerkstätten. Mit Phantasie gegen Routine und Resignation*. München: Heyne Verlag.

Jüngst, H. E. 2010. *Information Comics*. Frankfurt/Main: Lang.

Kaiser, S. M. Rehberg, und M. Schraudner. 2014. Nachhaltige Technologiegestaltung durch Partizipation. *Aus Politik und Zeitgeschichte* 64, 31–32/2014: 28–34.

Knoblauch, H. 2013. Wissenssoziologie, Wissensgesellschaft und Wissenskommunikation. *Aus Politik und Zeitgeschichte 63*, 18–20/2013: 9–16.

Knoblauch, H. 2014. *Wissenssoziologie*. Konstanz und München: UVK Verlagsgesellschaft.

Kolbert, M. 2012. Wissenschaft debattieren! In: *Handbuch Wissenschaftskommunikation*, Dernbach, B., C. Kleinert und H. Münder, 165–171. Wiesbaden: VS Verlag für Sozialwissenschaften.

Leinfelder, R. 2014. Das WBGU-Transformations-Gutachten als Wissenschaftscomic: Ein Kommunikationsprojekt zu alternativen Wissenstransferansätzen für komplexe Zukunftsthemen – Ergebnisübersicht. 8 S., SciLogs – Der Anthropozäniker (Spektrum der Wissenschaft). http://www.scilogs.de/der-anthropozaeniker/trafocomicprojekt. Zugegriffen: 24. August 2016.

Leinfelder, R., A. Hamann, und J. Kirstein. 2015. Wissenschaftliche Sachcomics: Multimodale Bildsprache, partizipative Wissensgenerierung und raumzeitliche Gestaltungsmöglichkeiten. In *Jahrestagung 2014 »Bild Wissen Gestaltung. Ein interdisziplinäres Labor« – Bilderwissen, Wissensstrukturen & Gestaltung als Synthese*, hrsg. Bild Wissen Gestaltung. doi: 10.13140/2.1.3808.0800.

Leinfelder, R., Hamann, A., Kirstein, J. und M. A. Schleunitz (Hrsg.). 2016. *Die Anthropozän-Küche. Matooke, Bienenstich und eine Prise Phosphor – in zehn Speisen um die Welt*. Berlin: Springer Verlag.

Lester, P. M. 2013. Visual communication: Images with messages. Boston: Cengage Learning.

Lin, S. F., H. S. Lin, L. Lee, und L. D. Yore. 2015. Are Science Comics a Good Medium for Science Communication? The Case for Public Learning of Nanotechnology. *International Journal of Science Education, Part B:* Communication and Public Engagement 5(3): 276–294.

Lobinger, K., und S. Geise. 2015. Zur Einleitung: Visualisierung und Mediatisierung als Rahmenprozesse. In *Visualisierung und Mediatisierung*. hrsg K. Lobinger und S. Geise, 9–17. Köln: Herbert von Halem Verlag.

Lucht, P., L. M. Schmidt, und R. Tuma. (Hrsg.). 2012. *Visuelles Wissen und Bilder des Sozialen: Aktuelle Entwicklungen in der Soziologie des Visuellen*. Wiesbaden: Springer-Verlag.

Lubitz, W., und N. Cox. 2013. Wie Pflanzen Wasser spalten. *Spektrum Der Wissenschaft* 9: 34–43.

McCloud, S. 1993. *Understanding comics: The invisible art*. Northampton, Mass: William Morrow Paperback.

Mischitz, V. o. J. Augenspiegel Wissenschaftscomic. Helmholtz Gemeinschaft Blogs. https://blogs.helmholtz.de/augenspiegel/category/wissenschaftscomic/. Zugegriffen: 15. Oktober 2016.

Mitchell, W. T. 1994. *Picture theory: Essays on verbal and visual representation*. Chicago: University of Chicago Press.

Monasterky, R., und N. Sousanis. 2015. The fragile framework. *Nature* 527: 427–435.

Morrison, T. G., G. Bryan, und G. W. Chilcoat. 2002. Using student-generated comic books in the classroom. *Journal of Adolescent & Adult Literacy* 45(8): 758–767.

Olson, J. C. 2008. The comic strip as a medium for promoting science literacy. Northridge, CA: California State University. https://www.csun.edu/~jco69120/coursework/697/projects/OlsonActionResearchFinal.pdf. Zugegriffen: 24. August 2016.

Plank, L. 2013a. Wissenschafts-Comics – Sprechblasenbildung. *profilwissen* 4: 84–88.

Plank, L. 2013b. *Gezeichnete Wirklichkeit: Comic Journalismus und journalistische Qualität*. Diplomarbeit zur Erlangung des akademischen Grades eines Masters in Social Sciences. FH Wien.

Popp, R. 2009. Partizipative Zukunftsforschung in der der Praxisfalle? In *Zukunftsforschung und Zukunftsgestaltung: Beiträge aus Wissenschaft und Praxis*, hrsg. Popp, R. und E. Schüll, 131–144. Berlin und Heidelberg: Springer-Verlag.

Prechtl, M., und B. Sieve. 2013. Comics, Cartoons & Co. *Naturwissenschaften im Unterricht – Chemie* 24 (133). Seelze: Friedrich Verlag.

Richard, B., J. G. Grünwald, N. Metz, und M. Recht. 2010. *Flickernde Jugend – rauschende Bilder: Netzkulturen im Web 2.0*. Frankfurt M: Campus Verlag.

Rota, G., und J. Izquierdo. 2003. "Comics" as a tool for teaching biotechnology in primary schools. *Electronic Journal of Biotechnology* 6(2): 85–89.

Rowe, G., und L.J. Frewer. 2005. A typology of public engagement mechanisms. *Science, technology & human values* 30(2): 251–290.

Sanchis-Segura, C., und R. Spanagel. 2006. REVIEW: behavioural assessment of drug reinforcement and addictive features in rodents: an overview. *Addiction biology*, 11(1): 2–38.

Schnettler, B., und F.S. Pötzsch. 2007. Visuelles Wissen. In *Handbuch Wissenssoziologie und Wissensforschung*, hrsg. Schützeichel, R., 472–484. Konstanz: UVK.

Schrögel, S. 2016. Comicworkshop: Technikzukünfte diskutieren. *Technikfolgenabschätzung in Theorie und Praxis* 25 (1): 55–57.

Short, J. C., und T.C. Reeves. 2009. The graphic novel: A "cool" format for communicating to generation Y. *Business Communication Quarterly* 72(4): 414–430.

Sousanis, N. 2015a. *Unflattening*. Cambridge MA: Harvard University Press.

Sousanis, N. 2015b. *Comics – Expanding Narrative Possibilities, integrating into the classroom.* Unveröffentlicht. http://spinweaveandcut.com/wp-content/uploads/2015/03/Sousanis-SPI-presentation-w-PICS.pdf. Zugegriffen: 24. August 2016.

Spiegel, A. N., J. McQuillan, P. Halpin, C. Matuk, und J. Diamond. (2013). Engaging Teenagers with Science Through Comics. *Research in science education* 43(6): 2309–2326.

Steinmüller, K. 2010. Science Fiction. Eine Quelle von Leitbildern für Innovationsprozesse und ein Impulsgeber für Foresight. In *Foresight. Between Science and Fiction. IFQ-Working Paper No. 7.*, hrsg. Hauss, K., S. Ulrich und S. Hornbostel, 19–31. Berlin: Institut für Forschungsinformation und Qualitätssicherung.

Straßner, E. 2002. *Text-Bild-Kommunikation-Bild-Text-Kommunikation* (Vol. 13). Berlin: Walter de Gruyter.

Tatalovic, M. 2009. Science comics as tools for science education and communication: a brief, exploratory study. *Journal of Science Communication* 8(4): 1–17.

Taylor & Francis Group. 2015. Imaginary public a threat to synthetic biology. Taylor & Francis Newsroom. http://newsroom.taylorandfrancisgroup.com/news/press-release/imaginary-public-a-threat-to-synthetic-biology#.WAIYhWVOaAY. Zugegriffen: 15. Oktober 2016.

Torgersen, H., und M. Schmidt. 2012. Perspektiven der Kommunikation für die synthetische Biologie. In *Biotechnologie-Kommunikation. Kontroversen, Analysen, Aktivitäten (acatech DISKUSSION)*, hrsg. Weitze, M.-D. et al., 113–154. Heidelberg u. a.: Springer-Verlag.

Trumbo, J. 1999. Visual literacy and science communication. *Science Communication*, 20(4): 409–425.

Weingart, S. 2008. Dem Ingeniör ist nichts zu schwör. Wissenschaftler und Ingenieure in den ,funny' Comics. *Gegenworte: Hefte für den Disput über Wissen* 20: 60–62.

Weitze, M.-D., A. Grunwald, A. Pühler, und W.M. Heckl. 2016. Kommunikation Neuer Technologien. Das Beispiel Biotechnologie. *TATuP – Zeitschrift des ITAS zur Technikfolgenabschätzung* 25 (1): 48–57.

WiD (Wissenschaft im Dialog). 2011. Forschungsprojekt „Wissenschaft debattieren!". mitdenken. mitreden. mitgestalten. (Abschlussbericht). http://www.wissenschaft-debattieren.de/fileadmin/redakteure/dokumente/Wissenschaft_debattieren/Abschlussbericht-Finalweb.pdf. Zugegriffen: 24. August 2016.

Wilsdon, J., und R. Willis. 2004. See-through science: Why public engagement needs to move upstream. London: Demos.

Wissenschaftsrat. 2015. Zum wissenschaftspolitischen Diskurs über große gesellschaftliche Herausforderungen. Positionspapier. http://www.wissenschaftsrat.de/download/archiv/4594-15.pdf. Zugegriffen: 24. August 2016.

Wohlgemuth, S., und M. Antonietti. 2013. Künstliche Fotosynthese. *Spektrum der Wissenschaft* 9: 44–50.

Über die Autoren

Philipp Schrögel hat Physik an der Universität Erlangen-Nürnberg und Public Policy an der Harvard Kennedy School studiert. Er arbeitete über drei Jahre als Berater und Moderator in verschiedenen Dialogprozessen. Gegenwärtig ist er selbstständig mit einem Büro für

Wissenschafts- und Technikkommunikation tätig und forscht er an der Abteilung Wissenschaftskommunikation des Instituts für Germanistik am Karlsruher Institut für Technologie. Parallel dazu ist er Lehrbeauftragter an der Universität Erlangen-Nürnberg.

Marc-Denis Weitze ist Leiter des Themenschwerpunkts Technikkommunikation in der Geschäftsstelle der Deutschen Akademie der Technikwissenschaften (acatech) in München. Studium der Chemie und Philosophie in Konstanz und München, Promotion in Chemie an der TU München, Tätigkeiten als Wissenschaftsjournalist, am Deutschen Museum in München und als Initiator und Leiter der Wissenschaftstage Tegernsee.

Fiktionale Fakten

Wissenschaftskommunikation im Spiegel literarischer Rezeptionsprozesse

Sonja Fücker und Uwe Schimank

Zusammenfassung
Seit Beginn der 1990er Jahre haben sich im Subgenre des *Wissenschaftsromans* (natur-) wissenschaftliche Sujets zu einer neuen Gattung in der Vermittlung von Wissen über Wissenschaft entwickelt. In unserem Beitrag möchten wir an den Schnittstellen von Literatur- und Wissenschaftssoziologie zeigen, dass sich in der Verknüpfung zwischen den konträren Wissenswelten von Literatur und Wissenschaft eine wichtige Form der Wissenschaftskommunikation identifizieren lässt. Basierend auf Ergebnissen einer qualitativen Rezeptionsstudie nehmen wir in dem Beitrag am Beispiel von zwei Romanen in den Blick, wie Leser in englischsprachigen Lesekreisen literarische Wissenschaftsdarstellungen interpretieren und welche Narrative zu wissenschaftlichen Themenbereichen zum Gegenstand der Rezeption werden. Unsere Ergebnisse zeigen, dass literarische Erzählungen durch die Verflechtung von wissenschaftlichen Wirklichkeitsreferenzen (Fakten) und erdachten Welterschließungen (Fiktion) spezielle Repräsentationen wissenschaftlicher Wissenswelten erzeugen. Als solche dienen sie Lesern nicht nur als Reflexionsfolie für wissenschaftliche Erkenntnisvorgänge auf der Sachdimension, sondern auch – und damit vor allem anders als *klassische* Gattungen der Wissenschaftskommunikation – für

---

S. Fücker (✉) · U. Schimank
Universität Bremen, SOCIUM Forschungszentrum Ungleichheit und Sozialpolitik, Unicom-Gebäude, Mary-Somerville-Straße 9, 28359 Bremen, Deutschland
E-Mail: sonja.fuecker@uni-bremen.de

U. Schimank
E-Mail: uwe.schimank@uni-bremen.de

© Springer Fachmedien Wiesbaden GmbH 2018
E. Lettkemann et al. (Hrsg.), *Knowledge in Action,* Wissen, Kommunikation und Gesellschaft, DOI 10.1007/978-3-658-18337-0_3

die Produktionsweisen und -praxen der Wissenschaft in ihren sozialen Dimensionen.

Schlüsselwörter

Wissenschaftssoziologie · Literatursoziologie · Rezeption · Leser · Wissen · Wissenschaftskommunikation

1 Einleitung

Wissenschaft ist in modernen Gesellschaften zu einer „öffentlichen Angelegenheit" (Neidhardt 2002) avanciert. Die wachsende Nachfrage von Wissenschaftswissen und das Vordringen dieser Wissensform in nahezu alle außerwissenschaftlichen Gesellschaftsfelder hat das Verhältnis der Wissenschaft zur allgemeinen Öffentlichkeit maßgeblich verändert. In diesen Wandlungsprozessen nimmt die fortschreitende Ausweitung der Wissenschaftskommunikation eine Schlüsselrolle ein, indem sie Wissen an ein Publikum vermittelt, das im Allgemeinen keine oder nur geringe Expertise mitbringt. Wissenschaftskommunikation kann folglich als Brücke zwischen *Experten* und *Laien* verstanden werden, die Ansprüche und Erwartungen beider Teilwelten verbindet.

Neben Wissenschaftsressorts in Tageszeitungen oder dem Bloggen in interaktiven Medien ist das pädagogische Vermitteln und Kuratieren wissenschaftlicher Erkenntnisbereiche an *Wissenschaftstagen* oder in sogenannten *Science Centers* ein stetig wachsender Markt der Wissenschaftskommunikation. Jenseits solcher mittlerweile klassischen Informationsformate stellen aber auch fiktionale Produkte wie Filme, Comics und literarische Erzählungen eine Plattform zur Vermittlung wissenschaftlicher Erkenntnis- und Wissensbereiche dar (Dahlstrom und Ho 2012; Kirby 2003). Von konventionellen Formaten der Wissenschaftskommunikation unterscheiden sie sich in erster Linie durch ästhetisch-erzählerische Vermittlungswerkzeuge, mit denen wissenschaftliche Informationen für ein öffentliches Laienpublikum *übersetzt* und damit zugänglich gemacht werden. Über diese andersartige Vermittlungsweise im Feld der Wissenschaftskommunikation hinaus unterscheiden sich narrative Erzählstrategien aber auch substanziell von der Art und Weise, wie das Wissenschaftssystem wissenschaftliche Tatsachen durch die Publikation sukzessive verfestigter Erkenntnisse vermittelt. Während wissenschaftliches Wissen wahr und überprüfbar sein muss, dürfen – oder müssen – literarische Aussagen erfunden sein. Das *Erzählen* von wissenschaftlichen Fakten in

Kunstprodukten ist somit notwendigerweise von etablierten Kommunikationsverfahren des Wissenschaftssystems zu unterscheiden; insofern gilt: „[W]hat makes a *good* story is different from what [...] makes it *true*" (Mink 1978, S. 129, Hervorh. i. O.). Fiktionen von wissenschaftlicher Wirklichkeit erzeugen in dem Spektrum kunstvermittelter Wissenschaftskommunikation somit ein Spannungsfeld, das aus den unterschiedlichen Operationsweisen von Wissenschaft und Kunst hervorgeht.

Wenig überraschend werden fiktionale Wissenschaftsdarstellungen folglich als „Degenerationsform" (Gipper 2002, S. 11) von innerwissenschaftlicher Kommunikation betrachtet und sind im Wissenschaftssystem allgemein negativ konnotiert (Dahlstrom 2014). Denn anstatt verlässliche Botschaften auszusenden, wie es von der Wissenschaft beabsichtigt und gefordert ist, sind fiktionale Vermittlungsformate vielmehr dadurch charakterisiert, kontinuierlich neue und vielfältige Bedeutungszusammenhänge herzustellen (Fleck 1979). Aus diesem Grund werden (natur-)wissenschaftliche Sujets in Film, Fernsehen, Theater und Literatur von Vertretern des Wissenschaftssystems als defizitäre und inadäquate Informationsquellen wahrgenommen, die das öffentliche Verständnis von und über Wissenschaft negativ beeinflussen (Görke und Ruhrmann 2003; Sakellari 2015).[1] Diese vermutete Erosion verlässlicher Wissensstrukturen wird auch von der US-amerikanischen *National Science Foundation* betont, die künstlerische Formate der wissenschaftlichen Kommunikation als „information pollution" (National Science Foundation 2000, S. 8) deutet. Dass Fiktionen in solchen Darstellungen als Fakten „verkauft" werden, mache es für Rezipienten kunstbasierter Wissensquellen zunehmend notwendig, Kompetenzen zur Einschätzung des jeweiligen Informationsgehalts zu entwickeln und anzuwenden: „[B]eing able to distinguish fact from fiction has become just as important as knowing what is true and what is not" (ebd.).

Trotz der allgemeinen Kritik an dem faktenverzerrenden unterhaltenden Gestus fiktionaler Informationsangebote hat sich seit Anfang der 1990er Jahre ein literarisches Subgenre etabliert, das sich dezidiert der Narration wissenschaftlicher Themenbereiche widmet. Das Format des *Wissenschaftsromans* beansprucht im hauptsächlich US-amerikanischen und angelsächsischen Literaturbetrieb, zunehmend auch wissenschaftliche *Fakten* zu vermitteln (Clayton 2002; Klinkert 2012). Darstellungen zu den Funktionsweisen und -praxen von Wissenschaft fallen

---

[1]Eine Ausnahme stellte hier aus historischer Perspektive die „Vulgarisierung" wissenschaftlicher Erkenntnisse in literarischen Erzählformaten dar, die zwischen dem 16. und 18. Jahrhundert hohes Ansehen genossen und als adäquate Quellen populärwissenschaftlicher Provenienz galten (Gipper 2002).

ebenso in das erzählerische Spektrum von Wissenschaftsromanen wie Fälle von Betrug und Fehlverhalten im Wissenschaftssystem sowie allgemein ethische Kontroversen über Wissenschaft; und Illustrationen von passionierten, virtuosen oder skrupellosen Wissenschaftlerfiguren begleiten Narrative zur Aufdeckung, Produktion und Bewältigung gesellschaftlicher Risiken als Ergebnis von guter oder schlechter Wissenschaftspraxis.

In unserem Beitrag widmen wir uns der weit verbreiteten Beobachtung einer zunehmenden Popularisierung und Sichtbarmachung von wissenschaftlichen Themenbereichen und fragen im engeren Sinne danach, welche Rolle die Literatur – bzw. allgemein durch Kunst vermittelte Informationsangebote – hier einnimmt. Auf Grundlage einer qualitativ-empirischen Untersuchung werden wir nachzeichnen, wie Leserinnen und Leser von Wissenschaftsromanen mit dem changierenden Verhältnis zwischen *Fakt* und *Fiktion* in den literarischen Texten umgehen. Mit der Analyse von gruppenbasierten Rezeptionsprozessen in englischsprachigen Lesekreisen nehmen wir an der Schnittstelle von Literatur- und Wissenschaftssoziologie in den Blick, zu welchen Erzählungen von und über Wissenschaft kontroverse oder intersubjektiv geteilte Deutungen entstehen. Ein besonderes Augenmerk liegt dabei auf der Beantwortung der Frage, wie sich die Deutungsprozesse zu literarischen Vermittlungsformen von wissenschaftlichen Wissensbereichen kommunikativ gestalten.

Im Folgenden geben wir zunächst einen Überblick über die Forschungsliteratur zur allgemeinen sowie kunstvermittelten Wissenschaftskommunikation (Abschn. 2) und stellen anschließend, als Einleitung in die Darstellung der empirischen Analyseergebnisse, das methodische Vorgehen unserer Studie in groben Zügen dar (Abschn. 3.1). Die Untersuchung bezieht sich auf eine zweistufige Analyse zu den beiden Wissenschaftsromanen *Flight Behavior* von Barbara Kingsolver und *Solar* von Ian McEwan (Abschn. 3.2). In einem ersten Schritt präsentieren wir eine soziologische Interpretation der Romantexte im Hinblick auf ihre wissenschaftsbezogenen Inhalte. Im Anschluss daran werden Rezeptionen zu den beiden Romanen aus beobachteten Gruppendiskussionen in Lesekreisen nachgezeichnet und mit den Ergebnissen der Romananalyse verglichen (Abschn. 3.3). Auf diese Weise arbeiten wir heraus, dass Leserinnen und Leser die literarischen Wissenschaftsdarstellungen zur Aneignung, Verfestigung oder Transformation wissenschaftsbezogener Informationen nutzen, wobei literarische (Wissenschaftler-)Figuren als zentrale Verständnisanker herangezogen werden. Der Beitrag schließt mit einigen Überlegungen zu den möglichen Funktionsweisen von literarischen Texten als Übersetzungsmedium wissenschaftlichen Wissens (Abschn. 4).

2 Wissenschaftskommunikation im Spiegel von (literarischer) Kunst

Während noch zu Beginn des 20. Jahrhunderts die Kommunikation wissenschaftlicher Erkenntnisse außerhalb des Wissenschaftssystems eine Randerscheinung war und im Zuge ihrer marginalen Relevanz sogar innerwissenschaftlich sanktioniert wurde (Dunwoody 2008; Goodell 1977), entwickelten sich ab Mitte des 20. Jahrhunderts erste Popularisierungstendenzen. Spätestens seit den 1980er Jahren fanden wissenschaftliche Erkenntnisse vom „Elfenbeinturm" des Wissenschaftssystems Einzug in die Informationsmärkte moderner Wissensgesellschaften (Schäfer et al. 2015). Diese Entwicklungen gehen insbesondere darauf zurück, dass man eine höhere Akzeptanzkultur von wissenschaftsbezogenen Phänomenbereichen in der gesellschaftlichen Öffentlichkeit mit einer Verbesserung der „scientific literacy" erzielen wollte (Durant 1993; Miller 1983). Die Anstrengungen zur öffentlichen Wissenschaftsbildung zielen auf die Ausbildung von Kompetenzen, die im Wesentlichen auf die Befähigung von Laien ausgerichtet sind „[…] to read about, comprehend, and express an opinion on scientific matters" (Miller 1983, S. 30).

Verbunden mit diesen Entwicklungen sieht sich die Wissenschaft der Gefahr ausgesetzt, ihre Autonomie und „Deutungshoheit" (Rödder 2009, S. 65) zu verlieren. Die gesellschaftlichen Transformationsprozesse, die sich aus der stärkeren Einbeziehung der Öffentlichkeit in den Wissenschaftsdiskurs herausbilden, werden von der Wissenschaft als Bedrohung wahrgenommen, sich mit zunehmender Virulenz den Funktionsweisen der Massenmedien unterwerfen zu müssen (Weingart 2005, S. 10 f.).[2] Die paradigmatische Aufgabe der Wissenschaft, *im* Wissenschaftssystem produzierte Erkenntnisse *in* der wissenschaftlichen Community zu kommunizieren, erhält durch die Informationsweisen moderner Massenmedien und den Informationsbedürfnissen ihrer Rezipienten erweiternde und vor allem überschreitende Akzente. Diese Veränderungen der ursprünglichen Funktions- und Informationslogiken der Wissenschaft haben zur Folge, dass die Kommunikation über wissenschaftliche Themen immer weniger an den innerwissenschaftlichen Relevanzkriterien von Kommunikation ausgerichtet ist und die Wissenschaft zunehmend in ein Korsett unvermeidbarer Popularisierungsprozesse zwingt. Die Konsequenzen einer solchen Entwicklung diskutiert die aktuellere Wissenschaftsforschung als „Vergesellschaftung" (Weingart 2005) der Wissenschaft, womit ein

---

[2]Schäfer et al. (2012) zeigen in einer Studie zur Medialisierungstendenz von Wissenschaftlern, dass insbesondere Klimaforscher fluide Netzwerke zu Journalisten pflegen und sich zu diesem Zweck auch den Funktions- und Arbeitsweisen des Mediensystems anpassen.

ansteigender Legitimationsdruck durch die stärkere Orientierung an politischen, wirtschaftlichen und medial-kommunikativen Zielsetzungen verbunden ist.

Das Spektrum fiktionaler Formate nimmt in dem Wandel wissenschaftlicher Kommunikationskulturen eine besondere Stellung ein. Während das Wissenschaftssystem durch die Produktion und Vermittlung von *Fakten*[3] charakterisiert ist (Bensaude-Vincent 2001), liegt die Funktion von Literatur in der Erzeugung ästhetischer Repräsentationen solcher Fakten. Im Sinne einer „erzählerischen Notwendigkeit" (Eco 1992, S. 264) hat sie Fakten durch die Anwendung narrativer Methoden als „zweite Welten" (Blumenberg 1983) zu fiktionalisieren. Die Aufgabe der Literatur besteht im Anschluss an diese Überlegungen darin, Darstellungen wissenschaftlicher Wirklichkeitsreferenzen in einer Art und Weise zu erzeugen, die Leser affizieren und unterhalten. Mit diesem Blick auf die unterschiedlichen *Werkzeuge,* die Wissenschaft und Literatur zur Vermittlung von wissenschaftsbezogenen Wissen anwenden, lassen sich unterschiedliche Informationslogiken identifizieren, mit denen wissenschaftliche Experten und Kunst schaffende Akteure operieren. Das Wahrheitspostulat, mit dem die Wissenschaft operiert, erhebt folglich andere Geltungsansprüche an die Richtigkeit von vermittelten Inhalten als die Anforderungen, die an den *ästhetischen* Gehalt von Kunstprodukten gestellt werden. Während Kunstprodukte ihre Legitimität als Informationsquelle aus der *Plausibilität* ihrer Inhalte schöpfen, werden wissenschaftliche Fakten mit dem Blick auf ihre *Richtigkeit* überprüft und legitimiert (Dahlstrom 2014, S. 13615).

Der Blick auf die bis hierher angestellten Überlegungen legt einerseits die Sichtweise nahe, dass literarische Texte durch ihre typische Vermittlungsfunktion ein Potenzial zur Sichtbarmachung von wissenschaftlichen Wissensbereichen entfalten und damit zur Erweiterung der allgemein angestrebten *„scientific literacy"* beitragen können. Andererseits gefährden sie – aus Sicht der Wissenschaft – durch erfundene und damit nicht zwingend *wahre* Erzählungen den Informationswert von wissenschaftlichen Erkenntnisbereichen. Die Entstehung eines solchen Spannungsfelds zwischen dem potenziellen Ressourcengewinn, der sich für die gesellschaftliche Öffentlichkeit aus der Übersetzungsfunktion literarischer Texte im Umgang mit wissenschaftlichem Wissen abzeichnet, und wahrgenommenen *Gefahren* solcher Übersetzungen aufseiten des Wissenschaftssystems, führt Joachim Renn (2006) in seiner Theorie gesellschaftlicher

---

[3]Wissenschaftliche Fakten werden hier als Resultat eines bestimmten Herstellungsprozesses der Wissenschaft verstanden, in dessen Rahmen wissenschaftliche Fakten nicht *passiv* entdeckt, sondern von Wissenschaftsakteuren *aktiv* fabriziert werden (Fleck 1979).

Übersetzungsverhältnisse auf ein fehlendes Zusammenspiel zwischen den ausdifferenzierten Teilwelten zurück. Diese Diagnose wirft für den hier interessierenden Gegenstand die Frage auf, ob – und wenn ja, wie – Romane als eine Form der Wissenschaftskommunikation begriffen werden können.

Die Rezeptionsforschung bietet auf diese Frage im Kontext einer allgemeinen Auseinandersetzung mit der Verknüpfung von Fakten und Fiktionen in erzählerischen Formaten inspirierende Antworten. In Studien aus der kognitiven Verhaltenswissenschaft wurde beispielsweise festgestellt, dass wissenschaftliche Erkenntnisse durch narrative Strategien des Erzählens für Rezipientinnen einfacher verständlich erscheinen (Graesser et al. 2002). Deutlich wird in den Ergebnisanalysen, dass literarische Produkte in ihrer Vermittlungsfunktion effizienter als konventionelle Wissenschaftsinformationen sind (Dahlstrom 2014, S. 13615; Green 2002, 2006) und Narration zur Formierung oder Transformation von Weltanschauungen beiträgt (Dahlstrom 2010). Dass Leser literarische Texte neben ästhetischen Kriterien auch auf *richtige*, d. h. wahrheitsgetreue Repräsentationen darin verarbeiteter Inhalte überprüfen, deutet auf eine kritische Auseinandersetzung mit solchen Texten hin, in denen sich Ansprüche an die Authentizität und Plausibilität von Erzählungen manifestieren (Gerrig und Prentice 1991). Analog zu solchen Gültigkeitsprüfungen von Leserinnen und Lesern, wird in philosophisch inspirierten Arbeiten darauf hingewiesen, dass die Rezeption von Kunstprodukten im Allgemeinen nicht nur ästhetischen und unterhaltenden Anforderungen von Adressaten standzuhalten haben. Sie müssen darüber hinaus einen konkreten *kognitiven Nutzen* entfalten, um Rezipienten affizieren zu können (Diffey 1995). Jenseits dieser Ergebnisse wird in experimentellen Studien die Bedeutung von verfügbarem Vorwissen von Lesern hervorgehoben, das die Identifizierbarkeit und Bewertung von Fiktionalisierungen in literarischen Texten maßgeblich beeinflusst. Je fundierter die Vorkenntnisse von Leserinnen und Lesern zu spezifischen Textinhalten sind, desto weniger sind sie von erzählerischen ästhetischen Stilmitteln beeinflusst und vielmehr auf den Inhalt von Erzählungen fokussiert (Wheeler et al. 1999). Wenn diese Ergebnisse nahelegen, dass die Wirkkraft fiktionaler Repräsentation überschätzt wird und narrative Erzählstrategien einen nur sekundären Einfluss auf Rezeptionsprozesse von literarischen Texten ausüben, zeigen Ergebnisse aus der kognitiven Psychologieforschung dagegen, dass Leserinnen und Leser Fakten aus fiktionalen Informationsquellen *lernen*, wobei die Texte weniger kritisch kontextualisiert werden als andere Informationsquellen (Marsh et al. 2003, S. 534).

3 Zur Rezeption von Wissenschaftsromanen in Lesekreisen

Als zeitgenössisches Kulturphänomen sind Lesekreise als Kleingruppen zu verstehen (Swann 2011, S. 217), in denen gemeinsame Deutungsmuster zu literarischen Erzählungen durch den Dialog mit Anderen entstehen können (Swann und Allington 2009; Swann 2011; Wienold 1972).[4] Sie sind charakterisiert als „eine gewisse Anzahl Personen, welche sich verbunden haben, gewisse Bücher und Schriften zu lesen" (Krünitz 1790, S. 278).[5] In solchen „interpretative communities" (Stock 1983) nehmen Interaktionsmuster und Gruppendynamiken Einfluss auf intersubjektive Deutungsprozesse, indem gilt: „[I]t is interpretive communities, rather than either the text or reader, that produce meanings" (Fish 1982, S. 54).

Im Zentrum der hier vorgestellten Studie steht die Rekonstruktion von Leserrezeptionen zu literarischen Texten, die dem Subgenre des Wissenschaftsromans zugeordnet sind. Mit der teilnehmenden Beobachtung von englischsprachigen[6] Gruppendiskussionen in Lesekreisen Buchklubs oder Lesegruppen in Deutschland möchten wir zur Aufschlüsselung beitragen, inwiefern Literatur eine Übersetzungsfunktion für wissenschaftliche Wissensbestände einnehmen kann. Unter Nutzung des methodischen Instrumentariums der *Qualitativen Inhaltsanalyse* zielt die Studie darauf ab, ein besseres Verständnis darüber zu erlangen, welche Informationen und Aspekte Leserinnen und Leser aus kunstvermittelten Informationsrepertoires zu und über Wissenschaft aufgreifen. Hierbei werden kontroverse und intersubjektive Deutungsweisen, die sich in den Lesegemeinschaften formieren, als kommunikative Aushandlungen über Wissenschaft verstanden, in denen auch immer ein bestehendes gesellschaftlich objektiviertes *Wissen* Gegenstand der Diskussionen ist (Knoblauch 1995).

---

[4]Indem Lesekreise zum Zeitpunkt der Datenerhebungen – anders als in konventionellen Gruppendiskussionen – bereits als Gruppe konstituiert sind, ist davon auszugehen, dass sie über einen „konjunktiven Erfahrungsraum" verfügen, d. h. über gemeinsame Erfahrungs- und Wissensstrukturen, die ihre Interpretationen prägen.

[5]Vgl. auch zur historischen Genese von Lesekreisen die Arbeiten von Thomas S. Eberle (1999a, b). Darin wird am Beispiel Schweizer *Lesegesellschaften* eindrücklich die Ausbildung der gruppenbezogenen Lesekultur im 18. Jahrhundert in ihren milieuspezifischen Entwicklungstendenzen beleuchtet und mit zeitgenössischen Bedeutungsimplikationen in Bezug gesetzt.

[6]Viele der projektrelevanten Romantexte sind in deutscher Übersetzung nicht verfügbar. Zur besseren Vergleichbarkeit und Kontrastierung wurden somit alle Texte auf Englisch gelesen und die Diskussionen in den Lesekreisen in englischer Sprache geführt.

3.1 Methodisches

Für die Interpretation des empirischen Datenmaterials wenden wir ein zweistufiges Analyseverfahren an. Mit der Forschungsmethodik der *Qualitativen Inhaltsanalyse* (Kuckartz 2014; Schreier 2012) zielt die Erhebung in einem ersten Schritt auf die Aufdeckung wissenschaftsbezogener Darstellungsformen ab, die sich aus den Romantexten destillieren lassen. Sodann werden in einem zweiten Schritt die Deutungen von Lesern zu diesen Textinhalten mittels vorliegender Texttranskripte aus beobachteten und aufgezeichneten Gruppendiskussionen rekonstruiert.[7]

In dem ersten Analyseschritt werden die Romantexte im Hinblick auf ihre wissenschaftsbezogenen Themenbereiche auf der Basis eines generierten Codierschemas analysiert. Dazu werden die Romantexte unter Einbeziehung wissenschaftssoziologischer Konzepte im Hinblick darauf untersucht, inwiefern die Narrative adäquaten Repräsentation von Wissenschaft im Sinne einer „real science" (Ziman 2000) entsprechen. Diese Vorgehensweise dient dem Zweck, die Leserdeutungen der beobachteten Gruppendiskussionen durch einen konzeptionellen Analyserahmen soziologisch einordnen zu können. Dementsprechend dienen die aus den Texten herausgearbeiteten Wissenschaftsrepräsentationen in dem zweiten Analyseschritt als Interpretationsgerüst für die anschließende Rekonstruktion der beobachteten Gruppendiskussionen in englischsprachigen Lesekreisen. Für deren Analyse muss die literarisch-ästhetische Dimension von Texten ebensolche Berücksichtigung finden wie die sozialen Wirklichkeitsreferenzen, die literarische Texte in ihren jeweiligen Zugangsweisen zur sozialen Realität bieten (Kuzmics und Mozetič 2003).

---

[7]Mit Blick auf die methodologische Ausrichtung der Studie ist für die Untersuchung von Rezeptionsprozessen ein spezifischer Rekonstruktionsprozess hervorzuheben, der in der notwendigen Heranziehung verschiedener Datenquellen (Romantexte, Transkripte von Gruppendiskussionen) begründet liegt und die Einnahme unterschiedlicher Beobachtungsperspektiven erforderlich macht. Während in interpretativen, methodisch kontrollierten Erhebungsverfahren Alltagsinterpretationen von Handelnden zu bestimmten Phänomenbereichen, die so genannten Konstruktionen erster Ordnung, als Konstruktionen zweiter Ordnung in die soziologische Analyse einfließen, machen rezeptionsbasierte Analyseprozesse die Einbeziehung einer weiteren, d. h. dritten Beobachtungs- und Rekonstruktionsebene notwendig: Die Wissenschaftsdarstellungen in literarischen Textdokumenten basieren auf Interpretationen von Romanautoren (Konstruktionen erster Ordnung), die in den Texten verarbeitet werden und die Interpretationsfolie für Rezipientinnen bilden (Konstruktionen zweiter Ordnung). Diese (Leser-)Deutungen stellen schließlich als Konstruktionen dritter Ordnung den Kern der wissenschaftlichen Analyse von Rezeptionsprozessen dar. Auf diese Weise nimmt die wissenschaftliche Beobachtung die Stellung einer Konstruktionsspirale zwischen Autoren, Lesern und Forschern ein, in der sich ein vielschichtiger Interpretationsprozess materialisiert.

3.2 Vergleichende Literaturanalyse: *Flight Behavior* und *Solar*

Im Zentrum unserer empirischen Romananalyse stehen zwei Wissenschaftsromane, die unter dem literarischen Label von *climate change fiction* eingeordnet werden. *Cli-fi* greift auf ein narratives Repertoire zurück, das sich zwischen typischen Elementen dystopischer *science fiction* Literatur und dem klassischen Bildungsroman und seinem didaktischen Gestus bewegt. Die Texte, die das literarische Terrain von *cli-fi* abstecken, adressieren im Allgemeinen die Kluft zwischen dezidiert anthropogenen Folgen des Klimawandels und fehlenden Handlungspraxen gesellschaftlicher Akteure (Trexler 2015, S. 9).

Im Zentrum der Erzählung des Wissenschaftsromans *Flight Behavior* der kanadischen Autorin Barbara Kingsolver steht das veränderte Wanderungsverhalten einer Schmetterlingspopulation als unmittelbare Folge des anthropogenen Klimawandels. Die Erzählung beginnt mit dem Szenario des Verlusts der beeindruckenden Navigationsfähigkeit von Monarchfaltern, die die Spezies eigentlich von Jahr zu Jahr – und vor allem populationsübergreifend – in bis zu 4000 km entfernte Überwinterungsgebiete der zentralmexikanischen Sierra Nevada steuert. Durch die Schädigung ihrer natürlichen Lebensräume als direkte Folge der zunehmenden Waldrodung und dadurch verursachter Schlammfluten verlieren die Falter der Erzählung nach diese Fähigkeit. In der Konsequenz verlagern sich ihre natürlichen Wanderungsrouten, sodass sie in fremde Gebiete der amerikanischen Appalachen migrieren, in denen sie letztlich nicht überlebensfähig sind und die Spezies vom akuten Aussterben bedroht ist. Die Gefahr ihrer potenziellen Ausrottung zieht ein Team von Schmetterlingsforschern in das neue und unfreiwillig erschlossene Lebensgebiet der Tiere, die die Ursachen für das veränderte Wanderverhalten erforschen. Diese Forscher kommen in Kontakt mit der Hauptprotagonistin, einer jungen Frau aus dem bildungsfernen Landarbeitermilieu der Südstaaten, was bei dieser eine Persönlichkeitsentwicklung auslöst, wie man sie aus Bildungsromanen kennt.

Solar hingegen ist ein satirischer Roman des britischen Autors Ian McEwan aus dem Jahr 2010, der die Schattenseiten von Wissenschaft am Beispiel der Klimaforschung porträtiert. Der Romanprotagonist, ein egozentrischer Physiker und Nobelpreisträger, nutzt erschlichene Forschungsideen für die Entwicklung erneuerbarer Energien, indem er sowohl einen seiner Nachwuchswissenschaftler als auch die Forschungsinstitution hintergeht, die ihn protegiert. Der Roman zeigt einen Wissenschaftler, der im Zuge schwindender wissenschaftlicher Kreativität ethische Prinzipien der Wissenschaft zur Aufrechterhaltung seiner eigenen Reputation verletzt. Sein Interesse an der Bewältigung des Klimawandels ist nur vorgetäuscht, um eigene ökonomische Interessen verfolgen zu können. Mit dem Einbezug von Slapstick-Elementen entfaltet *Solar* das Bild einer nach opportunistischen Prinzipien operierenden Wissenschaft und ihrer Akteure. Die Hauptfigur des Romans fungiert als anthropologisches Sinnbild einer unbelehrbaren Gesellschaft und ihrer Tendenz zur schnellen Bedürfnisbefriedigung, deren saturierter Lebensstil eine adäquate Umgangsweise mit den gesellschaftlichen Auswirkungen des Klimawandels letztlich verhindert.

Für die Interpretation der beiden Romane wurden zwei Analysedimensionen generiert, die verdichtet darlegen, auf welche Art und Weise Wissenschaft in die beiden Romannarrative eingebettet ist. Eine erste Dimension gibt Auskunft über die literarischen Darstellungsweisen 1) wissenschaftlicher Praxis- und Funktionsweisen in *Flight Behavior* und *Solar*. Ergänzt werden diese Aspekte durch destillierte Romaninhalte, mit denen 2) die gesellschaftlichen Auswirkungen in den Blick genommen werden, die durch jene Praktiken sichtbar werden.

3.2.1 Wissenschaftspraxen: „good science – bad science"

Die Wissenschaftlerfigur Ovid Byron wird in *Flight Behavior* als passionierter Schmetterlingsforscher porträtiert. Angetrieben von einem *Wissenschaftsglauben*, der einer Art „interesselosem Interesse an der Wahrheit" (Bourdieu 1998, S. 58) entspricht, legt er in einem Dialog sein Wissenschaftsverständnis unmissverständlich dar: „*We are scientists. Our job here is only to describe what exists*" (Kingsolver 2012, S. 204). Seine Auffassung einer *aufklärenden* Informationsfunktion der Wissenschaft manifestiert sich in dem Interesse, die Ursachen des veränderten „Flugverhaltens" der Schmetterlingsspezies durch menschengemachte Klimaveränderungen zu *erklären*. Dass er darüber hinaus keine Ambitionen hat, mit seiner Forschung auch zur Bewältigung von enthüllten Umweltproblemen beitragen zu können, resultiert aus enttäuschenden Erfahrungen, die er in der Vergangenheit mit gescheiterten Versuchen gemacht hat, für seine Forschung mediale Sichtbarkeit in der Öffentlichkeit zu erzeugen. In der Konsequenz dieser Erfahrungen zweifelt er daran, mit den Werkzeugen, die der Wissenschaft zur Verfügung stehen, gesellschaftliche Problemlösungen bereitstellen zu können: „*We cannot jump to conclusions. All we can do is measure and count. That is the task of science*" (Kingsolver 2012, S. 337). Er sieht im Rahmen einer defensiven Selbstpositionierung seine Aufgabe darauf beschränkt, ökologische Risiken zu enthüllen, und bringt diese Überzeugung in einem Dialog auf folgende Formel: „*Science doesn't tell us what we should do. It only tells us what is*" (ebd., S. 442).

Im Kontrast zu Kingsolver's *Flight Behavior* illustriert *Solar* einen bigotten Klimaforscher, für den die wissenschaftliche Profession weniger identitätsbestimmend ist, als vielmehr zur Befriedigung seiner persönlichen Interessen genutzt und ausgebeutet wird. Als Wissenschaftler ist Michael Beard weder geleitet von einem erkenntniserweiternden Forschungsinteresse noch von basalen ethischen Verpflichtungen als Wissenschaftler: *„[i]dealism was so alien to his nature [...]"* (McEwan 2010, S. 107). Als ehemaliger Nobelpreisgewinner profitiert Michael Beard fortwährend von seiner bereits zwei Jahrzehnte zurückliegenden Entdeckung der – im Roman fiktionalisierten – „Beard-Einstein-Conflation" im Feld der Gravitationsphysik. Die wissenschaftliche Schaffenskraft von Michael Beard wird längst überschattet von ungesteuerten Triebimpulsen wie Fressattacken und sexuellen Begierden. Und auch die Überzeugung darüber, *„[...] that a molecule of carbon dioxide absorbed energy in the infrared range, and that humankind was putting these molecules into the atmosphere in significant quantities* [veranlasst ihn nicht zu Taten, denn im Grunde hat er] *other things to think about"* (ebd., S. 20).

3.2.2 Gesellschaftliche Auswirkungen wissenschaftlicher Praxis

In Verbindung mit den gegensätzlichen Darstellungen wissenschaftlicher Praxis werden sowohl in *Flight Behavior* als auch in *Solar* – auf sehr unterschiedliche Art – gesellschaftliche Auswirkungen jener Wirkweisen von Wissenschaft dargelegt. Während in *Flight Behavior* die Anstrengungen eines Wissenschaftlers, der eine *gute* Wissenschaft betreibt, aufgrund mangelnder Kommunikationsbemühungen folgenlos in der Öffentlichkeit bleiben, wird in *Solar* das Porträt einer *schlechten* Wissenschaft durch einen von Eigennutz getriebenen Akteur in seinen potenziell positiven Auswirkungen für die Gesellschaft beschrieben.

Wissenschaft ist aus der Sicht von Ovyd Byron im Roman *Flight Behavior* auf die Aufdeckung von Phänomenen und Risiken beschränkt, für die er im Rahmen seiner Profession keine Lösungen anbieten kann. Die *realistische* Aufgabe von Wissenschaftlern wird aus seiner Sicht grundlegend missverstanden, indem permanent *unrealistische* Forderungen an ihre Kompetenzen und Möglichkeiten gestellt werden: *„We should be physicians, or some kind of superheroes saving the patient with special powers. That's what people want"* (Kingsolver 2012, S. 442).[8] Gesellschaftliche Risiken, die von Wissenschaftlern wie Ovyd Byron durch ihre Forschung zu bedrohten Spezies aufgedeckt werden, bleiben – der Romanerzählung zufolge – unsichtbar, weil die Öffentlichkeit es nicht genauer wissen will und stattdessen lieber naiven Erwartungen an die Heilungskräfte der Wissenschaft und ihrer Akteure frönt.

---

[8]In einer Studie von La Folette (1990) wurden umfassend *public images* von Wissenschaftlern untersucht, worin neben dem in der Romansequenz erwähnten Heldentum auch Assoziationen mit Wissenschaftlern als Zauberer, Experten, Schöpfer und Zerstörer existieren.

Im Einklang mit dieser Überzeugung veranschaulicht Ovyd Byron auf eindrückliche Art die Wirkweise der von Pierre Bourdieu postulierten „*illusio*" (Bourdieu 1998) des Wissenschaftsfeldes. In Byrons habitualisierter Haltung, Erkenntnisse aus seiner Arbeit ausschließlich für die Wissenschaft produzieren zu können, spiegelt sich ein verinnerlichter Glaube an die *innere Logik* des Wissenschaftssystems und dessen selbstreferenzielle Funktionsweise. Ovid Byron befolgt die „Spielregeln" seiner Profession, um keine weiteren Enttäuschungen dabei zu erleben, mit seiner Forschung eine öffentliche Sichtbarkeit erzeugen und Aufklärung leisten zu wollen. Der Roman *Flight Behavior* zeigt somit die gute wissenschaftliche Praxis eines ambitionierten Wissenschaftlers, dessen Forschung durch fehlende Zuhörbereitschaft außerhalb des Wissenschaftssystems einerseits und zu hohe Erwartungen der Gesellschaft an die heroischen Fähigkeiten der Wissenschaft andererseits, gesellschaftlich folgenlos bleibt.

Im Kontrast dazu illustriert *Solar* durch die Romanfigur Michael Beard eine Wissenschaftskultur, die durch ethisch zweifelhafte Praktiken zur Bewältigung des Klimawandels beitragen kann und dadurch einen substanziellen gesellschaftlichen Nutzen symbolisiert. Auch wenn Ian McEwans Hauptfigur eines bigotten Wissenschaftlers die Schattenseiten des Wissenschaftssystems akzentuiert, ist Michael Beards opportunistischer Antrieb als durchaus funktionale Wirkweise einer *schlechten* Wissenschaftspraxis dargestellt – auch und insbesondere über die Grenzen der Wissenschaft hinaus. Seine Profitorientierung wird beispielsweise besonders plakativ während eines Vortrags skizziert, in dem er eine Gruppe von Finanzinvestoren von dem profitablen Vorhaben zu überzeugen versucht, in neue Technologien zu investieren, mit denen Elektrizität durch Sonnenlicht mit Verfahren künstlicher Fotosynthese gewonnen wird. Er referiert: „*Basic science, the market and our grave situation will determine that this is the future – logic, not idealism, compels it*" (McEwan 2010, S. 213). Auf paradoxe Weise tragen in *Solar* damit eine unethische Wissenschaft und ein opportunistisch agierender Wissenschaftler zur Bewältigung menschengemachter Risiken des Klimawandels bei: „*His work in artificial photosynthesis was proceeding well, […]. Civilisation needed a safe new energy source, and he could be of use. He would be redeemed. Let there be light!*" (ebd., S. 121). Ökologische Risiken und damit verbundene Ängste in der gesamtgesellschaftlichen Öffentlichkeit werden von unmoralischen Wissenschaftlern – wie Michael Beard in *Solar* – zur Erhöhung ihrer wissenschaftlichen *Marktnachfrage* und der langfristigen Sicherung ihrer Forschung instrumentell eingesetzt.

Anders als in *Flight Behavior* ist in *Solar* damit die Funktionsweise von Wissenschaft nicht auf die Entdeckung von Phänomenen und Aufdeckung von Risiken beschränkt. In *Solar* trägt Wissenschaft gerade in ihren zweifelhaften Zügen zur Entwicklung von Technologien zur Lösung und Bewältigung von gesellschaftlichen Risiken bei. Michael Beard ist dem Roman zufolge im Begriff, nichts weniger zu leisten als „to save the world" (ebd., S. 306).

Damit folgt die Wissenschaftsdarstellung in *Solar* einem Muster, das in dem populären Lehrgedicht von Bernhard Mandeville (1988) in *The Fable of the Bees* klassisch zum Ausdruck gebracht wurde: Individuelles Fehlverhalten kann positive Effekte für die Allgemeinheit hervorbringen. Mandevilles These, dass „private vices" immer auch „public benefits" erzeugen können, heißt für *Solar*, dass eine opportunistisch operierende Wissenschaft und ihre lasterhaften Akteure offensichtlich Ergebnisse erzeugen können, die positive Resultate für Gemeinschaften bereithalten. Dahinter steht das Wirken einer „invisible hand" wie sie Adam Smith (2003, S. 400) umschrieben hat: Der Einzelne „intend only his own gain; and is led by an invisible hand to promote an end which was no part of his intention".

3.3 Empirische Rezeptionsanalyse: Literarische Kommunikation in Lesekreisen

Im Anschluss an die Romaninterpretationen werden nun die Leserrezeptionen zu den beiden Romanen in den Blick genommen. *Solar* und *Flight Behavior* wurden in drei verschiedenen Lesekreisen diskutiert, die in unterschiedlichen deutschen Städten ansässig sind und im Folgenden als RG_1, RG_2 und RG_3 bezeichnet werden.[9] Die Gruppenmitglieder entstammen unterschiedlichen Altersklassen (30–70), sind entweder englische Muttersprachler oder verfügen über elaborierte Englischkenntnisse und gehören alle gebildeten Mittelschichtenmilieus an. Der Grund für die englischsprachige Ausrichtung der Gruppen sind unterschiedliche nationale und kulturelle Hintergründe der Leserinnen und Leser, die neben dem Interesse an Literatur auch häufig ein Interesse an interkulturellem Austausch haben.[10] Während die Gruppe RG_1 aus konstanten Mitgliedern besteht, wechseln die Teilnehmer in RG_2 und RG_3 von Treffen zu Treffen. Zwar bestehen in den beiden letztgenannten Gruppen feste Mitgliedschaften, aber die Teilnahme an einzelnen Treffen fluktuiert. Während sich die Gruppen RG_1 und RG_2 in

---

[9]*Flight Behavior* wurde in den Gruppen RG_1 und RG_3, *Solar* in den Gruppen RG_1 und RG_2 diskutiert.
[10]Solche sozialstrukturellen Faktoren sind sehr typisch für Lesekreise (vgl. dazu u. a. Dörner und Vogt 2013, S. 96 ff.).

monatlichen Abständen versammeln, treffen sich die Leserinnen in der Gruppe RG_3 nur vier bis fünf Mal im Jahr zur Diskussion literarischer Texte. Auch im Hinblick auf die Geschlechterverteilung unterscheiden sich die drei Gruppen. Während die Gruppen RG_1 und RG_3 ausschließlich aus Frauen bestehen, nehmen in der RG_2 sowohl Männer als auch Frauen an den Gruppentreffen teil. Und während die Gruppen RG_1 und RG_3 einen sehr konsensuellen Diskussionsstil verfolgen, verfolgen die Teilnehmerinnen und Teilnehmer in RG_2 eine eher konfrontative Gesprächskultur und diskutieren Texte dementsprechend kontrovers.

3.3.1 Zum Deutungsspektrum wissenschaftlicher Mentoren, Manager und Scharlatane

In den Diskussionen zu *Flight Behavior* wurde die entfaltete Analysedimension der *guten*, aber folgenlosen Wissenschaftspraxis von den Lesern in den Gruppen RG_1 und RG_3 als Interpretationsgerüst für eine allgemeine Kritik an der inneren Abschottung des Wissenschaftssystems herangezogen.

Die Leserinnen in der RG_1 leiten aus der textuellen Struktur des Romans ab, dass das Wissenschaftssystem und dessen Akteure unverständliche esoterische Wissensbestände erzeugen, für deren Aneignung Laien keine angemessenen Alltagsheuristiken zur Verfügung stehen. Als Überzeugung verfestigt sich in ihrer Rezeption des Romans schließlich die Skepsis gegenüber wissenschaftlichen Erkenntnissen, die einen hohen Abstraktionsgrad aufweisen – z. B. aufgrund unzugänglicher Methoden und einer unverständlichen Sprache: „*[I]t's all, you know, expressed in numbers and, you know, it's not something that normal people relate to. So, who believes it, right?*" [RG_1_A].

In dieser Äußerung zeigt sich das postulierte „Image der Differenz" (LaFollette 1990, S. 76), das die Wissenschaft mit der Hervorhebung ihrer Andersartigkeit für sich beansprucht und womit sie für eine soziale Distanz zwischen sich und der Gesellschaft sorgt. Die Leserinnen ziehen damit die Narration einer mit besten Absichten betriebenen, aber gesellschaftlich unsichtbar bleibenden Wissenschaftspraxis in *Flight Behavior* zur Artikulation von unerfüllten Informationsbedürfnissen und -erwartungen heran, die nichtwissenschaftliche Akteure haben. Die Kritik der offensichtlich fehlenden Wahrnehmbarkeit von neuen Erkenntnissen der Wissenschaft wird von den Leserinnen auf die Art und Weise zurückgeführt, wie Wissenschaft notwendigerweise *funktioniert* und vor allem *praktiziert* wird. Mit Blick auf die Feldarbeit von Ovid Byron und seinem Wissenschaftlerteam im Roman schlussfolgern sie, dass Wissenschaftler „*are just counting the square meter of how many dead butterflies [...] and everyday people are looking at this and say ›They are nuts‹*" [RG_1_B].

Um schließlich Informationen aus der Wissenschaft verarbeiten zu können, braucht es den Leserinnen in der Lesegruppe RG_1 zufolge wissenschaftliche Mentoren, deren Aufgabe es ist, *"to tell us, what´s happening, and to convince us maybe to change our lives"* [RG_1_C]. Auf diese Weise akzentuieren sie in ihrer Interpretation des Romans, dass es zur Aufgabe von Wissenschaftlern gehört, eine gute, d. h. Erkenntnis generierende, Wissenschaftspraxis (be-)lehrend für die Öffentlichkeit sichtbar zu machen und so zu veränderten Denk- und Handlungsweisen im Umgang mit der globalen Bedrohung des Klimawandels beizutragen.

Gleichermaßen reflektieren die Leserinnen aber im Rahmen ihrer Interpretation, dass eben jene Forderungen an die adressatensensible Kommunikation von wissenschaftlichen Informationen unrealistische Erwartungen der gesellschaftlichen Laienöffentlichkeit darstellen und von der Wissenschaft nicht erfüllbar sind. Damit greifen sie die in der Romanerzählung formulierte Kritik Ovyd Byrons an einer unaufhörlich *fordernden* Laienöffentlichkeit auf, mit der sie sich als Generalisierte Andere einerseits identifizieren, von der sie sich aber andererseits bewusst abzugrenzen wissen. Im Rahmen ihrer reflexiven Deutung der Romanerzählung formulieren sie die Diagnose, dass *"people in general want certainty, whereas a scientist can never deliver certainty"* [RG_1_C]. Damit erkennen sie das im Roman gezeichnete Dilemma einer *guten,* aber folgenlosen Wissenschaft als Konsequenz dessen an, dass die Informationslogik der Wissenschaft von Laien in der gesellschaftlichen Öffentlichkeit nicht verstanden wird.

Anders als die Sicht einer nicht erfüllbaren, weil unrealistischen – aber immer wieder geforderten – Mentorenrolle von Wissenschaftlern wie Ovid Byron in der Gruppe RG_1, versteht die Gruppe RG_3 Ovid Byron ausdrücklich als „Lehrer", der seine didaktischen Fähigkeiten allerdings nur bedingt erfolgreich und nur vor ausgewählten Publika einzusetzen weiß:

> [W]hether he was a good scientist I don't know but I think so. But he was a good teacher. He could explain if he wanted to, he could really explain to the little children but he just could not explain it to the journalist [RG_3_A].

Während die Leserinnen in der Gruppe RG_1 die beschränkte Kommunizierbarkeit von Wissenschaftsthemen nach außen als Ursache für das Auseinanderdriften zwischen Wissenschaft und Gesellschaft betrachten, steht bei den Leserinnen in RG_3 die mangelnde Bereitschaft von Wissenschaftsakteuren in der Kritik, ihr Wissen in die gesellschaftliche Öffentlichkeit zu tragen. Dass der Roman einen Wissenschaftler porträtiert, der trotz seiner allgemein guten Absichten nicht geneigt ist, sein Wissen einer breiteren Öffentlichkeit zur Verfügung zu stellen, lässt sie schlussfolgern:

> If you want to reach the big community you have to be able to explain something complicated in easy, simple words. [...] otherwise, you keep on living in your own world. [...] you need to be able to explain complex scientific topics [RG_3_B].

Hier rückt das von der Gruppe gedeutete Missverhältnis zwischen dem, was Wissenschaft in ihrem Elfenbeinturm-Dasein tatsächlich leistet („keep on living in your own world") und Vorstellungen dazu, was gute Wissenschaft leisten sollte („to be able to explain something complicated in easy, simple words"), ins Zentrum der Interpretation. Anders als die Gruppe RG_1 sehen die Leserinnen in der Gruppe RG_3 die fehlende Resonanz zwischen Wissenschaftlern und Laien nicht in einer Kluft begründet, die zwischen der selbstreferenziellen innerwissenschaftlichen Kommunikation und der öffentlichen Kommunikation besteht. Die Forderung der Gruppe nach einer besseren Kommunikation komplexer Wissenschaftsthemen wird vielmehr als Kompetenzmerkmal an Wissenschaftsakteure adressiert. Wissenschaftler sollten den Leserinnen zufolge die Fähigkeit besitzen, Wissen an ein breites Publikum zu richten.

Die beiden Diskussionen zu *Flight Behavior* zeigen, dass Rezipienten den Roman als Interpretationsfolie für allgemeine Deutungen von Funktionsweisen und Praxen der Wissenschaft aufgreifen. Sowohl die Reflexion der eingeschränkten Kommunizierbarkeit esoterischer wissenschaftlicher Wissensbereiche in RG_1 als auch der weitergehende Interpretationsschritt einer mangelnden Kommunikationsbereitschaft wissenschaftlicher Akteure in der Gruppe RG_3 setzen sich mit der soziologischen Analyse der gesellschaftlichen Folgenlosigkeit einer „guten" Wissenschaftspraxis in *Flight Behavior* auseinander.

In den Rezeptionen zu *Solar* hingegen wird der eigennützig porträtierte Wissenschaftlercharakter Michael Beard von den Rezipienten als typischer Effekt der gegebenen Strukturen des Wissenschaftssystems gedeutet. Die Rezipientinnen in RG_1 argumentieren, dass Wissenschaftler im Verlauf ihrer akademischen Karriere einen systematischen Transformationsprozess durchlaufen, der anfänglich ambitionierte Wissenschaftler zu Wissenschaftsmanagern avancieren lässt. Dieser Wandlungsprozess wird von den Lesern als Folge der institutionellen Zwänge für wissenschaftliche Akteure betrachtet, ständig dem Druck ausgesetzt zu sein, an der individuellen und institutionellen Statusreproduktion feilen zu müssen, wie der Romanprotagonist Michael Beard mit einer Reihe von Honorarprofessuren, Kommissionsvorsitzen, Vortragsreisen und seiner Medienpräsenz veranschaulicht. Sie leiten aus der Diskussion ab, dass das Schicksal von Wissenschaftlern darin besteht, Manager des Wissenschaftssystems zu werden:

They start out as scientists and then, the world makes them bureaucrats, because they got awards and get put on top, in charge of institutes and have to be present [RG_1_D].

Während die Leserinnen in RG_1 die schlechte Wissenschaftspraxis von Michael Beard als unumgängliche Folge einer systemimmanenten Karrierelogik deuten, betrachten die Leser in der Gruppe RG_2 Michael Beard kritischer. Sie halten ihm wie dem Wissenschaftssystem vor, dass er von dem früheren Erfolg als Nobelpreisträger trotz der mittlerweile abgeflauten Schaffenskraft immer noch profitiert und ihm nach wie vor freie Hand in der Durchsetzung seiner opportunistischen Interessen gewährt wird. Die Gruppe schlussfolgert: „*[I]t's really annoying, you know he really doesn't have one ounce of courage [...] he got away with it*" [RG_2_A]. Beide Lesekreise identifizieren zwar die Romanfigur Michael Beard als zwielichtigen Akteur im Wissenschaftsfeld und greifen damit einvernehmlich die Analysedimension der schlechten Wissenschaftspraxis aus der soziologischen Romaninterpretation auf. Ihre Diagnosen verweisen aber auf sehr unterschiedliche Ursachen. Während es sich für die Leser in der RG_1 um eine Deutung der strukturellen Fallstricke des Wissenschaftssystems handelt, die wissenschaftliche Akteure im Verlauf ihrer Karriere zu Funktionären macht, nehmen die Leser in RG_2 in ihrer Rezeption die mangelnde persönliche Integrität des Protagonisten und seine fehlende subjektive Verantwortungsbereitschaft in den Blick.

Mit der kritischen Rezeption zu der anhaltenden Wirkkraft einmal erlangter wissenschaftlicher Reputation durch den verstetigten Habitus eines Nobelpreisträgers deuten die Leser in RG_2 die Persönlichkeitsstruktur von Michael Beard insofern positiv, als dass daraus positive Effekte im Umgang mit dem Klimawandel entstehen. Sie beziehen sich in ihrer Interpretation auf das Porträt eines wissenschaftlichen Scharlatans, der durch sein unethisches, aber erfolgreiches Forschungsmanagement paradoxerweise heroische Züge erhält:

I mean it's not a very hopeful book, but it also shows you that something that is maybe idealistic for some, can have other benefits for people who are not idealistic at all, you know? [...] so he moves away a lot from [...] that only the idealistic can have like a positive impact on climate change [RG_2_B].

Auch in den Rezeptionen zu *Solar* lassen sich somit die Analysedimensionen der Romaninterpretation zur schlechten Wissenschaftspraxis eines Wissenschaftlers wiederfinden, die aber durchaus positive gesellschaftliche Auswirkungen haben können.

4 Fazit

Was lässt sich aus diesen Ergebnissen über die Funktion von Literatur zur Vermittlung von Wissen über Wissenschaft schlussfolgern? Für die beiden Romane *Flight Behavior* und *Solar* konnte zunächst nachgezeichnet werden, dass die wissenschaftsbezogenen Darstellungen in den Texten von Lesern als Informationsquelle wissenschaftlicher Wissensbereiche aufgegriffen werden. Mittels kommunikativer Akte werden die literarischen Wissenschaftserzählungen zur Bestätigung bestehender subjektiver Deutungen von Lesern herangezogen, oder aber für Umdeutungen, mit denen ein bestimmtes Vorwissen durch das Lesen der Erzählungen verändert wird; oder die Erzählungen animieren zur Aneignung weiteren Wissens.

Voraussetzung für diese Prozesse der Wissensaneignung, -konsolidierung und -transformation ist, dass die Fiktion der Wissenschaftsdarstellungen einen Realitätseindruck konstruiert. Die Texte müssen den Anspruch einer Art „inneren Wahrscheinlichkeit" (Esposito 2007, S. 14) erfüllen, in deren Rahmen Leserinnen und Leser die Erzählungen als plausibel wahrnehmen. Für solche Plausibilitätsprüfungen sind die gruppenbasierten Rezeptionsprozesse im Kontrast zu individuellen Leseerfahrungen von zentraler Bedeutung, weil dort Standpunkte nicht nur im Selbstdialog einzelner Leser konsolidiert oder hinterfragt werden, sondern *zwischen* Lesern kommunikativ ausgetauscht werden. Der Vorgang des Diskutierens in der Gruppe entfaltet bei gelingenden Plausibilisierungen entweder eine Dynamik, in der aus zunächst kontroversen letztlich einvernehmliche Deutungen entstehen oder aber von Beginn an intersubjektiv geteilte Lesarten zu einem verfestigten Konsens führen. Aus diesem Blickwinkel sind diese am Text vorgenommenen Prüfungen als dynamischer Konstruktionsprozess zwischen Leserinnen und Lesern zu verstehen, in dessen kommunikativen Ausprägungen sich im Vergleich zu individuellen Rezeptionsweisen eine besondere Qualität zur Konsolidierung von Überzeugungen und Deutungen markiert. Wie unsere Ergebnisse zeigen, bietet die Rezeption von literarisch vermittelten Wissenschaftsdarstellungen, neben der immer wieder angesprochenen Gefahr verzerrender Deutungen, vor allem eine Möglichkeit zur Aneignung und Transformation bestimmter Wissensbestände sowie zu einer kritischen Auseinandersetzung mit vorfindbaren Ambivalenzen oder Widersprüchlichkeiten des Wissenschaftssystems. Wie in *Solar* und *Flight Behavior* werden auch in anderen Romanen dieses neueren Grenzgenres nicht nur wissenschaftliche Wissensbestände der Lepidopterologie (Schmetterlingsforschung) und der künstlichen Fotovoltaik Gegenstand der Narration, sondern auch die soziale Dimension des Erkenntnisvorgangs: der

Austausch von Wissenschaftlern mit wissenschaftlichen Institutionen, anderen Akteuren und gesellschaftlichen Teilsystemen (wie Wirtschaft und Politik) sowie die organisatorischen Bedingungen ihres Schaffens. Kunstvermittelte Wissenschaftskommunikation kann in diesem Sinne zu einer Form der „scientific literacy" beitragen, die sowohl die Sachdimension wissenschaftlichen Wissens als auch die Sozialdimension der Wissensproduktion und nicht zuletzt die Verschränkung beider thematisieren. Ein Verständnisanker für Rezeptionsvorgänge, in denen das Wechselverhältnis von Sach- und Sozialdimension besonders zum Ausdruck kommt, sind die Wissenschaftlerfiguren. Durch sie wird in den Texten ein ganzes Spektrum an möglichen Repräsentationen von Wissenschaft transportiert. Die sehr gegensätzlich charakterisierten Wissenschaftler in *Flight Behavior* und *Solar* zeigen, gerade im Vergleich, wie Protagonisten zur Darstellung sowohl bestimmter Funktions- bzw. Praxisweisen von Wissenschaft als auch konkreter wissenschaftlicher Erkenntnisbereiche in den Erzählungen dienen.

Letztlich zeigen unsere Ergebnisse, dass vor allem die kommunikative Funktionsweise der untersuchten Wissenschaftsromane der bisherigen Diskussion zum Verhältnis von Fakt und Fiktion in der kunstvermittelten Wissenschaftskommunikation einen neuen Akzent verleiht. In den Rezeptionsprozessen zu fiktionalen Wissenschaftsdarstellungen wird deutlich, dass nicht nur das *richtige* Verhältnis zwischen ästhetischen Kriterien und erfolgreichen Plausibilitätsprüfungen das Wissenschaftsverständnis von Leserinnen und Lesern beeinflussen kann, wie es die bisherige Rezeptionsforschung in dem Bereich postuliert (vgl. Kap. „Public Sociology" und „Public Understanding of Science" (PUS) bzw. „Medialisierung" der Wissenschaft).

Auch und vor allem die Ergebnisse der Gruppeninterpretationen entfalten einen starken Einfluss auf die Aneignung, Verfestigung oder Modifikation von wissenschaftlichen Wissensbereichen durch die kommunikative Aushandlung von subjektiven Deutungsweisen. Für die Diagnose, dass die Romantexte zu einem öffentlichen Verständnis von Wissenschaft beitragen können, hat sich insbesondere die Anwendung rekonstruktiver Forschungsverfahren als nützlich erwiesen. Gegenüber standardisierten Verfahren in der (sozial-)psychologischen Rezeptionsforschung lässt sich mit einem *verstehenden* Zugang die soziale Relevanz der Texte durch die methodisch kontrollierte Nachzeichnung sozial geteilter Deutungen in den Blick nehmen. Um zu einem vertiefenden Verständnis zu gelangen, *wie* Leserinnen und Leser ihr Verständnis zu wissenschaftlichen Themenbereichen verändern oder festigen, gilt es, die Herstellungsweisen der Gruppendynamiken zu rekonstruieren. Zu diesem Zweck müssten die konkreten Verständigungsweisen in den Diskussionen in den Blick genommen werden, d. h die Rekonstruktion von kommunikativen Dynamiken zu welchen wissenschaftlichen Themenbereichen in den Texten beispielsweise Kontroversen oder intersubjektiv geteilte Deutungen zwischen Lesern entstehen, und an welchen Narrativen sich Strategien der Überzeugung, Behauptung oder Infragestellung der Gruppenteilnehmer nachzeichnen lassen.

Literatur

Bensaude-Vincent, B. 2001. A genealogy of the increasing gap between science and the public. *Public Understanding of Science* 10 (1): 99–113. doi: 10.1088/0963-6625/10/1/307.

Blumenberg, H. 1983. Wirklichkeitsbegriff und Möglichkeit des Romans. In *Nachahmung und Illusion. Kolloquium Gießen Juni 1963, Vorlagen und Verhandlungen*, hrsg. H. R. Jauß, 2., Aufl., 9–27. München: Fink.

Bourdieu, S. 1998. *Vom Gebrauch der Wissenschaft. Für eine klinische Soziologie des wissenschaftlichen Feldes*. Konstanz: UVK.

Clayton, J. 2002. Convergence of the Two Cultures: A Geek's Guide to Contemporary Literature. *American Literature* 74 (4): 807–831, doi: 10.1215/00029831-74-4-807.

Dahlstrom, M. F. 2010. The Role of Causality in Information Acceptance in Narratives: An Example from Science Communication. *Communication Research* 37 (6): 857–875. doi: 10.1177/0093650210362683.

Dahlstrom, M. F. 2014. Using narratives and storytelling to communicate science with nonexpert audiences. *Proceedings of the National Academy of Sciences of the United States of America* 111 (4): 13614–13620. doi: 10.1073/pnas.1320645111.

Dahlstrom, M. F., und S. S. Ho. 2012. Ethical Considerations of Using Narrative to Communicate Science. *Science Communication* 34 (5): 592–617. doi: 10.1177/1075547012454597.

Diffey, T. J. 1995. What can we learn from art? *Australasian Journal of Philosophy* 73 (2): 204–211. doi: 10.1080/00048409512346541.

Dörner, A., und L. Vogt. 2013. *Literatursoziologie. Eine Einführung in zentrale Positionen – von Marx bis Bourdieu, von der Systemtheorie bis zu den British Cultural Studies*. 2. Aufl., Wiesbaden: Springer VS.

Dunwoody, S. 2008. Science journalism. In *Handbook of public communication of science and technology*, hrsg. M. Bucchi und B. Trench, 15–26. London: Routledge.

Durant, J. 1993. *Science and culture in Europe*. London: Science Museum.

Eberle, T. 1999a. Lesegesellschaften. In *St. Gallen. Geschichte einer literarischen Kultur: Kloster, Stadt, Kanton, Region*, hrsg. W. Wunderlich und R. Kalkofen, 627–640. St. Gallen: UVK.

Eberle, T. 1999b. Träger lokaler Kultur. Lesegesellschaften in der Schweiz. In *Über Gesellschaft hinaus. Kultursoziologische Beiträge im Gedenken an Robert Heinrich Reichardt*, hrsg. M. Benedikt et al., 15–38. Klausen-Leopoldsdorf: Leben-Kunst-Wissenschaft.

Eco, U. 1992. *Die Grenzen der Interpretation*. München, Wien: Hanser.

Esposito, E. 2007. *Die Fiktion der wahrscheinlichen Realität*. Frankfurt a. M.: Suhrkamp.

Fish, S. 1982. *Is there a text in this class? The authority of interpretive communities*. Cambridge, MA.: Harvard University Press.

Fleck, L. 1979. *Genesis and development of a scientific fact.* Chicago: University of Chicago Press.
Gerrig, R. J., und D. A. Prentice. 1991. The representation of fictional information. *Psychological Science* 2 (5): 336–340. doi: 10.1111/j.1467-9280.1991.tb00162.x.
Gipper, A. 2002. *Wunderbare Wissenschaft. Literarische Strategien naturwissenschaftlicher Vulgarisierung in Frankreich: von Cyrano de Bergerac bis zur Encyclopédie.* München: W. Fink.
Goodell, R. 1977. The Visible Scientists. *The Sciences* 17 (1): 6–9. doi: 10.1002/j.2326-1951.1977.tb01494.x.
Görke, A., und G. Ruhrmann. 2003. Public Communication between Facts and Fictions: On the Construction of Genetic Risk. *Public Understanding of Science* 12 (3): 229–241. doi: 10.1177/0963662503123002.
Graesser, A. C., B. Olde, und B. Klettke. 2002. How does the mind construct and represent stories? In *Narrative impact. Social and cognitive foundations*, hrsg. M. C. Green, 229–262. New York, NY: Psychology Press.
Green, M. C. 2002. *Narrative impact. Social and cognitive foundations.* New York, NY: Psychology Press.
Green, M. C. 2006. Narratives and Cancer Communication. *Journal of Communication* 56 (1): 163–183. doi: 10.1111/j.1460-2466.2006.00288.x.
Kingsolver, B. 2012. *Flight Behavior. A Novel.* New York, NY: Harper.
Kirby, D. A. 2003. Scientists on the Set: Science Consultants and the Communication of Science in Visual Fiction. *Public Understanding of Science* 12 (3): 261–278. doi: 10.1177/0963662503123005.
Klinkert, T. 2012. Einleitung. In *Epistemologische Fiktionen. Zur Interferenz von Literatur und Wissenschaft seit der Aufklärung*, hrsg. T. Klinkert, 1–38, Berlin, New York: de Gruyter.
Knoblauch, H. 1995. *Kommunikationskultur. Die kommunikative Konstruktion kultureller Kontexte.* Berlin, New York: de Gruyter.
Krünitz, J. G. 1790. *Ökonomisches Wörterbuch.* Bd. 175. Berlin.
Kuckartz, U. 2014. *Qualitative Inhaltsanalyse. Methoden, Praxis, Computerunterstützung.* 2. Aufl. Weinheim: Beltz Juventa.
Kuzmics, H., und G. Mozetič. 2003. *Literatur als Soziologie. Zum Verhältnis von literarischer und gesellschaftlicher Wirklichkeit.* Konstanz: UVK.
LaFollette, M. C. 1990. *Making science our own. Public images of science, 1910–1955.* Chicago: University of Chicago Press.
Mandeville, B. 1988 [1732]. *The fable of the bees. Private vices, publick benefits.* Vol. 1. Indianapolis: Liberty Fund.
Marsh, E. J., M. L. Meade und H. L. Roediger. 2003. Learning facts from fiction. *Journal of Memory and Language* 49: 519–536.
McEwan, I. 2010. *Solar.* London: Jonathan Cape.
Miller, J. D. 1983. Scientific Literacy: A Conceptual and Empirical Review. *Scientific Literacy* 112 (2): 29–48.
Mink, L. O. 1978. Narrative form as a cognitive instrument. In *The writing of history*, hrsg. M. D. Certeau, 129–149. New York: Columbia University Press.
National Science Foundation. 2000. *Science and Engineering Indicators – 2000.* Arlington, VA: National Science Foundation.

Neidhart, F. 2002. Wissenschaft als öffentliche Angelegenheit. In *Wissenschaft als öffentliche Angelegenheit.* WZB-Vorlesungen 3, hrsg. F. Neidhart und Wissenschaftszentrum Berlin für Sozialforschung gGmbH. Berlin: Wissenschaftszentrum Berlin für Sozialforschung gGmbH.

Renn, J. 2006. *Übersetzungsverhältnisse. Perspektiven einer pragmatistischen Gesellschaftstheorie.* Weilerswist: Velbrück.

Rödder, S. 2009. *Wahrhaft sichtbar. Humangenomforscher in der Öffentlichkeit.* Baden-Baden: Nomos.

Sakellari, M. 2015. Cinematic climate change, a promising perspective on climate change communication. *Public Understanding of Science* 24 (7): 827–841. doi: 10.1177/0963662514537028.

Schäfer, M. S., A. Ivanova, I. Schlichting und A. Schmidt. 2012. Mediatisierung. Medienerfahrungen und -orientierungen deutscher Klimawissenschaftler. In *Das Medien-Klima. Fragen und Befunde der kommunikationswissenschaftlichen Klimaforschung*, hrsg. I. Neverla und M. S. Schäfer, 233–252. Wiesbaden: VS Verlag für Sozialwissenschaften.

Schäfer, M. S., S. Kristiansen und H. Bonfadelli 2015. *Wissenschaftskommunikation im Wandel.* Köln: Herbert von Halem Verlag.

Schreier, M. 2012. *Qualitative content analysis in practice.* Los Angeles: Sage.

Smith, A. 2003 [1776]. *The wealth of nations.* Bantam classic ed. New York, N.Y.: Bantam Classic.

Stock, B. 1983. *The implications of literacy. Written language and models of interpretation in the eleventh and twelfth centuries.* Princeton, N.J.: Princeton University Press.

Swann, J. 2011. How reading groups talk about books: A study of literary reception. In *Creativity in language and literature. The state of the art*, hrsg. J. Swann, R. Pope und R. Carter, 217–230, Basingstoke: Palgrave Macmillan.

Swann, J., D. Allington. 2009. Reading groups and the language of literary texts: A case study in social reading. *Language and Literature* 18 (3): 247–264. doi: 10.1177/0963947009105852.

Trexler, A. 2015. *Anthropocene fictions. The novel in a time of climate change.* Charlottesville: University of Virginia Press.

Weingart, S. 2005. *Die Wissenschaft der Öffentlichkeit. Essays zum Verhältnis von Wissenschaft, Medien und Öffentlichkeit.* Weilerswist: Velbrück.

Wheeler, C., M. C. Green und T. C. Brock. 1999. Fictional narratives change beliefs. Replications of Prentice, Gerrig, and Bailis (1997) with mixed corroboration. *Psychonomic Bulletin & Review* 6 (1): 136–141. doi: 10.3758/BF03210821.

Wienold, G. 1972. *Semiotik der Literatur.* Frankfurt: Athenaum.

Ziman, J. M. 2000. *Real science. What it is, and what it means.* Cambridge: Cambridge University Press.

Über die Autoren

Sonja Fücker arbeitet als wissenschaftliche Mitarbeiterin am SOCIUM der Universität Bremen und promoviert an der Freien Universität Berlin. Ihre Forschungsschwerpunkte sind Wissens- und Gedächtnissoziologie, empirische Rezeptionsforschung und Kulturtheorien der Gabe.

Uwe Schimank ist Professor am SOCIUM der Universität Bremen. Seine Forschungsschwerpunkte sind Gesellschafts- und Sozialtheorie, Wissenschafts- und Hochschulforschung, Organisationssoziologie und Wirtschaftssoziologie. Neuere Publikationen: Grundriss einer integrativen Theorie der modernen Gesellschaft, In: *Zeitschrift für Theoretische Soziologie* 2/2015, 236–268. Weitere Publikationen unter: http://www.socium.uni-bremen.de/ueber-das-socium/mitglieder/uwe-schimank/publikationen/

Die Bewältigung interdisziplinärer Wissenskommunikation im Group Talk

Bausteine einer wissenssoziologischen Gattungsanalyse

René Wilke und Eric Lettkemann

Zusammenfassung

In der *wissenssoziologischen Gattungsanalyse* (Günthner und Knoblauch 1994) werden Formen und Muster natürlicher Kommunikation betrachtet. Das Verfahren zielt dabei auf die Rekonstruktion sog. *Institutionen der Kommunikation, d. h.* von mehr oder weniger verfestigten Formen *kommunikativen Handelns* (Knoblauch 2013a; 2017). Die Pointe dabei ist, dass die unterschiedlichen empirischen Arten des kommunikativen Austauschs zwischen sozialen Akteuren keineswegs zufällig sind. So weist die Gattungsanalyse nach, dass es einen strukturellen Zusammenhang zwischen meso- und makrostrukturellen Hintergründen sozialer Situationen und der Art und Weise gibt, wie in diesen kommuniziert wird. In diesem Sinne ist die Gattungsanalyse ein Verfahren, dass Phänomene auf situativer Ebene mit solchen auf weiteren Strukturebenen des Sozialen zu verknüpfen erlaubt. In diesem Kapitel werden wir einige Bausteine für eine *wissenssoziologische Gattungsanalyse* des *Group Talks* zusammentragen. *Group Talk* ist die Feldbezeichnung eines spezifischen Kommunikationsformats, dass wir im Rahmen *einer fokussierten Ethnografie*

R. Wilke (✉) · E. Lettkemann
Fakultät VI: Planen Bauen Umwelt, Institut für Soziologie, Technische Universität Berlin, Fraunhoferstraße 33-36, Sekretariatszeichen FH 9-1, 10587 Berlin, Deutschland
E-Mail: rene.wilke@tu-berlin.de

E. Lettkemann
E-Mail: eric.lettkemann@tu-berlin.de

(Knoblauch 2001) in einer Forschungsgruppe im Bereich der Computational Neuroscience (CNS) beobachtet und *videografiert* (Tuma et al. 2013) haben. Wir werden den *Group Talk* im Folgenden auf Grundlage der Gattungsanalyse als *wissenschaftliche Diskursgattung* charakterisieren, die die wichtige Funktion hat, Wissenschaftler/-innen unterschiedlicher Disziplinen in interdisziplinären Kontexten miteinander ins Gespräch zu bringen, Widersprüche zwischen den unterschiedlichen Ansätzen aufzudecken und im interaktionalen Prozess geteiltes Verständnis und Übereinkommen herzustellen.

Schlüsselwörter
Wissenssoziologische Gattungsanalyse · Interdisziplinäre Kommunikation · Group Talk · Kommunikativer Konstruktivismus · Kommunikatives Handeln · Repräsentationen

1   Kommunikation(sprobleme) in der Wissenschaft

Ein zentrales Ergebnis ethnografischer Laborstudien lautet, dass die Formen der Wissensproduktion zwischen verschiedenen Fächern stark variieren. Um diese Variationen herauszuarbeiten, fokussieren Wissenschaftsethnograf/-innen hauptsächlich Arbeitskontexte, die – wie Hochenergiephysik oder Molekularbiologie – fachlich klar umrissen sind. Aus dem Kontrast der dort beschriebenen Forschungspraktiken erklärt sich, warum viele Wissenschaftler/-innen es als große Schwierigkeit empfinden, Wissen über Fachgrenzen hinweg zu kommunizieren. Jedoch hat diese kontrastive Perspektive zur Vernachlässigung fachlich heterogener Arbeitskontexte geführt, die sich in Form interdisziplinärer Forschungseinrichtungen und -projekte zunehmend institutionalisieren. Das Augenmerk ethnografischer Studien auf diese mittlerweile weit verbreiteten Arbeitskontexte zu legen, erscheint uns dringend geboten, weil sie den beteiligten Akteuren die schwierige Aufgabe fachübergreifender Kommunikation abverlangen. Dort werden Wissenschaftler/-innen mit der forschungspolitischen Forderung nach mehr Interdisziplinarität direkt konfrontiert, und dort erproben sie neue Formen fachübergreifender Wissenskommunikation. Unser Beitrag fragt, wie Wissenschaftler/-innen die an sie gestellten interdisziplinären Kommunikationsanforderungen bewältigen und gestalten. Als Untersuchungsfeld dient uns eine fachübergreifend zusammengesetzte Forschungsgruppe aus dem Bereich der Computational Neuroscience (CNS), die exemplarisch für einen gegenwärtig weit verbreiteten Typus interdisziplinären Zusammenarbeitens steht. Bei unserer Analyse lassen wir uns von einem aktuellen wissenssoziologischen Ansatz, dem Kommunikativen Konstruktivismus, leiten. Gegenüber älteren Ansätzen der Wissenschaftsforschung, die die Rolle von Grenzobjekten bzw. Kontaktsprachen für das Gelingen fachübergreifender Kommunikation hervorheben, betont dieser Ansatz stärker den Rückgriff auf geteiltes Wissen über *kommunikative Formen* und *Gattungen*, mit deren Hilfe (auch) interdisziplinäre Kommunikationsprobleme bearbeitbar werden.

1.1 „Mode 1" und die Segmentierung akademischer Wissenskultur(en)

Seit Thomas Kuhns (1972) *Postskript* zu seinem Essay *Zur Struktur wissenschaftlicher Revolutionen* gilt es als ein soziologisches Merkmal moderner Wissenschaft, dass sie Wissen in relativ geschlossenen Kommunikations- und Argumentationsgemeinschaften produziert, die sich aus relativ kleinen Gruppierungen von Fachkollegen zusammensetzen (siehe auch Gläser 2006). Auf der institutionellen Ebene spiegelt sich diese Produktionsform in der Einteilung von Universitäten nach Fachgebieten wider. Kuhn zufolge durchlaufen die Mitglieder einer Fachgemeinschaft dieselben Ausbildungswege und akademischen Initiationsrituale, wodurch ein hoher Grad an Übereinstimmung bezüglich fachlicher Urteile entsteht. In der Moderne haben sich akademische Fachgemeinschaften zunehmend als die gesellschaftlichen Instanzen zur Beurteilung des Wahrheitsgehalts neuer Wissensinhalte durchgesetzt. Die fachlichen Urteile fallen weltweit ähnlich aus, weil die Mitglieder solcher Gemeinschaften wechselseitig durch ein dichtes Kommunikationsnetzwerk verbunden sind und miteinander im diskursiven Austausch stehen.

In der Kommunikation objektivieren und reproduzieren Fachgemeinschaften einen gemeinsamen Wissensbestand, der zugleich den ihre Identität stiftenden Kern darstellt. Hinsichtlich der institutionalisierten *Kommunikationsformen* (Shop Talk, Konferenzvorträge, Fachzeitschriften usw.) zeigen verschiedene Fachgemeinschaften zwar auffällige Ähnlichkeiten, doch sie schaffen neues Wissen nicht in einem arbeitsteiligen Zusammenwirken, sondern jede Gemeinschaft für sich produziert die ‚Wahrheiten' über ihren Gegenstandsbereich in Eigenregie; und diese Ausdifferenzierung akademischer Spezialdiskurse erschwert die fachübergreifende Kommunikation generalisierbaren Wissens (Böhme 1975; Luhmann 1990, 446 ff.). Gleichartige institutionelle Formen und ein geringer Grad inhaltlicher Verflechtung sind typische Merkmale segmentärer Differenzierung, weshalb in der Wissenschaftssoziologie die Auffassung vorherrscht, dass die Kommunikationsstruktur der Wissenschaft der Gliederung nach Stämmen bzw. Clans in traditionalen Gesellschaftsformen am ehesten entspricht (Hagstrom 1972). Zur Charakterisierung der Binnendifferenzierung der Wissenschaft hat daher die Metapher der „academic tribes" (Becher und Trowler 2001) weite Verbreitung gefunden. Infolge der kommunikativen Schließung entwickeln Fachgemeinschaften unterschiedliche und oftmals inkommensurable[1] Kriterien zur Darstellung und Beurteilung neuen Wissens, die die Gräben zwischen Wissensgebieten vertiefen. Aufgrund des rasanten Wachstums akademischen Wissens werden diese Gräben nicht bloß tiefer, sondern sie vermehren sich auch stetig. So hat die Wissenschaftssoziologin Karin Knorr Cetina anhand vergleichender Laborstudien gezeigt, dass heute innerhalb der Wissenschaft zahlreiche „Wissenskulturen" nebeneinander existieren, deren Forschungspraktiken kaum noch einen gemeinsamen Nenner aufwiesen (Knorr Cetina 2002; Reichmann und Knorr Cetina 2016). Inzwischen setzt sich der Trend zur Segmentierung auf der Ebene wissenschaftlicher Disziplinen fort, weshalb Kommunikationsprobleme mittlerweile auch zwischen nah verwandten Fachgebieten auftreten. Beispielsweise tagen die Herausgeber/-innen führender Physikzeitschriften in regelmäßigen Abständen, um fachgebietsübergreifende Standards für die Kommunikation physikalischer Forschungsergebnisse auszuhandeln. Anlass dieser Tagungen war und ist die Sorge, dass die Physik aufgrund ihrer hoch spezialisierten Fachsprachen in isolierte Teilgebiete zerfällt. Auf diesen Tagungen berichten besorgte Teilnehmende von einem ähnlichen Sprachgewirr in Astronomie, Chemie und Biologie (Glanz 1997).

1.2 „Mode 2" und der forschungspolitische Imperativ der Interdisziplinarität

Spätestens seit den 1970ern steht die Tendenz zur Zersplitterung akademischer Wissenskulturen in der Kritik durch forschungspolitische Akteure. Sie befürchten, dass sich die Fachgemeinschaften im Zuge ihrer kommunikativen Schließung selbst Erkenntnisgrenzen auferlegen. Seit damals gehört die Forderung nach

---

[1]Mit Inkommensurabilität bezeichnet die Wissenschaftstheorie die Unvergleichbarkeit bzw. Unvereinbarkeit von theoretischen und methodologischen Annahmen, wodurch die Übersetzung und Verknüpfung von Begriffen und Erkenntnissen zwischen Theorien schwierig oder unmöglich wird.

mehr Interdisziplinarität[2] zum „Mantra" der Forschungspolitik (Metzger und Zare 1999). Der Begriff wurde hauptsächlich im Kontext der *Organisation für wirtschaftliche Zusammenarbeit und Entwicklung* (OECD) geprägt, um verschiedene Lehr- und Forschungsformate zu bezeichnen, die dem Austausch von Modellen, Methoden und Personen zwischen Fachgebieten dienen (Klein 1990, S. 36 ff.). Auf den OECD-Treffen argumentierten Ökonom/-innen, Politiker/-innen und Wissenschaftsphilosoph/-innen in großer Einhelligkeit, dass interdisziplinäre Formate besser geeignet seien, fachübergreifende Forschungsfragen und damit die ‚Probleme der wirklichen Welt' (Gibbons et al. 1994, S. 147–149) zu bearbeiten. Ausgehend von diesen Empfehlungen kam es weltweit zur Einrichtung interdisziplinärer Forschungsorganisationen und Förderprogramme, die die nachteiligen Folgen fachlicher Segmentierung kompensieren und institutionelle Impulse für wissenschaftlich-technische Innovationen geben sollten (vgl. Abschn. 3.2. in diesem Kapitel). Die forschungspraktischen Folgen der institutionellen Reformen werden in der institutionalistischen Wissenschafts- und Hochschulforschung kontrovers diskutiert.

Laut einer Reihe prominenter Zeitdiagnosen, die unter dem Label „Mode 2" (Gibbons et al. 1994; Nowotny et al. 2001, 2003) laufen, haben die institutionellen Reformen ihre forschungspolitischen Ziele nicht verfehlt. Die Autor/-innen dieser Studien diagnostizieren, dass die Fachgemeinschaften zunehmend ihre Orientierungs- und Kontrollfunktionen in der Wissensproduktion einbüßen und dass diese Funktionen auf einen projektförmig organisierten „context of application" übergehen (Gibbons et al. 1994, S. 3–8). Angeblich lösen sich Wissenschaftler/-innen im Übergang vom disziplinären ‚Modus 1' in den sog. ‚Modus 2' aus den Spezialdiskursen, die die Fachgemeinschaften vorgeben, und sie orientieren ihr Forschungshandeln stattdessen an inter- bzw. transdisziplinären Forschungsproblemen, die gesellschaftliche Anwendungskontexte (z. B. Politik, Unternehmen, soziale Bewegungen) an die Wissenschaft richten. Als empirischen Indikator für den Übergang zum ‚Modus 2' betrachten die Autor/-innen den Anstieg temporär vernetzter Teams, die anwendungsorientierte Forschung innerhalb fachübergreifender Projekte betreiben. Zu dieser Zeitdiagnose passt, dass auch bibliometrische Studien einen kontinuierlichen und weltweiten Zuwachs wissenschaftlicher Publikationen verzeichnen, die sich entweder selbst als interdisziplinär etikettieren (Braun und Schubert 2003) oder stark fachübergreifende Zitiermuster aufweisen (Porter und Rafols 2009).

---

[2]Dem ursprünglichen Begriff Interdisziplinarität stehen heute zahlreiche verwandte Begriffe wie Multi- oder Transdisziplinarität zur Seite. Für systematische Bestimmungen der verschiedenen Begriffe siehe Klein (1990, S. 55 ff.).

Allerdings ist es fraglich, ob sich aus diesen Daten schon das Ende disziplinärer Wissensproduktion (Modus 1) ableiten lässt.

1.3 Das Beharrungsvermögen kommunikativer Fachgrenzen

Kritiker/-innen der Modus 2-These bringen das Argument vor, dass die Zunahme interdisziplinärer Projekte weder logisch noch praktisch die Außerkraftsetzung fachlicher Handlungsorientierungen erfordere (z. B. Weingart 1997; Godin 1998; Shinn 2002). Sie vermuten, dass sich das akademische Kommunikationsverhalten kaum verändert hat. Nach wie vor würden Fachkolleg/-innen die wichtigste kommunikative Referenz für die Beurteilung von Wahrheitsansprüchen darstellen. Ein empirischer Testfall, ob sich fachliche Kommunikationsnetzwerke tatsächlich öffnen, ist einigen Kritiker/-innen zufolge der weltweite Aufbau nanowissenschaftlicher Forschungsinstitute seit etwa 2000. Mit Investitionen in Milliardenhöhe bliesen Wissenschaftspolitiker/-innen damals zur „Großoffensive auf die gewachsene disziplinäre Landschaft" (Schummer 2009, S. 82). Das erklärte Ziel der Politik bestand darin, die Konvergenz physikalischen, chemischen, bio- und informationstechnologischen Wissens im anwendungsorientierten Forschungsgebiet der Nanowissenschaften voranzutreiben (Roco und Bainbridge 2002). Daher galten die Nanowissenschaften vielen als ein Musterbeispiel für den Modus 2. Jedoch zeigen bibliometrische Analysen, dass nanowissenschaftliche Beiträge überwiegend von Koautor/-innen aus demselben Fachgebiet verfasst werden, die ihre Ergebnisse vor allem in fachlich ausgerichteten Zeitschriften publizieren (Rafols 2007; Schummer 2004). Kurz gesagt, selbst im interdisziplinären Gebiet der Nanowissenschaften lösen sich die kommunikativen Grenzen der Fächer nicht einfach auf, allenfalls werden sie ein Stück durchlässiger (Marcovich und Shinn 2014, S. 171 ff.; Weingart et al. 2007, S. 218 f.). Dieses Ergebnis, so werden wir zeigen, bestätigt sich auch in unseren ethnografischen Beobachtungen im interdisziplinären Feld der CNS.

Offenbar sorgen die Kohäsionskräfte fachlicher Sozialisations- und Kommunikationsprozesse dafür, dass interdisziplinäre Kooperationsprojekte oft nicht über Antragsrhetorik hinauskommen und ihr Forschungsoutput hinter den hochgesteckten Erwartungen politisch motivierter Förderprogramme zurückbleibt. Dieses Bild spiegelt sich auch in einer Fragebogenstudie der *Akademie für Technikfolgenabschätzung in Baden-Württemberg* wider (siehe zum Folgenden Blättel-Mink et al. 2003, S. 29–34): Den Autorinnen zufolge stimmen 67,3 % der Befragten voll oder teilweise der Aussage zu, dass die erfolgreiche

Umsetzung interdisziplinärer Projekte zusätzliche Zeitressourcen erfordert. Die Mehrzahl begründete ihre Einschätzung mit der Notwendigkeit „intensiver Kommunikation" und fachübergreifender „Übersetzungsleistungen". Als wichtigste „hemmende Faktoren" interdisziplinärer Projektarbeit nennen die Befragten „Disziplinäre Codes/Sprachen" (75,4 %), „Disziplinäre Weltbilder/Sichtweisen" (62,2 %) sowie abweichende „Methoden" (42,6%). Auch dieses Bild sehen wir in dem hier untersuchten Fall der CNS teilweise bestätigt. Allerdings gehen wir nicht davon aus, dass Interdisziplinarität eine reine Legitimationsressource zur Finanzierung von Forschung darstellt, sondern fokussieren empirisch, wie sich die Akteure um interdisziplinäre Verständigung bemühen. Die dazu notwendige „Kommunikationsarbeit" (Knoblauch 1996) beobachten wir außerdem in einem interdisziplinären Forschungsfeld, das bereits seit Mitte der 1980er-Jahre Gestalt gewinnt (Bower 2013) und sich gegenwärtig auf dem Wege zur Institutionalisierung als eigenständige Disziplin befindet.[3]

2 Forschungsansatz

Noch ist weitgehend unerforscht, wie Wissenschaftler/-innen die institutionellen Forderungen nach mehr Interdisziplinarität in ihrer alltäglichen Arbeit umsetzen und Fachgrenzen überwinden. Die oben zitierten Arbeiten der institutionalistischen Wissenschaftsforschung stützen sich in der Hauptsache auf hochaggregierte Daten aus Fragebogenstudien und bibliometrischen Analysen, die kaum Rückschlüsse auf die kommunikative Bewältigung und Gestaltung interdisziplinärer Forschungszusammenhänge zulassen. Es fehlen empirische Beobachtungen, wie zwischen Mitgliedern interdisziplinärer Forschungsgruppen Wissen kommuniziert wird und wie Kommunikationsstörungen behoben werden. Erst auf der Grundlage solcher Beobachtungen können die statistischen Befunde hinreichend verstanden werden. Dichte ethnografische Beschreibungen liefern Hinweise, wann und wo – d. h. in welchen Situationen – die Öffnung von Fachdiskursen stattfindet und an welchen Hebeln eine empirisch informierte Forschungspolitik ansetzen könnte, um Interdisziplinarität zu stärken.

Anknüpfungspunkte findet unser Ansatz in den ethnomethodologisch und ethnologisch inspirierten Laborstudien (Knorr Cetina 1995). Insbesondere übernehmen wir den methodologischen Naturalismus der Laborstudien, d. h.

---

[3]In Deutschland gibt es seit kurzer Zeit zwei Studiengänge der *Computational Neuroscience* anbieten.

die Forderung, kommunikative Prozesse der Produktion und Beurteilung von Wissen „in action" bzw. „in situ" zu erforschen[4]. Statt experimenteller Laborarbeit, die üblicherweise im Zentrum der Beobachtungen steht, rücken wir jedoch regelmäßige Gruppentreffen in den Fokus unserer Ethnografie, und bei der Kommunikationsanalyse verlassen wir uns nicht allein auf Feldnotizen und Interviews, sondern greifen auch auf Videodaten zurück.[5]

Weitere konzeptuelle Anknüpfungspunkte finden wir eher in wissenschaftshistorischen Untersuchungen, die die Frage nach der Bewältigung interdisziplinärer Forschungssituationen diskutieren. Beispielsweise hatte schon Kuhn vorgeschlagen, dass die „von einer Kommunikationsstörung Betroffenen einander als Mitglieder verschiedener Sprachgemeinschaften erkennen und Übersetzer werden [sollten]" (1972, S. 310). In jüngerer Zeit hat der Wissenschaftssoziologe Harry Collins dieses Argument wieder aufgegriffen und die Fähigkeit, zwischen Fachgebieten zu dolmetschen, als „interactional expertise" bezeichnet (Collins und Evans 2007). Dass es sich um eine nützliche Fähigkeit handelt, der in der zerklüfteten Fächerlandschaft der Gegenwart eine wichtige Rolle zukommt, ist unbestritten. Um erfolgreich zwischen Fachgebieten zu übersetzen, benötigt es jedoch vieler Jahre enger Zusammenarbeit und stabiler Kooperationsbeziehungen, die unter den gegenwärtigen institutionellen Bedingungen kurzer Projektlaufzeiten und häufig wechselnder Kooperationspartner/-innen nur selten gegeben sind. Besonders interessant ist für uns deshalb die Auffassung des Wissenschaftshistorikers Peter Galison, dass in fachübergreifenden Kooperationen vollständige Übersetzungen häufig weder möglich noch notwendig seien. Stattdessen gelinge die Zusammenarbeit mithilfe von interdisziplinären Kontaktsprachen, die ein Analogon zu sog. Pidginsprachen darstellten (Galison 2004, S. 48). Als Pidgin bezeichnen Kulturanthropologen stark vereinfachte Behelfssprachen, deren reduziertes Vokabular in der Regel an spezifische Zwecke gebunden ist. Insbesondere dienen sie zur Abwicklung von Handelsgeschäften, weshalb Galison die sozialräumlichen Treffpunkte heterogener Fachgemeinschaften auch als „trading zones" bezeichnet (ebd., S. 41 f.). Galison behauptet, dass sich Forscher/-innen in der Trading-Zone analog zu Händler/-innen bemühten, ihre jeweiligen Fachsprachen für Fremde zu

---

[4]Da die klassischen Laborstudien „shop work" und „shop talk" (Lynch 1985) von Wissenschaftler/-innen vor allem innerhalb klar abgrenzbarer Fachgebiete, wie Molekularbiologie oder Hochenergiephysik, untersucht haben, sind weitere konzeptuelle Anschlüsse an das Forschungsprogramm der Laborstudien kaum möglich.

[5]Eine ausführliche Darstellung unseres Forschungsdesigns findet sich in Lettkemann und Wilke (2016).

vereinfachen, wobei neben sprachlichen Vereinfachungen auch mathematische Algorithmen, physische Objekte u. ä. zum Einsatz kämen. Aus der Mischung dieser symbolischen und materiellen Elemente entstünden lokale und simplifizierte Kontaktsprachen, die einen wechselseitigen Tausch von empirischen Daten, theoretischen Modellen und technischen Instrumenten entlang der Fachgrenzen ermöglichten (ebd., S. 49 ff.). Mit anderen Worten, zwischen Fachgebieten finde Kommunikation statt, aber diese Kommunikation erfolge nur bruchstückweise und ohne vollständige Übersetzung. Außerhalb der Trading-Zone folgten die Fachgebiete weiter eigenen Darstellungsformen und blieben ihrer eigenen Symbolwelt verhaftet. So würden die unterschiedlichen Forschungstraditionen ihre epistemische Autonomie wahren und vom Druck zur Vereinheitlichung unterschiedlicher Symbolsysteme entlastet (ebd., S. 41 f.). Die wissenschaftshistorischen Arbeiten von Galison, wie auch die ähnlich gelagerten Arbeiten zu Grenzobjekten[6], sind eine wichtige Inspirationsquelle für den vorliegenden Beitrag.

Unser Beitrag stellt sich der Aufgabe, fokussiert ethnografische Beobachtungen (Knoblauch 2001) der Kommunikationsprozesse innerhalb eines relativ dauerhaften interdisziplinären Forschungskontexts vorzunehmen. Wir konzentrieren uns auf die Face-to-Face-Kommunikation im Rahmen regelmäßiger Arbeitstreffen *(Group Talk)* einer Forschungsgruppe im Feld der CNS. Damit zielen wir auf eine empirische Mikrofundierung interdisziplinärer Forschungsprozesse, wobei wir u. a. auf das methodische Arsenal der *Videografie* (Tuma et al. 2013) zurückgreifen. Von besonderer heuristischer Bedeutung ist für uns aber die *wissenssoziologische Gattungsanalyse* (Luckmann 1986; Günthner und Knoblauch 1994). Mit der *Gattungsanalyse* gehen wir davon aus,

> dass kommunikative Gattungen gleichsam die Inseln im Strom kommunikativen Handelns bilden [...] [und] dass in verschiedenen institutionellen Zusammenhängen nicht nur besondere Gattungen vorgezogen werden, sondern dass sie sich durch die Verwendung solcher Gattungen geradezu definieren lassen (Luckmann und Knoblauch 2000, S. 544).

In diesem Sinne betrachten wir *kommunikative Gattungen* als Institutionen sozialer Ordnung, die im *kommunikativen Handeln* objektiviert und reproduziert werden und dabei Prozesse der *Habitualisierung, Typisierung und Institutionalisierung*

---

[6]Unter Grenzobjekten („boundary objects") versteht die interaktionistische Schule der Wissenschaftssoziologie ein analytisches Konzept zur Beschreibung von Wissensobjekten, die in der Schnittfläche verschiedener Fachgemeinschaften beheimatet sind und gleichzeitig verschiedene Bedeutungen transportieren (Star 2004, S. 69 ff.).

(Berger und Luckmann 1969, S. 49) durchlaufen, in deren historischer Abfolge sich eine spezifische gesellschaftliche Wirklichkeit ausbilden und verfestigen kann. Von besonderer theoretischer Relevanz ist für uns die Idee, dass auch nichtsprachliche *Objektivationen* wie Körper, Räume, Apparate und Visualisierungen als Kommunikationsmittel fungieren. Darin deckt sich unser Ansatz mit den Überlegungen des Sozialkonstruktivismus und der neuesten Wissenssoziologie. Insbesondere der *Kommunikative Konstruktivismus* (Knoblauch 2017) dient diesem Beitrag als sozialtheoretische Hintergrundfolie, da er, anstatt einen engen Kommunikationsbegriff anzulegen, das gesamte Spektrum *kommunikativen Handelns* betrachtet (Knoblauch 2013a). Neben der gesprochenen Sprache und Text umfasst dieses Spektrum auch die zahlreichen materiellen *Objektivationen* sozialen Sinns, die in den Kommunikationsprozessen sozialer Akteure relevant (gemacht) werden. Darauf möchten wir explizit hinweisen, wann immer wir von *kommunikativem Handeln* sprechen. Fragestellungen aus dem Bereich der Formen sozialer Ordnung, ihrer Entstehung und Erhaltung, implizieren aus wissenssoziologischer Perspektive analytisch die Konzentration auf das handlungsorientierende Wissen (Berger und Luckmann 1969), auf die Situativität des Handelns (Garfinkel 1967) und insbesondere auf das kommunikative Handeln als Modus der interaktiven Realisierung sozialen Sinns.

Im Folgenden widmen wir uns auf empirischer Datengrundlage der Frage, mittels welcher *kommunikativer Formen* die Teilnehmer/-innen der von uns beobachteten interdisziplinären CNS-Forschungsgruppe den ‚inter-kulturellen' Austausch von Wissen organisieren und bewältigen. Des Weiteren werden wir betrachten, welche Probleme aufgrund des heterogenen Forschungskontexts, den die Gruppe repräsentiert, dabei entstehen. Wie wir unten darlegen werden, trägt die *wissenschaftliche Diskursgattung* des *Group Talks* nicht nur einen wesentlichen Anteil zur Lösung wiederkehrender Kommunikationsprobleme bei. Vielmehr realisiert sich die Gruppe überhaupt erst im *Group Talk* als CNS-Forschungszusammenhang.

3 Der *Group Talk* als *wissenschaftliche Diskursgattung*

Gattungsanalytisch lassen sich *wissenschaftliche Diskursgattungen* in drei Strukturebenen untergliedern: *Binnenstruktur, situative Realisierung* und *Außenstruktur* (vgl. Günthner und Knoblauch 1994). Für eine einführende Charakterisierung dieser Strukturebenen eignet sich der Vergleich mit einer anderen Gruppe *kommunikativer Gattungen*, den literarischen Dramen: Eine Strukturebene stellt hier der Text (Skript) eines zur Aufführung konzipierten Stücks dar. In der *wissenssoziologischen Gattungsanalyse* spricht man von *Binnenstruktur.* Die *Binnenstruktur* ist mitnichten nur Objektivation dessen, was oder wie gesprochen werden soll, sondern kann vielfältige Arten mehr oder minder stark determinierende, vorentworfene Elemente der Aufführung umfassen, u. a. die Rollenverteilung (Sprecher/-innen, Zuhörer/-innen, mögliche weitere Akteure), das Thema bzw. die Handlung des Stücks (z. B. Komödie oder Tragödie), den sprachlichen Code (z. B. Bühnendeutsch, Alltagssprache, Slang) sowie den visuellen Stil der Aufführung (z. B. historisch, modern, postmodern).

Eine weitere Strukturebene, die *gattungsanalytisch* unterschieden wird, betrifft die Merkmale der interaktionalen Organisation der Aufführung selbst, d. h. die *situative Realisierung.* Der Interaktion auf der Bühne und mit dem Auditorium dient zwar die *Binnenstruktur* als Leitfaden (Skript), situativ folgt sie aber generell eigenen Gesetzen (Interpretationen des Skripts durch die beteiligten Akteure). Aufgrund dieser interaktionalen Organisiertheit des *kommunikativen Handelns* geht die tatsächliche Kommunikation niemals vollständig in der *Binnenstruktur* auf. Zum einen ist die situative Realisierung einer *kommunikativen Gattung* zwar mit dem generellen Phänomen der Kontingenz menschlichen Handelns konfrontiert. Doch ist es gerade die Funktion *kommunikativer Gattungen,* eine Lösung für typische Probleme der Kommunikation darzustellen, wie sie z. B. in Abweichungen des situativen Handelns vom Skript und der interaktionalen Organisiertheit zum Ausdruck kommen. Die *Gattung* selbst bereitet die Kommunizierenden also in gewisser Weise auf alle denkbaren Unabwägbarkeiten vor und hält entsprechende kommunikative Reparaturmechanismen bereit (z. B. Dissens und Expansion; vgl. Wilke et al. in diesem Band). Tatsächlich sind einige *kommunikative Gattungen* so gestaltet, dass sie im Vollzug des vorskizzierten *kommunikativen Handelns* mehr Abstraktion von der *Binnenstruktur* zulassen als andere. Einige laden geradezu zum ‚freien Spiel' ein oder sind geradezu dafür geschaffen, in der Situation große Spielräume verwirklichen zu können. Auch hier lässt sich eine enge Verbindung zwischen den *außen- und binnenstrukturellen Bedingungen* und der Form des Kommunizierens beobachten. Dies lässt sich sowohl von Theatergenres behaupten, die unterschiedliche Beteiligungsformate und Improvisationsgrade kennen, als auch, wie wir am Vergleich von Vortrag und *Group Talk* sehen werden, für *wissenschaftliche Diskursgattungen.*

Schließlich vollziehen sich die Ausbildung von *Binnenstrukturen* sowie die *situative Realisierung* einer *kommunikativen Gattung* stets vor dem Hintergrund eines relevanten institutionellen Kontexts, der sog. *Außenstruktur.* Theaterbühnen, als Orte der *situativen Realisierung* bestimmter *literarischer Gattungen,* sind i. d. R. an Schauspielhäusern angesiedelt, die auf Grundlage eines gegenstandsspezifischen

Wissensbestands formale und inhaltliche Grenzen dafür setzen, was auf die Bühne gelangt und im institutionellen Wissensvorrat tradiert wird. Der *Group Talk* als *wissenschaftliche Diskursgattung* findet in einem Universitätsgebäude statt. In diesem Fall sind es folglich die Institutionen Universität und ausstattender Lehrstuhl, die die Agenda setzen und inhaltliche wie formale Grenzen vorgeben, in deren Rahmen sich die Kommunikation verwirklichen kann.

Im vorliegenden Fall dient ein kleiner Seminarraum den regelmäßigen Arbeitstreffen der beobachteten CNS-Forschungsgruppe als Bühne. Im Rahmen der *situativen Realisierung* ihrer regelmäßigen Arbeitstreffen, im Brennpunkt der unten ausgeführten *Außenstruktur* (siehe Abschn. 3.2. in diesem Kapitel) und gleichsam als kommunikatives Zentrum, hat die von uns beobachtete Forschungsgruppe ein besonderes Kommunikationsformat etabliert, das die treffende Feldbezeichnung „*Group Talk*" (vgl. Lettkemann und Wilke 2016; Knoblauch et al. in diesem Band) trägt. Die charakteristischen *Gattungsmerkmale* des *Group Talks* lassen sich besonders gut in Abgrenzung vom wissenschaftlichen Vortrag (Goffman 1981) oder seiner mediatisierten Form als Präsentation (Schnettler und Knoblauch 2007; Knoblauch 2013b) erkennen. Daher werden wir zunächst vergleichend vorgehen[7], bevor wir einige charakteristische Merkmale des *Group Talks* anhand einer videografierten typischen Sequenz darstellen.[8]

3.1 Die *situative Realisierung* interdisziplinärer Kommunikation im *Group Talk*

Typisch für den *Group Talk* ist seine hochgradig dialogisch-argumentative Struktur, die es den Teilnehmenden des Auditoriums erlaubt, jederzeit und unangekündigt Nachfragen an die Hauptsprecher/-in zu stellen oder Kritik zu äußern. Wir konnten daher immer wieder beobachten, dass diese Kommunikation, im Kontext der institutionellen und wissenschaftsbiografischen Heterogenität im Feld, die Beteiligten vor große Herausforderungen stellt. Betrachtet man die zerklüftete Ablaufstruktur, die sich aus dem häufig unablässigen Fragenstaccato ergibt, so verwundert

---

[7]Hierfür bedienen wir uns der Ausführungen Erving Goffmans (1981). Seine Analyse des Vortrags sehen wir, in von uns in einem geisteswissenschaftlichen Forschungskolloquium zum Kontrast erhobenen Videodaten, vollumfänglich bestätigt.

[8]Eine vollständige Darstellung aller Strukturmerkmale auf den drei oben beschriebenen Ebenen kann an dieser Stelle leider nicht geleistet werden und muss daher späteren Studien vorbehalten bleiben.

es zunächst, wieso die Forscher/-innen nicht ein weniger anspruchsvolles Kommunikationsformat wählen. Die *Gattungsanalyse* liefert aber eine plausible Antwort. Vergleicht man den *Group Talk* mit dem klassischen (Wissenschafts-)Vortrag hinsichtlich der institutionellen Funktion, dann wird deutlich, dass die sich auf Ebene der *situativen Realisierung* zeigenden Unterschiede zwischen den beiden *wissenschaftlichen Diskursgattungen* auf ihren jeweiligen *außen-* und *binnenstrukturellen Hintergrund* (siehe. Abschn. 3.2 und 3.3. in diesem Kapitel) verweisen.

In seiner berühmten Arbeit zu den *Forms of Talk* analysiert Erving Goffman (1981), mit Augenmerk auf das, was wir *gattungsanalytisch situative Realisierung* nennen, auch den Vortrag (lecture). Im Folgenden möchten wir seinen Ausführungen dazu ein Stück folgen. Seine Analyse entwickelt Goffman aus Perspektive der Teilnehmenden. Aus dieser Sicht gilt ihm das nicht nur in der Wissenschaft populäre Kommunikationsformat des Vortrags, ganz im Sinne der *Gattungsanalyse,* als eine *institutionalisierte Form des Sprechens.* Goffman zufolge ist die Absicht des Vortrags die Herstellung eines „calmly considered understanding" und nicht etwa, „emotional impact, or immediate action" (ebd., S. 165) hervorzurufen. „A lecture, then, purports to take the audience right past the auditorium, the occasion, and the speaker into the subject matter upon which the lecture comments" (ebd., S. 166). Im Vordergrund steht die Narration der Vortragenden, in deren Verlauf das Auditorium ganz in deren Sinnwelten eintauchen soll. Für diesen interaktiven Prozess, der in Goffmans Analyse einer geistigen Verzauberung nahekommt, sei vor allem die stimmliche Vortragsweise, eine möglichst geschliffene Stimmproduktion der Vortragenden, zentral. Mit Verweis auf Dell Hymes bezeichnet er den Vortrag folgerichtig als ein ‚Sprechereignis' (ebd.).

Als Sprechereignis, so Goffman, sei der Inhalt dem Vortrag als Kommunikationsformat völlig äußerlich (ebd., S. 172). Der Text, der i. d. R. im Vorfeld, zum Zweck des Vortragens, auswendig gelernt würde, könne nämlich grundsätzlich ebenso als Druckerzeugnis kommuniziert bzw. rezipiert werden. Spezifisch für die *situative Realisierung* des Vortrags seien vielmehr die Unabwägbarkeiten, die durch die Face-to-Face-Situation entstünden und so zur Textreproduktion der Vortragenden hinzutreten würden (ebd., S. 172 f.). Das Besondere, das die Teilnehmenden des Auditoriums im Vortrag erhielten, sei daher auch, wie Goffman sich ausdrückt, die Verpackung und nicht der Kuchen: „One is left with the form, the interactional encasement; the box, not the cake" (ebd., S. 173). Rekapituliert man nun nur diese kurzen Auszüge aus Goffmans Analyse des Vortrags, so wird bereits deutlich, dass er maßgeblich eine repräsentative Funktion hat, die sich für die Zuhörenden in Form einer gelungenen Darbietung, für die Vortragenden (sowie die ausstattende Institution) aber als Prestigegewinn bezahlt machen kann.

Goffman nennt zahlreiche Techniken, wie etwa das „textual self" (ebd.), derer sich Vortragende in ihrer Redeweise bedienten, z. B. um die Teilnehmenden des Auditoriums, bis auf Weiteres, in die Rolle stiller Zuhörender zu bannen:

> [T]he textual self, that is, the sense of the person that seems to stand behind the textual statements made and which incidentally gives these statements authority. Typically this is a self of relatively long standing, one the speaker was involved in long before the current occasion of talk. This is the self that others will cite as the author of various publications, recognize as the holder of various positions, and so forth (ebd., S. 173 f.).

Das Text-Selbst ermöglicht den Vortragenden die Erzeugung und Aufrechterhaltung einer Asymmetrie (zwischen sich selbst und ihrem Auditorium). Im Text-Selbst spricht eine idealisierte Person, die Legitimität, Wissenschaftlichkeit und die diskursive Autorität der Wissenschaft praktisch behauptet:

> Their speaking presupposes and supports the notion of intellectual authority in general: that through the statements of a lecturer we can be informed about the world. Give some thought to the possibility [...] that after a speech, the speaker and the audience rightfully return to the flickering, cross-purposed, messy irresolution of their unknowable circumstances (ebd., S. 195).

Gegensätzlicher könnten Funktion und Ablauf des *Group Talks* sich kaum darstellen. Er dient keineswegs dem Ziel ‚ruhiges' oder gar ‚beruhigendes' Verstehen zu erzeugen, bevor die Teilnehmenden wieder in ihre „flickering, cross-purposed, messy [...] circumstances" entlassen werden. Im Gegenteil: Der *Group Talk* ist selbst Ort und Zeit systematischer Verunsicherung. Indem die Hauptsprecher/-in, dem Kommunikationsformat gehorchend, den weiteren Teilnehmenden eine aktive Rolle in der Kommunikation von Wissen und Forschungsergebnissen einräumt, kommt vielmehr das in der *Gattung* institutionalisierte Ziel zum Ausdruck, wechselseitige Kommunikation zu ermöglichen, d. h. interaktives Sinn-Verstehen auszudrücken, Behauptetes infrage zu stellen und geteiltes Wissen herzustellen.

Der Inhalt des *Group Talks* erweist sich daher, abermals ganz im Gegensatz zum Vortrag, als wesentlich für die *Gattung*. Was zum Gegenstand des *Group Talks* wird, kann mitnichten durch die Rezeption eines Texts eingeholt werden, eben weil die *Gattung* für die Ermöglichung von beidseitigem Erkenntnisgewinn in Kopräsenz ausgelegt ist. Im *Group Talk* wird neues Wissen ausprobiert und verhandelt. Gegenstand und „Liveness" (Auslander 2008) sind deshalb, anders als beim Vortrag, untrennbar miteinander verknüpft. Im *Group Talk* geht es, um in Goffmans Sprache zu verbleiben, um den ‚Kuchen' *und* die ‚Verpackung'.

Im Rahmen seiner *situativen Realisierung* begegnen sich die Sinndeutungen *verschiedener* strukturell gleich kompetenter Sprecher/-innen, wodurch sich an diesem Kreuzungspunkt zugleich entscheidet, ob das im Forschungsprozess z. T. einsam erarbeitete subjektive Wissen der jeweiligen Hauptsprecher/-in der intersubjektiven Validierung durch die Gruppe standhält.

Der *Group Talk* stellt einen Zwischen-Raum dar, der weder einer ‚Hinterbühne' (Ort der Präparation) noch einer ‚Vorderbühne' (Ort der Präsentation) alleine vollständig angehört. Zwar gibt es einen vorformulierten Inhalt, doch wird dieser (noch) nicht in Form einer geschliffenen Inszenierung dargebracht, seine Ambivalenz ist nicht restlos getilgt. Vielmehr ist der *Group Talk,* wie bereits erwähnt, Ort und Zeit der wechselseitigen Auseinandersetzung über Wahrheit, Wissen und die Darstellungsweise von wissenschaftlicher Erkenntnis. Außerdem ist der *Group Talk* auch in dem Sinn ein Zwischen-Raum, als dass er als Werkstatt spezifischer Kommunikationsweisen betrachtet werden kann. Als solcher wird er von der Gruppe auch zum Erlernen, Erproben und Verfeinern solcher Bühnenfertigkeiten genutzt, die im Vortrag bereits vorausgesetzt und routiniert behauptet werden (müssen).

Dass das Text-Selbst, das im Vortrag die dominante Form der Relation der Vortragenden zu ihrem Text darstellt (footing), im *Group Talk* nur selten auftritt, liegt aber eben nicht (nur) an der Unsicherheit unerprobter Darstellung, sondern vielmehr an der institutionellen Rahmung der *Gattung* als kommunikativer Begegnungsort einer interdisziplinären Forschungsgruppe. Im Text-Selbst stellen die Vortragenden ihre eigene Autorität in den Vordergrund, wohingegen die dezidiert argumentativ-dialogische Struktur des *Group Talks* für solche Einstellungen in den CNS-Gruppentreffen keinen Raum lässt: Im *Group Talk* begegnen sich – in Abgrenzung zum idealisierten Text-Selbst – authentische Akteure. Dabei kommt es ebenso regelmäßig wie häufig zu Unterbrechungen der Hauptsprecher/-in und damit zum Wechsel ihrer Einstellung gegenüber den Inhalten des Gesagten. Dies darf aber nicht als Störung oder Ablenkung vom eigentlichen Zweck der Kommunikation betrachtet werden. Vielmehr handelt es sich dabei im Wortsinn um den wesentlichen *Kern* der Veranstaltung. In deren Ablauf muss die Bedeutung des im Prozess des ‚einsamen Forschens' gebildeten subjektiven Sinns situativ in *kommunikatives Handeln* umgesetzt werden, bevor die diskursive Eignung der dabei kommunizierten Inhalte sich in einem zweiten Schritt performativ erweisen kann.

Nach diesem noch sehr abstrakten Vergleich von zwei unterschiedlichen *wissenschaftlichen Diskursgattungen* werden wir nun eine im Rahmen unserer Videografie analysierte Einschubsequenz eines *Group Talks* genauer betrachten. Die Episode wurde in Hinblick auf ihre Typizität ausgewählt. Sie bringt die oben anhand des Vergleichs beschriebenen charakteristischen Eigenarten des *Group*

Tab. 1 Transkriptionskonventionen

___ = Emphase	(1.0) = 1-sekündige Pause
(()) = Analysekommentar	(.) = kurze Pause
? = steigende Intonation	(...) = unverständlich
, = leicht steigende Intonation	: = Dehnung
[= Überlappung	>< = schneller
°° = ruhiger	SO = lauter

Talks auf den Punkt. Aus Anonymisierungsgründen wurden Momentaufnahmen aus der Videografie nachzeichnend bearbeitet (Wilke im Erscheinen). Das mit den Aufnahmen korrespondierende Basistranskript der Konversation wurde nach Rendle-Short (2006) erstellt (siehe Tab. 1). Da sich die Forschungsgruppe international zusammensetzt, werden die Talks z. T. von Nicht-Muttersprachler/-innen in englischer Sprache gehalten und hier ungeachtet grammatischer Richtigkeit wiedergegeben.

Der Hauptsprecher (Björn)[9] des *Group Talks,* aus dem die folgende kurze Sequenz stammt, ist Psychologe. Er forscht als Postdoktorand in der beobachteten Forschungsgruppe. Im Vorlauf der Einschubsequenz hat er den Rahmen seiner Forschung skizziert: Mittels eines statistischen Verfahrens (Principal Component Analysis, kurz PCA) re-analysierte er verhaltensexperimentelle Daten, die mit Hilfe von Zellableitung (cell recording) im visuellen Kortex von Affen gewonnen wurden. Technisch basiert diese Form der Datenerhebung auf sehr feinen Elektrodenleitern, die in das Hirngewebe eingebracht werden. So ist eine Messung im Bereich der fraglichen Neuronen, theoretisch Zell-genau, möglich. Im Rahmen der Datenerhebung wurden die Erregungszustände von ca. 100 Zellen je Versuchstier gleichzeitig gemessen. Den Versuchstieren wurden während der Experimente visuelle Stimuli präsentiert. Wegen der hohen Datenrate der neuronalen Informationsverarbeitung (gemessenen in „spikes") wurden pro Versuchslauf ca. 6000 Messpunkte erhoben. Der Datensatz umfasst je 400 Versuche an zwei unterschiedlichen Versuchstieren. Das statistische Verfahren diente also der Datenreduktion mit dem Ziel aussagekräftige Werte zu extrahieren. Als Ergebnis

---

[9]Im Transkript wurden sämtliche Personennamen durch Pseudonyme ersetzt. Namen und Institutionen, die einen Rückschluss auf unsere Interviewpartner/-innen zulassen, wurden aus datenschutzrechtlichen Gründen ebenfalls anonymisiert. In eckige Klammern gesetzte Begriffe in den Interviewtranskripten weisen auf diese Anonymisierung hin.

der PCA zeigt Björn schließlich eine zweidimensionale Visualisierung von drei komprimierten Hauptkomponenten des ursprünglichen Datensatzes. Diese Art von statistischen Visualisierungen ist erfahrungsgemäß schwer zu lesen. Mit der nächsten Folie seiner digitalen Präsentation möchte er daher eine andere Visualisierung der bereits durch die PCA ‚geglätteten' Daten vorschlagen. Die Einschubsequenz beginnt, als Björn eine Taste seines Laptops bedienen möchte, um die Folie seiner digitalen Präsentation zu wechseln (siehe Abb. 1).

```
Wolf:    sorry, but i'm (.) °maybe i'm a bit slow° (.).
         but i still, (.) initially I thought that. >so
         what's going into the pca<, what kind of vector?
Björn:   ((zeigt auf die Digitalfolie an der Wand)) THEse
         vectors. SO, here i'm coding for four different
         cells, so i'm using 100 separate lines and each
         of them is the smoothed firing rate of ONE cell
         and THIS will be one column in my matrix.
Wolf:    ((an Axel gerichtet))which vectors,
Axel:    ((an Wolf gerichtet)) THESE vectors. ((gesti-
         scher Verweis auf einen Bereich auf der proji-
         zierten Digitalfolie))
Wolf:    ((an Axel gerichtet)) but then ((zeigt auf
         einen bestimmten Punkt auf der Folie)) you get
         these pc::s?
```

Abb. 1 Björn möchte die Folie seiner digitalen Präsentation wechseln, als er vom Gruppenleiter Wolf eine weitere Nachfrage gestellt bekommt

Zu Beginn der Einschubsequenz richtet Björn, der soeben die Folie wechseln wollte, seine Aufmerksamkeit dem Forschungsgruppenleiter Wolf zu, der eine Nachfrage an ihn richtete. Wolf sitzt mit weiteren Teilnehmenden Björn in mehreren Sitzreihen gegenüber. Bereits in diesen kurzen Redezugwechseln zeigt sich deutlich der Werkstattcharakter des *Group Talks:* Einerseits ist der Einwurf des Forschungsgruppenleiters völlig unvermittelt und würde so in anderen Gattungen als Störung aufgefasst. Andererseits zeigt sich am Timing der Fragestellung aber auch, dass der *Group Talk* keineswegs ohne Regeln funktioniert: Vielmehr orientiert sich Wolf an Björns Performanz, d. h. an dessen körperlichem Vollzug und dem darin zum Ausdruck kommenden *kommunikativen Handeln*. Nicht zufällig nutzt er die Pause, die durch den Folienwechsel entsteht, um seine Frage zu stellen (vgl. Wilke und Hill im Erscheinen). Die *gattungstypische* Gleichberechtigung bzgl. der Sprecher/-innen-Rolle im *Group Talk* zeigt sich außerdem darin, dass auch der ebenfalls im Publikum sitzende Informatiker Axel sich unangekündigt selbst zum nächsten Sprecher kürt und anstelle von Björn das Wort ergreift, um Wolfs Frage zu beantworten. Dass dies keine reparaturbedürftige Störung des Ablaufs darstellt verdeutlicht auch Björns Reaktion, den die Zwischenrufe nicht irritieren, sondern der seinerseits die Gelegenheit nutzt, um spontan an das Whiteboard zu treten und die Informationen dort auf andere Art zu repräsentieren (siehe Abb. 2). Dabei geht er fließend von der digitalen Präsentation zu einer dynamischeren Darstellungsweise an der Tafel über und öffnet gleichsam die Blackbox seines Forschungsvorgehens. So erlaubt er den Teilnehmenden einen Sinn-verstehenden Nachvollzug der von ihm während seiner Analyse vollzogenen Teilschritte, den der Blick auf die hochaggregierte Ergebnisdarstellung auf den digitalen Folien und Visualisierungen nicht zulässt.

Abb. 2 Björn verdeutlicht sein Vorgehen mittels einer skizzierten Matrix am Whiteboard

Björn: ((geht zum Whiteboard und zeichnet eine Matrix)) >the x-axis is basically the number of data points and on the y-axis you have the firing rate of each data point<. (.) so each line is one
Wolf: (...)
Björn: so it's (.) so this is the matrix in our (...). so i'm having here ((im Folgenden seine Emphasen mit Zeigegesten auf die Matrix begleitend)) <u>unit one</u>, <u>unit two</u>, <u>unit three</u> time one, two <u>to the end.</u> so the time will be (...) here on the graph from zero to 6000. and the units are unit one to 104. so i'm looking at the °co-variations° of the °firing rates° of the different units <u>over time</u>. so if ((auf einzelne Matrixpositionen weisend)) this unit fires? a lot and this unit fires a lot here? but <u>not</u> here?, then i'm having a large co-variance. and i'm trying to distract these joint variations in firing rates for different units. and so i'm wondering for example,
Wolf: so, °each vector is a component (over time instances) (.) and every unit is a vector?°
Björn: no, every unit is a single number. SO ((abermals auf einzelne Matrixpositionen weisend)) this would be for example 17? spikes, 20? spikes, 5 spikes.
Wolf: and for another (group)? (...)

Da Björn zum Whiteboard gegangen ist, wendet sich die Gruppe seitlich, um die von ihm gezeichnete Matrix zu betrachten. Auch diese Darstellungsform liefert noch nicht die von Wolf eingeforderte Erklärung des Vorgehens von Björn bei der PCA. In einem Elizationsinterview (Knoblauch 2004), das wir im Anschluss an die hier videografierte Episode mit Björn durchgeführt hatten, erläuterte dieser uns, dass sich seine Darstellung an, in seiner Ursprungsdisziplin (Psychologie) geläufigen, sozialwissenschaftlichen Konventionen orientierte, die dem Physiker Wolf unbekannt waren: Je nach Lehrbuch, sagte uns Björn, würden unterschiedliche Informationen in die Hauptkomponenten („pcs") einfließen, sodass – je nach Fachhintergrund – unterschiedliche Interpretationen sowohl des Begriffs als auch der Matrix möglich seien. Vor dem Hintergrund dieser Uneindeutigkeit der Begriffsverwendung begibt sich Axel zu Björn an die Tafel und wählt sich dabei erneut selbst zum nächsten Sprecher (siehe Abb. 3).

Axel: ((steht auf und begibt sich zu Björn an die Tafel. Dort bittet er ihn gestisch, mit ausgestrecktem Arm, um den Stift)) may:: i? °i got the question very easy°, you have to do it more <u>mathematically</u>. ((nimmt einen Stift und beginnt auf der Tafel zu schreiben)) this is <u>X</u>. are we talking about <u>X^{t}X</u> or are we talking about <u>XX^t</u>?

Björn: <u>((wendet sich selbst der Tafel zu))</u> i'm talking (.) so this is X. (1.0) so i am talking about <u>X^{t}X</u>. and the dimensionalities are ((schreibt)) 104 times 104.

Axel: °and then basically over time and each vector of units is one data point°.

Björn: yeah.

Axel: and then the temporal structure is >completely irrelevant<. except for smoothing.

Björn: yeah.

Abb. 3 Axel kommt Björn zur Hilfe (A) und schreibt zwei Funktionen an die Tafel (B)

Axel ‚springt' Björn im Wortsinn zur Seite und fordert ihn auf, die Hauptkomponenten rein mathematisch zu definieren. Da der nachdenkende Björn nicht auf Axels ausgestreckte Hand reagiert, schreibt dieser mit einem anderen Stift zwei Funktionen an das Whiteboard, die die unterschiedlichen Interpretationen der Hauptkomponenten repräsentieren. Durch diese mathematische Reformulierung der ursprünglichen Fragestellung übernimmt Axel in dieser Situation die Rolle eines Übersetzers zwischen unterschiedlichen Fachsprachen. Auf Grundlage seiner Vorerfahrung in der Forschungsgruppe hat er spontan einen Weg gefunden, die Frage so zu paraphrasieren, dass Björn die Frage beantworten und Wolf die Antwort verstehen kann. Indem er sein Vorgehen einer der beiden von Axel vorgeschlagenen mathematischen Funktionen zuordnet, gelingt es Björn nun auch tatsächlich, Wolfs Frage zu beantworten, welche Größen in die PCA eingeflossen sind. – Mit diesem Beispiel kann allerdings mitnichten auf die Mathematik als Universalsprache verwiesen werden. Im Feld erweist sie sich, wie das Beispiel auch verdeutlicht, gerade vor dem Hintergrund der Interdisziplinarität, eher als Kontaktsprache, die dem einen stärker, dem anderen weniger vertraut ist. – Das Ende der Einschubsequenz markiert eine kurze Abfolge von Redezügen zwischen Axel und Björn. Axel rekonstruiert in seinen Redebeiträgen aus Björns Klarstellung dessen Vorgehen und leitet daraus positive Implikationen des methodischen Vorgehens ab, was Björn jeweils mit einem kurzen „yeah" ratifiziert.

Der in sich in der analysierten Einschubsequenz dokumentierende Zusammenprall zweier Fachkulturen ist durchaus üblich für das Feld der CNS. Unentwegt sehen sich Sprecher/-innen hier den unterschiedlichen Relevanzsystemen und Perspektiven sowie Auslegungs- und Ausdrucksschemata der ihnen fachfremder Kolleg/-innen ausgesetzt, die sie zu Expansionen zwingen, die der Klärung ihrer Vorannahmen, Konzepte und Vorgehensweisen dienen. Die heterogene Zusammensetzung, die sie zu diesen Exegesen bewegt, ist allerdings kein Zufall oder allein auf Förderstrukturen zurückzuführen, die in Umsetzung des forschungspolitischen Interdisziplinaritätsimperativs geschaffen wurden und sicher eine Rolle für die Popularität der CNS und ihrer Modelle spielen. Vielmehr ist diese Heterogenität den vielfältigen disziplinären Pfaden geschuldet, auf denen sich Wissenschaftler/-innen aus vor allem aus naturwissenschaftlicher und mathematischer Richtung der Erkenntnis der Funktionsweisen des menschlichen Geistes zuwenden oder indirekt zu dieser Kenntnis beitragen. Auf dem Kreuzungspunkt dieser disziplinären Pfade hat sich die CNS herauskristallisiert. Wie wir nun sehen werden, treffen die Wissenschaftler/-innen des Felds, die aus verschiedensten Disziplinen stammen, auch heute noch auf diesem Kreuzungspunkt zusammen, wo sie die CNS als Forschungszusammenhang praktisch realisieren.

3.2 Der *außenstrukturelle* Kontext des CNS-*Group Talks*

Der Begriff Computational Neuroscience bezeichnet einen Bereich der Hirnforschung, der sich etwa seit der Mitte der 1980er-Jahre ausdifferenziert. Er wurde 1985 von dem Physiker und Neurophysiologen Eric L. Schwartz anlässlich einer Konferenz im kalifornischen Carmel eingeführt. Zu dieser Zeit wurde die Entwicklung der CNS durch den technologischen Fortschritt im Bereich des Personal Computers immens befördert: „[T]echnical achievements in designing fast, powerful, and relatively inexpensive computing machines have made it possible to undertake simulation and modeling projects that were hitherto only pipe dreams" (Churchland et al. 1990, S. 47). Die CNS lässt sich im Feld der nach 1945 entstehenden modernen Neurowissenschaften verorten. Ihre historischen Vorläufer reichen zurück auf die Arbeiten des Mathematikers John von Neumann zur Informatik und zur Entwicklung des Computers sowie auf die Entwicklung der Biokybernetik durch den Physiker und Biologen Werner Reichardt. Eine konkrete Vorarbeit stellt das Perzeptron-Modell des Psychologen und Informatikers Frank Rosenblatt (1958) dar. Dieser Ansatz ist heute vor allem unter der Bezeichnung Neuronale-Netze geläufig. Über diese Vorarbeiten geht die CNS insofern hinaus, als dass sie nicht bloß, gleichsam als Teilgebiet der Informatik, lediglich neurobiologisch inspirierte Modelle *künstlicher Intelligenz* entwickelt. Vielmehr versucht die CNS, auf der Grundlage von Computermodellen organischer Intelligenz, das *biologische Gehirn* und seine Funktionsprinzipien zu verstehen. Insbesondere für den deutschsprachigen Raum gilt das Max-Planck-Institut für biophysikalische Chemie in Göttingen, unter der Leitung des Bio-Chemikers Manfred Eigen, als institutioneller Katalysator der CNS. Hier wirkte in den 1980er Jahren der Neurobiologe Christoph von der Malsburg, der als einer der Väter der CNS in Deutschland betrachtet wird. Diese, historisch gewachsene, fachliche Durchmischung der CNS, ist nicht nur kennzeichnend für das institutionelle Feld, sondern auch für die Forschungsbiografien von Wissenschaftler/-innen in der untersuchten CNS-Gruppe. Tatsächlich weisen diese in Hinsicht auf ihre Forschungsschwerpunkte typischerweise eine Ablösung von disziplinären Spezialdiskursen und eine starke Orientierung an transdisziplinären Forschungsproblemen und Anwendungskontexten auf, wie es von Modus-2-Diagnosen beschrieben wird. In einem Gespräch erzählte uns eine Post-Doktorandin, die wir hier Sabine nenne möchten, aus ihrer Wissenschaftsbiografie:

> Okay, also studiert hab ich Physik, aber dann im Hauptfach Biophysik, also das war dann schon sehr in die Bio-Richtung. Ich habe aber auch Nebenfächer in der Psychologie gemacht, also, Wahrnehmungspsychologie vor allem. Genau, und dann habe ich praktisch schon am Ende, [...] auch schon in den Bereich jetzt was

Computational Neuroscience, was jetzt so vor allem die Gruppe hier macht, meine Diplomarbeit gemacht. Und das war dann auch so eine Mischung: das war dann, theoretische Biophysik hieß das, aber war auch schon so Richtung neuronale Netzwerke [...]. Genau, dann habe ich promoviert in Paris, auch kognitive Neurowissenschaften schon, aber halt auch immer diesen Computational-Aspekt. Jetzt bin ich hier Postdoc und bin auf einem Projekt mit der [Institution X], also das ist auch so ein BCCN Projekt, Bernstein Center for Computational Neuroscience, da bin ich jetzt assoziiert. Das heißt, ich arbeite praktisch mit Psychiatern und Psychologen zusammen, die machen praktisch die Verhaltensexperimente und benutzen dann auch bildgebende Verfahren wie zum Beispiel fMRT [Exp_11, Z. 38–59].

Die in dieser biografischen Schilderung zum Ausdruck gebrachte Heterogenität fachlicher Bezüge ist typisch für die CNS. Sabine studierte ursprünglich Physik und hat letztlich als kognitive Neurowissenschaftlerin promoviert. Heute würde sie sich als „Computational Cognitive Neuroscientist" bezeichnen. Auf die aktuelle Stelle an Wolfs Fachgebiet wurde sie durch eine internationale Förderstruktur aufmerksam, in die Wolfs Forschungsgruppe eingebettet ist.

Wie erwähnt findet der *Group Talk,* als regelmäßiges Arbeitstreffen der untersuchten Forschungsgruppe, in einem Seminarraum an einer deutschen Universität statt. Angesiedelt ist er an einem Institut für Informatik. Der Initiator des *Group Talks,* der uns oben bereits unter dem Namen Wolf begegnet ist, ist Physiker und Inhaber eines Lehrstuhls, der sich seiner ursprünglichen Ausschreibung und Bezeichnung nach, mit dem Bereich der biologisch inspirierten KI-Forschung (Neuronale-Netze-Ansatz) beschäftigt. Die Gelder für die Ersteinrichtung seiner Professur stammten aus einem Innovationsförderprogramm des ehemaligen BMWF (Bundesministerium für wissenschaftliche Forschung). In einem Interview legte Wolf detailliert dar, dass seine Forschungsbiografie als Physiker maßgeblich von seinem großen Interesse an biologischen Fragestellungen getrieben sei. Vor diesem Hintergrund erklärt sich auch die Umwidmung seines Lehrstuhls vom biologisch inspirierten Neuronale-Netze-Ansatz zu den biologisch plausiblen Modellen der CNS. Im Interview räumte er mit Bezug auf die ursprüngliche Ausschreibung seiner Stelle ein, er „glaube nicht, dass damals angedacht war, das so stark biologisch zu machen, sondern darauf, wirklich mehr das was Neuronale Netze sind" (EXP_1, Z. 225–226).

Neben den Fördermitteln des BMWF und denen des Lehrstuhls, werden die einzelnen Projekte der Forschungsgruppe maßgeblich von weiteren Drittmittelgebern finanziert, wie z. B. der Deutschen Forschungsgemeinschaft (DFG), der Volkswagenstiftung, des Human Frontier Science Program (HFSP) sowie durch Förderinitiativen der Europäischen Union (EU). Besonders hervorzuheben ist das Bernstein Network Computational Neuroscience (NNCN), das vom Bundesministerium für

Bildung und Forschung (BMBF) unterstützt wird. Aus Mitteln des NNCN konnten im Bereich der CNS neue Professuren, Postdoktorand/-innenstellen und Nachwuchsgruppen sowie zahlreiche Kooperationen gefördert werden. Als Hauptmerkmal des Bernsteinzentrums betrachtet Wolf die internationale Vernetzungsleistung, etwa mit Forschungseinrichtungen, die mit invasiven Methoden arbeiten, die in Deutschland aus tierschutzrechtlichen Gründen kaum zu realisieren seien. Darüber hinaus fungiere das Netzwerk als prestigereiches Aushängeschild, von dem die Außenwirkung seiner Forschungsgruppe entscheidend profitiere. Diese Sichtbarkeit führe dazu, dass Promovierende weltweit auf die Gruppe aufmerksam würden und sie zu Forschungszwecken besuchten. Zur Entwicklungsförderung der CNS müssen auch breit angelegte Initiativen hinzugezählt werden, die in den letzten Jahrzehnten stark zur Wahrnehmung der modernen Neurowissenschaften beigetragen haben. Hierzu gehören insbesondere die *Decade of the Brain 1990–2000*, die 1990, von dem damaligen US-Präsidenten George Bush, angestoßen und durch den US-Senat beschlossen wurde, sowie die private Initiative *Die Dekade des menschlichen Gehirns 2000–2010* namhafter deutscher Neurowissenschaftler/-innen, unter der Schirmherrschaft des damaligen nordrhein-westfälischen Ministerpräsidenten Wolfgang Clement. Während Erstere den Neurowissenschaften in den USA hohe Fördermittel einbrachte und so zur Förderung der Hirnforschung in den USA beitrug, setzte Letztere darauf, die finanzielle Förderung der Neurowissenschaft in Deutschland zu intensivieren. Vor allem die Netzwerkinitiative NNCN, die vor dem Hintergrund dieser breiteren Förderprogramme und -initiativen betrachtet werden muss, trägt zur internationalen Wahrnehmung und Kooperation des Lehrstuhls bei und beeinflusst somit auch die Zusammensetzung und Themenstellungen der beobachteten Forschungsgruppe. Neben Faktoren wie der historischen Genese des Forschungsfelds, der Verortung im akademischen Wissenschaftsbetrieb und der spezifischen Förderstruktur im Feld der CNS, einschließlich breiterer Initiativen des diskursiven Agenda-Settings, zählen auch weichere, weniger verfestigte aber dennoch nicht weniger verbindliche institutionelle Voraussetzungen bzw. Kontextbedingungen teilweise zur Außenstruktur des Group Talks hinzu. Zu nennen sind hier die Normen und Erwartungen, die der Forschungsgruppenleiter Wolf, vor dem Hintergrund seiner eigenen Wissenschaftsbiografie und seiner Forschungsinteressen (s. o.), in der von ihm gegründeten Gruppe etabliert hat (Lettkemann und Wilke 2016).

3.3 *Binnenstrukturelle* Bild- und Sprachregister im *Group Talk*

Mit den von ihm etablierten Normen und Erwartungen beeinflusst Wolf auch die *Binnenstruktur* des *Group Talks*. Diese ist unmittelbar mit der *situativen*

Realisierung verknüpft, da das, was gesagt und gezeigt wird, in der Situation ungleich präsenter ist, verglichen mit dem *außenstrukturellen Rahmen*. Zudem obliegt der *Binnenstruktur* die eigentliche Bewältigung des Interaktionsgeschehens im Rahmen einer kommunikativen Gattung. Daher ist sie der Anpassung und Entwicklung im Rahmen ihres Vollzugs unterworfen. Soziale Akteure erschließen sich ihre soziale Wirklichkeit interpretativ und sind erfinderisch darin, Lösungen für kommunikative Probleme zu finden. Ein einfaches Beispiel hierfür ist die Einführung des Englischen als ‚Lingua Franca' des Group Talk. Diese wurde zwar vom Gruppenleiter initiiert, aber geschuldet war sie der zunehmend internationalen Zusammensetzung seiner Forschungsgruppe, die wiederum unmittelbar mit außenstrukturellen Förderbedingungen zusammenhängt.

Im *Group Talk* haben sich, neben dem Englischen als Universalsprache, spezifischere (verbal-)sprachliche und visuelle Register etabliert. Vieles von dem, was gesagt wird, ist an einer möglichst alltagsweltlichen Sprech- und Argumentationsweise orientiert. In der Kommunikation erweist sie sich zwar nicht selten als zu unterkomplex, um nicht hinterfragt zu werden. Andererseits erlaubt sie es aber, einen spezifischen Sachverhalt allgemein, d. h. für Vertreter/-innen unterschiedlicher Disziplinen verständlich, zu erklären. Neben der Alltagssprache dominiert die Verwendung der unterschiedlichen, hochkomplexen, Fachsprachen, die zwar gegenstandsspezifisch stark elaborierte Ausdrucksschemata darstellen, dabei aber in der Regel nicht das Kriterium der Allgemeinverständlichkeit erfüllen (vgl. Abschn. 1.1. in diesem Kapitel). Nicht selten wurde uns von Teilnehmenden des Group Talks im Nachgang der Veranstaltung freimütig eingestanden, dass sie im Verlauf solcher sich entspinnender, fachsprachlicher Spezialdiskurse häufig ‚ausstiegen', weil sie nicht mehr folgen konnten. Beiden Redeweisen ist der ständige Bezug auf visuelle Repräsentationen unterschiedlicher Typizität gemein, der sich im *kommunikativen Handeln* vollzieht und sich dabei stets digitaler Präsentationstechnik bedient. Im folgenden Abschnitt werden wir uns daher vor allem den Visualisierungen als ein maßgebliches Element der *Binnenstruktur* des *Group Talks* zuwenden.

Während unserer Feldaufenthalte konnten wir beobachten, dass verschiedenen Visualisierungstypen in der kommunikativen Praxis der Gruppe eine besondere Bedeutung zukommt. Im *Group Talk* werden, in wöchentlichem Turnus, jeweils von einem (bis max. drei) Forschungsgruppenmitglied(ern) eigene Forschungsansätze und/oder -ergebnisse vorgetragen. Stets bedienen sich die Hauptsprecher/-innen dabei eines Laptops sowie eines Projektors und vorgefertigter Digitalfolien, um ihre Argumente zu illustrieren. Nahezu alle diese Folien beinhalten verschiedene Formen von Visualisierungen. Typischerweise verwenden die Forscher/-innen

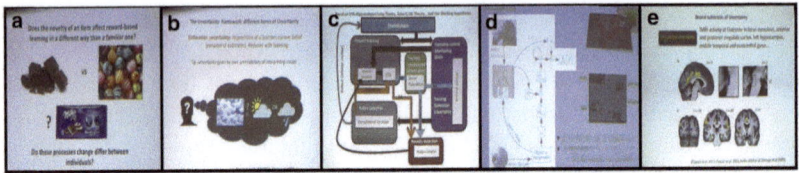

Abb. 4 Typischerweise verwendete Visualisierungen (von li. Nach re.) in *Group Talks:* a und b metaphorische Alltagsbilder, c und d Prozessdarstellungen, e statistische Bilder

einleitend illustrative oder metaphorisch eingesetzte Alltagsbilder (i. d. R. aus Google Images), um den allgemeinen Bezugsrahmen ihrer Forschung abzustecken oder grundlegende Konzepte zu exemplifizieren (siehe Abb. 4). So wird etwa das Konzept der Vorhersageungewissheit mit Bildern einer Umweltkatastrophe versinnbildlicht. Um ihre Modelle zu beschreiben, bedienen sich viele Forsche/-innen kybernetischer Darstellungsweisen, die in Form von Bildkollagen oder visuell schlichteren Ablaufschemata biologische Prozesse und/oder die logische Struktur von entsprechenden Computersimulationen repräsentieren. Schließlich dienen statistische Standardoutputs (wie Graphen, Heatmaps oder fMRT-Bilder) i. d. R. dazu, um ein Forschungsergebnis evident zu machen. In Knoblauch et al. (in diesem Band) legen wir dar, wie die in einem typischen Group Talk verwendeten Visualisierungen, im Kreuzverhör der Kolleg/-innen, von den Vortragenden des Talks zur Evidenzerzeugung über Forschungsansätze und -ergebnisse genutzt – oder aber auch vom Publikum zum Gegenteil verwendet – werden können.[10]

Im *Group Talk*, aber auch bei Vorträgen oder in Publikationen, dienen Prozessdarstellungen und statistische Visualisierungen besonders häufig als ein Mittel, um andere auf Grundlage der Kenntnis und bewussten Reflexion von fachspezifischen

---

[10]Obwohl im Feld Visualisierungen als Grenzobjekte funktionieren, ist nicht garantiert, dass die gewählten Repräsentationen tatsächlich immer eine Verständnisbrücke zwischen der Hauptsprecher/-in und den weiteren Forschungsgruppenmitgliedern zu schlagen vermögen. Tatsächlich sind die Forscher/-innen sehr explorativ und erfinderisch in der Entwicklung ihrer visuellen Register. Wie wir in dem Datenbeispiel zur situativen Realisierung gesehen haben, kann es sich trotzdem spontan als notwendig erweisen – nicht zuletzt in Abhängigkeit von den gewählten Visualisierungen – die Black Box des Forschungsprozesses, der in den visuellen Repräsentationen häufig nur mehr als Spur vorliegt, zu öffnen und sich auf Grundlage einer formalisierteren Fachsprache, im Beispiel die Mathematik, zu verständigen. Andererseits kommt es genauso häufig vor, dass für eine maßgeblich visuell geführte Argumentationen eine alltagssprachliche Erläuterung eingefordert wird (vgl. Wilke et al. in diesem Band).

Sehgewohnheiten (vgl. Fleck 1980) und feldübergreifenden visuellen Kompetenzen, von der Relevanz der eigenen Forschungsergebnisse zu überzeugen. *Das präsentationale Wissen* (Knoblauch et al. in diesem Band), das im Feld eine große Rolle spielt, umfasst dabei sowohl die Fähigkeit, Forschungsansätze und -ergebnisse plausibel zu (re-)präsentieren (und diese Repräsentationsweise evtl. selbst in den Fokus zu stellen) als auch die Fähigkeit, die visuelle Kompetenz der Adressaten im Sinne eines spezifischen „recipient designs" (Sacks und Schegloff 1974, S. 727) zu antizipieren, um so zur Übersetzer/-in zwischen unterschiedlichen Wissenskulturen werden zu können. Hierzu noch einmal die interviewte Biophysikerin Sabine:

> Also ich bin ja auch oft auf Konferenzen, entweder FMRT-Konferenzen, so Neuroimaging, oder mehr so allgemeine Neurowissenschaft. Und dann sind Leute im Saal, die sind Psychologen, Psychiater, Mediziner, Neurologen, Biologen, Mathematiker, einfach alles. Und dann versuche ich das halt so intuitiv wie möglich. Also versuche ich eine Sprache zu benutzen, wo ich das Gefühl habe, dass das ungefähr jeder verstehen kann. Also halt sehr intuitiv, die Konzepte und so. Ob das jetzt natürlich gelingt ist eine andere Sache, weil das halt nicht leicht ist. Ich meine, immerhin sind das ja trotzdem noch komplexe Daten und Mechanismen, die man dann da beschreiben will. Also versucht man, viel mit Bildern zu arbeiten. Aber, ich glaube, das ist auch egal in welchem Bereich, weil ich glaube, dass Leute mit Bildern viel mehr anfangen können als mit Tabellen oder Formeln. (EXP_11, Z. 784–96)

In ihrer Aussage zeigt Sabine sich aufmerksam für die anderen Teilnehmer/-innen der jeweiligen kommunikativen Situation. Ihr Zuschnitt auf die Rezipient/-innen ihres Vortrags bezieht dabei ausdrücklich, neben der Sprache, die sie möglichst „intuitiv" wählen möchte, damit jeder ihrem Vortrag folgen, sie „verstehen" kann, ausdrücklich auch Visualisierungen mit ein, die für sie als Übersetzung aus dem Reich der Mathematik in alltägliche Erfahrungen eine besondere Rolle einnehmen. Auf Nachfrage expliziert sie später auch, wieso sie die gleichen Visualisierungen auch im *Group Talk,* also im engeren Kreis der eigenen Forschungsgruppe, nutzt:

> I2: Und du hattest gesagt, du nimmst diese [bildliche] Darstellung, damit das auch Mediziner verstehen, aber du hast es ja jetzt auch hier [im *Group Talk*] benutzt. War das einfach, weil du die Folien weiter benutzt, oder?
> E: Ja, das ist eine Sache. Aber ich meine, was ein Mediziner versteht, kann auch eine Person hier in der Gruppe verstehen. Also, ich meine, wenn ich sage: ‚das benutzen Mediziner', dass das auch andere benutzen. Also es ist nicht so, dass Mediziner diese Bilder verstehen und andere Leute diese anderen. Also meistens ist es so, dass diese Bilder mit diesen Netzwerken, oder so ein bisschen kybernetisch,

das haben Leute schon öfters gesehen und können damit schon eher was anfangen, auch ohne große Kenntnisse zu haben. Ich weiß nicht, ob es eine natürliche Darstellung ist, aber es ist meistens eine Darstellung, wo Leute das einigermaßen verstehen können, ohne viele Vorkenntnisse zu haben und das ist so eine Darstellung, die halt auch oft benutzt wird (EXP_11, Z. 878–91).

In dieser Passage zeigt sich erneut Sabines feldtypische Reflektiertheit bzgl. des Einsatzes von Visualisierungen in der Kommunikation. Dieser Ausdruck ihres *präsentationalen Wissens* kulminiert in der Spekulation, die von ihr gewählte Darstellungsweise könne in einem Ausmaß als allgemein verständlich angesehen werden, dass man sie evtl. als „natürliche Darstellung" begreifen könne. Jedenfalls aber als eine, „wo Leute das einigermaßen verstehen können, ohne viele Vorkenntnisse". Ähnliche Aussagen treffen viele weitere Expert/-innen im Feld. Bezogen auf die Bedeutung der Visualisierungen für die Kommunikation ihrer Forschungsergebnisse formuliert z. B. eine US-amerikanische Expertin im Gespräch mit uns: „Well, I think that is the only way. That's how we explain our work" (EXP_6, o. Z.). Und ein Kollege von Sabine äußert sich in Bezug auf Vorträge und das Schreiben von Forschungsanträgen:

> Nun, die Frage ist dann immer, welchen Teil [meiner Arbeit] kann ich überhaupt darstellen, welcher Teil davon ist informativ und welche Repräsentation ist informativ. Und dann, wenn es darum geht, neue Anträge zu schreiben, und Vorträge zu halten, geht es dann noch darum, in welcher Repräsentation sieht es denn gut aus. In welcher Repräsentation ist es denn für – also erstmal ist es zugänglich für Nicht-Eingeweihte, aber vor allem auch, verkauft es sich gut. Sieht es so kompliziert, interessant und eindeutig aus, dass alle Leute denken, ,das sieht ja so aus, als würde es das Problem ein für alle Mal lösen'(EXP_2, Z. 619–625).

Aus den vorangegangenen Interviewzitaten wird deutlich, wie stark die Wissenskommunikation der CNS im Allgemeinen und im *Group Talk* im Besonderen mit Visualisierungspraktiken und explizitem visuellen sowie *präsentationalem Wissen* einhergeht. Die Evidentmachung der Bedeutung von eigenen Ansätzen und Forschungsergebnissen im *Group Talk* hängt maßgeblich davon ab, welche Visualisierungsformen gewählt werden, welches Visualisierungswissen bzw. welche Sehgewohnheiten bei den Rezipient/-innen antizipiert werden und schließlich ob ein spezifischer Ansatz oder ein Forschungsergebnis überhaupt darstellbar ist. Das *präsentationale Wissen* sowie die dazugehörigen Objektivierungen in Form von Visualisierungen stellen daher sicher das markanteste Merkmal der *Binnenstruktur* des *Group Talks* dar. In den zitierten Interviewpassagen belegen die Forscher/-innen, dass sie ein explizites *(präsentationales) Wissen* um visuelle Kommunikationsstrategien zur Integration unterschiedlicher Wissensbestände in ihrem Feld besitzen und erklären, dieses Wissen bewusst in ihrer sprachlichen wie visuellen Kommunikation zum Einsatz zu bringen. Offensichtlich ist die Praxis der Erzeugung, Darstellung und Interpretation von Visualisierungen innerhalb der CNS von den Akteuren tief verinnerlicht. Das kommt nicht zuletzt in einer Anekdote zum Ausdruck, die uns zwei Expertinnen erzählten: Einmal, berichteten sie irritiert, hätten sie eine interdisziplinäre Konferenz besucht, in der auch Sozialwissenschaftler/-innen und Philosoph/-innen ihre Arbeiten vorstellten. Allerdings seien deren Vorträge, wie sie schmunzelnd eingestanden, äußerst ‚langweilig' (boring) gewesen, da die Geisteswissenschaftler/-innen keine Bilder gezeigt und im Übrigen schlicht ihre vorbereiteten Manuskripte vom Papier abgelesen hätten. Für die Forscherinnen in der CNS dokumentierte diese Praxis des Vortragens einen erheblichen Mangel präsentationalen Wissens, der sie schlichtweg erstaunte.

4 Fazit

An dem konkreten Fallbeispiel des *Group Talks* in einer CNS-Forschungsgruppe konnten wir kommunikative Formen und Muster interdisziplinärer Face-to-Face-Kommunikation von (neuem) Wissen bestimmen, die in der Forschungsgruppe eingesetzt bzw. entwickelt werden. Dabei ist uns gelungen auf den drei *gattungsanalytischen* Ebenen *(situative Realisierung, Außenstruktur und Binnenstruktur)* die maßgeblichen Strukturelemente einer spezifischen wissenschaftlichen *Diskursgattung* herauszuarbeiten. Abschließend wollen wir die grundlegenden Merkmale entlang der drei Ebenen kurz zusammenfassen, ihre Wechselwirkungen beschreiben und weiterführende Fragen diskutieren.

Die detaillierte Betrachtung der *Außenstruktur* des *Group Talks* verdeutlichte, dass die Interdisziplinarität, die für die beobachtete Forschungsgruppe charakteristisch ist, im engen Zusammenhang mit der historischen Genese des Forschungsfelds der CNS steht. Die historischen Vorläufer reichen in die frühe Nachkriegszeit der 1950er Jahre zurück. In den 1980er-Jahren emanzipiert sie sich unter dem Terminus CNS und bemüht sich um die Entwicklung von biologisch plausible(re)n Computermodellen neuronaler Informationsverarbeitung. Die CNS umfasst dabei physikalische (Ionen), chemische (Transmitter und Rezeptoren), zellbiologische (Neuronen), computerwissenschaftliche (Netzwerke), neurologische (Nervensysteme) und psychologische (Verhalten und Denken) Forschungsgegenstände (vgl. Lytton 2002, S. 16). Diese fachliche Heterogenität bildet das maßgebliche historische Charakteristikum des Forschungsfelds ab und spiegelt sich sowohl in den Ursprungsdisziplinen als auch im Verlauf individueller Wissenschaftsbiografien von Wissenschaftler/-innen im Feld wider.

Für die spezifische, von uns beobachtete Forschungsgruppe erwies sich außerdem, durch den Blick auf die Institutionen Universität und Fachgebiet, dass der Fachgebietsleiter Wolf, der die Forschungsgruppe leitet, als sozialer Akteur einen wesentlichen Einfluss auf die Ausgestaltung seines Fachgebiets und damit auf den institutionellen Rahmen des *Group Talks* genommen hat. Insbesondere die starke interdisziplinäre Ausrichtung der Forschungsgruppe lässt sich z. T. auch mit seinen individuellen wissenschaftsbiografisch gewachsenen Forschungsinteressen erklären. Außerdem obliegt ihm die ‚weiche' Institutionalisierung der Kommunikation im Rahmen der Forschungsgruppe, in dem er Normen und Erwartungen etabliert, die im Rahmen kommunikativer Prozesse von den Forschungsgruppenmitgliedern internalisiert werden. Schließlich hat sich auch die politische Förderstruktur der CNS positiv auf die Ausbildung und Entwicklung des Arbeitsgebiets und damit für den institutionellen Kontext des *Group Talks* ausgewirkt. Vor allem die Netzwerkinitiative NNCN, die vor dem Hintergrund breiterer Förderprogramme und -initiativen betrachtet werden muss, trägt zur internationalen Wahrnehmung und Kooperation der Forschungsgruppe bei und beeinflusst somit auch die Zusammensetzung und Themenstellungen der beobachteten Gruppe.

Der *Group Talk* ist der zentrale Begegnungsort der Forschungsgruppe, der die verschiedenen Akteure, die ansonsten hauptsächlich vor dem Computerbildschirmen an ihren Einzelprojekten arbeiten, wöchentlich für zwei Stunden zusammenführt. Auf Ebene der *situativen Realisierung* der beobachteten *Group Talks* fällt zunächst besonders ins Auge, dass aus dem Publikum heraus jederzeit Fragen gestellt oder Kritik geäußert werden kann. Dies erfordert nicht einmal ein Handsignal. Dennoch ist die *Gattung* des *Group Talks* keineswegs dysfunktional. Als eine Institution der Kommunikation dient sie dazu, Wissenschaftler/-innen mit fachlich heterogenen Hintergründen im Rahmen der CNS zusammenzubringen. Zweck der Zusammenkunft ist es, die Forschungsarbeit der Hauptsprecher/-in aus der Perspektive der anderen Fachvertreter/-innen zu beleuchten, um die Anschlussfähigkeit an den fachübergreifenden Diskurs der CNS herzustellen. Die interaktionale Struktur des Group Talks, die durch eine argumentativ-dialogische Sequenzialität charakterisiert wird, ist der starke Ausdruck dieser Funktion. Erst in der Kommunikation, die fachspezifische Einsprüche und Kritik zulässt, wird das institutionelle Label der CNS praktisch umgesetzt und situativ realisiert. Die Tatsache, dass der argumentativ-dialogische Charakter nicht zu einem kommunikativen Chaos führt, wird durch die *Binnenstruktur* des *Group Talks* gewährleistet.

Binnenstrukturell lassen sich fachsprachliche und alltagssprachliche Register identifizieren, die kontinuierlich in der Kommunikation abwechseln, um einerseits Alltagsverständlichkeit und andererseits fachliche Prägnanz zu erzeugen. Neben Kontaktsprachen und Grenzobjekten stützen die Akteure sich auch auf ihr gemeinsames Alltagswissen, um die Fachgrenzen zu überbrücken. Allein deshalb bereits kann im Kontext der CNS von füreinander gänzlich fremden Wissenskulturen keine Rede sein. In den geführten Interviews und Beobachtungen wurde deutlich, wie stark die Wissenskommunikation der CNS mit aus dem Alltag entliehenen Visualisierungspraktiken (z. B. Google Images) und explizitem visuellen sowie *präsentationalem Wissen* einhergeht. Die Evidentmachung der Bedeutung von eigenen Ansätzen und Forschungsergebnissen im *Group Talk* hängt maßgeblich davon ab, welche Visualisierungsformen gewählt werden, welches Visualisierungswissen bzw. welche Sehgewohnheiten bei den Rezipienten antizipiert werden und schließlich ob ein spezifischer Ansatz oder ein Forschungsergebnis überhaupt darstellbar ist.

Das Hauptziel der hier skizzierten *Gattungsanalyse* war es, charakteristische Merkmale einer *wissenschaftlichen Diskursgattung* zu umreißen, die sich in inter- und transdisziplinär strukturierten Forschungsorganisationen als Lösung für wiederkehrende Probleme der Kommunikation darstellen lässt. Darüber hinaus rütteln unsere Befunde auch an zentralen Thesen der sozialwissenschaftlichen Wissenschaftsforschung und implizieren weiterführende Fragen. Wir haben beispielsweise schon darauf hingewiesen, dass die von uns beobachteten Akteure im *Group Talk* zur fachübergreifenden Verständigung wiederholt auf ihr gemeinsam geteiltes (Alltags-)Wissen rekurrieren und dass diese Beobachtung ein Stück weit die in der Wissenschaftsforschung verbreitete Beschreibung von Fachgemeinschaften als wechselseitig fremde und geschlossene Wissenskulturen relativiert. Daneben stellen unsere Ergebnisse aber auch die prominente Modus-2-These infrage, wonach die an Wahrheitsbehauptungen und Fachgrenzen orientierte Wissenskommunikation zunehmend von einer Kommunikationsweise ersetzt würde, die sich an fachübergreifenden und an strategischen Problemstellungen orientiere. Selbstverständlich kommen strategische Gesichtspunkte in der Außendarstellung der CNS zum Tragen, ohne die das rasante Wachstum dieses Forschungsfelds kaum zu erklären wäre. Unsere ethnografischen Aufzeichnungen der interdisziplinären Kommunikation im *Group Talk* offenbaren allerdings, dass der argumentativen Untermauerung von Wahrheitsansprüchen nach wie vor ein zentraler Stellenwert zukommt. Individuelle Karrierewege werden zwar durchlässiger, doch vom prophezeiten Ende der Fachgrenzen ist in der feldinternen Wissenskommunikation wenig zu spüren. Im Gegenteil: Es gibt im *Group Talk* die starke Erwartung an die jeweiligen Fachspezialist/-innen, dass sie die Berücksichtigung ihrer disziplinären Spezialperspektiven in der Diskussion einfordern. Es steht daher zu vermuten, dass der *Group Talk* eine Form der Probebühne darstellt, deren Funktion darin besteht, die Teilnehmenden darauf vorzubereiten, den interdisziplinären Begutachtungsprozessen des CNS-Felds standzuhalten.

Im *Group Talk* unterstützen sich die Teilnehmenden wechselseitig, die Perspektiven anderer Fachgebiete im Argumentationsgang mitzuführen und/oder kritische Einwände zu antizipieren. Mithilfe dieser Unterstützung gelingt es Forschenden dem Interdisziplinaritätsimperativ des Wissenschaftsbetriebs besser Rechnung zu tragen. Ob die *Gattung Group Talk* lediglich als Vorbereitungsstufe anderer *Wissenschaftsgattungen* (z. B. Fachartikel und Konferenzvorträge) fungiert oder sich ein selbstständiges Argumentationsformat herausbildet, ist eine Frage, deren Beantwortung zukünftigen Studien vorbehalten bleibt. Im Zuge dieser Studien muss auch geklärt werden, inwieweit die hier beschriebenen *Gattungsmerkmale* über das Feld der CNS hinaus auf die Kommunikationsprozesse anderer inter- und transdisziplinärer Forschungszusammenhänge übertragbar sind.

Literatur

Auslander, Philip. 2008. Liveness: *Performance in a Mediatized Culture.* Oxford, New York u. a.: Taylor & Francis.

Becher, Tony und Paul R. Trowler. 2001. *Academic Tribes and Territories: Intellectual Enquiry and the Culture of Disciplines. 2. Aufl.* Buckingham: SRHE & Open University Press.

Berger, Peter L. und Thomas Luckmann. 1969. *Die gesellschaftliche Konstruktion der Wirklichkeit. Eine Theorie der Wissenssoziologie.* Frankfurt am Main: Fischer Verlag.

Blättel-Mink, Birgit, Hans Kastenholz, Melanie Schneider und Astrid Spurk. 2003. *Nachhaltigkeit und Transdisziplinarität: Ideal und Forschungspraxis.* Online Publikationen der Universität Stuttgart. DOI: 10.18419/opus-8569.

Böhme, Gernot. 1975. Die Ausdifferenzierung wissenschaftlicher Diskurse. In *Wissenschaftssoziologie,* hrsg. N. Stehr und R. König, 231–253 (Kölner Zeitschrift für Soziologie und Sozialpsychologie, Sonderheft 18). Opladen: Westdeutscher Verlag.

Bower, James M. 2013. *20 Years of Computational Neuroscience.* New York: Springer.

Braun, Tibor und András Schubert. 2003. A quantitative view on the coming of age of interdisciplinarity in the sciences 1980–1999. *Scientometrics* 58 (1): 183–189.

Churchland, Patricia S., Christof Koch, und Terrence J. Sejnowski. 1990. What is Computational Neuroscience?" In *Computational Neuroscience,* hrsg. E. Schwartz, 46–55. Cambridge, MA und London: MIT Press.

Collins, Harry M. und Robert Evans. 2007. *Rethinking Expertise.* Chicago und London: University of Chicago Press.

Fleck. 1980 [1935]. *Entstehung und Entwicklung einer wissenschaftlichen Tatsache. Einführung in die Lehre vom Denkstil und Denkkollektiv. Mit einer Einleitung herausgegeben von Lothar Schäfer und Thomas Schnelle.* Frankfurt: Suhrkamp.

Galison, Peter. 2004. Heterogene Wissenschaft: Subkulturen und Trading Zones in der modernen Physik. In Kooperation im Niemandsland. In *Neue Perspektiven auf Zusammenarbeit in Wissenschaft und Technik,* hrsg. J. Strübing, I. Schulz-Schaeffer, M. Meister und J. Gläser, 27–57. Opladen: Leske+Budrich.

Garfinkel, Harold. 1967. *Studies in Ethnomethodology*. Englewood Cliffs, N.J.: Prentice-Hall.
Gibbons, Michael, Camille Limoges, Helga Nowotny, Simon Schwartzman, Peter Scott und Martin Trow. 1994. *The New Production of Knowledge: The Dynamics of Science and Research in Contemporary Societies*. London: Sage.
Glanz, James. 1997. Cut the Communications Fog, Say Physicists and Editors. *Science 277* (5328): 895–896.
Gläser, Jochen. 2006. *Wissenschaftliche Produktionsgemeinschaften. Die soziale Ordnung der Forschung*. Frankfurt am Main: Campus.
Godin, Benoît. 1998. Writing Performative History: The New Atlantis? *Social Studies of Science* 28 (3): 465–483.
Goffman, Erving. 1981. *Forms of Talk*. Pennsylvania: University of Pennsylvania.
Günthner, Susanne und Hubert Knoblauch. 1994. "Forms are the food of faith": Gattungen als Muster kommunikativen Handelns. *Kölner Zeitschrift für Soziologie und Sozialpsychologie* 46 (4): 693–723.
Hagstrom, Warren O. 1972. Segmentierung als eine Form strukturellen Wandels in der Wissenschaft. In *Wissenschaftssoziologie 1. Wissenschaftliche Entwicklung als sozialer Prozeß*, hrsg. P. Weingart, 222–262. Frankfurt am Main: Athenäum.
Klein, Julie Thompson. 1990. *Interdisciplinarity: History, Theory, & Practice*. Detroit: Wayne State University Press.
Knoblauch, Hubert. 1996. Arbeit als Interaktion. Informationsgesellschaft, Post-Fordismus und Kommunikationsarbeit. *Soziale Welt* 47 (3): 344–362.
Knoblauch, Hubert. 2001. Fokussierte Ethnographie. Soziologie, Ethnologie und die neue Welle der Ethnographie. *Sozialer Sinn* 2 (1): 123–141.
Knoblauch, Hubert. 2004. Knoblauch, H. (2004): Die Video-Interaktions-Analyse. *Sozialer Sinn* (5) 1: 123–138.
Knoblauch, Hubert. 2013a. Grundbegriffe und Aufgaben des kommunikativen Konstruktivismus. In *Kommunikativer Konstruktivismus. Theoretische und empirische Arbeiten zu einem neuen wissenssoziologischen Ansatz*, hrsg. R. Keller, H. Knoblauch und J. Reichertz, 25–47. Wiesbaden: Springer VS.
Knoblauch, Hubert. 2013b. *PowerPoint, Communication, and the Knowledge Society*. Cambridge: Cambridge University Press.
Knoblauch, Hubert. 2017. *Die kommunikative Konstruktion der Wirklichkeit*. Wiesbaden: Springer VS.
Knorr Cetina, Karin. 1995. Laborstudien. Der kultursoziologische Ansatz in der Wissenschaftsforschung. In *Das Auge der Wissenschaft. Zur Emergenz von Realität*, hrsg. R. Martinsen, 101–135. Baden-Baden: Nomos.
Knorr Cetina, Karin. 2002. *Wissenskulturen. Ein Vergleich naturwissenschaftlicher Wissensformen*. Frankfurt am Main: Suhrkamp.
Kuhn, Thomas S. 1972. Postskript – 1969 zur Analyse der Struktur wissenschaftlicher Revolutionen. In *Wissenschaftssoziologie 1. Wissenschaftliche Entwicklung als sozialer Prozeß*, hrsg. P. Weingart, 287–319. Frankfurt am Main: Athenäum.
Lettkemann, Eric und René Wilke. 2016. Kommunikationsformen. Zur kommunikativen Konstruktion institutioneller Ordnungen am Beispiel des Group Talks in der Computational Neuroscience. In *Wissen – Organisation – Forschungspraxis. Der Makro-Meso-Mikro-Link in der Wissenschaft*, hrsg. N. Baur, C. Besio, M. Norkus und G. Petschick, 447–479. Weinheim und Basel: Beltz Juventa.

Luckmann, Thomas. 1986. Grundformen der gesellschaftlichen Vermittlung des Wissens: Kommunikative Gattungen. Kultur und Gesellschaft. *Kölner Zeitschrift für Soziologie und Sozialpsychologie, Sonderheft 27*, hrsg. F. Neidhardt, M. R. Lepsius und J. Weiß (Hg.), 191–211.

Luckmann, Thomas und Hubert Knoblauch. 2000. Gattungsanalyse. In *Qualitative Forschung. Ein Handbuch*, hrsg. U. Flick und I. Steinke, 538–546. Hamburg: Rowohlt.

Luhmann, Niklas. 1990. *Die Wissenschaft der Gesellschaft*. Frankfurt am Main: Suhrkamp.

Lynch, Michael. 1985. *Art and Artifact in Laboratory Science. A Study of Shop Work and Shop Talk in a Research Laboratory*. London: Routledge & Kegan Paul.

Lytton, William W. 2002. *From Computer to Brain. Foundations of Computational Neuroscience*. New York: Springer.

Marcovich, Anne und Terry Shinn. 2014. *Toward a New Dimension: Exploring the Nanoscale*. Oxford: Oxford University Press.

Metzger, Norman und Richard N. Zare. 1999. Interdisciplinary Research: From Belief to Reality. *Science* 283 (5402): 642–643.

Nowotny, Helga, Peter Scott und Michael Gibbons. 2001. *Re-Thinking Science. Knowledge and the Public in an Age of Uncertainty*. Oxford: Polity Press.

Nowotny, Helga, Peter Scott und Michael Gibbons. 2003. Introduction: „Mode 2" Revisited: The New Production of Knowledge. *Minerva* 41 (3): 179–194.

Porter, Alan L. und Ismael Rafols. 2009. Is science becoming more interdisciplinary? Measuring and mapping six research fields over time. *Scientometrics* 81 (3): 719–745.

Rafols, Ismael. 2007. Strategies for knowledge acquisition in bionanotechnology: Why are interdisciplinary practices less widespread than expected? Innovation: *The European Journal of Social Science Research* 20 (4): 395–412.

Rendle-Short, Johanna. 2006. *The Academic Presentation: Situated Talk in Action*. Aldershot: Ashgate Publishing Ltd.

Reichmann, Werner und Karin Knorr Cetina. 2016. Wissenskulturen. Wissenschaftliche Praxis und gesellschaftliche Ordnung. In: *Wissen – Organisation – Forschungspraxis. Der Makro-Meso-Mikro-Link in der Wissenschaft*, hrsg. N. Baur, C. Besio, M. Norkus und G. Petschick, 46–70. Weinheim und Basel: Beltz Juventa.

Roco, Mihail C. und William S. Bainbridge. 2002. *Converging Technologies for Improving Human Performance: Nanotechnology, Biotechnology, Information Technology and Cognitive Science*. NSF/DOC-sponsored Report. http://www.wtec.org/ConvergingTechnologies/Report/NBIC_report.pdf. Zugegriffen: 28. März 2017.

Rosenblatt. 1958.

Sacks, Harvey, Emanuel A. Schegloff, and Gail Jefferson. 1974. A simplest systematics for the organization of turn-taking for conversation. *Language* (50) (1974): 696–735.

Schnettler, Bernt und Hubert Knoblauch. 2007. *Powerpoint-Präsentationen. Neue Formen der gesellschaftlichen Kommunikation von Wissen*. Konstanz: UVK.

Schummer, Joachim. 2004. Multidisciplinarity, interdisciplinarity, and patterns of research collaboration in nanoscience and nanotechnology. *Scientometrics* 59 (3): 425–465.

Schummer, Joachim. 2009. *Nanotechnologie. Spiele mit Grenzen*. Frankfurt am Main: Suhrkamp.

Shinn, Terry. 2002. The Triple Helix and New Production of Knowledge. *Social Studies of Science* 32 (4): 599–614.

Star, Susan Leigh. 2004. Kooperation ohne Konsens in der Forschung: Die Dynamik der Schließung in offenen Systemen. In *Kooperation im Niemandsland. Neue Perspektiven auf Zusammenarbeit in Wissenschaft und Technik*, hrsg. J. Strübing, I. Schulz-Schaeffer, M. Meister und J. Gläser, 27–57. Opladen: Leske+Budrich.

Tuma, René, Bernt Schnettler und Hubert Knoblauch. 2013. *Videographie. Einführung in die interpretative Videoanalyse sozialer Situationen*. Wiesbaden: Springer VS.

Weingart, Peter. 1997. From „Finalization" to „Mode 2": old wine in new bottles? *Social Science Information* 36 (4): 591–613.

Weingart, Peter, Martin Carrier und Wolfgang Krohn. 2007. *Nachrichten aus der Wissensgesellschaft. Analysen zur Veränderung der Wissenschaft*. Weilerswist: Velbrück.

Wilke, René. Im Erscheinen. Das Interpretations-Bild. Über die Repräsentation audio-visueller Forschungsdaten in soziologischen Publikationen. In *Handbuch Qualitative Videoanalyse. Method(olog)ische Herausforderungen – forschungspraktische Perspektive*, hrsg. C. Moritz und M. Corsten. Wiesbaden: Springer VS.

Wilke, René und Miira Hill. Im Erscheinen. On New Forms of Science Communication and Communication in Science. Visual Representations in Science Slams and Academic Group Talks. *Forum Qualitative Research, Special Issue: "Visibilities. Multiple Orders and Practices through Visual Discourse Analysis and Beyond"*, hrsg. M. Blanc, C. Cambre & Boris Traue.

Über die Autoren

René Wilke ist wissenschaftlicher Mitarbeiter im DFG- Projekt „Bildkommunikation in der Wissenschaft am Beispiel der Computational Neuroscience" am Institut für Soziologie der Technischen Universität Berlin. Neueste Publikationen (gemeinsam mit Hubert Knoblauch): The Common Denominator: The Reception and Impact of Berger and Luckmann's The Social Construction of Reality. In: Human Studies 39 (2016), S. 51–69.
Webseite: http://www.as.tu-berlin.de/?id=74299

Eric Lettkemann ist Postdoc im DFG-Graduiertenkolleg „Innovationsgesellschaft heute: Die reflexive Herstellung des Neuen" am Institut für Soziologie der Technischen Universität Berlin. Seine aktuellen Forschungsschwerpunkte sind sozialwissenschaftliche Wissenschafts- und Technikforschung, Theorien und Methoden interpretativer Videoanalysen, Mensch-Computer-Interaktion. Neueste Publikationen: Stabile Interdisziplinarität. Eine Biografie der Elektronenmikroskopie aus historisch-soziologischer Perspektive. Baden-Baden: Nomos (2016).
Webseite: https://www.innovation.tu-berlin.de/v_menue/postdoc/

Teil II
Online-Communities und -Plattformen

„+1 für die Frage"

Charakteristika der Wissenskommunikation auf der Question-and-Answer-Webseite *German Language*

Sandra Hölbling-Inzko

Zusammenfassung

Question-&-Answer-Webseiten sind Online-Kommunikationsformen, die der gemeinsamen Sammlung und dem Austausch von Wissen gewidmet sind. Der vorliegende Aufsatz stellt einige Ergebnisse der gattungsanalytischen Untersuchung der Seite *German Language* innerhalb des Netzwerkes *Stack Exchange* vor, einer zweisprachigen Seite, auf der Besonderheiten der deutschen Sprache diskutiert werden. Die strukturellen Voraussetzungen führen zu besonderen Nutzungsweisen der Seite und zu besonderen Umgangsformen der Teilnehmenden miteinander. Zusammenarbeit manifestiert sich dabei auf unterschiedliche Weisen, teils stärker altruistisch, teils stärker eigennützig. Es handelt sich zwar um eine asynchrone Kommunikationsform, dennoch spielt Geschwindigkeit einerseits eine große Rolle, andererseits scheinen einige NutzerInnen die Inhalte zeitlos zu finden, sodass sehr späte Reaktionen ebenso zur Normalität gehören. Und obwohl das Sammeln von (Fakten-)Wissen im Vordergrund steht, wird dem Spielen mit Sprache und daraus resultierenden humoristischen Episoden ein großer Stellenwert beigemessen.

Schlüsselwörter

Question-&-Answer-Webseite · Stack Exchange · German Language · Wissen · Gattungsanalyse · Kollaboration · Gamification · Q&A

S. Hölbling-Inzko (✉)
Institut für Kulturanalyse, Alpen-Adria-Universität Klagenfurt,
Universitätsstraße 65-67, 9020 Klagenfurt, Österreich
E-Mail: sandra.inzko@aau.at

© Springer Fachmedien Wiesbaden GmbH 2018
E. Lettkemann et al. (Hrsg.), *Knowledge in Action*, Wissen,
Kommunikation und Gesellschaft, DOI 10.1007/978-3-658-18337-0_5

1 Einleitung

Die Nutzung des Internets für den Erwerb und Austausch von Wissen reicht zurück bis in seine Anfänge. Bereits in den Newsgroups des USENET[1], die bis Anfang der 2000er Jahre beliebt waren, erfolgte ein reger, damals noch rein textbasierter Austausch über unterschiedlichste Themengebiete. Mit der Popularisierung des World Wide Web wurden sie von anderen Anwendungen, etwa Webforen, abgelöst. Während Webforen neben dem Wissensaustausch auch das Kennenlernen von Gleichgesinnten, Zuspruch, Unterhaltung etc. fokussieren, gibt es aktuell einige Kommunikationsformen, die das Wissen in den Mittelpunkt rücken und um seine Sammlung herum organisiert sind. Dazu zählen etwa die Online-Enzyklopädie Wikipedia oder auch jene Kommunikationsform, um die es im vorliegenden Aufsatz gehen soll: die Question-and-Answer-Webseite, kurz Q&A-Seite.

Q&A-Seiten zielen auf das Versammeln von ‚ExpertInnen' zu verschiedenen Themen, die bereit sind, ihr Wissen an jene NutzerInnen weiterzugeben, die sich mit Fragen an sie wenden. Auf diese Weise sollen einerseits die akuten Probleme derer gelöst werden, die die Fragen stellen, andererseits sollen auch Archive geschaffen werden, auf die zukünftige NutzerInnen zurückgreifen können. Auf den nächsten Seiten werden einige der Charakteristika von Q&A-Seiten und der auf ihnen stattfindenden Interaktion anhand des Beispiels *German Language* (2016), einer Seite innerhalb des Netzwerkes *Stack Exchange* (2016), diskutiert. Der Fokus wird dabei auf den Aspekten der Zusammenarbeit, des Umgangs mit Zeit und dem Spielen mit Sprache liegen. Diese Besonderheiten wurden im Zuge der gattungsanalytischen Untersuchung der Inhalte dieser Seite als zentrale Strukturmerkmale herausgearbeitet: Wissenserwerb und Wissensaustausch erfolgen auf mehreren Ebenen kollaborativ; auch wenn es sich um eine asynchrone Kommunikationsform handelt, zeigen die Teilnehmenden an, welch wesentlicher Faktor die Zeit für sie darstellt und welche Erwartungshaltungen bezüglich rascher Reaktionen verhandelt werden. Gleichzeitig ist die Interaktion so zerdehnt, dass auch nach Jahren noch an die Beiträge angeknüpft werden kann; und selbst wenn die vordergründigen Ziele der Seite der Austausch und das Sammeln von (Fakten-)Wissen sind, haben das Spielen mit Sprache und humorvolle Beiträge ihren Platz.

Der Aufsatz ist wie folgt aufgebaut: Zunächst wird die Geschichte von Q&A-Seiten nachgezeichnet und kurz auf den Forschungsstand eingegangen (2). Ausführungen zu methodologischen Überlegungen und zur eingesetzten Methode,

---

[1] Für einen Überblick über Geschichte und Funktionsweise siehe Chen (2003a, b).

der Gattungsanalyse (3), leiten über zur Beschreibung der für diese Untersuchung ausgewählten Seite, *German Language* (4). Im fünften Abschnitt werden die drei zentralen Charakteristika anhand von Beispielen aus dem analysierten Material dargestellt (5). Den Abschluss bildet eine Zusammenfassung (6).

2 Geschichte der Q&A-Seiten und Forschungsstand

Das USENET gilt nicht nur als eine frühe Form von computervermittelter Wissenskommunikation allgemein, sondern kann auch als Vorläufer der Q&A-Seiten im Speziellen betrachtet werden. Die in Newsgroups häufig gestellten gleichen Fragen, die man nicht immer wieder neu beantworten wollte, haben zur Entwicklung der Frequently Asked Questions, kurz FAQs, geführt, die ModeratorInnen oder andere erfahrene Mitglieder gesammelt und beantwortet oder aus älteren Beiträgen zusammengefügt haben. Das Prinzip ist auch heute noch dasselbe: NutzerInnen stellen Fragen, und andere, meist erfahrenere NutzerInnen beantworten diese. Im Unterschied zu früher bieten allerdings Q&A-Seiten auch viele für Web-2.0-Anwendungen typische Funktionen an, etwa die Möglichkeit zu kommentieren oder Inhalte zu bewerten (Gazan 2011, S. 2302).

Als eine der ersten Q&A-Seiten gilt *Knowledge-iN,* die 2002 von der südkoreanischen Firma NHN eingeführt wurde. *Answerbag* war 2003 die erste amerikanische Q&A-Seite. *Yahoo! Answers* trug dann ab 2005 zur allmählichen Popularisierung von Q&A-Seiten bei (ebd.). Ein bekanntes deutschsprachiges Beispiel ist gutefrage.net. Im Sommer 2016 waren dort laut Angaben des Seitenbetreibers knapp 3,3 Mio. NutzerInnen registriert, und es fanden sich 17 Mio. Fragen und 65 Mio. Antworten (gutefrage.net 2016). Q&A-Seiten sind also keine randständige Erscheinung, sondern Anlaufstelle für viele InternetnutzerInnen.

Der komplexe Forschungsgegenstand ‚Q&A-Seite' wurde bisher meist aus informationstechnologischer und informationswissenschaftlicher Perspektive untersucht mit dem Ziel der Optimierung der Systeme und der NutzerInnenerfahrung, seltener aus sozialwissenschaftlicher Perspektive. Einen guten Überblick über die verschiedenen Themen bietet Gazan (2011). Untersucht wurden vor dem Hintergrund, Ansätze zur Verbesserung der jeweiligen Seiten zu entwickeln, beispielsweise die Motivationen der NutzerInnen, solche Seiten aufzusuchen (Choi et al. 2014), die Bereitschaft zur kontinuierlichen Nutzung (Jin et al. 2009), die Qualität der Inhalte (Kitzie et al. 2013) oder die Frage danach, welchen Wert NutzerInnen der Seite beimessen (Jeon und Rieh 2013). Mit Abstand am häufigsten wird *Yahoo! Answers* untersucht, teils aufgrund der großen Popularität, teils aufgrund des einfachen Zuganges zu den Inhalten und Daten.

Seiten innerhalb von *Stack Exchange* werden ebenfalls nicht selten untersucht. Dort ist es primär die Seite *Stack Overflow,* die im Zentrum des Interesses steht. Aus sozialwissenschaftlicher Perspektive wurden Q&A-Seiten beispielsweise hinsichtlich folgender Aspekte untersucht: sie wurden als Communities of Practice identifiziert (Rosenbaum und Schachaf 2010), die gestellten Fragen wurden typologisiert (Harper et al. 2010), und die von den NutzerInnen eingesetzten Strategien zur Rechtfertigung von Gegenargumenten wurden ebenso herausgearbeitet (Savolainen 2013) wie jene Elemente, die die diskursive Handlung des Ratschlag-Gebens ausmachen (Placencia 2012).

3 Methodologische Überlegungen und Darstellung der Methode

Die beiden letzten Beispiele lassen erkennen, dass das Forschungsinteresse nicht nur den Inhalten von Q&A-Seiten gewidmet sein kann, also dem *Was,* sondern auch der Frage nach der Art und Weise der ablaufenden Interaktion, also dem *Wie.* Aus einer konversationsanalytisch informierten Perspektive – und die Gattungsanalyse steht der Konversationsanalyse sehr nahe, wie weiter unten noch beschrieben wird – lässt sich argumentieren, dass es sich bei den meisten online ablaufenden Kommunikationsvorgängen um Interaktion handelt. Während lange nicht alle Online-Kommunikationsbeiträge Antworten erhalten, so lässt sich doch sagen, „that online data are ‚designedly' interactional" (Meredith 2016, S. 263), dass sich also in der Analyse der Beiträge die auf andere Teilnehmende gerichtete Adressiertheit herausarbeiten lässt. Im Fall von Q&A-Seiten ist diese Adressiertheit als implizites Strukturelement verankert, denn sie können nur funktionieren, wenn NutzerInnen ihre Fragen in schriftlicher Form mit der Erwartungshaltung, eine Antwort zu bekommen, an andere Personen richten. Umgekehrt erwarten sich diejenigen, die antworten, dass die Fragenden diese Antworten zur Kenntnis nehmen.

Die gattungsanalytische Betrachtung von Online-Daten ermöglicht die Verschränkung einer Feinanalyse der verschrifteten Interaktion – der „persistent conversations", wie Erickson (1999) sie nennt – mit der Frage nach der Bedeutung der untersuchten Phänomene innerhalb des „kommunikativen Haushaltes" (Luckmann 1986, S. 206), also der Gesamtheit an Mustern und Gattungen, die einer SprecherInnengemeinschaft (bzw. in diesem Fall einer SchreiberInnengemeinschaft) zur Verfügung stehen. Die Methode der soziologischen Gattungsanalyse geht zurück auf Thomas Luckmann (1986, 2002), der sie für die Erforschung von Gesprächen entwickelt hat. Entstanden ist diese Herangehensweise aus der

Verknüpfung von Erkenntnissen der Ethnografie der Kommunikation, der Konversationsanalyse und Luckmanns eigener, phänomenologisch orientierter Handlungstheorie. Ziel der Methode ist es, kommunikative Gattungen herauszuarbeiten, also „[…] wirksame und verbindliche ‚Lösungen' von spezifisch kommunikativen ‚Problemen' [aufzuzeigen]" (Luckmann 1986, S. 202). Kommunikative Gattungen sind Muster und Strategien, die in wiederkehrenden kommunikativen Situationen entlastend wirken, weil die KommunikationsteilnehmerInnen auf sie zurückgreifen können. Vorgegangen wird bei dieser Methode in starker Anlehnung an die Konversationsanalyse: Es wird ein Korpus aus natürlichem Datenmaterial erstellt, das zunächst unter Einbezug von Kontextwissen hermeneutisch gedeutet und anschließend detailliert sequenzanalytisch untersucht wird. Um schrittweise den Verfestigungsgrad der untersuchten kommunikativen Phänomene feststellen zu können, wird bei der Analyse zwischen drei strukturellen Ebenen unterschieden: die Ebene der Außenstruktur, auf der die Verbindung der Gattung mit großflächigen sozialen Strukturen fokussiert wird; die Ebene der situativen Realisierung, auf der die sprachliche Koordination im situativen Kontext im Zentrum steht, also etwa die Gesprächsorganisation, Paarsequenzen oder Präferenzstrukturen; und die Ebene der Binnenstruktur, auf der die sprachlichen Merkmale im engeren Sinn im Vordergrund stehen, etwa das Register, die Sprachvarietät oder rhetorische Figuren (Knoblauch und Luckmann 2013, S. 540 ff.).

Die Methode wurde für die Untersuchung medial vermittelter Kommunikation weiterentwickelt (Ayaß 2011) und im Bereich neuer Medien, etwa zur Untersuchung der Gattungshaftigkeit von SMS-Kommunikation (Androutsopoulos und Schmidt 2002) oder dem Austausch in Online-Foren (Greschke 2009), eingesetzt. Die Herausforderung bei der gattungsanalytischen Untersuchung von Online-Daten ist, dass sich die Trennung der oben beschriebenen Strukturebenen nicht ohne Weiteres aufrechterhalten lässt, weil Elemente der Außenstruktur immer mitbestimmen, wie sich Elemente auf den anderen beiden Ebenen gestalten können (ebd., 142 f.). Auch die Binnenstruktur und die situative Realisierungsebene sind nicht immer eindeutig voneinander trennbar. Der in Abschn. 5.4 diskutierte Umgang mit der Zeit etwa ist Bestandteil der situativen Realisierung. Die Voraussetzung dafür, dass die asynchrone Kommunikation entweder sehr stark zerdehnt wird oder aber Reaktionen sehr rasch erfolgen können, ist allerdings Bestandteil der Außenstruktur. Und die Erwartungshaltung der Teilnehmenden, rasch Antworten zu erhalten, zeigt sich an der Nutzung bestimmter Wörter und Wendungen, die Elemente der Binnenstruktur sind. Nur über die zusammenfassende Betrachtung der drei Ebenen ergibt sich das Phänomen ‚Umgang mit Zeit'. Für die Argumentation im vorliegenden Aufsatz, der nicht das Ziel hat, eine umfassende Gattungsanalyse von *German Language* zu sein, wird daher nicht jedes

Mal auf die Strukturebene hingewiesen, auf der die Bestandteile der analysierten Phänomene angesiedelt sind.

Das untersuchte Korpus wurde (und wird) angelehnt an die Methodologie der Grounded Theory erstellt (Glaser und Strauss 1967), Erhebungsphasen und Analysephasen wechseln sich also ab, und die Auswahl des Materials folgt dem Prinzip des Theoretical Sampling. Erhoben werden ganze Threads, d. h. Fragen inklusive zugehöriger Antworten und Kommentare sowie die jeweiligen Versionshistorien. Die auf diese Weise erhobenen 19 Threads, die primär textuelle Daten enthalten, werden als Einzelfälle und komparativ untersucht. Die notwendigen Kontextinformationen werden online-ethnografisch (Hine 2000; Steinmetz 2012) erhoben, wobei lediglich die Aspekte des Beobachtens und Folgens eine Rolle spielen, nicht die eigene Teilnahme. Ebenso wird versucht, der Entwicklung von Threads zu folgen, um ihr Werden zu verstehen und auf diese Weise die Position derer nachzuvollziehen, die sich aktiv am Verfassen der Fragen, Antworten und Kommentare beteiligen. Relevant sind ebenfalls die Diskussionen, die auf *German Language Meta* (German Language Meta 2016) stattfinden, einer Seite, die dem Aushandeln von Regeln für *German Language* gewidmet ist.

4 Die Q&A-Seite *German Language* innerhalb des Netzwerkes *Stack Exchange*

German Language ist eine Seite bzw. nach eigener Bezeichnung eine Community innerhalb des 2008 gegründeten Netzwerkes *Stack Exchange*. Das Netzwerk umfasste im Sommer 2016 156 weitere Seiten neben *German Language*. Die mit Abstand größte Seite ist *Stack Overflow,* eine Seite für ProgrammiererInnen und SoftwareentwicklerInnen, die 5,9 Mio. registrierte NutzerInnen hat und 12 Mio. Fragen sowie 20 Mio. Antworten versammelt. Andere große Seiten sind *Super User,* eine Seite für computerbegeisterte Menschen, oder *Ask Ubuntu,* eine Seite für den Austausch über das Betriebssystem *Ubuntu* (Stack Exchange Data 2016). Der starke Fokus auf den Bereich der technischen und auch naturwissenschaftlichen Disziplinen insbesondere der größeren Seiten ergibt sich historisch, denn das Netzwerk ist aus der Seite *Stack Overflow* heraus entstanden. Neben diesen stark auf Technologie bezogenen Seiten gibt es allerdings auch Seiten, die anderen professionellen oder Freizeit-Themen gewidmet sind, etwa dem Reisen, Computerspielen, Fahrradfahren, Kochen, der Schriftstellerei, der Luftfahrt oder verschiedenen Sprachen. Eine solche Sprach-Community stellt den Untersuchungsgegenstand des vorliegenden Aufsatzes dar: *German Language,* eine bilinguale Seite, deren NutzerInnen „the finer points of the language and translation" (Stack Exchange Data 2016) diskutieren. Die Seite hat 13.000 registrierte NutzerInnen, umfasst 7000 Fragen und 17.000 Antworten. Sie existiert seit 2011 und gehört zu den kleineren Seiten innerhalb des Netzwerkes. Während zu Beginn primär MuttersprachlerInnen Detailfragen der deutschen Sprache diskutiert haben, hat sich die Seite im Lauf der Zeit immer mehr zu einer Community für SprachenlernerInnen entwickelt.

Wie die anderen Seiten innerhalb dieses Netzwerkes weist *German Language* gegenüber anderen Q&A-Seiten einige Besonderheiten auf, die für die Dynamiken der dort stattfindenden Interaktionen verantwortlich sind. Wie bei allen Q&A-Seiten gibt es die Möglichkeit, Fragen zu stellen, Antworten zu geben, Kommentare zu verfassen und alle auf diese verschiedenen Weisen zustande gekommenen Inhalte zu bewerten (‚Votes' zu vergeben). Die verschiedenen Aktivitäten bringen den NutzerInnen Punkte ein bzw. in der Terminologie der Seite ‚Reputation'. Für eine positiv bewertete Antwort erhält man etwa zehn Punkte. Zusätzlich zur Reputation, die als Währung innerhalb der Seite gilt und bestimmt, welche Rechte und Nutzungsmöglichkeiten man hat sowie die eigene Aktivität anzeigt, gibt es zusätzliche Belohnungen, die sogenannten ‚Badges'. Diese erhält man „for being especially helpful" (Stacke Exchange Help 2016), wie es die Betreiber von *Stack Exchange* selbst beschreiben. Beispielsweise erhält man die Badge ‚Famous Question', wenn die Frage, die man gestellt hat, 10.000 Mal aufgerufen wird. Diese Badges sind Bestandteil der sogenannten Gamification dieser Seite. Dieser Begriff, der seinen Ursprung in der digitalen Medienindustrie hat und seit 2008 in Verwendung ist, bezeichnet das Bestreben, Spielelemente in andere Produkte und Kontexte einzubetten, um ein größeres Engagement der NutzerInnen zu erreichen. Laut Deterding et al. (2011, S. 12) lassen sich unterschiedlich ‚gamifizierte' Anwendungen unterscheiden, da sie unterschiedliche Spieldesign-Elemente aufweisen. Bei den oben beschriebenen Punkten und Badges sowie den Ranglisten, die sich aufgrund dieser Punkte ergeben, handelt es sich um Elemente, die Spiele-Interfaces entnommen sind. Das Sammeln dieser Punkte und Badges stellt eine nicht zu unterschätzende Motivation zur Nutzung der Seite dar.

Eine weitere Funktion, die die Seiten von *Stack Exchange* zu besonderen Q&A-Seiten macht, ist die Editierfunktion, wie es sie auch in vielen Webforen oder in Wikipedia gibt (zur Bedeutung des Editierens in Foren siehe etwa Lindemann et al. 2014). Es können sowohl Änderungen an eigenen Beiträgen als auch an den Beiträgen anderer vorgenommen bzw. vorgeschlagen werden. Wie auch in Wikipedia bleiben die Versionshistorien in einem Archiv erhalten, d. h., dass man das Gestalt-Annehmen der Beiträge über die Zeit auch im Nachhinein noch nachvollziehen kann.

Diese Funktion ist deshalb von großer Bedeutung, weil sie hervorhebt, welche wichtige Rolle Zeitlichkeit und Kontextualisierung spielen. Nicht selten nämlich kommt es vor, dass Fragen nach einiger Zeit bearbeitet werden, sodass auf sie bereits gegebene Antworten obsolet werden. NutzerInnen müssen also die Fähigkeit entwickeln, im Blick zu behalten, wann eventuell Inhalte bearbeitet worden sind und wie sich aufgrund dessen die Bezüge zwischen den einzelnen Beiträgen verändern.

5 Charakteristika der Interaktion auf *German Language*

5.1 Formen der Zusammenarbeit

Es verwundert nicht weiter, dass sich Zusammenarbeit innerhalb einer Kommunikationsform finden lässt, die in Form von Fragen und Antworten aufgebaut ist. Q&A-Seiten sind so konzipiert, dass Personen gemeinsam und gemeinschaftlich Wissen ansammeln und einander zur Verfügung stellen. Die Seiten innerhalb von *Stack Exchange* sind prinzipiell heterarchisch aufgebaut und auf Kollaboration basierend. Es gibt also flache Strukturen, und die teilnehmenden Personen tragen ihren Anteil zu den gemeinsamen Zielen bei, ohne dass vorab festgelegt wäre, wer was beizutragen hat. Wie aber auch in Wikis erfordert eine bestimmte NutzerInnenzahl Hierarchie, weil Entscheidungsfindung und Qualitätssicherung ansonsten nicht möglich wären (Schmalz 2007). Zum einen gibt es ModeratorInnen, denen diese Aufgaben in *German Language* zukommen, zum anderen gibt es aber auch kollaborative Prozesse für diese Zwecke. Ein wesentliches Moment dabei ist das Punktesystem, das weiter oben bereits erläutert wurde.

Dieses „collaborative filtering", wie es Gazan (2006) nennt, ist aber nicht die einzige Form von Zusammenarbeit. Nachfolgend sollen zwei Facetten der Kollaboration in *German Language* aufgezeigt werden, wobei man zwischen stärker altruistischen und stärker eigennützigen Zusammenarbeitsbemühungen unterscheiden kann.

5.2 Stärker altruistisch motivierte Zusammenarbeit

Threaz fragt nach der Bedeutung bzw. Übersetzung eines deutschen Satzes ins Englische.

Beispiel 1

I'm wondering, what does this sentence mean?
„Das geht aber nicht!"
or ‚Was bedeutet dieser Satz?' I should ask.[2]

Threaz fragt sich (und natürlich auch die Mitglieder der Community), was der Satz „Das geht aber nicht!" bedeutet. Er[3] stellt die Frage auf Englisch, zeigt aber über die Verwendung der deutschen Sprache auch an, dass er dieser Sprache mächtig ist, wenn er sie vielleicht auch gerade erst erlernt. Der präferierte nächste Beitrag, eine Antwort auf seine Frage, bleibt vorerst aus, die Interaktion gerät ins Stocken. Die anderen Community-Mitglieder geben ihm keine Antwort, weil die Frage für sie unklar ist. Über Kommentare wird versucht, dem auf die Spur zu kommen, was threaz wissen möchte. Aufgrund der auf diese Weise geführten Diskussion editiert Matthias die Frage.

Beispiel 2

Das geht aber nicht!

In a situation where one person is smoking in a smoke free area and the other person is trying to point it, that other person is saying
Das geht aber nicht!
I'm wondering, what does this sentence mean? Is it kind of an idiom? I mean, nobody's actually *walking* in that situation.
Matthias edited Jul 21 '15 at 21:11   threaz asked Jul 21 '15 at 19:47

Matthias formuliert den Beitrag um, sodass der Kontext des infrage stehenden Satzes klar wird: das unerlaubte Rauchen in einer rauchfreien Zone und der Hinweis einer Person auf diese Tatsache. Er klärt auch auf, was genau das für threaz Unverständliche an diesem Satz ist, nämlich das Wort „gehen", weil doch eindeutig niemand irgendwohin geht in dem Moment, in dem dieser Satz ausgesprochen wird. Er möchte also wissen, ob es sich dabei um eine Redewendung handelt.

---

[2] Der Großteil der Beispiele wird in Form von Transkripten dargestellt, die dem Layout der Seite nachempfunden sind.
[3] Für die zitierten NutzerInnen wird das generische Maskulinum verwendet, um die Lesbarkeit zu erhöhen. Für die hier vorgestellten Ergebnisse ist nämlich weder das Geschlecht des Nicknames noch das der tatsächlichen Person relevant, weil es von den NutzerInnen selbst ebenfalls nicht als relevant gesetzt wird.

Die Änderung, die hier durchgeführt worden ist, ist beachtlich. Bis auf das Beispiel und einen Satz wurde beim Editieren alles geändert (so umfangreiche Edits sind sonst eher unüblich). Weil so große Änderungen oft nicht im Sinne derer sind, deren Inhalte geändert werden, sieht Matthias die Notwendigkeit, sein Tun zu begründen.

Beispiel 3
tried to improve and sharpen the question based on OP's comment

In dieser Begründung der Editierung legt Matthias dar, dass er versucht hat, die Frage basierend auf dem Kommentar des OP (= original poster), also threaz, zu verbessern und zu präzisieren. Die Erklärungsnotwendigkeit, die Matthias hier gesehen haben dürfte, zeigt sich auch daran, dass an dieser Stelle sonst meist die vom System generierte Meldung zu finden ist (etwa „deleted 14 characters in body"). Er hat hingegen selbst ausformuliert, was und insbesondere warum er es geändert hat. Seine Bemühungen haben sich gelohnt, denn circa 20 min nach der Editierung bekommt threaz eine Antwort auf die Frage, die er auch als akzeptierte Antwort auswählt.

In diesem Beispiel ermöglicht die Editierfunktion Matthias es, zum einen im Interesse der Community zu handeln, weil sein Eingreifen die gestockte Interaktion wieder in Gang bringt, und zum anderen im Interesse von threaz, der sich ohne Hilfe zunächst nicht verständlich machen konnte. Die Zusammenarbeit, die sich hier zeigt, ist eine altruistische: Erstens bleibt Matthias recht bescheiden in seiner Bemühung, indem er darlegt, dass er lediglich versucht habe, etwas zu verbessern. Zweitens wird über die Diskussion und den Edit neuen Mitgliedern und an der Community Interessierten gezeigt, wie bestimmte Situationen gehandhabt werden. Was Matthias hier macht, hat also auch eine sozialisatorische Funktion. Darüber hinaus zeigt er natürlich durch sein Tun auch ein Interesse an den Interaktionen innerhalb der Community und an ihrem Funktionieren, allerdings macht er es nicht explizit.

5.3 Stärker eigennützig motivierte Zusammenarbeit

Eine andere Art von Zusammenarbeit lässt sich im nächsten Beispiel finden, in dem das Explizieren und nicht das Implizite im Vordergrund steht. Takrl stellt eine Frage nach dem Ursprung einer Redewendung.

> **Beispiel 4**
>
> Woher kommt der Ausdruck „Teita gehen"?
> Ich habe gerade festgestellt, dass meine Kollegen diesen Ausdruck auch kennen, aber unterschiedlich benutzen. Die mir vertraute Bedeutung ist, ein Kleinkind zu einem Spaziergang aufzufordern (was zwei andere Kollegen auch so kennen). Ein anderer Kollege benutzt diesen Ausdruck allerdings, wenn er mit seinem Hund spazieren geht. Gibt es irgendeinen Ursprung, der die Verknüpfung von „Teita" mit „spazieren" erklärt?
> Loong edited Nov 21 '14 at 16:18   takrl asked Sep 26 '11 at 13:58

Zunächst bettet takrl seine Frage in einen Kontext ein: Die soeben gemachte Feststellung, dass Kollegen den Ausdruck auch kennen, aber anders benutzen, bewegt ihn dazu, diesem Ausdruck auf den Grund zu gehen. Er legt seinen Kenntnisstand dar, indem er die Bedeutung nennt, die ihm und auch zwei seiner Kollegen geläufig ist. Dazu im Kontrast steht der Verwendungszusammenhang eines anderen Kollegen, was ihn schlussendlich zur Formulierung der Frage nach dem Ursprung des Ausdrucks führt und ganz spezifisch nach der Verknüpfung des Wortes „Teita" mit „spazieren".

Was an diesem Beispiel nun interessant ist, sind die Kommentare, die zur Frage verfasst wurden, so etwa der folgende.

> **Beispiel 5**
>
> +1 Sehr interessante Frage! Ich habe es von meiner schwäbischen Mutter als „adda gehen" kennengelernt. – Jan Sep 26 '11 at 14:08

Jan schreibt hier „+1", was bedeutet, dass er der Frage einen positiven Vote gegeben hat – es ist nicht unüblich, dass dies in Kommentaren kommuniziert wird. Das Vergeben von positiven Votes ist, wie bereits oben beschrieben, eine im technologischen System angelegte Möglichkeit, sein Interesse an Inhalten auszudrücken, allerdings bleibt man dabei anonym. Über die Bemerkung „+1" in Kommentaren kann man das Anzeigen von Wertschätzung aus der Anonymität herausholen und mit der eigenen Person in Verbindung bringen. Zusätzlich artikuliert Jan hier „Sehr interessante Frage!", worüber er noch ein weiteres Mal sein Interesse am Beitrag bekundet. Insgesamt zeigt er also dreimal sein Interesse an der Frage an: einmal über einen Vote, von dem man allerdings nur weiß, weil er seine Vergabe expliziert, dann eben über diese Explizierung der Vergabe sowie über die Verbalisierung seines Interesses. Mit seiner Bemerkung zum infrage stehenden Ausdruck verdeutlicht er takrl, dass auch andere (möglicherweise in anderen deutschsprachigen Regionen aufgewachsene) Personen den Ausdruck kennen und die Frage danach deshalb auf jeden Fall seine Berechtigung hat.

Der nächste Kommentar verdeutlicht das Bekunden von Interesse noch stärker.

Beispiel 6

Ich kenne aus meiner Kindheit „Atta atta gehen" (eher mit stimmlosem „t" als mit stimmhaftem „d"), und das hieß auch soviel wie „spazieren gehen". Einige Quellen im Internet – einfaches googeln genügt – weisen auf dieselben Wurzeln wie „Teita" hin. Der Ausdruck wurde allerdings von meinen Eltern als nicht förderlich für die Erziehung abgelehnt – irgendwie weiß ich das noch. Ein möglicher etymologischer Zusammenhang würde mich auch interessieren. – Olaf Sep 26 '11 at 21:54

Olafs Kommentar fügt dem Ausdruck, um den es geht, noch eine weitere regionale Variante hinzu, und er berichtet außerdem von den leicht zu recherchierenden Zusammenhängen zwischen den Varianten. Ein kleiner Exkurs über die Erziehungsmaßnahmen seiner Eltern leitet über zu: „Ein möglicher etymologischer Zusammenhang würde mich auch interessieren." Olaf macht das Interesse an der Frage auf diese Weise noch etwas deutlicher als Jan, weil in seiner Formulierung das Personalpronomen „mich" vorkommt, was eindeutig das Interesse der Person (mit dem Pseudonym) Olaf an der Frage zum Ausdruck bringt und nicht vielleicht irgendjemandes Interesse, wie man Jans Formulierung auch lesen könnte. Olafs Formulierung zeigt insbesondere in Kombination mit dem Bericht über die von ihm durchgeführte Google-Suche das ausgesprochen starke Interesse an der Frage an. Eine solche oft kurze und informell formulierte Interessensbekundung an der Frage einer anderen Person und die gemeinsame Bemühung, der Antwort näher zu kommen, nennt Gazan (2010) „microcollaboration". Diese Form der Zusammenarbeit ist, im Gegensatz zur weiter oben vorgestellten, wesentlich expliziter und gleichzeitig auch wesentlich eigennütziger. Diejenigen, die auf diese Weise mit denen zusammenarbeiten, die die Frage gestellt haben, haben nämlich selbst ein Interesse an der Beantwortung der Frage entwickelt.

5.4 Dringlichkeit und Langlebigkeit von Inhalten

Einer der zentralen Beweggründe, der für die Nutzung von Q&A-Seiten angegeben wird, ist die Geschwindigkeit, mit der mit Antworten gerechnet werden kann

(Choi et al. 2014; Gazan 2011, S. 2307). Shah (2011) arbeitet bei der Analyse von *Yahoo! Answers* etwa heraus, dass mehr als 30 % der Antworten innerhalb von fünf Minuten gegeben werden und insgesamt mehr als 90 % der Fragen zumindest eine Antwort innerhalb einer Stunde bekommen. Dies ist erstaunlich, handelt es sich um eine asynchrone Kommunikationsform, die eben nicht darauf ausgelegt ist, dass NutzerInnen gleichzeitig online sind. Vasilescu et al. (2014) bringen die schnellen Reaktionen in Zusammenhang mit der Gamification, die eine große Motivation für viele NutzerInnen darzustellen scheint. Die gattungsanalytische Untersuchung des Materials auf *German Language* ermöglicht es nun aufzuzeigen, wie genau die Erwartungshaltung gegenüber der Zeit und der Umgang mit ihr von den Teilnehmenden kommuniziert wird.

5.4.1 Dringlichkeit

Das erste Beispiel wurde bereits weiter oben in einem anderen Kontext analysiert. Takrl möchte etwas über den etymologischen Ursprung des Ausdrucks „Teita gehen" erfahren, und zwar deshalb, weil er „gerade festgestellt" hat, dass seine Kollegen den Ausdruck auch kennen, aber anders verwenden. Was an dieser Formulierung deutlich wird, ist die Aktualität eines zu lösenden Problems, die ein wesentlicher Beweggrund für das Fragen in Q&A-Seiten ist. Seine soeben gemachte Feststellung ist der Grund dafür, die Frage zu stellen. Implizit transportiert takrl darüber aber auch die Erwartungshaltung, dass er ebenso umgehend, wie er in Folge der eingetretenen Situation eine Frage gestellt hat, eine Antwort auf diese Frage bekommen möchte. Auf die erste Antwort muss takrl zwar bis zum folgenden Morgen warten, aber die erste Reaktion in Form eines Kommentars erfolgt bereits nach zehn Minuten.

Die nächsten beiden Beispiele verdeutlichen die Dringlichkeit von Problemen noch stärker.

Beispiel 7
Komma in: „das ist wie wenn"?

Ich steh gerade auf dem Schlauch.
Das ist wie wenn man zu viel Bier trinkt.
Kommt in den Satz ein Komma?
[...][4]
Wrzlprmft edited Apr 21 at 17:01   Robert asked Feb 18 '15 at 22:46

---

[4]Beispiel gekürzt.

Beispiel 8
Gegenteil von Abkürzung

Ich stehe gerade auf dem Schlauch bei der Suche nach dem richtigen Begriff:
„usw." ist die **Abkürzung** von „und so weiter".
„und so weiter" ist der/die/das ??? von „usw."
[...]
Crissov edited Apr 30 at 11:18   Hagen von Eitzen asked Apr 29 at 8:38

Auffällig ist an diesen beiden Beispielen, dass sie mit derselben Redewendung eröffnet werden. Sie unterscheiden sich lediglich dadurch, dass im ersten Fall die Verwendung von „steh" anstelle von „stehe" auf weniger Formalität und eine stärkere Orientierung an der gesprochenen Sprache schließen lässt. Zu schreiben, dass man gerade, also in eben diesem Augenblick, in dem man es schreibt, auf dem Schlauch stehe, verdeutlicht die Aktualität des Problems noch stärker als im oberen Beispiel. Die Verwendung einer solchen Metapher kann als Appell für besonders rasche Hilfe interpretiert werden, weil sie darauf schließen lässt, dass die Lösung nur in einer zeitlich begrenzten Situation wirklich eine sinnvolle Lösung ist. Robert erhält den ersten Kommentar nach 25 min, die erste Antwort nach einer knappen Stunde. Hagen von Eitzen erhält die erste Antwort nach drei Minuten. Seine Frage wurde also tatsächlich als möglichst schnell zu lösendes Problem aufgefasst.

Mit welcher Dringlichkeit ein Problem dargestellt werden kann, lässt sich noch steigern, wie das nächste Beispiel zeigt.

Beispiel 9
Was ist das korrekte Adjektiv zu Translation (math.)?

Ich muss gerade einige Affinitäten beschreiben und benötige die jeweiligen Adjektive, wie z. B.:

- Rotation: rotiert
- Skalierung: skaliert
- Scherung: geschert

Allerdings finde ich, dass „translatiert" als Adjektiv zu „Translation" etwas seltsam klingt. Ist es dennoch richtig oder gibt es ein anderes Wort dafür?
User6191 edited Feb 19 '15 at 12:04   Aschratt asked Feb 19 '15 at 11:49

Hier schildert Aschratt, er „muss gerade [...] beschreiben". Auch er verwendet das Adverb „gerade", um auszudrücken, dass seine Frage der Situation entstammt, in der er sich in diesem Moment befindet. Darüber hinaus verwendet er auch noch das Modelverb „muss", mit dem er anzeigt, dass er sich nicht unbedingt freiwillig in der Situation befindet, die ihm ein Problem bereitet. Sein auf diese Weise kommuniziertes „Müssen" kann als besonders starker Appell aufgefasst werden, weil nicht nur an die Hilfsbereitschaft der Teilnehmenden appelliert wird, sondern an ihr Pflichtgefühl. Aschratts Frage wird nach zwölf Minuten zum ersten Mal beantwortet und führt darüber hinaus zu einer intensiven Diskussion: Insgesamt gibt es 22 Kommentare zur Frage und den drei Antworten, und die Diskussion mit sieben Teilnehmenden erstreckt sich über zwei Tage.

5.4.2 Langlebigkeit

Eine Diskussion, die sich über zwei Tage erstreckt, weist bereits in Richtung der anderen Dimension, die Zeit im Rahmen dieser Q&A-Seite haben kann, dass ihr Verstreichen nämlich keine Rolle spielt und dass Inhalte sogar nach Jahren noch zu Reaktionen führen.

Beispiel 10
How to translate Fernweh to English? [closed]

Is there a good English translation for *Fernweh?* dict.leo.org suggests *wanderlust* and *itchy feet,* but they are both more about travelling around rather than going away.
RegDwight edited May 25 '11 at 14:11   Tim asked May 24 '11 at 20:44

Tim stellt die Frage nach einer guten englischen Übersetzung des Wortes „Fernweh", für das er bisher nur unbefriedigende Übersetzungen gefunden hat. Nach wenigen Minuten folgen die ersten Kommentare und Antworten, und nach drei Tagen wählt Tim auch bereits eine Antwort als akzeptiert aus. Für ihn scheint diese Angelegenheit somit erledigt zu sein, nicht aber für viele andere, die sich erst später in die Diskussion einschalten. Dies kann man beispielsweise in einigen Kommentaren zur Frage sehen.

Beispiel 11
I'd say it's one of the words like „Angst" or „Weltschmerz" that are just not understandable to Non-native German speakers and impossible to translate accurately :-) – Sean Patrick Floyd May 25 '11 at 9:57

@SeanPatrickFloyd, everything can be translated and understood, albeit not literally. It's only human languages, let's not mystify them. Just not that easy

> sometimes. In this case, what about „yearning"? Yearning for places abroad ... Sounds like a good enough working translation for me. But then I'm German, and YMMV. – Lumi Aug 7 '14 at 21:11
>
> @Lumi obviously you can translate the symptoms, but not the implied cultural background that causes them – Sean Patrick Floyd Aug 9 '14 at 9:37

Sean Patrick Floyd verfasst seinen Kommentar am 25. Mai 2011, also einen Tag nachdem die Frage gestellt worden ist, und erhält darauf mehr als drei Jahre später, am 7. August 2014, eine Reaktion. Darin adressiert Lumi ihn direkt und versucht, seine Behauptung über Wörter, die man unmöglich präzise übersetzen könne, zu entkräften. Darauf wiederum reagiert Sean Patrick Floyd nach eineinhalb Tagen mit einer an Lumi adressierten Rechtfertigung. Die spät erfolgenden Reaktionen werden also auf jeden Fall noch zur Kenntnis genommen und führen häufig selbst zu Reaktionen.

Auch in spät verfassten Antworten zeigt sich, dass Inhalte eine lange Lebensdauer haben können.

Beispiel 12

> I love the word *Fernweh*. *Wanderlust* means the desire to travel. *Fernweh* elevates that urge to a need. Others say it is the opposite of *homesickness*. That means one feels sick when at home too long; lethargic and sad. A person who has Fernweh feels best when not at home.
> [...]
> Wrzlprmft edited Aug 6 '14 at 14:23   jan answered Aug 6 '14 at 14:05
>
> Since you mention „homesickness" – this could be literally translated as „Heimweh" which has the opposite meaning of your description. „Heimweh" means you are missing home and want to get there as soon as possible. „Fernweh" is close to your description of „homesickness". You are sick being home and want to leave as soon as possible. – user22338 Jul 15 at 11:09

Trotz der Tatsache, dass derjenige, der die Frage gestellt hatte, bereits eine für ihn richtige oder hilfreiche Antwort gefunden hat, zeigt jan mit dieser Antwort das Bedürfnis, eine weitere Sichtweise zur Diskussion beizusteuern. Dass diese Antwort von anderen auch tatsächlich als beachtenswerter Beitrag aufgefasst wird, sieht man am Kommentar, der im Juli 2016 verfasst wurde, also noch einmal fast ein Jahr später. Es werden also sowohl nach mehreren Jahren noch Antworten gegeben als auch Kommentare verfasst, um an alte Diskussionen anzuknüpfen.

Die zeitliche Nähe zwischen jans Antwort vom 6. August 2014 und Lumis Kommentar vom 7. August kann damit zu tun haben, dass aufgrund der Antwort die Frage im Feed der Startseite von *German Language* ganz oben gereiht wurde und so erneute Aufmerksamkeit erlangte.

Auch am 15. Februar 2016 wird noch einmal eine Antwort zur Frage verfasst. Diese führt ebenfalls dazu, dass die Frage im Feed oben gereiht wird und Aufmerksamkeit bekommt, dieses Mal allerdings mit folgender Konsequenz (Abb. 1).

Einige der Community-Mitglieder beschließen, die Frage aufgrund thematischer Ferne zur Community zu schließen, d. h. es ist ab diesem Zeitpunkt nicht mehr möglich, auf die Frage zu antworten. Eine weitere Beschäftigung mit dieser Frage ist also nicht erwünscht, zumal ja auch seit Jahren bereits eine akzeptierte Antwort vorhanden ist. Nichtsdestotrotz setzt sich user22338 über diese Restriktion hinweg und reagiert im Juli 2016 auf jans Antwort aus 2014. Insgesamt erstreckt sich die ausgesprochen zerdehnte Kommunikation in diesem Beispiel also über mehr als fünf Jahre und selbst die Schließung hält Personen nicht davon ab, noch spät in Diskussionen einzusteigen.

5.5 Das Spielen mit und innerhalb der Sprache

Das Spielen mit Sprache und Humor sind Themen, deren Bedeutung in der computervermittelten Kommunikation bereits intensiv erforscht worden sind. Zu den ersten, die sich damit beschäftigt haben, gehören beispielsweise Danet et al. (1995) und Baym (1995). Während Danet et al. sich mit im Internet Relay Chat ‚aufgeführten' Shakespeare-Parodien beschäftigt haben, hat Baym die Rolle des Humors in der Newsgroup r.a.t.s untersucht. Ob es sich um eine quasi-synchrone oder um eine asynchrone Kommunikationsform handelt, scheint einen wesentlichen Unterschied für Humor in der computervermittelten Kommunikation auszumachen. Während nämlich das Spielen mit Sprache in Chats von der Flüchtigkeit

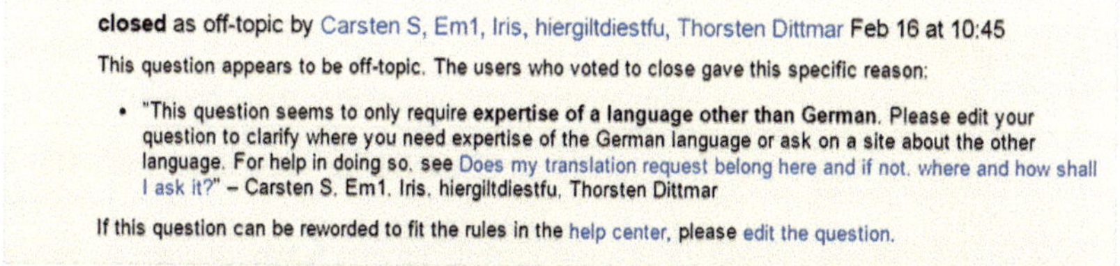

> **closed** as off-topic by Carsten S, Em1, Iris, hiergiltdiestfu, Thorsten Dittmar Feb 16 at 10:45
> This question appears to be off-topic. The users who voted to close gave this specific reason:
> - "This question seems to only require expertise of a language other than German. Please edit your question to clarify where you need expertise of the German language or ask on a site about the other language. For help in doing so, see Does my translation request belong here and if not, where and how shall I ask it?" – Carsten S, Em1, Iris, hiergiltdiestfu, Thorsten Dittmar
>
> If this question can be reworded to fit the rules in the help center, please edit the question.

Abb. 1 Begründung für das Schließen der Frage „How to translate Fernweh to English?"

der Beiträge und der Geschwindigkeit des Austausches lebt, ermöglichen es asynchrone Kommunikationsformen, dass man die humoristischen Beiträge genauer plant und ausführt. Darüber hinaus bieten Archive die Möglichkeit, dass an frühere Beiträge angeknüpft wird und auf diese Weise gemeinsam längere humoristische Episoden produziert werden (Vandergriff 2010, S. 241).

Eine weitere Unterscheidung, die in der Beschäftigung mit dem Spielen mit Sprache herausgearbeitet worden ist, ist die zwischen dem Spielen mit der Sprache auf einer formalen Ebene einerseits und dem Spielen mit der Sprache auf einer semantischen Ebene andererseits. Auf der formalen Ebene wird mit dem Klang und der Form von Buchstaben gespielt sowie mit grammatikalischen Strukturen, um Reime, Alliterationen u. ä. zu produzieren. Auf der semantischen Ebene wird mit den Bedeutungen von Wörtern gespielt, die in ungewohnte oder neue Kontexte gebracht werden oder deren Kombination neue Bedeutungen hervorbringt (Cook 1997, S. 228). Etwas später erweitert Cook (2000) diese Einteilung um eine dritte Dimension, die pragmatische Nutzung, bei der mit Sprache gespielt wird, um soziale Rollen auszuhandeln oder in Opposition zu anderen zu gehen. Diese Klassifikation wurde für die Erforschung von computervermittelter Kommunikation fruchtbar gemacht und teilweise weiterentwickelt, etwa von Warner (2004), die Chat-Unterhaltungen von Sprachenlernenden untersucht und als Resultat Cooks Klassifikation erweitert hat, oder von Jaworska (2014), die ein bilinguales Webforum auf die Frage hin untersucht hat, welche verschiedenen Arten des Spiels mit der Sprache darin vorkommen und als Antwort darauf das Konzept „digital code play" entwickelt hat. Sie weist außerdem auf das hohe Maß an metalinguistischem Bewusstsein hin, das die von ihr untersuchten ForumsteilnehmerInnen aufweisen. Sie sind also in der Lage, Sprachen als Systeme von Mustern und Strukturen zu erkennen, die man formen und beeinflussen kann (ebd., S. 60). Dieses Bewusstsein ist auch bei den von mir untersuchten NutzerInnen von *German Language* sehr stark ausgeprägt. Immerhin ist es das ausgewiesene Ziel, sich *über* die deutsche Sprache zu unterhalten, nicht nur *in* ihr. Wie sich dieses Spielen mit der Sprache und Humor konkret gestalten und wie zentral dabei wieder die Zusammenarbeit ist, zeigt die Analyse der nächsten Beispiele.

Beispiel 13
Was ist das Partizip Perfekt eines englischen Lehnwortes wie „booten"?

How do I form the perfect participle of an English loan word like *booten* (for a computer)?
Was ist das Partizip Perfekt eines englischen Lehnwortes wie *booten?*

1. Ich boote meinen Computer. → Ich habe meinen Computer gebootet?
2. Ich adde einen Freund auf Facebook. → Ich habe einen Freund auf Facebook geaddet?

RegDwight edited May 31 '11 at 14:10   Phira asked May 24 '11 at 22:27

Phira stellt die Frage nach der Bildung des Partizips Perfekt von englischen Lehnwörtern in der deutschen Sprache. Er bildet exemplarisch Sätze mit den Verben „booten" und „adden", einmal im Präsens, einmal im Perfekt. Die Sätze im Perfekt, die die zur Frage stehenden Partizipien enthalten, werden mit Fragezeichen versehen, um anzuzeigen, dass die niedergeschriebenen Varianten zur Diskussion stehen. Man kann davon ausgehen, dass diese Frage ernst gemeint ist, also nicht dem Zweck der Unterhaltung dient, sondern dem Zweck des Wissenszuwachses. Dennoch folgen einige Reaktionen auf die Frage, die spielerische und humorvolle Züge aufweisen. Der erste spielerische Austausch erfolgt in Form von Kommentaren zur Frage.

Beispiel 14

Ich habe einen Freund facegebookt? – misterben May 24 '11 at 22:41

Book dich doch selber face! – Phira May 24 '11 at 22:43

Misterben greift in seinem Kommentar die Darstellungsweise von Phira auf, indem auch er eine Variante eines Partizips in einem Satz verwendet, den er mit einem Fragezeichen versieht. Allerdings greift er keines der Verben von Phira auf, sondern kreiert ein eigenes: „facebooken", dazu das Partizip „facegebookt". Weder im Englischen noch im Deutschen existiert ein solches Wort, Facebook ist ein Eigenname, kein Verb, daher kann man diesen Kommentar nicht als produktiven Beitrag zur Diskussion betrachten, sondern als eine Art Spiel mit dem zur Diskussion stehenden Thema. Die grammatikalische Regel der Bildung von Partizipien wird dabei korrekt auf ein erfundenes Wort angewendet. Phira reagiert auf diesen Kommentar und greift das erfundene Wort „facebooken" auf, nutzt allerdings nicht das Partizip, sondern den Imperativ des Wortes. Er folgt dabei ebenfalls kompetent den grammatikalischen Regeln zur Bildung des Imperativs. So, wie Phira diesen Imperativ aber einsetzt, wird klar, dass ihm misterben und sein Satz, der Phiras Beispiel auf eine gewisse Weise auch parodiert, gestohlen bleiben können. Phira stellt spielerisch dar, das Wort „facebooken" als Beleidigung missverstanden zu haben. Diese Beleidigung gibt Phira dann zurück, so wie man sich den Austausch zwischen streitenden Kindern vorstellen könnte, bei dem Kind A Kind B als blöde Kuh bezeichnet und Kind B daraufhin erwidert, dass Kind A doch selbst eine blöde Kuh sei. Die Beleidigungen sind im Austausch zwischen misterben und Phira nur spielerische, aber sie zeigen an, dass die beiden NutzerInnen kompetente TeilnehmerInnen der Community sind, kompetente NutzerInnen der beiden verwendeten Sprachen und darüber hinaus einen Sinn für Humor haben.

Phira erhält auf die Frage insgesamt vier Antworten. Die zeitlich zweite Antwort erhält die meisten Votes, ist allerdings nicht die von Phira als akzeptiert ausgewählte. In dieser Antwort erläutert Takkat, dass einerseits Übersetzungen von englischen Lehnwörtern verwendet werden sollten, etwa „herunterladen" für „to download". Andererseits ist das aber nicht immer möglich, etwa bei „to google" oder „to twitter". Solche Wörter werden dann nach den allgemein gültigen Regeln konjugiert, also „ergoogelt" [sic!] und „getwittert". Wenn sich Lehnwörter schlussendlich durchsetzen, werden sie als offizielle Varianten in den Duden aufgenommen. Diese Antwort erhält sieben Kommentare, unter anderem diesen.

Beispiel 15

Das habe ich mal hochgevotet. – Jules Aug 18 '11 at 13:13

Jules artikuliert in diesem Kommentar, dass er der Antwort einen Vote gegeben hat, so wie es Jan bei der weiter oben analysierten Frage nach dem Ausdruck „Teita gehen" auch macht. Während Jan dies kurz und bündig mit „+1" ausdrückt, verfasst Jules für diesen Zweck einen ganzen Satz, in dem er ebenfalls die zur Diskussion stehende grammatikalische Regel anwendet: Er schöpft ein deutsches Wort „hochvoten", das er vom englischen ‚to vote' ableitet. Von diesem bildet er dann das Partizip, wie es den Regeln gemäß gebildet werden muss. Damit zeigt auch er seine Kompetenz und ebenfalls seinen Sinn für Humor, da er das Thema der Frage spielerisch aufgreift und parodiert.

Im nächsten Beispiel zeigt sich eine ähnliche Art des Umgangs mit Inhalten aus den Fragen. Jcao219 stellt die Frage danach, woher der umgangssprachliche Ausdruck „Boah ey" kommt. Er erhält auf diese Frage drei Antworten, und es werden sechs Kommentare verfasst. Eine der Antworten stammt von splattne (Abb. 2).

Diese Antwort ist umfangreich und elaboriert, sie zeigt eine Grafik, verweist auf Quellen, bietet die Möglichkeit, Links zu folgen, selbst nachzulesen und bestimmte Aspekte zu vertiefen – gemäß den selbst postulierten Regeln der Community eine Vorzeigeantwort. Herr würdigt dies in einem Kommentar.

„+1 für die Frage"   131

Im Wikipedia-Artikel über den Ausruf "Ey!" steht, der Ausdruck sei als Teil der sogenannten Jugendsprache, restringierter Soziolekte/Ethnolekte aufgekommen und hätte als anerkennende Form weite Verbreitung im Rahmen der in den späten 1980er Jahren beliebten Mantawitze gefunden.

5

Auch im Diagramm von Googles Ngram Viewer wird der Trend seit den achtziger Jahren angezeigt:

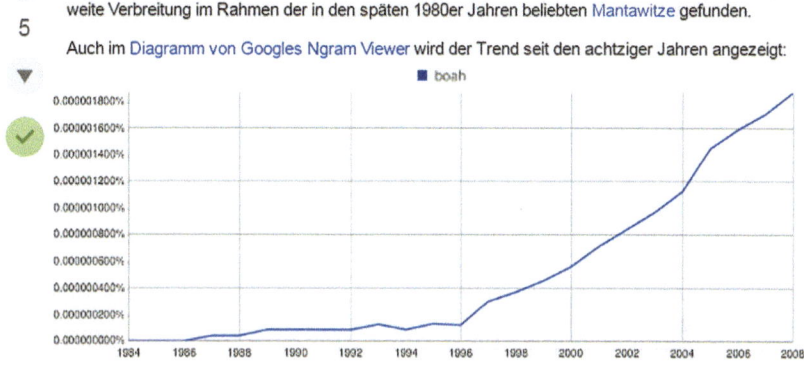

Es könnte sein, dass sich der Ausruf aus dem Begriff "Bohei" entwickelt hat. Er bedeutet "Aufheben" im Sinne von *Aufstand* und *Spektakel* und hat sich vielleicht aus dem Westmitteldeutschen und Rheinischen aus den Ausrufen *bu(h)* und *hei* gebildet oder aus dem Niederländischen (älter niederländisch boeha [heute: poeha] = Lärm, Tumult; Aufheben) gebildet.

Es gibt einige interessante Artikel und Diskussionen, die sich um den Ausruf *Bohei* drehen:

- http://blog.wissen.de/wissen/ressort/sprachspione/das-bohei-ums-buhei/
- http://blogs.taz.de/wortistik/2007/01/07/bohai/

share edit flag

edited Nov 4 '11 at 15:43
Takkat ♦
45.2k • 12 • 79 • 276

answered Jun 26 '11 at 16:39
splattne
30.4k • 13 • 105 • 200

Abb. 2 Splattnes Antwort auf die Frage „Woher stammt der umgangssprachliche Ausdruck ‚Boah ey'?"

Beispiel 16

Boah ey, der hat ja voll recherchiert mannnnn!!! :D – Herr Nov 5 '11 at 10:01

Er greift, wie es auch Jules im oberen Beispiel tut, den zur Diskussion stehenden Ausdruck auf und bettet ihn spielerisch in seinen Kommentar ein. Inhaltlich drückt er Wertschätzung für die in der Antwort erkennbaren Bemühungen aus, stilistisch tut er dies, indem er Jugendsprache imitiert, also jene Sprache, aus der der Ausdruck laut splattnes Antwort stammen soll. Anders als in vielen anderen spielerischen und humoristischen Beiträgen in *German Language* verwendet Herr hier ein Emoticon, und zwar das grinsende, das die anderen TeilnehmerInnen wohl zum Lachen einladen und die Lesart seines Beitrages verdeutlichen soll. Zumindest drei Personen zeigen über Votes an, dass sie Herrs Unterhaltungsbemühungen honorieren. Und ein Blick auf die Datums- und Zeitangaben, die im vorigen Abschnitt bereits thematisiert worden sind, zeigt, dass Zerdehnung von Kommunikation (zwischen der Antwort und dem Kommentar liegen viereinhalb Monate) auch für humoristische Bemühungen kein Hindernis darstellt.

Die analysierten Beiträge bzw. Abfolgen von Beiträgen haben gemeinsam, dass sich das Humoristische an ihnen aufgrund der Zusammenarbeit von zumindest zwei Beitragenden und dem dadurch entstehenden Kontext ergibt. Beim ersten Beispiel („Ich habe einen Freund facegebookt?" „Book dich doch selber face!") könnte man Phiras Reaktion auf misterben außerhalb dieses Kontextes als tatsächliche Beleidigung missverstehen. Seine Parodie der Bildung von Partizipien wiederum wäre ohne Original ebenfalls nicht als Parodie und somit als Spiel mit sprachlichem Material zu erkennen. Und erst die Abfolge der drei Beiträge ergibt insgesamt das Komische. Beim zweiten Beispiel („Das habe ich mal hochgevotet.") zeigt sich ebenfalls, dass ohne den Kontext der Frage, auf die im Kommentar reagiert wird, nichts Spielerisches an diesem Satz zu erkennen wäre. Beim dritten Beispiel gilt dasselbe: Nur im Kontext der Auseinandersetzung mit einem jugendsprachlichen Ausdruck ist der jugendsprachlich verfasste Kommentar als spielerische Reaktion verstehbar.

6   Zusammenfassung

Die in diesem Aufsatz analysierten Beispiele zeigen einige der zentralen Charakteristika der Interaktionen in *German Language* auf.[5] Zusammenarbeit, ein Konzept, das in der Idee von Q&A-Seiten implizit bereits angelegt ist, äußert sich auf mehrere Weisen. Zum einen gibt es regulierende Zusammenarbeit, die im technischen System verankert ist, etwa über die Möglichkeit der Vergabe von positiven oder negativen Votes. Bei der in den Beiträgen artikulierten Zusammenarbeit kann man zwischen stärker altruistischer und stärker eigennütziger unterscheiden. Die stärker altruistisch motivierte Zusammenarbeit zeichnet sich durch jene Bemühungen aus, die für andere gemacht werden. Andere sind dabei sowohl diejenigen, die Fragen gestellt haben, als auch die übrigen Community-Mitglieder und ebenso potenzielle NutzerInnen. Äußerungen, die auf diese Form der Zusammenarbeit schließen lassen, weisen eher implizite und bescheidene Formulierungen auf, die zwar das Bemühen zu helfen demonstrieren, dieses aber nicht artikulieren. Die stärker eigennützig motivierte Zusammenarbeit erfolgt

---

[5]Bei weitem aber nicht alle. Die zentrale Praktik des Editierens etwa wurde nur am Rande erwähnt (dazu ausführlicher Hölbling-Inzko 2015).

expliziter. Nicht selten wird dafür das Personalpronomen der ersten Person Singular verwendet, und es erfolgen Interessensbekundungen, die mit eben dieser Person in Verbindung gebracht werden.

Auch wenn es sich bei Q&A-Seiten um eine asynchrone Kommunikationsform handelt, spielt es für die Teilnehmenden eine große Rolle, dass die Reaktionen auf ihre Beiträge rasch erfolgen. Diese Erwartungshaltung wird beispielsweise zum Ausdruck gebracht, indem Redewendungen eingesetzt werden, die verdeutlichen, dass ein Problem akut ist. Ebenso wird Dringlichkeit über das Modalverb müssen artikuliert. Trotz der Erwartung schneller Problemlösung sehen die Teilnehmenden in *German Language* die Beiträge als etwas Beständiges an. Die zerdehnten Interaktionen erstrecken sich teilweise über sehr lange Zeiträume, und sowohl Antworten als auch Kommentare werden selbst nach Jahren noch formuliert. Wird einem Thread nach langer Zeit etwas hinzugefügt, sorgt das technische System dafür, dass dieser Thread in den Mittelpunkt der Aufmerksamkeit gerückt wird, was in weiterer Folge oft für eine Anhäufung neuer Beiträge und Interaktionen sorgt.

Das hohe metasprachliche Bewusstsein, das für viele Fragen und Diskussionen in *German Language* verantwortlich ist, führt auch dazu, dass das Spielen mit Sprache bedeutend für die Teilnehmenden ist. Dieses Spielen dient häufig der Demonstration von Kompetenz, sei es als NutzerIn von *German Language* oder als NutzerIn der deutschen oder englischen Sprache. Ebenso dient es oft der Produktion von etwas Humorvollem. Immer allerdings ergibt sich die Pointe nur aus dem Kontext, den die Teilnehmenden in ihren Interaktionen hervorbringen. Der Aspekt des Spielens mit der Sprache verbindet die verschiedenen Formen von Zusammenarbeit mit dem Aspekt der Beständigkeit der Beiträge, da humoristische Episoden gemeinsam und über längere Zeiträume produziert werden.

Literatur

Androutsopoulos, Jannis und Gurly Schmidt. 2002. SMS-Kommunikation: Ethnografische Gattungsanalyse am Beispiel einer Kleingruppe. *Zeitschrift für Angewandte Linguistik* 36: 49–79.

Ayaß, Ruth. 2011. Kommunikative Gattungen, mediale Gattungen. In *Textsorten, Handlungsmuster, Oberflächen. Linguistische Typologien der Kommunikation*, hrsg. Stephan Habscheid, 275–295. Berlin/New York: de Gruyter.

Baym, Nancy. 1995. The performance of humor in computer-mediated communication. *Journal of Computer-Mediated Communication* 1(2). Online unter: http://onlinelibrary.wiley.com/doi/10.1111/j.1083-6101.1995.tb00327.x/full. Zugegriffen: 12.8.2016.

Chen, Shing-Ling Sarina. 2003a. Newsgroups. In *Encyclopedia of new media. An essential reference to communication and technology*, hrsg. Steve Jones, 346–348. Thousand Oaks et al.: Sage.
Chen, Shing-Ling Sarina. 2003b. USENET. In *Encyclopedia of new media. An essential reference to communication and technology*, hrsg. Steve Jones, 475–459. Thousand Oaks et al.: Sage.
Choi, Erik, Vanessa Kitzie und Chirag Shah. 2014. Investigating motivations and expectations of asking a question in social Q&A. *First Monday* 19(3). Online unter: http://firstmonday.org/ojs/index.php/fm/article/view/4830/3849. Zugegriffen: 4.8.2016.
Cook, Guy. 1997. Language play, language learning. *ELT Journal* 51(3): 224–231.
Cook, Guy. 2000. *Language play, language learning*. Oxford: Oxford University Press.
Danet, Brenda, Tsameret Bechar-Israeli, Amos Cividalli und Yehudit Rosenbaum-Tamari. 1995. Curtain time 20:00 GMT: Experiments with virtual theater on Internet Relay Chat. Journal of Computer-Mediated Communication 1(2). Online unter: http://onlinelibrary.wiley.com/doi/10.1111/j.1083-6101.1995.tb00326.x/full. Zugegriffen: 12.8.2016.
Deterding, Sebastian, Dan Dixon, Rilla Khaled und Lennart Nacke. 2011. From game design elements to gamefulness: Defining „gamification". In *Proceedings of MindTrek '11: Envisioning Future Media Environments*, Tampere, Finland, September 2011, 9–15. New York: ACM.
Erickson, Thomas. 1999. Persistant conversation: An introduction. *Journal of Computer-mediated Communication* 4(4). Online unter: http://onlinelibrary.wiley.com/doi/10.1111/j.1083-6101.1999.tb00105.x/full. Zugegriffen: 4.8.2016.
Gazan, Rich. 2006. Specialists and synthesists in a question answering community. *Proceedings of the Association for Information Science and Technology* 43(1). Online unter: http://onlinelibrary.wiley.com/doi/10.1002/meet.1450430171/full. Zugegriffen: 9.8.2016.
Gazan, Rich. 2010. Microcollaborations in a social Q&A community. *Information Processing and Management* 46(6): 693–702.
Gazan, Rich. 2011. Social Q&A. *Journal of the American Society for Information Science and Technology* 62(12): 2301–2312.
German Language Meta. 2016. http://meta.german.stackexchange.com/. Zugegriffen: 3.8.2016.
German Language. 2016. http://german.stackexchange.com/. Zugegriffen: 21.7.2016.
Glaser, Barney G. und Anselm L. Strauss. 1967. *The discovery of grounded theory. Strategies for qualitative research*. New Brunswick/London: Aldine Transaction.
Greschke, Heike Mónika. 2009. *Daheim in www.cibervalle.de. Zusammenleben im medialen Alltag der Migration*. Stuttgart: Lucius & Lucius.
Gutefrage.net. 2016. http://www.gutefrage.net/. Zugegriffen: 3.8.2016.
Harper, F. Maxwell, Joseph Weinberg, John Logie und Joseph A. Konstan. 2010. Question types in social Q&A sites. *First Monday* 15(7). Online unter: http://firstmonday.org/ojs/index.php/fm/article/view/2913. Zugegriffen: 8.8.2016.
Hine, Christine. 2000. *Virtual ethnography*. London/Thousand Oaks, Calif: SAGE.
Hölbling-Inzko, Sandra. 2015. Cooperative production of knowledge on the web: Co-authorship in Question-and-Answer-Websites. *Journal of Multimodal Communication Studies* 1–2. Online unter: http://jmcs.home.amu.edu.pl/?page_id=141. Zugegriffen: 26.8.2016.

Jaworska, Sylvia. 2014. Playful language alternation in an online discussion forum: The example of digital code play. *Journal of Pragmatics* 71: 56–68.

Jeon, Grace YoungJoo und Soo Young Rieh. 2013. The value of social search: Seeking collective personal experience in social Q&A. *Proceedings of the American Society for Information Science and Technology* 50(1). Online unter: http://onlinelibrary.wiley.com/doi/10.1002/meet.14505001067/full. Zugegriffen: 11.8.2016.

Jin, Xiao-Ling, Matthew K. O. Lee und Christy M. K. Cheung. 2009. Understanding users' continuance intention to answer questions in online question answering communities. In: *Proceedings of the 9th International Conference on Electronic Business*, November 30–December 4, 2009: 679–688, Macau.

Kitzie, Vanessa, Erik Choi und Chirag Shah. 2013. Analyzing question quality through intersubjectivity: World views and objective assessments of questions on social question-answering. *Proceedings of the American Society for Information Science and Technology* 50(1). Online unter: http://onlinelibrary.wiley.com/doi/10.1002/meet.14505001052/full. Zugegriffen: 11.8.2016.

Knoblauch, Hubert und Thomas Luckmann. 2013. Gattungsanalyse. In *Qualitative Forschung. Ein Handbuch*, hrsg. Uwe Flick, Ernst von Kardorff und Ines Steinke, 538–546. 10. Aufl. Reinbek bei Hamburg: Rowohlt.

Lindemann, Katrin, Emanuel Ruoss und Caroline Weinzinger. 2014. Dialogizität und sequenzielle Verdichtung in der Forenkommunikation: Editieren als kommunikatives Verfahren. *Zeitschrift für Germanistische Linguistik* 42(2): 223–252.

Luckmann, Thomas. 1986. Grundformen der gesellschaftlichen Vermittlung des Wissens: Kommunikative Gattungen. In *Kultur und Gesellschaft. Sonderheft 27 der Kölner Zeitschrift für Soziologie und Sozialpsychologie*, hrsg. Friedhelm Neidhardt und Rainer M. Lepsius, 191–211. Opladen: Westdeutscher Verlag.

Luckmann, Thomas. 2002. Zur Methodologie (mündlicher) kommunikativer Gattungen. In *Wissen und Gesellschaft. Ausgewählte Aufsätze 1981–2002*, hrsg. Hubert Knoblauch, Jürgen Raab und Bernt Schnettler, 183–200. Konstanz: UVK.

Meredith, Joanne. 2016. Using conversation analysis and discursive psychology to analyse online data. In *Qualitative research*, hrsg. David Silverman, 4. Auflage, 261–276. Los Angeles et al.: Sage.

Placencia, María Elena. 2012. Online peer-to-peer advice in Spanish *Yahoo! Respuestas*. In *Advice in discourse*, hrsg. Holger Limberg und Miriam A. Locher, 281–305. Amsterdam/Philadelphia: John Benjamins.

Rosenbaum, Howard und Pnina Schachaf. 2010. A structuration approach to online communities of practice: The case of Q&A communities. *Journal of the American Society of Information Science and Technology* 61(9): 1933–1944.

Savolainen, Reijo. 2013. Strategies for justifying counter-arguments in Q&A discussion. *Journal of Information Science* 39(4): 544–556.

Schmalz, Jan Sebastian. 2007. Zwischen Kooperation und Kollaboration, zwischen Hierarchie und Heterarchie. Organisationsprinzipien und -strukturen von Wikis. *kommunikation@gesellschaft* 8: Beitrag 5. Online unter: http://www.kommunikation-gesellschaft.de/Inhalt_alt.html#Jg._8_2007. Zugegriffen: 9.8.2016.

Shah, Chirag. 2011. Effectiveness and user satisfaction in Yahoo! Answers. *First Monday* 16(2). Online unter: http://firstmonday.org/ojs/index.php/fm/article/view/3092/2769. Zugegriffen: 11.8.2016.

Stack Exchange Data. 2016. http://data.stackexchange.com/. Zugegriffen: 3.8.2016.
Stack Exchange Help. 2016. http://meta.stackexchange.com/help/badges. Zugegriffen: 3.8.2016.
Stack Exchange. 2016. http://stackexchange.com/. Zugegriffen: 21.7.2016.
Steinmetz, Kevin F. 2012. Message received: Virtual ethnography in online message boards. *International Journal of Qualitative Methods* 11(1): 26–39.
Vandergriff, Ilona. 2010. Humor and play in CMC. In *Handbook of research on discourse behavior and digital communication: Language structures and social interaction*, hrsg. Rotimi Taiwo, 235–251. Hershey/New York: Information Science Reference.
Vasilescu, Bogdan, Alexander Serebrenik, Premkumar Devanbu und Vladimir Filkov. 2014. How social Q&A sites are changing knowledge sharing in open source software communities. In *Proceedings of the 17th ACM conference on Computer Supported Cooperative Work & Social Computing*, 342–354. New York: ACM.
Warner, Chantelle N. 2004. It's just a game, right? Types of play in foreign language CMC. *Language Learning & Technology* 8(2): 69–87.

Über die Autorin

Sandra Hölbling-Inzko promoviert in Soziologie an der Alpen-Adria-Universität Klagenfurt. Ihre Forschungsschwerpunkte liegen im Bereich der qualitativen Methoden, der Wissenssoziologie und der computervermittelten Kommunikation.

Wissenschaft@YouTube

Plattformspezifische Formen von Wissenschaftskommunikation

Andrea Geipel

> **Zusammenfassung**
>
> Im folgenden Beitrag wird deutlich werden, warum es notwendig ist, Wissenschaft auf YouTube mehr in den Fokus wissenschaftssoziologischer Forschung zu rücken und warum auch die Wissenschaftskommunikation sich ausführlich mit dem Thema auseinandersetzen sollte. YouTube ist derzeit die am zweithäufigsten besuchte Webseite nach Google und Marktführer unter den Videoportalen. Obwohl in den letzten Jahren auch Angebote zu wissenschaftlichen Themen zunehmen, gibt es bislang kaum empirische oder theoretische Forschungsarbeiten, die sich mit Wissenschaftskommunikation auf YouTube auseinandersetzen. Um aber zu verstehen, wie die Plattform möglicherweise das Bild von Wissenschaft vor allem in der jungen Generation prägt, ist es notwendig, genauer zu beleuchten, wie sich die ProduzentInnen und die Plattforminfrastrukturen gegenseitig beeinflussen. Erst dann wird ersichtlich, inwiefern das Videoportal Vermittlungskonzepte der Wissenschaftskommunikation beeinflusst. Der vorliegende Beitrag wird die Charakteristika des Videoportals den Entwicklungen der Wissenschaftskommunikation gegenüberstellen und davon ausgehend zeigen, dass sowohl die Wissenschaftskommunikation YouTube als auch YouTube die Wissenschaftskommunikation beeinflusst.

A. Geipel (✉)
Technische Universität München, Augustenstraße 46, 80333, München, Deutschland
E-Mail: andrea.geipel@tum.de

© Springer Fachmedien Wiesbaden GmbH 2018
E. Lettkemann et al. (Hrsg.), *Knowledge in Action*, Wissen, Kommunikation und Gesellschaft, DOI 10.1007/978-3-658-18337-0_6

Schlüsselwörter

Wissenschaftskommunikation · Popularisierung · YouTube · Soziale Medien · Digitale Medien · Visualisierung · Plattformen · Webvideos

1 Wissenschaft@YouTube

Kurz vor dem Ende der Olympischen Sommerspiele 2016 startet der kenianische Speerwerfer Julius Yego als Favorit im Finalwettkampf um die Goldmedaille und gewinnt am Ende Silber. Bereits 2012 nimmt er als erster kenianischer Athlet überhaupt an den Olympischen Spielen in London teil und wird 2015 Weltmeister in Peking. Das Besondere daran: Julius Yego hat sich das Speerwerfen nahezu selbst beigebracht und zwar vor allem mit Hilfe von Videos bekannter Speerwerfer und Tutorials, die er auf der Videoplattform YouTube fand. Mittlerweile wird er nicht nur in seiner Heimat, sondern auch von den Medien mit dem Spitznamen „Mr. YouTube Man" angesprochen. Julius Yego ist nicht der Erste, der das öffentliche Wissen auf YouTube nutzt, aber er ist der Erste, der damit eine olympische Medaille gewinnt.

Auf der Plattform gibt es mittlerweile immer mehr solcher *HowTo-Videos,* die sich unter dem Begriff der *Tutorials* zusammenfassen lassen (Morain et al. 2012) und nicht unwesentlich zu der stetig wachsenden Beliebtheit von YouTube beitragen. So gilt das Portal mittlerweile als die am zweithäufigsten genutzte Webseite nach Google. Laut eigenen Angaben wird über das Smartphone v. a. nach den Themen ‚Beauty', ‚Cooking' und ‚Home' gesucht (Google 2015). Neben Trainingshinweisen, wie sie Julius Yego gesucht hat, gibt es Tipps zur Lösung kleinerer und größerer Alltagsprobleme (sog. *LifeHacks*), Anleitungen für technische Geräte oder Videos, in denen Wissen(schaft) vermittelt wird. Das audiovisuelle Angebot über und aus der Wissenschaft ist dabei genauso vielfältig wie das der gesamten Plattform. NutzerInnen finden Videos bekannter wissenschaftlicher Einrichtungen neben Nachhilfeformaten und Comedy-Sendungen. So werden zum Beispiel vor allem international YouTube-Videos immer häufiger herangezogen, wenn es um die Aneignung neuen Wissens geht (Mitra et al. 2010) und auch in Deutschland wird diskutiert, inwiefern YouTube zur Nachhilfe schwacher SchülerInnen herangezogen werden kann (Seyffarth 2016).

Aber auch über die Nachhilfe hinaus steigt die Bedeutung von YouTube für die Wissenschaftskommunikation. Eine Suche mit dem Begriff „Science" fördert ca. 19.5 Mio. Einzelbeiträge sowie ca. eine Million Kanäle[1] zutage. Eine entsprechende Suche für den Begriff „Wissenschaft" kommt auf ca. 140.000 Einzelbeiträge und ca. 2000 Kanäle[2]. Selbst unter der Annahme, dass bei Durchsicht aller angezeigter Treffer einige nicht wissenschaftsbezogene Beiträge entfallen, zeigt die Suche deutlich die hohe Präsenz wissenschaftlicher Inhalte auf YouTube. Darunter finden sich Imagevideos wissenschaftlicher Einrichtungen, sogenannte *Video Abstracts*[3], Musikvideos, Dokumentationen und andere Formate. Morcillo et al. (2015) identifizieren in ihrem Beitrag über die Typologie von Wissenschafts-Webvideos eine große Anzahl unterschiedlicher Genres (davon am häufigsten: *Dokumentation*, *Animation* und *Reportage*) und Subgenres (z. B. innerhalb der Genres *Dokumentation* und *Animation* die Subgenres *question & answers, live drawing, live writing* oder *live experiments*). Auch der *Scientific American* hat die Aktualität des Themas erkannt und bezeichnet die neuen Gesichter der Wissenschaftskommunikation als „YouTube's Rock Stars of Science" (Lovell 2015). In Deutschland titelt die Süddeutsche Zeitung gar „Wissenschaft – ein Hit auf YouTube" und bescheinigt den Wissensvideos auf YouTube eine Verbesserung der Qualität innerhalb der letzten fünf Jahre (Hollmer 2016). Trotz dieser offensichtlichen Präsenz von Wissenschaft auf YouTube zählt das Videoportal zu einem der am wenigsten wissenschaftssoziologisch erforschten digitalen Medien (Allgaier 2016; Breuer 2012; Erviti und Stengler 2016; Allgaier 2012). Durch die algorithmisch bestimmte Infrastruktur der Videoplattform werden Kommunikationsmuster, darunter auch die der Wissenschaftskommunikation, verändert und neuen Regeln unterworfen. Es ist daher wichtig, diese Plattformspezifika von YouTube vor allem aus Sicht der Wissenschaftskommunikation einer genaueren Analyse zu unterziehen.

Im vorliegenden Beitrag wird diese Forderung, ausgehend von wissenschaftssoziologischen Betrachtungen plattformspezifischer Infrastrukturen in Wechselwirkung mit Vermittlungskonzepten der Wissenschaftskommunikation, weiter spezifiziert. Hierfür werden zunächst Charakteristika der Plattform vorgestellt, um zu zeigen, wie sich das Portal in den letzten Jahren entwickelt hat und wie die vorherrschenden Strukturen Kommunikationsmuster beeinflussen. Die anschließende

---

[1] Stand am 15.06.2016.
[2] Stand am 15.06.2016.
[3] *Video Abstracts* sind das Videoäquivalent zu der geschriebenen Form des Abstracts und werden immer häufiger gemeinsam mit einem wissenschaftlichen Artikel eingereicht. Journals, die *Video Abstracts* veröffentlichen sind z. B. ‚Cell Press' oder das ‚New Journal of Physics' (Berkowitz 2013).

Vorstellung der geschichtlichen Entwicklung der Wissenschaftskommunikation dient als Ausgangspunkt, um Einflüsse neuer Medien zu explizieren. Der folgende Abschnitt legt dar, welche methodischen Herausforderungen sich, mit Blick auf die bereits vorgestellten Grundanwendungen von YouTube, für die Wissenschaftssoziologie ergeben. Abschließend wird ausgehend davon argumentiert, warum eine systematische Erforschung von Wissenschaft auf YouTube relevant ist. Darüber hinaus wird dargelegt, inwiefern sich das Spannungsverhältnis zwischen Wissenschaftskommunikation einerseits und Plattforminfrastrukturen andererseits auf folgende drei Aspekte auswirkt: Rollenlogiken, Produktionslogiken und Vermittlungslogiken.

2 YouTube – vom User zum Professional

Mit dem Slogan „Broadcast yourself" steht YouTube für das Hochladen selbst produzierter Videos ins Internet und stellt damit den User in den Mittelpunkt. In diesem Abschnitt wird allerdings deutlich, wie die sich in den letzten Jahren vollziehende Professionalisierung die Plattformcharakteristika beeinflusst und sich damit auch auf Kommunikationsstrategien auswirkt.

Gegründet 2005 von Chad Hurley, Steve Chen und Jawed Karim, wurde die Firma YouTube bereits 2006 von Google gekauft. Seitdem ist sie unangefochtener Marktführer unter den Videoplattformen und aktuell die am zweit häufigsten besuchte Webseite nach Google und vor Facebook (Alexa 2015). Mittlerweile hat die Plattform mehr als eine Milliarde Nutzer und ist in 75 Ländern und 61 Sprachen verfügbar. Pro Minute werden ca. 300 h Videomaterial hochgeladen (YouTube 2015). Durch die Möglichkeit Kanäle[4] zu abonnieren, Videos zu teilen und Kommentare zu hinterlassen, zählt YouTube zur Gruppe sozialer Internetmedien wie Facebook und Twitter. Der Erfolg der Plattform gründet sich dabei vor allem auf der Tatsache, dass NutzerInnen selbst produzierte Videos (sogenannter user generated content, UGC) hochladen, abspielen und teilen können. Gleichzeitig können die Videos der Plattform kostenlos und ohne die Erstellung eines Accounts abgespielt werden. Hauptelement des Portals ist die Video-Seite, die sich bei Auswahl eines Videos über die Start- oder Kanalseite öffnet. Dort wird das Video über den integrierten Videoplayer angezeigt. NutzerInnen, die Videos

---

[4]Ein YouTube-Kanal stellt den individuellen Bereich von Account-InhaberInnen dar. Darin werden eigene Videos, Playlists (Videosammlungen) und Informationen gesammelt und individuell dargestellt.

hochladen, können diese mit eingebetteten Links und Textfragmenten sowie Informationen in einer separaten Box unterhalb des Videos versehen. Zudem finden sich unterhalb des Players verschiedene Möglichkeiten der Interaktion, wie den Kanal zu abonnieren, das Video über andere soziale Netzwerke (z. B. Facebook, Twitter) zu teilen, zu *liken* oder *disliken*[5] oder aber in der Kommentarsektion zu kommentieren.

Möchten NutzerInnen ein Video hochladen, ist es nötig, einen Kanal anzulegen und damit einen Account auf YouTube einzurichten. In der Folge der Professionalisierung durch die Übernahme von Google, ist es seit 2013 nur noch mit einem Google+ Konto möglich, Videos zu bewerten und zu kommentieren. Für das Abonnieren eines Kanals reicht allerdings bereits ein Google-Konto. Mit der Einführung von Werbeeinblendungen im Jahr 2007 wird die Professionalisierung explizit. Für YouTuberInnen[6] wird es dadurch immer wichtiger, Abonnentenzahlen zu steigern und mehr Views[7] zu generieren. Erst dann greift der plattformeigene Algorithmus, der bewertet, wie relevant und damit erfolgreich ein Video ist. Dabei gilt: umso erfolgreicher, umso relevanter und umso größer sind die Werbeeinnahmen. In der Folge verändert YouTube immer wieder die den Algorithmus bestimmenden Relevanzkriterien. Neben den gängigen Zahlenwerten aus Abonnentenzahlen, Views, Likes und Kommentaren gewinnt derzeit auch die Wiedergabezeit[8] eines Videos zunehmend an Bedeutung. Zur Beeinflussung dieser Kriterien stellt YouTube den YouTuberInnen umfangreiche Analysetools zur Verfügung, mithilfe derer ausgewertet werden kann, wann die Wiedergabe abgebrochen wurde, welche Zielgruppe der Kanal anspricht oder wie die ZuschauerInnen auf das Video aufmerksam wurden. Die daraus entwickelten Strategien beeinflussen dann nicht nur die Produktionsstrategien für folgende Videos, sondern rückwirkend auch die algorithmusbedingten Relevanzkriterien selbst.

Mittlerweile hat die Plattform einen unbestreitbaren Einfluss auf die Art, wie audiovisuelle Informationen vermittelt, aufgenommen und verbreitet werden. So bezeichnen Lister et al. (2009) YouTube Videos als die dominante Form

---

[5]Dies ist mithilfe zweier anklickbarer Buttons (Daumen hoch, Daumen runter) möglich.
[6]Als YouTuberInnen werden die ProduzentInnen eingestellter Videos bezeichnet. YouTube selbst verwendet häufig auch den Begriff der VideokünstlerInnen.
[7]Views stehen dafür, wie häufig ein Video abgespielt bzw. angesehen wurde. Nicht berücksichtigt wird dabei wie lange das Video angeschaut wurde.
[8]Im Vergleich zu den Views geht es hier darum, die NutzerInnen möglichst lange zu halten. Umso länger ein Video angeschaut wird, umso höher wird es gerankt.

der ‚Videographie'[9] des einundzwanzigsten Jahrhunderts. Soukup (2014, S. 25) betont zudem die Kombination aus „mass audience appeal with niche audience applicability" genauso wie die Verbindung von professionellen und amateurhaften Inhalten als besondere Merkmale der Plattform. Mit dem Verkauf an Google im Jahr 2006 veränderte sich der Charakter des Videoportals merklich. Vor allem durch die Einführung von Werbeeinblendungen stieg das Angebot professionell generierter Inhalte (PGC – professional generated content) deutlich. Diese zeichnen sich vor allem durch eine professionellere Produktion aus, hinter der nicht selten große Firmen oder staatliche Einrichtungen stehen. Vor allem die Aussicht darauf, das eigene Kundenspektrum zu erweitern, zieht nicht nur Werbekunden auf die Plattform. Fernsehsender tun sich zunehmend schwer, die junge Generation ihrer ZuschauerInnen zu erreichen. Scheint doch das zeit- und ortsunabhängige Angebot im Internet viel attraktiver als das starre Programm großer Sendeanstalten (Krachten 2012). Um mit dem eigenen Kanal Geld zu verdienen, müssen YouTuberInnen Mitglied im YouTube-Partnerschaftsprogramm werden und können dann zwischen zwei Haupteinnahmemodellen wählen. Häufig geklickte Videos können zum einen über ein Adwords-Konto bei Google beworben werden. Die Werbung wird dann entweder als InStream-Anzeige vor das eigentliche Video geschaltet oder sie wird als InDisplay-Anzeige in der rechten Spalte bei den empfohlenen Videos angezeigt. Durch die Verbreitung von Ad-Blocker Software gilt diese Form der Werbung mittlerweile allerdings nur noch als wenig lukrativ. Über ein zweites Einnahmemodell verdienen hauptberufliche YouTuberInnen mittlerweile über Produktplatzierungen innerhalb der Videos (Döring 2014). Hierfür gehen die YouTuberInnen Kooperationen mit Unternehmen ein und erhalten Geld für die Nennung oder Empfehlung der Produkte des Unternehmens. Durch fehlende Regulierungen und die Unübersichtlichkeit der Plattform werden Kooperationen nicht immer transparent gemacht, was Schleichwerbung zu einem viel kritisierten Problem innerhalb der YouTube-Community werden lässt (Döring 2014; Hüfner 2016). YouTube selbst erzielt durch diese Werbemodelle nur geringe Gewinne und dient Google hauptsächlich als Datenlieferant.

Neben der Einführung kommerzieller Werbemodelle ermöglicht es Google Unternehmen durch weitere Tools, eigene Inhalte besser zu platzieren, und entfacht so einen Konkurrenzkampf zwischen UGC und PGC-Inhalten (Kim 2012).

---

[9]Lister et al. (2009) bezieht sich hier nicht auf die in der deutschen Wissenssoziologie mit dem Begriff Videografie assoziierte Beobachtungsmethode, sondern auf die Praxis, sich mit Videos (analog zum Medium Schrift) auszudrücken.

Die Folge ist eine auch auf Seiten der UGC-Inhalte zu beobachtende Professionalisierung in Bezug auf Marketingstrategien und Produktionsabläufe. Für die zunehmende Professionalisierung und Institutionalisierung von YouTube spricht auch die Gründung sogenannter Netzwerke, welche noch junge Kanäle ideell und finanziell unterstützen. Ein Beispiel für diese Entwicklung ist in Deutschland die 2011 von Christoph Krachten gegründete Mediakraft AG, welche Kanäle beliebter Formate, wie z. B. Tutorials oder Vlogs, unter Vertrag nimmt (Krachten 2012).

Mittlerweile stellt aber auch YouTube selbst Informationen bereit, um eigene Videos professionell zu vermarkten, Abonnentenzahlen zu steigern und Werbeeinnahmen zu verbessern. Über das kostenlos online verfügbare YouTube Creator Playbook (Google 2016) sowie die YouTube Creator Academy (YouTube 2016) lernen YouTuberInnen, wie man Videoproduktion und Kanalgestaltung optimiert oder eine Community aufbaut. Empfohlen wird z. B. die Zusammenarbeit mit anderen YouTube-Kanälen (sogenannte Cross Promotion), die Optimierung von Video-Thumbnails[10] und Metadaten sowie die Verbesserung der Produktionsqualität anhand spezieller Aufnahme- und Schnitttechniken. Damit stehen YouTuberInnen vor der Wahl, inwieweit sie sich diesen, durch die algorithmische Relevanzzuschreibung bedingten Regeln unterwerfen wollen. So entstehen neue Kommunikationsmuster innerhalb der Plattform, die sowohl die Rezeption beeinflussen als auch selbst wieder neue Relevanzkriterien definieren oder aber alte bestätigen.

Nach diesem Einblick in die Funktionsweise des Videoportals YouTube wird klar, dass neben den ProduzentInnen auch die infrastrukturellen Mechanismen der Plattform selbst einen Einfluss darauf haben, wie Themen kommuniziert und rezipiert werden. Um den Einfluss auf die Wissenschaftskommunikation explizieren zu können, ist es zunächst nötig zu verstehen, wie sich die Vermittlung wissenschaftlicher Inhalte von der Vergangenheit bis in die Gegenwart entwickelt hat. Im kommenden Abschnitt erfolgt deshalb zunächst eine Einführung in die Geschichte der Wissenschaftskommunikation, um im Anschluss die sich daraus ergebenden Entwicklungen hinsichtlich der neuen Medien zu erläutern.

---

[10]Thumbnails sind Vorschaubilder der Videos, die über die Suchfunktion auf der Startseite oder in der rechten Spalte bei den empfohlenen Videos angezeigt werden. Nur als Mitglied des YouTube-Partnerprogramms ist es möglich, eigene Thumbnails zu gestalten.

3 Vom höfischen Vortrag zur Medialisierung 1.0

Wissenschaftskommunikation als die Verbreitung wissenschaftlicher Inhalte in der Öffentlichkeit ist nicht neu. Prominente Beispiele sind der Chemiker Justus von Liebig mit seinen „Chemischen Briefen" (Volhard 1903) oder auch der Psychologe B.F. Skinner, welcher populärwissenschaftliche Zeitungs- und Zeitschriftenartikel veröffentlichte (Rutherford 2004). Daum (1998) markiert den Anfang der Geschichte der Wissenschaftskommunikation bereits mit der kritischen Auseinandersetzung mit der Verbreitung von Wissen zur Zeit von Gutenberg und Kopernikus. Aber erst mit dem Beginn der Aufklärung in der frühen Neuzeit beginnt auch die Betrachtung der Popularisierung von Wissenschaft als eine Variante des Bemühens, Wissen und Gesellschaft bewusst in Beziehung zueinander zu setzen (ebd.). Bis ins 17. Jahrhundert hinein obliegt es dabei v.a. dem höfischen Publikum, in öffentlichen Demonstrationen über die Glaubwürdigkeit wissenschaftlicher Darstellungen zu bestimmen (Weingart 2005).[11] Wissenschaft und Zuschauer sind aufeinander angewiesen (ebd.). Die noch fehlende Institutionalisierung der Wissenschaft im darauffolgenden 18. Jahrhundert veranlasst Weingart (2005, S. 14) deshalb auch, diese Phase als „goldenes Zeitalter der Amateurwissenschaftler" zu bezeichnen. Während dieser Zeit gewinnen in besonderem Maße die Naturwissenschaften an Bedeutung. Gleichzeitig kommt es zu einer Ausdifferenzierung der Wissenschaft, die sich in einer stärkeren Abgrenzung der Wissenschaftlerrolle und des Forschungsortes zeigt und in der Folge zu einer allmählichen Verlagerung der Glaubwürdigkeit hin zu den neuen Institutionen führt (Weingart 2005). Bezogen auf die Kommunikation wissenschaftlicher Erkenntnisse kommt es zu einer Spaltung in eine primäre (v. a. innerwissenschaftliche) und eine sekundäre (v. a. nach außen gerichtete) Wissenschaftskommunikation (ebd.).

Ende des 18. Jahrhunderts verändert sich das bürgerliche Selbstverständnis und damit auch die Rolle der Öffentlichkeit (Faulstich 2006)[12]. Die mit den Aufklärungsgedanken der Zeit zwischen Revolution und Reichsgründung verknüpfte Forderung nach mehr Demokratie führt zu der Herausbildung der sogenannten wissenschaftlichen Volksbildung (Daum 1998). Die so entstehenden kleinen

---

[11]Für eine tiefer gehende Darstellung dieser Zeugenschaft – auch als *modest witness* bezeichnet – siehe z. B. Shapin (1984, 1991).

[12]Faulstich bezieht sich in seinem Aufsatz auf die Entstehung und den Zerfall einer bürgerlichen Öffentlichkeit wie Habermas (1962) sie im „Strukturwandel der Öffentlichkeit" ausführlich beschreibt.

Öffentlichkeiten bilden neue Strukturen öffentlicher Kommunikation z. B. in deutschen Tischgesellschaften. Vor allem zu Beginn des frühen 19. Jahrhunderts bilden sich immer mehr solcher Lesegesellschaften als Gegenentwurf zu einer Bildung, die nur in akademischen Einrichtungen vollzogen wird. Wissenschaftler, wie Alexander Humboldt, treten gleichzeitig als sogenannte Universalgelehrte zunehmend in die Öffentlichkeit und fördern so zusätzlich die Entwicklung des deutschen Bildungsidealismus (Faulstich 2006). Daum (1998, S. 38) bezeichnet deshalb die Zeit nach 1848 auch als „eigentliche dynamische Phase der Wissenschaftspopularisierung". Aussagen und Empfehlungen wurden in dieser Zeit vor allem in der Praxis der Wissensvermittlung formuliert, was neben einer zunehmenden Ausdifferenzierung der Adressatengruppen auch eine größere Vielfalt an Popularisierungsformen zur Folge hatte (ebd.). Die Gründung wissenschaftlicher Vereine und Zeitschriften sowie die Eröffnung zoologischer und botanischer Gärten genauso wie von öffentlichen Naturkundemuseen prägen die Hochphase der Popularisierung während des gesamten 19. Jahrhunderts.

Erst gegen Ende und zu Beginn des 20. Jahrhunderts verändert sich die Wissenschaftsvermittlung. Dies zunächst v. a. durch eine innerwissenschaftliche Pluralisierung der Wissenschaftsdisziplinen sowie der beginnenden Industrialisierung. Verständigungsprobleme zwischen den zunehmend differenzierteren Wissenschaftsdisziplinen machen Methoden der Wissenschaftskommunikation unabdingbar. Gleichzeitig führt die in Folge der Industrialisierung erkennbar werdende Forderung einer demokratischen Informationsweitergabe an alle Bevölkerungsgruppen sowie einer immer schnelleren Produktion von Wissen zu einer wachsenden Kluft zwischen Wissenschaft und Öffentlichkeit. Zusammen mit dem Aufkommen der Massenmedien und einer damit einhergehenden Kommerzialisierung der Wissenschaftsvermittlung im 20. Jahrhundert werden Mittler in Gestalt von WissenschaftsjournalistInnen immer wichtiger, um die Kommunikation zwischen Wissenschaft und Öffentlichkeit aufrecht zu erhalten (Daum 1998; Weingart 2005). Nach dem Ende des Ersten Weltkriegs v.a. aber seit Mitte der siebziger Jahre verliert die Wissenschaft zunehmend den Zuspruch der Öffentlichkeit und es wird explizit über festgeschriebene Vermittlungskonzepte nachgedacht. Das nun auftretende Legitimationsproblem verdrängt den sich seit dem 17. Jahrhundert gefestigten Autonomieanspruch, wonach wissenschaftliche Forschung unabhängig und durch staatliche Fördermittel erfolgen kann, solange sie gesellschaftlich verwertbares Wissen produziert. Ausgehend von dieser gegenüber der Gesellschaft zugewiesenen Funktonalität wurden unmittelbare Einflüsse auf die Produktion wissenschaftlicher Ergebnisse immer wieder abgewehrt. Mit dem Vertrauensverlust gerät die Wissenschaft nun unter den Zwang, das eigene Wirken legitimieren zu müssen, und versucht dies zunächst über das in den 1990er

Jahren entwickelte Konzept des „Public Understanding of Science". Das Modell gründet auf der Annahme einer defizitären Gesellschaft (auch Defizitmodell), die durch institutionalisierte Wissenschaftskommunikation belehrt werden soll. 1992 wird schließlich auch das Fachjournal „Public Understanding of Science" gegründet und markiert so den Beginn der noch jungen Geschichte der Erforschung der Wissenschaftskommunikation (Bucchi 2008). Ende der 1990er Jahre führen dann auch in Deutschland getroffene Überlegungen zu einer professionalisierten Betrachtung der Wissenschaftskommunikation (Dernbach et al. 2012). Nach ersten Projekten, wie z. B. der Einführung des Wissenschaftsjahres vom Bundesinstitut für Bildung und Forschung (BMBF) im Jahr 1998, unterschrieben 1999 auf Einladung des Stifterverbandes der deutschen Wissenschaft verschiedenste Wissenschaftsorganisationen das Memorandum „PUSH" (Public Understandig of Science and the Humanities) – Dialog Wissenschaft und Gesellschaft. Damit verpflichteten sie sich zu einer aktiven und gesteigerten Förderung der Wissenschaftskommunikation in der Bundesrepublik Deutschland (ebd.). Kritische Auseinandersetzungen mit dem Modell (Weingart 2005; Bauer et al. 2007) führten schließlich zu einer Erweiterung, dem „Public Engagement of Science and Technology" (PEST). Dieses stellt die Partizipation und den Dialog mit der Öffentlichkeit in den Mittelpunkt (Weingart 2005). Die Forderungen einer Abkehr vom Defizitmodell sowie gemeinsamen Lernprozessen von Wissenschaft und Öffentlichkeit durch eine stärkere Beteiligung der Öffentlichkeit an der Wissensproduktion bleiben jedoch bestehen (Daum 1998). Auch gründen sich die bestehenden Modelle weiterhin auf den Legitimationsbegriff als zentralen Ausgangspunkt für die Wissensvermittlung. Davon ableiten lässt sich der Wunsch der Wissenschaft nach einer möglichst großen Kontrolle darüber, welche Erkenntnisse wie in die Öffentlichkeit kommuniziert werden (Bucchi 2008). Dementsprechend große Bedeutung haben auch heute noch WissenschaftsjournalistInnen ebenso wie die Wissenschafts-PR als Mittler zwischen Wissenschaft und Öffentlichkeit. Deutlich wird dies auch im von Bucchi (2008) diskutierten Kontinuums-Modell der Wissensvermittlung. Darin durchläuft die Wissenschaftskommunikation vier Stufen: Im intraspezifischen Level wird das Wissen innerhalb der eigenen Disziplin über die Veröffentlichung von Artikeln in peer-reviewed Journals verbreitet. Im interspezifischen Level wird das Wissen dann über sogenannte „bridge journals" auch über die eigenen Disziplingrenzen hinweg diskutiert. Auf der pädagogischen Ebene wird das so gesicherte Wissen dann als „Textbook Wissenschaft" innerhalb von Lehrveranstaltungen und anderen Ausbildungsformen weitergegeben. Erst auf der populären Ebene werden wissenschaftliche Erkenntnisse in der Tagespresse oder im Fernsehen veröffentlicht. Die Übergänge zwischen den Ebenen sind dabei fließend. Es stellt sich die Frage, ob sich gerade diese Mittler- oder auch Gatekeeper-Rolle zwischen der internen und externen Wissensvermittlung durch das Aufkommen der neuen Medien verändert.

4 Medialisierung 2.0: Was ist neu an den neuen Medien?

Seit der Entwicklung des Web 2.0 werden wissenschaftliche Themen zunehmend auf privaten Blogs verhandelt und sind auch auf sozialen Netzwerken, wie Twitter, Facebook oder YouTube präsent. Durch die Digitalisierung und den Bedeutungsgewinn sozialer Medien entstehen zwar neue Möglichkeiten, aber auch Herausforderungen für die Wissenschaftskommunikation (Schäfer 2014). Eine höhere Reichweite, die Darstellungsvielfalt (z. B. Videoformate, Musik, Spiele) sowie eine verbesserte Möglichkeit zur Partizipation sind dabei zunächst als positiv zu bewerten und führen möglicherweise zu einer Popularisierung von Wissenschaft (Bubela et al. 2009; Bräutigam et al. 2013). Demgegenüber steht die Unsicherheit, ob Inhalte überhaupt das Publikum erreichen (Stichwort: Selektion) und ein möglicher Verlust der Glaubwürdigkeit von WissenschaftlerInnen durch fehlende „Gatekeeper" (Bubela et al. 2009). Aber auch die angeblich besseren Partizipationsmöglichkeiten sind kritisch zu sehen, schließlich sichert das Angebot noch nicht die Nachfrage bzw. Nutzung desselbigen (Peters et al. 2014). Die neuen technischen Infrastrukturen erlauben jedoch auch den Zugriff auf Informationen zu jeder Zeit und an jedem Ort und ermöglichen es jedem, auch selbst Informationen zu veröffentlichen und zu verbreiten. Auswirkungen des Web 2.0 beeinflussen dabei nicht jedes Medium auf die gleiche Art und im selben Tempo. So können zwar nun Artikel innerhalb der Online-Ausgaben bekannter Printmedien leichter geteilt und verbreitet werden, an der Arbeitsweise und der Rollenzuschreibung von JournalistInnen lassen sich zunächst allerdings keine Veränderungen beobachten. Erst nach und nach entstehen neue berufliche Nischen, wie die des Online-Journalismus, und es entwickeln sich neue Geschäftsmodelle im Kampf um das Informationsmonopol (Peters et al. 2014).

Daneben zeigen sich deutliche Auswirkungen, wie die der Publikation wissenschaftlicher Inhalte über Open Access Portale, auf die zunehmende Vermischung von interner und externer Wissenschaftskommunikation. Ähnlich wie Daum (1998) die Folgen der Popularisierung im 19. Jahrhundert beschreibt, werden auch durch die explosionsartig entstehende Vielfalt digitaler Medien Empfehlungen und Bekenntnisse vor allem in der Praxis der Wissensvermittlung formuliert. Spezifische Adressatengruppen können nun zielgerichteter angesprochen werden und immer mehr KommunikatorInnen betreten die Bühne der Wissensvermittlung und entwickeln immer vielfältigere Formate. Die Wissenschaft verliert dadurch zunehmend die Kontrolle darüber, welche Inhalte von wem und in welcher Form in die Öffentlichkeit getragen werden. Ihr bleibt der Blick von außen oder die Teilhabe mit der Aufforderung, sich an dem Experiment zu beteiligen und selbst neue Wege der Wissenschaftskommunikation zu gehen (Peters et al. 2014; Bader und Fritz 2011). Nur so kann sie herausfinden, wie sich bewährte Modelle an die modernen Infrastrukturen digitaler Medien einfügen, erweitern oder erneuern lassen.

In Bezug auf YouTube verdeutlichen die vom Wissenschaftsbarometer 2015 erhobenen Zahlen die wachsende Relevanz vor allem audiovisueller Inhalte im digitalen Angebot. In der von der gemeinnützigen Organisation „Wissenschaft im Dialog" durchgeführten repräsentativen Umfrage heißt es, dass ca. 60 % der 14 bis 29-Jährigen Videoplattformen wie YouTube nutzen, um sich über wissenschaftliche Themen zu informieren (Wissenschaft im Dialog 2015). Überraschend ist deshalb die Tatsache, dass es bislang kaum wissenschaftliche Veröffentlichungen bzw. Untersuchungen zu Wissenschafts- und Technikkommunikation auf Videoplattformen im Allgemeinen und auf YouTube im Speziellen gibt. Durch die zunehmende Verfügbarkeit von Informationen überall und jederzeit wird auch die Visualisierung zur Wissensvermittlung[13] immer relevanter. Das Format der Webvideos steht exemplarisch für diese Entwicklung. Nach Daum (1998) wird es deshalb immer relevanter, die Bildorientierung als Grundlage des menschlichen Daseins zu betrachten und eine stärkere Betonung der visuellen Dimension von Wissenschaftsvermittlung vorzunehmen. Noch deutlicher betont Allgaier (2012) die Notwendigkeit einer intensiveren Forschung in diesem Bereich und fordert ganz konkret eine wissenssoziologische Betrachtung des sogenannten *sharing*[14] von Videos genauso wie der Effekte solcher Videos auf die Öffentlichkeit sowie die Wissenschaft selbst. In den wenigen empirischen Betrachtungen fordern auch Morcillo et al. (2015) sowie Welbourne und Grant (2015) eine intensivere empirische, wissenschaftssoziologische Auseinandersetzung mit dem Thema Wissenschaftskommunikation auf YouTube. In ihrem Artikel zur Typologie populärer Wissenschafts-Webvideos identifizieren Morcillo et al. (2015) eine große Anzahl unterschiedlicher Genres und Subgenres. Sie kommen zu dem Schluss, dass die Produktion v. a. in Bezug auf die Montage und

---

[13]Für einen tieferen Einblick über die Bedeutung des Visuellen in der Wissenschaft und der Wissenschaftskommunikation siehe z. B. Burri (2008), Tuma und Schmidt (2013) oder Traue (2013).

[14]Verteilen von Videos über andere soziale Netzwerke wie z. B. Twitter oder Facebook.

das Storytelling zunehmend komplexer wird. Von besonderer Bedeutung für die größtmögliche Verbreitung und Popularität von Wissenschaftsvideos auf YouTube sind eine sehr kurze und anregende Einführungssequenz, ein dynamischer Hauptteil und eine klar kommunizierte Aufforderung zur Partizipation am Ende des Videos. Auch Welbourne und Grant (2015) widmen sich in ihrer Inhaltsanalyse den Einflüssen auf die Popularität von Wissenschafts-Webvideos und identifizieren drei Erfolgsfaktoren. Obwohl PGC-Inhalte überwiegen, kommen sie zu dem Ergebnis, dass UGC-Videos weit erfolgreicher sind, wenn es um Wissenschaftskommunikation geht. Daneben garantieren eine schnelle Informationspräsentation sowie eine zentrale Person, die die Inhalte kommuniziert, den Erfolg von Wissenschaftsvideos auf YouTube.

Darüber hinaus wissen wir bislang wenig darüber, wer Wissenschaftsvideos auf YouTube produziert, welche Kommunikationskonzepte dahinterstecken und wie diese die Produktion und auch die Rezeption von Wissenschaft auf YouTube beeinflussen. Die Notwendigkeit weiterer empirischer Untersuchungen scheint deshalb hochrelevant zu sein. Noch deutlicher formuliert dies Allgaier (2016) und bezieht sich dabei auf die Beobachtung, dass v. a. die Zahl unseriöser Inhalte zunimmt und es NutzerInnen immer schwerer fällt, die Glaubwürdigkeit von Webvideos zu beurteilen: „Klar erscheint jedoch, dass Akteure aus dem Umfeld der Wissenschaft unseriösen Gestalten auf Informationskanälen wie YouTube eigene Positionen entgegensetzen müssen und dass sie ihnen dieses einflussreiche Feld auf keinen Fall überlassen dürfen" (ebd., S. 8). Wie die Wissenschaft eine solche Position einnehmen könnte, ob durch die Produktion eigener Formate oder den Dialog mit bekannten Wissenschafts-YouTuberInnen[15], ist dabei noch unklar. Fakt ist, dass vor allem die großen wissenschaftlichen Einrichtungen daran scheitern, auf YouTube Fuß zu fassen (Allgaier 2016). Dies zeigt auch Breuer (2012) am Vergleich zwischen deutsch- und englischsprachigen Wissenschafts-Videos und macht das v. a. daran fest, dass sich deutsche Projekte zu wenig auf die Vermittlung von Wissen fokussieren und gleichzeitig die Inszenierung der ProtagonistInnen vernachlässigen. Dies ist möglicherweise darin begründet, dass sich die Wissenschaftskommunikation bislang zu wenig mit den infrastrukturell bedingten Vorgaben der Videoplattform YouTube auseinandergesetzt hat. Das Festhalten an alten Kommunikationsmustern ausgehend von Vermittlungskonzepten, die nicht an die Gegebenheiten neuer Medien angepasst wurden, führt deshalb möglicherweise zum Scheitern. Die zunehmend individualisierte, unkontrollierte

---

[15]Bezeichnet im Folgenden die ProduzentInnen von Wissenschafts-Videos auf YouTube.

Wissenschaftsvermittlung fördert dagegen andere Handlungsmuster zutage, die einerseits von den digitalen Plattformstrukturen abhängen und andererseits die Wissenschaftskommunikation verändern.

Im Anschluss an diesen Teil wird dargelegt, warum es notwendig ist, ausgehend von den hier vorgestellten Überlegungen, vertiefenden Einblick in die Kommunikation von Wissenschaft auf YouTube zu erhalten.

5 Methodische Herausforderungen wissenschaftssoziologischen Forschens mit und auf YouTube

Der bislang als defizitär zu bezeichnende Forschungsstand zu YouTube im Allgemeinen und zu Wissenschaft auf YouTube im Speziellen ist nicht nur darauf zurückzuführen, dass sich die Wissenschaftsforschung diesem Thema erst recht spät gewidmet hat, und auch nicht darauf, dass die Bedeutung des Videoportals schlichtweg unterschätzt wurde. Auch die methodischen Herausforderungen, die YouTube an WissenschaftlerInnen stellt, tragen dazu bei, dass es bislang nur wenige Veröffentlichungen über die Plattform gibt. Im Folgenden werden deshalb zunächst generelle methodische Herausforderungen vorgestellt und im Anschluss an einem Beispiel eigener Forschungsarbeit expliziert. Die Bezeichnung methodische Herausforderungen bezieht sich dabei nicht allein auf die Herausforderungen, welchen sich WissenschaftlerInnen bei der Untersuchung von YouTube stellen müssen. Darüber hinaus haben diese auch einen forschungsrelevanten Einfluss auf die Regelungsmechanismen der Plattform und damit auch auf die Produktion von Wissenschaft auf YouTube selbst.

Im Gegensatz zu YouTube gibt es zu Twitter und Facebook vergleichsweise viele wissenschaftliche Publikationen, die relativ einfach auf von sogenannten Web-Crawlern[16] und anderen digitalen Methoden[17] extrahierte und ausgewertete

---

[16]Web-Crawler ermöglichen die systematische Durchsuchung einer Webseite nach bestimmten Begriffen. Wissenschaftliche Betrachtungen dazu findet man z. B. bei Marres und Rogers (2005) oder bei Venturini und Latour (2010).

[17]Digitale Methoden dienen der zielgerichteten, wissenschaftlichen Betrachtung von Online-Applikationen und Webseiten mithilfe speziell hierfür entwickelter Tools. Eine zentrale Initiative zur Entwicklung und Erforschung solcher Methoden zur sozial- und politikwissenschaftlichen Forschung ist die Digital Methods Initiative (https://wiki.digital-methods.net/Dmi/WebHome).

Daten zurückgreifen können. Für die Untersuchung von YouTube spielen allerdings nicht nur die dem Video zugeordneten Texte, z. B. in Form von Kommentaren oder Informationen, eine Rolle, sondern eben auch das Video als solches. Bislang gibt es allerdings vor allem textbasierte Tools. Eine (bewegt)bildbasierte Suche oder sogar eine kombinierte Suche nach Bild und Text ist aktuell noch nicht durchführbar.

Zum besseren Verständnis, welchen konkreten Problemen sich WissenschaftlerInnen stellen müssen, wird nun das Vorgehen zur Bildung eines Korpus am Beispiel eigener Beobachtungen näher beschrieben. Anhand ethnografischer Studien, Interviews, der Analyse von Dokumenten sowie Videoanalysen wurden sowohl die Produktionsabläufe von Wissenschafts-Videos als auch die plattformspezifischen Regeln, denen sich Wissenschafts-YouTuberInnen stellen müssen, in den Fokus gerückt. Bei der Auswahl der Fallstudien lag der Fokus auf Wissenschafts-Kanälen[18], wodurch Einzelvideos als nicht relevant aussortiert wurden. Die Auswahl der Wissenschafts-Kanäle erfolgte durch eine Kombination verschiedener Kriterien, die vor allem durch die Such- und Personalisierungsalgorithmen der Plattform beeinflusst war. Zunächst wurde innerhalb von YouTube nach den Begriffen ‚Science' und ‚Wissenschaft' gesucht und die Ergebnisse nach Relevanz sortiert. Anhand welcher Eigenschaften der Filteralgorithmus Relevanz definiert, ist dabei relativ unklar. YouTube selbst definiert Erfolg angeblich vor allem ausgehend von zwei Kriterien: der Zahl der Views einzelner Videos und der Wiedergabezeit. Darüber hinaus gibt es innerhalb der Plattform-Community auch Diskussionen, ob weitere Faktoren, wie der Titel, die Beschreibung und die Bewertung ebenso eine übergeordnete Rolle spielen. Obwohl der YouTube-Algorithmus als streng gehütetes Geheimnis des Unternehmens gilt, kursieren unter den NutzerInnen immer wieder Regeln und Vorgaben, die, wenn man sich an sie hält, angeblich den Erfolg des eigenen Kanals beeinflussen können. Und auch YouTube selbst veröffentlicht mittlerweile Hinweise, so z. B. in der vom Unternehmen gegründeten ‚YouTube Creator Academy' (YouTube 2016).

---

[18]Bezeichnet im Folgenden die Kanäle von Wissenschafts-YouTuberInnen. Kanäle werden von YouTube-NutzerInnen (allgemein bezeichnet als „YouTuberInnen") mit einem eigenen Account unterhalten und beinhalten einzelne Videos oder zu thematischen Playlists zusammengefasste Videosammlungen. Dabei entsprechen Kanäle dem Profil der YouTuberInnen – ähnlich den Profilen in anderen sozialen Netzwerken, wie Facebook oder Twitter – und beinhalten Informationen wie z. B. Kontaktinformationen oder das Gründungsdatum des Kanals.

Einfluss haben die Algorithmen auch auf die Zuordnung einzelner Videos zu definierten Kategorien. NutzerInnen haben deshalb Probleme zu erkennen, welche Videos warum zu der Kategorie ‚Science' bzw. ‚Wissenschaft' zugeordnet werden. Eine ex-ante Definition dieser beiden Begriffe erscheint deshalb nicht sinnvoll. Nur durch eine offene Herangehensweise ist es möglich herauszuarbeiten, wie Wissenschaft auf YouTube definiert wird. Im Hinblick auf die Suche wissenschaftlicher Inhalte muss dabei immer berücksichtigt werden, dass die von Google und YouTube verwendeten Empfehlungsalgorithmen[19] einen zusätzlichen Einfluss haben. Die vorgeschlagenen Ergebnisse sind demnach stark abhängig von vorherigen Suchvorgängen, möglichen bereits existierenden Abos genauso wie anderweitig gesammelten Daten durch Google (z. B. über die Nutzung der Google-Suche, aber auch über Aktivitäten in anderen sozialen Netzwerken). Um diesen Einfluss möglichst gering zu halten, wurde die erstellte Ergebnisliste mit Empfehlungen und Erwähnungen einzelner Kanäle auf Blog-Seiten sowie Online-Magazinen ergänzt. Auch Verlinkungen und Netzwerke der Wissenschafts-YouTuberInnen selbst wurden genutzt, um die Auswahl weiter zu verfeinern. Schlussendlich hat vor allem die Bereitschaft der Wissenschafts-YouTuberInnen, sich für Interviews und ethnografische Studien zur Verfügung zu stellen, die Auswahl der Fälle beeinflusst.

Wissenschaft stellt sich dabei so vielfältig dar, wie bereits weiter oben angedeutet und wie es wohl auch der Vielfalt der YouTuberInnen entspricht. YouTube betont explizit, hochgeladene Beiträge weder zu kuratieren, noch zu ordnen. Das Unternehmen stellt damit lediglich die technische Infrastruktur zur Verfügung und überlässt den NutzerInnen, welche Inhalte produziert und rezipiert werden. Nur wenn grobe Verstöße an die Betreiber weitergeleitet werden, greift das Unternehmen ein. Damit bestimmen die YouTuberInnen neben den Inhalten, auch durch die Vergabe von Titeln und die Zuordnung von Schlagworten, welchen Kategorien ihre Videos zugeordnet und unter welchen Suchbegriffen sie gefunden werden können. So findet schließlich zumindest indirekt und über algorithmische Zuschreibungen doch eine Kuratierung durch den Plattformbetreiber statt. Und gerade diese, durch die plattformspezifischen Infrastrukturen bedingten, methodischen Herausforderungen haben in Wechselwirkung mit dem Verhalten der NutzerInnen einen großen Einfluss darauf, wie Wissenschaft auf YouTube produziert

---

[19]Für eine genauere Beschreibung des Problems in Bezug auf die Wissenschaftskommunikation siehe auch Allgaier (2016). Für einen allgemeinen Einblick in die Auswirkungen von Empfehlungsalgorithmen auf Relevanzkriterien am Beispiel öffentlich-rechtlicher Sendeanstalten siehe Pöchhacker et al. (2017).

und wahrgenommen wird[20]. Wissenschafts-YouTuberInnen stehen demnach vor denselben Herausforderungen wie alle KanalbetreiberInnen, nämlich sich diesen impliziten Regelungsprozessen zu unterwerfen und gleichzeitig sich selbst und den eigenen Inhalten treu zu bleiben. Spannend ist dabei die Frage, wie sich diese Herausforderungen auf die Wissenschaftskommunikation, aber auch auf das Bild der Wissenschaft selbst auswirken.

6 YouTube und die Wissenschaftskommunikation: wer verändert wen?

In den voran gegangenen Textabschnitten wurde zunächst erläutert, welche spezifischen Charakteristika und Entwicklungen sowohl auf Seiten von YouTube als auch der Wissenschaftskommunikation zu einem wechselseitigen Einfluss führen. Es ist deutlich geworden, dass eine intensive empirische wissenschaftssoziologische Erforschung von Wissenschaft auf YouTube notwendig ist, um genau dieses Spannungsfeld zwischen Plattform und Vermittlungskonzept explizieren zu können. YouTube ersetzt ganz besonders in der jüngeren Generation das Fernsehen. Neue Formate und neue Akteure prägen damit die Verbreitung und Aufnahme von Informationen über audiovisuelle Medien maßgeblich. Auch wissenschaftliche Erkenntnisse werden zunehmend über diesen Weg und außerhalb einer Kontrolle durch die Wissenschaft rezipiert und diskutiert. Ohne einen Einfluss darauf zu haben, verändern Wissenschafts-YouTuberInnen so die Wahrnehmung von Wissenschaft und damit auch die von Wissenschaftskommunikation. Ganz zentral erscheint dabei das Wechselspiel zwischen den durch Algorithmen bestimmten Plattformspezifika und den Vermittlungskonzepten der Wissenschaftskommunikation zu sein. Innerhalb dieses Spannungsfeldes von Produktionsregeln und qualitativen Ansprüchen an die Wissenschaftskommunikation ergeben sich Auswirkungen auf Rollen-, Produktions- und Vermittlungslogiken. Wissenschafts-YouTuberInnen stehen vor der Herausforderung, sich in diesem Spannungsfeld zwischen Plattform und Kommunikationsstrategie zu verorten. Dadurch werden sowohl ihre eigene Rolle, als auch ihre Arbeitsweise beeinflusst. Nicht zuletzt haben diese Aushandlungsprozesse auch Auswirkungen auf die Vermittlungskonzepte der Wissenschaftskommunikation.

---

[20]Mager (2012) beschreibt diese Wechselwirkung ausführlich – allerdings ohne konkreten Bezug zu YouTube.

6.1 Rollenlogiken

Neue Rollenlogiken erwachsen aus dem Konflikt zwischen Regelungsmechanismen auf YouTube und den durch die Vermittlungskonzepte der Wissenschaftskommunikation beeinflussten Selbstbildern und Handlungsmustern der Wissenschafts-YouTuberInnen. Dabei geht es zum einen darum, wie sich neue Rollenbilder in bereits bestehende Logiken der YouTube-Community einordnen. Auf der anderen Seite müssen sich neue Rollenlogiken auch an die klassischen Rollenkonzepte der Wissenschaftskommunikation anpassen.

Innerhalb der Plattform-Community haben sich bereits seit der Gründung des Videoportals erste Rollenbilder ausdifferenziert. Hierzu gehört z. B. die Gruppe der „Gamer", die auf ihren Kanälen Videospiele live kommentieren und damit eines der erfolgreichsten YouTube-Genres begründen. Dabei lassen sich nur schwer Grenzen zwischen Genre und der Rollenlogik eines Genres ziehen. Tutorials z. B. sind ein spezifisches Genre von Webvideos, in denen Anleitungen für vielfältige Problemstellungen präsentiert werden. Daneben ordnen sich YouTuberInnen speziellen thematischen Rollen zu, die eng mit den Genres verknüpft sind und anhand derer sie von ihren ZuschauerInnen identifiziert und bewertet werden. Eine Vermischung der beiden Begriffe erfolgt durch die zunehmende Professionalisierung der Plattform und die damit einhergehenden Marketingstrategien. Diese Form des Brandings führt über eine Profilierung zur Herausbildung spezifischer Rollenlogiken, die sich häufig in ähnlichen Produktions- und Präsentationsformen widerspiegelt. Die Gruppe der MakeUp-Tutorial-YouTuberInnen zeichnet z. B. eine ähnliche Sprache und ein vergleichbares Storytelling aus. Es stellt sich die Frage, ob sich auch eine Rolle der Wissenschafts-YouTuberInnen ausgehend von der aktuell wachsenden Zahl an Angeboten etabliert und durch welche Narrative oder Sprache sie sich von den anderen Rollenbildern abgrenzen. Innerhalb von Deutschland gibt es zum Beispiel seit wenigen Jahren eine Gruppe von Wissenschafts-YouTuberInnen, die sich über eine Facebook-Gruppe vernetzt, Produktionswissen austauscht und gemeinsame Projekte plant. Erste Beobachtungen legen nahe, dass sich Wissenschafts-YouTuberInnen möglicherweise nicht durch eine besondere Sprache oder Storyline auszeichnen. Vielmehr definiert sich die Rollenlogik anhand ihrer Position im Kontinuum zwischen qualitativ hochwertiger und gleichzeitig glaubwürdiger Wissensvermittlung und den Algorithmus getriebenen, auf Sensation ausgerichteten Regeln von YouTube.

Aber auch hinsichtlich bereits bestehender Rollenlogiken innerhalb der Wissenschaftskommunikation entwickeln sich möglicherweise neue Rollenbilder durch Vermittlungspraktiken auf YouTube. Wissenschaft wird bislang vor allem über WissenschaftsjournalistInnen oder aber die PR-Abteilungen wissenschaftlicher Einrichtungen kommuniziert (Daum 1998). Diese übernehmen die Rolle, wissenschaftliche Ergebnisse zu übersetzen und massentauglich zu vermitteln. Daneben werden wissenschaftliche Erkenntnisse und wissenschaftliches Arbeiten zunehmend auch von WissenschaftlerInnen direkt kommuniziert. Dies kann privat und ohne Einbezug der eigenen Institution z. B. über das Führen eines eigenen Blogs oder einer Webseite geschehen. Zentrales Element in diesem Prozess ist die Vermittlerrolle als Gatekeeper, welche darüber entscheidet, wie wissenschaftliche Erkenntnisse übersetzt werden ohne sie zu sehr zu vereinfachen bzw. zu verfälschen. Dabei erfolgt die Vermittlung meist erst dann, wenn wissenschaftliche Erkenntnisse bereits innerhalb der Wissenschaft selbst zirkuliert sind und sich dadurch gefestigt haben. Durch das Web 2.0 haben WissenschaftlerInnen nun aber die Möglichkeit, Wissen direkt und unter Umgehung der intra- und interspezifischen sowie der pädagogischen Ebene zu veröffentlichen (Bucchi 2008), sei es in einem Blog, auf der eigenen Webseite oder im YouTube-Kanal. Darüber hinaus haben nun auch Personen die Möglichkeit Wissenschaft zu kommunizieren, die selbst nicht Teil des Wissenschaftsbetriebs sind bzw. eine Ausbildung als WissenschaftsjournalistIn haben. Anstatt entsprechend dem Defizitmodell Wissenschaft an Laien zu kommunizieren, treten nun Laien selbst in diesen Kommunikationsprozess ein und beeinflussen so das Bild der Wissenschaft genauso wie die Wissenschaftskommunikation selbst. So haben zwar viele der Wissenschafts-YouTuberInnen ein Studium in dem Fach absolviert, das sie vorwiegend in ihren Videos präsentieren, sind aber nur in den seltensten Fällen Teil der institutionalisierten Wissenschaft. Auffällig ist, dass dabei v. a. Kanäle mit sehr hohen Abonnentenzahlen von YouTuberInnen betrieben werden, die keinen Kontakt mehr zu Wissenschaftsbetrieben haben. Damit unterscheidet sich YouTube deutlich von z. B. Wissenschafts-Blogs, die vorwiegend von WissenschaftlerInnen selbst oder aber von WissenschaftsjournalistInnen betrieben werden. Es stellt sich also die Frage, welche neue Rollenlogik in Bezug auf die Wissenschaftskommunikation hier entsteht, durch welche Handlungsabsichten sie geprägt ist und wie sie sich auf die Produktion und Darstellung von Wissenschaft auswirkt. Möglicherweise bestimmt die individuelle Verortung in diesem Spannungsfeld auch die Wahrnehmung und damit die Popularität der eigenen Präsentation auf YouTube und entspricht damit dem im Feld häufig verwendeten Begriff der ‚Authentizität'. Authentisch wirken möglicherweise die YouTuber, die den Konflikt zwischen Plattform und Wissenschaftsvermittlung explizieren und offen kommunizieren, wo sie sich in eben diesem Spannungsfeld verorten.

6.2 Produktionslogiken

Entwickeln sich neue Rollenlogiken, so beeinflussen diese in der Folge auch die Produktionslogiken von Wissenschafts-Videos. Wie bereits beschrieben, definieren sich auch die Rollenlogiken selbst wiederum über Produktionslogiken, wie Sprache oder Storytelling. Beide Begriffe lassen sich deshalb nur schwer voneinander trennen und bedingen sich wechselseitig. Produktionslogiken umfassen dabei ganz konkrete Strategien der Videoproduktion, wie z. B. Schnitttechniken, Kameraposition, aber auch die Darstellung der YouTuberInnen selbst. Neben der Ausrichtung am Inhalt (Content), orientieren sich diese Produktionsstrategien v. a. an den plattformspezifischen Regeln von YouTube. Auch Wissenschafts-YouTuberInnen sind in einem ständigen Aushandlungsprozess mit diesen Strukturen und entwickeln so neue Produktionslogiken. Dies könnte zunächst den Anschein erwecken, im Widerspruch mit der oben getroffenen Aussage zu stehen, wonach sich neue Rollenlogiken von Wissenschafts-YouTuberInnen eben nicht durch gemeinsame Präsentationsformen und damit Produktionslogiken auszeichnen. Mag die Aushandlung neuer Rollenlogiken auch nicht zu einem gemeinsamen Produktionsvorgehen führen, so besteht aber sehr wohl die Möglichkeit, dass die individuelle Rollenlogik die eigene Produktionslogik beeinflusst. Bestimmen sich Rollenlogiken also durch die individuelle Verortung im Spannungsgefüge zwischen Plattformstruktur und Vermittlungskonzept, ergeben sich daraus auch individuelle Produktionslogiken. Ob dies möglicherweise zu einem Pool ähnlicher Produktionsstrategien innerhalb der Gruppe der Wissenschafts-YouTuberInnen führt, wird Gegenstand weiterer Forschungsvorhaben sein. Ein Beispiel für den Einfluss von Rollenlogiken auf Produktionslogiken ist die Wahl des Thumbnail, das Vorschaubild, welches auf der Startseite erscheint. Das Thumbnail muss auf den ersten Blick den spannendsten Teil des Videos zeigen, um Aufmerksamkeit zu erzeugen und die NutzerInnen dazu zu animieren, es anzuklicken. Die aktuellen Trends orientieren sich zumeist am Sensationsgehalt des Videos. Wissenschafts-YouTuberInnen stehen also vor der Herausforderung, auf ihren Kanal aufmerksam zu machen und somit den Algorithmen zu folgen und gleichzeitig die eigene Seriosität und die des Themas zu wahren. Es stellt sich also die Frage, wie Wissenschafts-YouTuberInnen, ausgehend von den eigenen Rollenlogiken, mit diesen Konflikten umgehen und wie sich daraus individuelle Produktionslogiken ergeben.

Darüber hinaus werden die Produktionsstrategien von Wissenschafts-YouTuberInnen aber auch durch bereits vorhandene Formate der Wissenschaftskommunikation beeinflusst. Neben Fernsehformaten sind das zum Beispiel

Lehr-Lernvideos, aber auch unübliche Formate, wie Musikvideos, Comedy-Sendungen oder Animationsfilme. Es stellt sich die Frage, inwiefern sich Wissenschafts-YouTuberInnen an den Produktionsmechanismen klassischer Fernsehformate wie z. B. Dokumentationen oder Wissenssendungen (z. B. Wissen vor Acht, Sendung mit der Maus) orientieren und diese an das YouTube-Format anpassen. Dabei ist es nicht nur interessant zu hinterfragen, wie sehr sich die technischen Komponenten beider Formate ähneln bzw. aneinander annähern – sei es die Schnitttechnik oder auch das Storytelling – sondern auch wie Wissen auf YouTube übersetzt und an das sehr unspezifische Publikum weitergegeben wird. Welche narrativen Erzählformen bilden sich dabei heraus und werden möglicherweise durch die Plattform selbst, die YouTuberInnen, aber auch die ZuschauerInnen beeinflusst? Erste Beobachtungen legen nahe, dass auch hier vor allem die individuelle Rollenlogik einen Einfluss darauf hat, wie sehr sich die eigenen Produktionslogiken an den klassischen Fernsehformaten orientieren und wie durch narrative Erzählformate Wissenschaft übersetzt wird.

Inwiefern genau dabei die Aushandlung der Rollenlogiken mit denen der Produktion zusammenhängen und wie sie sich gegenseitig beeinflussen, muss noch in weiteren empirischen Untersuchungen geklärt werden.

6.3 Vermittlungslogiken

In bisherigen Interviews mit Wissenschafts-YouTuberInnen werden verschiedene Motive benannt, wenn es darum geht, warum die Wahl auf Wissenschaftskommunikation auf YouTube gefallen ist. Dennoch lassen sich zentrale Gemeinsamkeiten herausarbeiten. So spielen nur selten monetäre Gründe eine Rolle. Dies nicht zuletzt, weil bislang nur wenige YouTuberInnen überhaupt Geld mit ihren Videos verdienen, und sich wissenschaftliche Themen darüber hinaus nur selten dazu eignen, Produkte innerhalb der Videos zu platzieren. Vielmehr agieren Wissenschafts-YouTuberInnen getrieben von der eigenen Leidenschaft für ein bestimmtes Fachgebiet oder für die Wissenschaft allgemein. Sie bedienen sich dabei auch der partizipativen Möglichkeiten der Plattform und versuchen, ihre ZuschauerInnen aktiv in den Kommunikationsprozess einzubinden. Damit folgen sie auch der Wissenschaftskommunikation, deren zentrales Anliegen die Förderung des Dialogs ist. Die Möglichkeit der Teilhabe über soziale Medien wird deshalb zum einen als positiv angesehen, andererseits aber auch immer wieder kritisch hinterfragt. Dies vor allem deshalb, da es unklar ist, ob und wie nutzbringend Kommentarsektionen genutzt werden, und ob dies tatsächlich zu einer Aktivierung der Öffentlichkeit im Sinne des Public Engagement führt. Auch auf YouTube lassen sich unterschiedliche Ausprägungen der Nützlichkeit solcher Kommentarfunktionen beobachten. Die meisten Wissenschafts-YouTuberInnen fordern zwar in ihren Videos aktiv dazu auf, Kommentare zu hinterlassen, Inhalte zu diskutieren oder Fragen zu stellen. Aber nicht immer entstehen so auch tatsächlich fachliche Diskussionen oder kontroverse Auseinandersetzungen. Diskussionen entstehen vielmehr dann, wenn die behandelten Themen auch eine aktuelle gesellschaftliche Relevanz haben (z. B. Atomkraft, Migration).

Auch wenn Wissenschafts-YouTuberInnen den partizipativen Charakter ihrer Kanäle immer wieder hervorheben und die Pflege der Kommentarsektion maßgeblich zum Erfolg auf YouTube beiträgt, bleibt der Fokus auf der audiovisuellen Wissensvermittlung. Häufig verbinden Wissenschafts-YouTuberInnen dabei ihr Interesse an wissenschaftlichen Themen mit der Leidenschaft des kreativen Arbeitens. Wissen als Musikvideo, als Animation, als Comic oder im Rahmen einer Geschichte darzustellen ist ein aufwendiger und herausfordernder Prozess, dem sich die ProduzentInnen häufig in ihrer Freizeit und ohne finanzielle Einnahmen widmen. Man kann ihnen damit ein besonders hohes Maß an Motivation als Antriebskraft unterstellen. Häufig sind formulierte Handlungsabsichten deshalb mit dem Ausleben der eigenen Kreativität und dem Vermitteln der eigenen Leidenschaft für das Thema verknüpft. Überhaupt scheint vor allem der Spaß im Mittelpunkt zu stehen. ZuschauerInnen sollen nicht nur etwas lernen, sondern dabei auch unterhalten werden. Sie sollen die Leidenschaft der ProduzentInnen nachvollziehen können und diese im besten Falle auch für sich entdecken. Die Videos sollen ganz nebenbei eine fast kindliche Neugier wecken und die ZuschauerInnen dazu anregen, weitere Fragen zu stellen oder sich selbst weiter mit dem Thema zu beschäftigen. Dabei ist es manchen Wissenschafts-YouTuberInnen ganz besonders wichtig, gut verständliche Videos zu produzieren, anderen dagegen reicht es zum Nachdenken anzuregen. Die Idee Wissensvermittlung mit Unterhaltung zu verbinden ist nicht neu. Über das Defizitmodell, Dialogformate und das Public Engagement gab es immer wieder Konzepte, die das sogenannte Edutainment bedient haben. Auffällig ist allerdings, dass Wissenschafts-YouTuberInnen sich bezüglich ihrer Handlungsabsichten so gut wie nie auf das Legitimationsproblem der Wissenschaft beziehen. Dies mag vielleicht darin begründet sein, dass nur wenige von ihnen tatsächlich selbst in der Wissenschaft arbeiten und deshalb die Notwendigkeit einer Kommunikation zu Legitimationszwecken kaum eine Rolle spielt. Gleichzeitig macht es die Wissensvermittlung möglicherweise gerade deshalb für die ZuschauerInnen ‚authentisch'. Häufig wird PGC-Kanälen auf YouTube unterstellt, basierend auf falschen Interessen zu agieren. Im Fokus der Kritik steht dabei vor allem ein monetäres Motiv. Möglicherweise urteilen NutzerInnen ähnlich über die Motive wissenschaftlicher Institutionen, die eigene Videos auf YouTube veröffentlichen. Inwiefern sich hiervon Empfehlungen an die Wissenschaftskommunikation ableiten lassen, sollte genauso Gegenstand weiterer Untersuchungen sein, wie die Frage, ob sich nicht auch bei den Wissenschafts-YouTuberInnen der Effekt der Legitimation einstellt, auch wenn dieser vielleicht nicht explizit angestrebt wurde.

7 Fazit

Mit dem vorliegenden Beitrag wurde deutlich gemacht, warum es für die Wissenschaftskommunikation wichtig ist, sich intensiv mit YouTube als sozialer Plattform audiovisueller Wissensvermittlung auseinanderzusetzen. Durch ein besseres Verständnis der plattformspezifischen Infrastrukturen, den vorherrschenden Regeln zur Produktion, Zirkulation und Rezeption, ist die Wissenschaft nicht nur selbst in der Lage, das Potenzial des digitalen Videoportals zu nutzen, um junge NutzerInnen zu erreichen. Sie hat dadurch auch die Möglichkeit, zu verstehen, wie erfolgreiche Wissenschafts-YouTuberInnen das Bild der Wissenschaft beeinflussen und wie sich dies auch auf das Bild von WissenschaftlerInnen auswirkt. Zugleich haben aber auch die sich aus der Plattforminfrastruktur ergebenden Kommunikationsdynamiken Auswirkungen auf die Vermittlungskonzepte der Wissenschaftskommunikation.

Durch die Ausbildung neuer Rollenlogiken im Spannungsfeld der von Algorithmen bedingten Plattformspezifika auf der einen und dem eigenen Anspruch glaubwürdiger Wissensvermittlung auf der anderen Seite offenbart sich auch das Selbstbild der Wissenschaft in der Generation der YouTuberInnen. Es stellt sich die Frage, wie genau diese Rollenlogiken verhandelt werden und wie sie sich im stetigen Austausch mit den NutzerInnen etablieren. Von ganz besonderem Interesse ist in diesem Zusammenhang auch die Frage, wie diese Rollenlogiken das Bild von WissenschaftlerInnen beeinflusst; dies vor allem im Hinblick darauf, dass auf YouTube scheinbar bereits überwundene Stereotype wieder erstarken und nur selten hinterfragt werden.[21]

Neue Rollenlogiken stehen dabei auch in ständiger Verhandlung mit der Festschreibung spezifischer Produktionslogiken. Auch diese werden nicht nur durch die Plattform selbst geprägt. Einen ebenso wichtigen Einfluss hat die

---

[21]Einen kritischen Kommentar zum Thema findet man z. B. hier: https://broadly.vice.com/de/article/die-deutsche-youtube-szene-ist-sexistischer-als-jede-mario-barth-show.

Wissenschaftskommunikation bzw. die Interpretation von Wissenschaftskommunikation und deren Qualitätskriterien aus Sicht der Wissenschafts-YouTuberInnen. Vor allem im Vergleich zu bekannten Fernsehformaten, aber auch in Abgrenzung zu anderen Videoformaten auf YouTube (z. B. HowTo oder Beauty) stellt sich die Frage, wie Wissenschaft produziert wird und welche Narrative verwendet werden.

Schließlich haben YouTube und die Produktion von Wissenschaft auf YouTube einen Einfluss auf Vermittlungskonzepte der Wissenschaftskommunikation; sei es, dass neue Konzepte entstehen, die nur innerhalb der Plattform ihre Gültigkeit haben, oder, dass Wissenschafts-YouTuberInnen auch außerhalb des Portals einen nachhaltigen Einfluss auf die praktische und theoretische Wissenschaftskommunikation nehmen.

In den vorhergehenden Textabschnitten wurden methodische Herausforderungen von YouTube vorgestellt und anhand eigener empirischer Arbeiten expliziert. Welche Strategien nötig sind, um sich diesen Herausforderungen zu stellen und damit auch die infrastrukturellen Bedingungen der Plattform besser zu verstehen, muss in zukünftigen Forschungsarbeiten erarbeitet werden. Daneben wurde ein Konzept dreier verschiedener ineinandergreifender Logiken vorgestellt, welches die enge Verzahnung von digitaler Plattform und ProduzentInnen verdeutlicht und somit die Basis für ein besseres Verständnis von Wissenschaftskommunikation auf YouTube bildet. Mithilfe empirischer Arbeit wird es notwendig sein, im Rahmen weiterführender Studien dieses Konzept zu verfeinern, um ein umfassendes und vor allem differenziertes Bild von Wissenschaft(skommunikation) auf YouTube zu erhalten. Relevante Teilfragen betreffen z. B. den wechselseitigen Einfluss von Rollen- und Produktionslogiken, aber auch die Übertragbarkeit der Erkenntnisse auf andere Webvideo-Formate.

Abschließend lässt sich festhalten, dass die Wissenschaft nicht umhinkommen wird, sich mit den Herausforderungen algorithmisch bedingter Infrastrukturen digitaler Medien, wie YouTube, auseinanderzusetzen. Statt vorurteilsbehafteter Ignoranz gegenüber singenden PhysikerInnen oder wissenschaftlichen Animationsfilmen, ist vielmehr eine auf gegenseitigem Verstehen basierende Zusammenarbeit unverzichtbar.

Literatur

Alexa. 2015. The top 500 sites on the web. http://www.alexa.com/topsites. Zugegriffen: 21. August 2016.

Allgaier, J. 2012. On the Shoulders of YouTube: Science in Music Videos. *Science Communication* 35 (2): 266–75. doi:10.1177/1075547012454949.

Allgaier, J. 2016. Wo Wissenschaft auf Populärkultur trifft. In *Web Video Wissenschaft – Ohne Bewegtbild läuft nichts mehr im Netz: Wie Wissenschaftsvideos das Publikum erobern*, hrsg. v. Körkel, Thilo und Hoppenhaus, Kerstin, 1–10. Spektrum der Wissenschaft.

Bader, A. und G. Fritz. 2011. Zur Entwicklung von Formaten und Kommunikationsformen in der digitalen Wissenschaftskommunikation – eine evolutionäre Betrachtungsweise. In *Digitale Wissenschaftskommunikation – Formate und ihre Nutzung*, hrsg. v. Gloning, Thomas und Fritz, Gerd, 55–86. Gießen: Gießen elektronische Bibliothek.

Bauer, M. W., Allum, N. und Miller, S. 2007. What can we learn from 25 years of PUS survey research? Liberating and expanding the agenda. *Public Understanding of Science* 16: 79–95.

Berkowitz, J. 2013. Video abstracts, the latest trend in scientific publishing: Will "publish or perish" soon include "video or vanish"?. http://www.universityaffairs.ca/features/feature-article/video-abstracts-the-latest-trend-in-scientific-publishing/. Zugegriffen: 23. August 2016.

Bräutigam, Y. und Ettl-Huber, S. 2013. Potenziale von Social Media für die Medienarbeit in der externen Wissenschaftskommunikation. *Social Media in der Organisationskommunikation*, 147–66. doi:10.1007/978-3-658-02329-4_8.

Breuer, S. 2012. Über die Bedeutung von Authentizität und Inhalt für die Glaubwürdigkeit von Webvideo-Formaten in der Wissenschaftskommunikation. In *Öffentliche Wissenschaft und Neue Medien: Die Rolle der Web 2.0-Kultur in der Wissenschaftsvermittlung*, hrsg. v. Robertson-von Trotha, Caroline Y. und Morcillo, Jesús M, 101–12. Karlsruhe: KIT Scientific Publishing.

Bubela, T., Nisbet, C. M., Borchelt, R., Brunger, F., Critchley, C., Einsiedel, E., Geller, G. et al. 2009. Science communication reconsidered. *Nature Biotechnology* 27 (6): 514–18.

Bucchi, M. 2008. Of deficits, deviations and dialogues: Theories of public communication of science. In *Handbook of Public Communication of Science and Technology // Handbook of public communication of science and technology*, hrsg. v. Bucchi, Massimiano und Trench, Brian, 57–76. London, New York: Routledge.

Burri, R. V. 2008. Bilder als soziale Praxis: Grundlegungen einer Soziologie des Visuellen. *Zeitschrift für Soziologie* 37 (4): 342–58.

Daum, A. 1998. Popularisierung von Wissenschaft im 19. Jahrhundert. In *Öffentliche wissenschaft*, hrsg. v. Faulstich, Peter, 33–50. Bielefeld: Transcript.

Dernbach, B., Kleinert, C. und Münder, H. 2012. Einleitung: Die drei Ebenen der Wissenschaftskommunikation. In *Handbuch Wissenschaftskommunikation*, hrsg. v. Dernbach, Beatrice, 1–15. Wiesbaden: Springer VS.

Döring, N. 2014. Professionalisierung und Kommerzialisierung auf YouTube. *merz. medien + erziehung* 58 (4): 24–31.

Erviti, M. C. und Stengler, E. 2016. Online Video as a Science Communication Tool. 15th Annual STS Conference, Graz, 2016.

Faulstich, P. 2006. Öffentliche Wissenschaft. In *Öffentliche Wissenschaft*, hrsg. v. Faulstich, Peter, 11–32. Bielefeld: Transcript.

Google. 2015. I Want-to-Do Moments: From Home to Beauty. https://www.thinkwithgoogle.com/articles/i-want-to-do-micro-moments.html. Zugegriffen: 23. August 2016.

Google. 2016. YouTube Creator Playbook for Brands. https://www.thinkwithgoogle.com/playbooks/youtube.html. Zugegriffen: 21. August 2016.

Habermas, J. 1962. *Strukturwandel der Öffentlichkeit.* Neuwied: Luchterhand.
Hollmer, K. 2016. Wissenschaft – ein Hit auf YouTube. http://www.sueddeutsche.de/digital/science-channels-warum-wissenschaft-auf-youtube-so-gut-ankommt-1.3083267. Zugegriffen: 23. August 2016.
Hüfner, D. 2016. Gekaufte Youtube-Stars: Pewdiepie soll für positive Bewertungen bezahlt worden sein. http://t3n.de/news/gekaufte-youtube-stars-725216/?utm_content=buffer9c140&utm_medium=social&utm_source=facebook.com&utm_campaign=buffer. Zugegriffen: 23. August 2016.
Kim, J. 2012. The institutionalization of YouTube: From user-generated content to professionally generated content. *Media, Culture & Society* 34 (1): 53–67. doi:10.1177/0163443711427199.
Krachten, C. 2012. Bewegte Bilder im Wandel: Youtube bringt eine neue Generation Medienmacher. http://t3n.de/magazin/media-future-bewegte-bilder-wandel-228588/. Zugegriffen: 15. Juni 2016.
Lister, M.J., Dovey, S., Giddings, S., Grant, I. und Kelly, K. 2009. *New media: A critical introduction.* London: Routledge.
Lovell, J. 2015. YouTube's Rock Stars of Science Make a Splash a VidCon. http://blogs.scientificamerican.com/guest-blog/youtube-s-rock-stars-of-science-make-a-splash-a-vidcon1/. Zugegriffen: 23. August 2016.
Mager, A. 2012. Algorithmic ideology. *Information, Communication & Society* 15 (5): 769–87. doi:10.1080/1369118X.2012.676056.
Marres, N. und Rogers, R. 2005. Recipe for Tracing the Fate of Issues and their Publics on the Web. 922–35. Zugegriffen: 26. August 2016.
Mitra, B., Lewin-Jones, J., Barrett, H. und Williamson, S. 2010. The use of video to enable deep learning. *Research in Post-Compulsory Education* 15 (4): 405–14. doi:10.1080/13596748.2010.526802.
Morain, M. und Swarts, J. 2012. YouTutorial: A Framework for Assessing Instructional Online Video // YouTutorial: A Framework for Assessing Instructional Online Video. *Technical Communication Quarterly* 21 (1): 6–24. doi:10.1080/10572252.2012.626690.
Morcillo, J.M., Czurda, K. und Robertson-von Trotha, C.Y. 2015. Typologies of the Popular Science Web Video. http://arxiv.org/abs/1506.06149. Zugegriffen: 15. Juni 2016.
Peters, H.P., Dunwoody, S., Allgaier, J., Lo, Y.Y. und Brossard, D. 2014. Public Communication of Science 2.0: Is the Communication of Science via the "New Media" Online a Genuine Transformation or Old Wine in New Bottles?. *EMBO reports* 15 (7): 749–53. doi:10.15252/embr.201438979.
Pöchhacker, N., Burkhardt, M., Geipel, A. und Passoth, J-H. 2017. Interventionen in die Produktion algorithmischer Öffentlichkeiten: Recommender Systeme als Herausforderung für Öffentlich-Rechtliche Sendeanstalten. *Kommunikation@Gesellschaft* 18: 25.
Rutherford, A. 2004. A "Visible Scientist": B.F. Skinner's Writings for the Popular Press. *European Journal of Behavior Analysis* 5 (2): 109–20.
Schäfer, M. S. 2014. Antrittsvorlesung Vom Elfenbeinturm in die Gesellschaft. Wissenschaftskommunikation im Wandel. http://www.ipmz.uzh.ch/Abteilungen/Wissenschaftskommunikation/News/antrittsvorlesung/Schaefer_Antrittsvorlesung.pdf. Zugriffen: 5. September 2016

Seyffarth, M. 2016. So funktioniert die Nachhilfe via Youtube. http://www.welt.de/wirtschaft/karriere/bildung/article155771556/So-funktioniert-die-Nachhilfe-via-Youtube.html. Zugegriffen: 23. August 2016.

Shapin, S. 1984. Pump and Circumstance: Robert Boyle's Literary Technology. *Social Studies of Science* 14 (4): 481–520.

Shapin, S. 1991. A scholar and a gentleman: The problematic identity of the scientific practitioner in early modern England. *History of Science* 29: 279–327.

Soukup, P. A. 2014. Looking at, with and through YouTube. *Communication Research Trends* 33 (3): 3–34.

Traue, B. 2013. Bauformen audiovisueller Selbst-Diskurse. Zur Kuratierung und Zirkulation von Amateurbildern in Film, Fernsehen und Online-Video. In *Visuelles Wissen und Bilder des Sozialen*, hrsg. v. Lucht, Petra, Schmidt, Lisa-Marian und Tuma, René, 281–301. Wiesbaden: Springer Fachmedien Wiesbaden.

Tuma, R. und Schmidt, L.M. 2013. Soziologie des visuellen Wissens – Vorläufer, Relevanz und Perspektiven. In *Visuelles Wissen und Bilder des Sozialen*, hrsg. v. Lucht, Petra, Schmidt, Lisa-Marian und Tuma, René, 11–30. Wiesbaden: Springer Fachmedien Wiesbaden.

Venturini, T. und Latour, B. 2010. The social fabric: Digital traces and quali-quantitative methods. *Proceedings of Future en Seine 2009*, 87–101.

Volhard, J. 1903. Justus v. Liebig sein Leben und Wirken. *Justus Liebigs Annalen der Chemie* 328 (1): 1–40.

Weingart, P. 2005. *Die Wissenschaft der Öffentlichkeit: Essays zum Verhältnis von Wissenschaft, Medien und Öffentlichkeit*. 1. Aufl. Weilerswist: Velbrück Wissenschaft.

Welbourne, D. J. und Grant, W. J. 2015. Science Communication on YouTube: Factors That Affect Channel and Video Popularity. *Public understanding of science (Bristol, England)*. doi:10.1177/0963662515572068.

Wissenschaft im Dialog. 2015. *Wissenschaftsbarometer 2015*.

YouTube. 2015. Statistik. http://www.youtube.com/yt/press/de/statistics.html. Zugegriffen: 15. Juni 2015.

YouTube. 2016. Creator Academy. https://youtube.com/creatoracademy/page/education?tab=all&hl=de. Zugegriffen: 21. August 2016

Über die Autorin

Andrea Geipel hat Sportwissenschaften mit einem Schwerpunkt auf Neuropsychologie studiert und ist seit 2015 Doktorandin im Digital/Media/Lab des Munich Center for Technology in Society der Technischen Universität München. In ihrer Forschungsarbeit beschäftigt sie sich mit dem Einfluss sozialer Netzwerke auf Modelle der Wissenschaftskommunikation und welche Rolle in diesem Zusammenhang YouTube einnimmt.

Das Rätsel hochschulischer Imagefilme: Eröffnungssequenzen.

Einstieg in die Analyse visueller Kommunikationsgattungen

Stefan Bauernschmidt und Bernt Schnettler

Zusammenfassung
In diesem Beitrag rückt der *hochschulische Imagefilm* in den Mittelpunkt der Aufmerksamkeit, wobei das Interesse besonders den Eröffnungssequenzen dieser im Hochschulbereich neuartigen kommunikativen Ausdrucksformen gilt. Betrachtet werden diese mit der aus der soziologischen Gattungstheorie abgeleiteten Analyse visueller Gattungen. Nach einer knappen Darlegung des gattungstheoretischen und methodologischen Bezugsrahmens dieser gattungsanalytischen Spielart folgt die Analyse selbst. Im Verlauf dieser Analyse zeigt sich, dass sich das Wissen um diese Eröffnungssequenzen nicht allein auf einer der in der Gattungsanalyse unterschiedenen Beobachtungsebenen konstruiert, sondern erst in deren Zusammenspiel. Jede dieser Ebenen trägt ihren Teil zum sinnhaften Gesamtmuster der Gattung bzw. des kommunikativen Musters bei, wie dies im Fall der Eröffnungssequenzen vorgeführt wird. Ebenso zeigt sich, dass die Eröffnungssequenzen hochschulischer Imagefilme einen funktionellen Beitrag zur sozialen Konstruktion der Wirklichkeit wissenschaftlicher Institutionen leisten.

S. Bauernschmidt (✉) · B. Schnettler
Universität Bayreuth, Bayreuth, Deutschland
E-Mail: stefan.bauernschmidt@uni-bayreuth.de

B. Schnettler
E-Mail: schnettler@uni-bayreuth.de

Schlüsselwörter

Wissenschaftskommunikation · Wissenssoziologie · Visuelle Soziologie · Soziologische Gattungstheorie · Analyse visueller Gattungen · Visualisierung · Neue Medien · Soziale Medien

1 Einleitung

68/107; 5'45"; 1,4 % – Diese bare Zahlenreihe rekurriert auf ein kommunikatives Phänomen, das sich seit dem Millennium zu einem nicht länger ignorierbaren Tatbestand entwickelt hat: den *hochschulischen Imagefilm*. Im Vergleich zur Jahrtausendwende bedienen sich mittlerweile, dies zeigt das erste Zahlenpaar, zwei Drittel aller deutschen Hochschulen einer derartigen visuellen Ausdrucksform, um sich als Hochschule noch sichtbarer nach außen darzustellen. Dementsprechend kann in diachroner Hinsicht festgehalten werden, dass sich der *Imagefilm* (auch zu finden unter ähnlichen bzw. synonymen Bezeichnungen wie *Image Clip, Image Video, Kurzfilm, Unifilm* oder *Filmporträt*) in den letzten Jahren rasant verbreitet hat. Ähnliches gilt für die synchrone Perspektive: Nicht nur bei Universitäten, außeruniversitären Forschungseinrichtungen oder den anderen Hochschularten ist diese Bewegt-Bild-Kommunikation anzutreffen; auch jenseits des deutschen Hochschulwesens wird diese, aus dem wirtschaftlichen Feld herkommende kommunikative Form von Städten und Gemeinden, kirchlichen Einrichtungen, Verbänden, Schulen, Museen usw. eingesetzt. *Imagefilme* treten in gegenwärtigen, als *Wissensgesellschaften* apostrophierten, gesellschaftlichen Formationen feldübergreifend auf und fordern irgendeine Art des Verhaltens ein – sei es Nutzung oder bewusste Ablehnung. So oder so stellt sich die grundlegende Frage, welche Art von Wissen Hochschulen in einem *Imagefilm* zu vermitteln glauben?

Die zweite Ziffernfolge ist eine Zeitangabe. Im Durchschnitt haben *hochschulische Imagefilme* eine Spieldauer von fünf Minuten und 45 s, wobei der kürzeste Film von den hier untersuchten 68 Imagefilmen (68/107)[1] mit einer Länge von

---

[1]Seit 2013 wurden aus diesem Datenkorpus wiederholt ausgewählte hochschulische Imagefilme im Videoanalyse-Labor der Universität Bayreuth in einer Gruppe bestehend aus Professor/-innen, Doktor/-innen, Doktoranden und Studierenden gattungsanalytisch untersucht. Hierbei handelt es sich um Imagefilme folgender Universitäten: Christian-Albrechts-Universität zu Kiel, Universität Bochum, Universität Bielefeld, Friedrich-Alexander-Universität Erlangen-Nürnberg, Universität Bayreuth, Universität Konstanz, Johann Wolfgang Goethe-Universität Frankfurt am Main. Hinzukommen noch Kurzanalysen von Imagefilmen der Universitäten in Hannover und in Stuttgart sowie der Zeppelin Universität,

33 s auf den ersten Blick in die Nähe des Werbespots rückt – für den Fall, dass ausschließlich die Zeitspanne als Kriterium herangezogen wird – und der längste mit über 16 min in die Nachbarschaft einer kurzen Dokumentation. Dieser Umstand wirft u. a. die Frage auf, als was dieses in der wissenschaftlichen Sphäre neuartige kommunikative Phänomen zu behandeln ist. Was liegt hier überhaupt für ein Phänomen vor, wenn sich Universitäten des *Imagefilms* bedienen bzw. bedient haben?

Die letzte Zahl ist eine Prozentsatzdifferenz, die als leicht verständliches Assoziationsmaß Auskunft gibt über die Beziehung zwischen Eigenschaften eines Forschungsgegenstandes (bei Indifferenz ergibt dies null, bei vollständiger Abhängigkeit 100 %). Gefragt wurde im vorliegenden Fall nach der Beziehung zwischen der Trägerschaft der Universität: *staatlich/privat* und der Eigenschaft, einen *Imagefilm* zu besitzen oder eben nicht. Mit rund 1,4 % kann von einer Indifferenz zwischen den in der Analyse berücksichtigten Eigenschaften gesprochen werden. Dies heißt, sich einen *Imagefilm* produzieren zu lassen und in den Webauftritt zu integrieren, ist unabhängig von der Art der Trägerschaft. Ob staatlich oder privat, macht keinen Unterschied. Ein vergleichbares Bild ergibt sich bei denjenigen Prozentsatzdifferenzen, die sich auf die Beziehung zwischen Alter der Universität (*Gründung* als Indikator) und Vorhandensein eines *Imagefilms* (ja/nein) beziehen bzw. auf den Zusammenhang zwischen ihrer Größe (*Studierendenzahl* als Indikator) und dem Vorhandensein eines *Imagefilms*. Es ergibt sich erneut eine äußerst geringe Abhängigkeit, die gen Null geht und somit als Indifferenz behandelbar ist. Doch wenn das Vorhandensein eines *Imagefilms* ganz indifferent ist gegenüber hochschulischen Struktureigenschaften, stellt sich allerdings die Frage, inwieweit dieses durch Hochschulen angeeignete kommunikative Phänomen einen Beitrag leistet in der Konstruktion des universitär-wissenschaftlichen Bereichs. Antworten auf diese und die anderen aufgeworfenen Fragen nach der Kulturbedingtheit und -bedeutung kann u. a. der phänomenologisch orientierte wissenssoziologische Ansatz bzw. die soziologische Gattungstheorie liefern, die mit der Gattungsanalyse eine eigenständige Methodik zur Erforschung kommunikativer Phänomene ausgebildet hat.

Fußnote 1 (Fortsetzung)

die im Rahmen dieses Beitrags angefertigt worden sind (siehe hierzu das Filmverzeichnis). Fernziel des zugrunde liegenden Forschungsprojekts ist die Frage, welche Rolle Visualisierungen in der externen Wissenschaftskommunikation für die Vermittlung von Wissen (wissenschaftlichen Wissens wie auch Wissen über Wissenschaft) spielen.

Wie der Beitragstitel zeigt, geht es auf den nachfolgenden Seiten um den Versuch, den *hochschulischen Imagefilm* als kommunikative Gattung zu begreifen und aufgrund dessen unter einer bestimmten Perspektive zu analysieren. Grundlegender Ausgangspunkt für die nachfolgenden Ausführungen ist somit die Vermutung, dass diese kommunikativen Phänomene, die als *Imagefilm, Filmporträt, Unifilm* usw. bezeichnet werden, als Ganzes und in ihren Teilen eine Musterförmigkeit aufweisen, die sich als solche in einen funktionellen Bezug zur sozialen Konstruktion der Wirklichkeit wissenschaftlicher Institutionen stellen lässt.

Im vorliegenden Beitrag gilt das besondere Interesse den *Eröffnungssequenzen* hochschulischer Imagefilme, weil diese ähnlich einer Begrüßung dem Beginn eine Form geben. Nach der begrifflichen Auseinandersetzung mit dem kommunikativen Phänomen – Wie sind *Imagefilme* überhaupt definitorisch zu fassen, um gattungsanalytisch erforschbar zu werden? – wird in aller gebotenen Kürze auf die theoretischen und methodologischen Bezugsrahmen visueller Gattungen eingegangen. Anschließend wird eine Gattungsanalyse empirischer Daten (Satz von Eröffnungssequenzen) präsentiert. Hierbei stützen wir uns auf Daten, die aus einer anhaltenden Beschäftigung mit diesen kommunikativen Ausdrucksformen in den letzten Jahren stammen und auf eine Reihe von Data Sessions solcher Formen.

2 Elemente einer Analyse visueller Gattungen

2.1 Hochschulische Imagefilme als gattungsanalytischer Forschungsgegenstand

Jenes kommunikative Phänomen, das im Zentrum dieser Ausführungen steht, kann für den Moment gut eingefangen werden mit dem Begriff *Imagefilm*. Bei diesem *Arbeitsbegriff* kann es indessen im Rahmen einer gattungsanalytischen Studie nicht bleiben, weil in einer Gattungsanalyse ja erst die wesentlichen Charakteristika des kommunikativen Phänomens herauszuarbeiten sind. Es ist somit von nicht geringer Relevanz zu klären, mit welchem *Arbeitsbegriff* im Folgenden operiert wird, mit welchen begrifflichen Vorannahmen theoretische Überlegungen angestellt und welche empirischen Phänomene damit einbezogen bzw. ausgegrenzt werden. Eine wichtige Frage im wissenssoziologischen Rahmen ist demnach die nach dem Gebrauch des Begriffs *Imagefilm* seitens des Beobachters zweiter Ordnung, also des Gattungsanalytikers. Wird hier jedoch ein Urteil über das Phänomen vor der Erfahrung gefällt, sitzen wir einem Vorurteil auf, das sich verzerrend auf die Erkenntnisse auswirkt.

Als problematisch erweisen sich hierbei die beiden miteinander zusammenhängenden Sachverhalte dieses kommunikativen Phänomens. Einerseits ist es die Übertragung des Imagefilms aus dem wirtschaftlichen in den wissenschaftlichen Bereich bzw. generell seine Herkunft aus der wirtschaftlichen Sphäre mitsamt seiner historischen Vorläufer: den Produkt-, Industrie-, Unternehmens- oder auch Gebrauchsfilmen (Schmidt und Gizinski 2004; Hentschel und Casser 2007; Pretzer 2008); andererseits die damit einhergehende enge definitorische Bestimmung dieses kommunikativen Phänomens als „[…] ein kurzer Film, der in werbender Absicht ein Unternehmen, eine Institution, eine Marke oder ein Produkt porträtiert. Ein Imagefilm hat üblicherweise eine Spiellänge von nicht mehr als zehn Minuten" (Wikipedia o. J.). Problematisch ist nicht nur die Enge dieser Definition, die Image ausschließlich im Rahmen der Werbe- oder auch Wirtschaftskommunikation platziert und auf den Zweck reduziert, bei potenziellen Konsumenten/Kunden/Klienten eine positive Einstellung gegenüber einem Unternehmen, einer Institution, einer Marke oder einem Produkt hervorzurufen. Auf diese Weise werden ähnliche visuelle Kommunikationsphänomene von vornherein ausgeklammert, die eher darauf abzielen, überhaupt ein Bild der Universität zu etablieren, die Institution nach außen, insbesondere auf der digitalen Agora, sichtbar zu machen. Darüber hinaus ist auch die Unbestimmtheit dieser Definition zu kritisieren. Sie changiert zwischen Beeinflussung und (reiner) Beschreibung. Im ersten Fall wird der Schwerpunkt auf die Werbe- bzw. auf die Unternehmenskommunikation gelegt, im zweiten Fall liegt der Schwerpunkt auf dem Aspekt des Porträtierens. Je nachdem, in welche Richtung diese Begriffsbestimmung ausschlägt, rückt der eine oder andere Aspekt in den Vordergrund. Dass jedoch dieses kommunikative Phänomen eventuell Exemplar eines gänzlich anderen Kommunikationstyps sein könnte, wie z. B. dem der externen Wissenschaftskommunikation (Bauernschmidt 2013, 2017), gerät *a priori* erst gar nicht in den Blick. Ein anderer Aspekt kommt hinzu, wenn berücksichtigt wird, dass in der Übertragung und hochschulischen Aneignung der Bewegt-Bild-Kommunikation die Form sich selbst verändert bzw. vorsichtiger formuliert, verändern kann (Huck und Bauernschmidt 2012). Diese Übertragung bzw. Aneignung dieses Formats hebt um die Jahrtausendwende an und geschieht in einem historischen Moment, in dem bereits seit über einem Jahrzehnt ein vergleichsweise hohes Komplexitätsniveau gesamtgesellschaftlichen Kommunikationspotenzials vorherrscht (Ronneberger und Rühl 1992). Hinzu kommt, dass derartige *Imagefilme* inzwischen preiswert hergestellt und aufgrund optimierter Datenübertragungsraten (gerade bei digitalen Visualisierungen mit ihren großen Datenvolumina) zügig im World Wide Web verbreitet werden können (Castells 2003; Anonymus 2008). Dies wird ebenfalls bei der obigen Wikipedia-Definition unterschlagen.

Für die in diesem Beitrag durchgeführte Analyse ist der Forschungsgegenstand *Imagefilm* weiter und somit auch offener zu fassen. Dies ist leichter als erwartet zu bewerkstelligen, da hier über die Auszeichnung als *Image*[2] film auf den facettenreichen Begriff des *Images* rekurriert werden kann (Kautt 2015). Eine zweckmäßige Bestimmung für diese Begrifflichkeit liefert Oliver Brachfeld (1976), der unter einem *Image* die Gesamtheit der im Bewusstsein vorhandenen Bilder versteht, die ein Akteur oder eine Gruppe von sich selbst, von anderen Individuen, Gruppen, Organisationen, Schichten oder von bestimmten Gegenständen oder materiellen und sozialen Gegebenheiten hat (ebd.). *Images* fungieren handlungsorientierend. Auf einen, diese definitorische Formel gerade für die empirische Forschung erweiternden, Gesichtspunkt verwies bereits Kenneth Boulding in den 1950er Jahren (1956): *Images*, besonders die sogenannten *Public Images*, objektivieren sich in permanenten visuellen Formen, die Mitglieder einer Gruppe kollektiv teilen und darüber hinaus zur Selbsterhaltung der jeweiligen sozialen Entität beitragen. An diese weite Fassung des Phänomens wird in den nachfolgenden Ausführungen angeschlossen.

2.2 Soziologische Gattungstheorie als Bezugsrahmen der Forschung

Kommunikative Vorgänge finden tagtäglich in den diversesten Formen statt und können aus unterschiedlichsten Perspektiven analysiert werden. Im gattungstheoretischen Bezugsrahmen werden sie nicht länger nur als ein besonderes Beobachtungsfeld, sondern vielmehr als die beobachtbare Seite des Sozialen betrachtet. Mithilfe der beiden zentralen terminologischen Bausteine *kommunikative Gattung* und *kommunikativer Haushalt* (Luckmann 1988) wird die Analyseperspektive auf die mehr oder minder verfestigten kommunikativen Vorgänge eines gesellschaftlichen Diskursuniversums gerichtet. Dabei verläuft die Untersuchung von der Analyse von Gattungen über Gattungsfamilien und -aggregationen bis hin zum kommunikativen Haushalt einer geschichtlich-gesellschaftlichen Formation; mit diesem letzten Schritt werden endlich Einsichten und Erkenntnisse über den kommunikativen Aufbau und Wandel eben dieser Formation ermöglicht.

---

[2]Image wird hier verstanden als Bildbegriff und nicht eingeschränkt auf eine Markt- und werbepsychologische Begrifflichkeit, die darunter die Quintessenz der Einstellungen versteht, die Konsumenten einem Produkt, einer Dienstleistung oder einer Idee entgegenbringen (Gabler Wirtschaftslexikon o. J.).

Mit diesen Begrifflichkeiten werden die verschiedenen (Struktur- und sozialen Ordnungs-)Ebenen kommunikativer Vorgänge in der kommunikativen Konstruktion der Wirklichkeit systematisch beobachtbar und erforschbar. Weil es im vorliegenden Beitrag erst einmal um Exemplare kommunikativer bzw. visueller Gattungen gehen wird, rücken Erläuterungen zu dieser Begrifflichkeit in den Vordergrund.

Mit dem, auf der untersten Ordnungsebene der Gattungstheorie verorteten, Begriff der *kommunikativen Gattung* geht die grundlegende Idee einher, dass für „[…] das Verständnis des kommunikativen Aufbaus einer Gesellschaft […] die künstlich-kunstvoll ausgegrenzten, stark verfestigten und im Übrigen auch meist institutionell eingebetteten […] kommunikativen Gattungen von besonderer Bedeutung [sind]" (Luckmann 2002, S. 171). Kommunikative Gattungen sind in der fluiden Masse der kommunikativen Vorgänge die festen Muster. Infolgedessen können sie definiert werden als *musterförmige rekursive Lösungen für regelmäßig wiederkehrende kommunikative Probleme*. Verweisen diese Lösungen auf die Funktionen einer Gattung, so verweist die Musterförmigkeit auf deren Konstruiertheit und Erwartbarkeit. Kommunikative Gattungen sind im Vergleich mit spontanen kommunikativen Vorgängen durch ihre vorgeprägten Muster charakterisiert, die empirisch erkennbar werden an ihrer Verfestigung und Verbindlichkeit. „Mit Verfestigung kann man die vorkonstruierte Kombination kommunikativer Formen in einem zum Gebrauch bestimmten kommunikativen Handeln verfügbaren Muster bezeichnen" (Luckmann 2002, S. 168). Hingegen meint man „[…] mit Verbindlichkeiten […] das Gewicht der Erwartungen – oder gar der Erwartungsdurchsetzung – *für* den Gebrauch und *im* Gebrauch des Musters unter gegebenen Umständen" (ebd.). Als verfestigte kommunikative Vorgänge haben Gattungen somit entscheidenden Anteil an der Organisation, Obligatisierung und Routinisierung gesellschaftlichen Wissens. Neben dieser *Grundfunktion,* die sämtlichen Gattungsklassen zukommt, „unterscheiden sich kommunikative Gattungen eben in dem, was das kommunikative Problem, dessen jeweilige ‚Lösung' sie darstellen, in seiner Spezifität ausmacht" (ebd., S. 175). Dies ist ihre *Sonderfunktion,* die jedoch erst in der empirischen Analyse erkennbar wird. An dieser Stelle ist darauf hinzuweisen, dass kommunikative Gattungen trotz ihrer Musterförmigkeit nicht als statische Größen zu behandeln, sondern in ihrer Nutzung im Handeln zu betrachten sind (Schnettler und Knoblauch 2007). Sie lassen einen charakteristischen Ablauf des kommunikativen Vollzugs erkennen und müssen mithin als *dynamische* Gebilde verstanden werden. Gattungen sind direkt in das handlungsorientierende Wissen der Akteure eingelassen. Sie prägen den Verlauf kommunikativer Vorgänge vor, „[…] indem sie kommunikative Bestandteile dieser Vorgänge mehr oder minder detailliert und mehr oder weniger verpflichtend festlegen" (Luckmann

1988, S. 283). Sie spielen darüber hinaus auch bei der Konstruktion institutioneller Kontexte eine wichtige Rolle: „Beispielsweise zeichnet sich der universitär-wissenschaftliche Bereich durch die Verwendung bestimmter akademischer Gattungen (Seminardiskussionen, Prüfungsgespräche, Referate, Klausuren, Abstracts, Rezensionen etc.) aus, die […] kulturell unterschiedlich organisiert sein können" (Günthner 1995, S. 205). Auf diese Weise wird die konstitutive Bedeutung kommunikativen Handelns für das gesellschaftliche Leben und die Ausbildung sozialer Ordnungen zum Ausdruck gebracht und auch die Bedeutsamkeit kommunikativer Gattungen in der in beide Richtungen stattfindenden Wissensvermittlung zwischen Interaktion und Gesellschaftsstruktur (Schnettler et al. 2013, S. 357). Fragestellungen, die auf dieser untersten (Ordnungs-)Ebene der soziologischen Gattungstheorie angesiedelt sind und für sämtliche Gattungsklassen – seien es mündliche, mediale, hybride oder visuelle – Geltung besitzen, nehmen hauptsächlich Bezug auf die Sonderfunktion der jeweils beobachteten Gattung. Sie beziehen sich also darauf, welche gesellschaftliche Problemlage dieser rekursiven Lösung zugrunde liegt und darauf, unter welchen Konstellationen gattungsmäßige Verfestigungen und Verbindlichkeiten auftreten.

2.3 Soziologische Gattungsanalyse als Forschungsmethodik

Zur Formenbeschreibung und Funktionsbestimmung in der Anwendung der Gattungsanalyse auf kommunikative Phänomene hat Thomas Luckmann (1986) zunächst zwei, späterhin, den Vorschlag von Susanne Günthner und Hubert Knoblauch (1994) aufnehmend, drei, nur analytisch trennbare Beobachtungsebenen differenziert: die materiale *Binnenstruktur,* die interaktiv-situative *Zwischenstruktur* und die sozialstrukturelle *Außenstruktur.* Erst im Zusammenspiel dieser Ebenen wird das Gesamtmuster der Gattung konstituiert.

Die *Binnenstruktur* beruht auf der materialen Grundlage von Gattungen. Sie liefert die, allerdings recht verschiedenartigen, kommunikativen Elemente, aus denen sich die jeweilige Gattung aufbaut. Dies sind abstrakt gesprochen „[…] die verschiedenen, in einem gesellschaftlichen Wissensvorrat zur Verfügung stehenden Zeichensysteme […] und die mehr oder minder konventionalisierten Ausdrucksformen, denen in unmittelbarer Kommunikation eine wichtige Rolle zukommen kann" (Luckmann 2002, S. 166 f.). Kommunikative Gattungen können so in Unterklassen unterteilt werden – je nachdem auf welchem (Zeichen- oder Ausdrucks-) Material sie dominant beruhen: in mündliche, schriftliche, mediale und ebenso in visuelle Gattungen. In der letztgenannten Gattungsklasse können bestimmte

Gestaltungsmöglichkeiten eingesetzt werden, die in anderen Klassen nicht zu finden sind. „Eine Predigt kennt wohl eindringliche Worte, den Zeitlupenzoom kennt aber nur das ‚Wort zum Sonntag'" (Ayaß 2011, S. 289). Für das Verhältnis der (audio-)visuellen zur kommunikativen Gattung gilt das, was Angela Keppler (2011) bereits für die Stellung medialer Gattungen zu Gattungen der Kommunikation festgehalten hat: Sie sind eine Unterklasse. Daher wird auch bei der Analyse visueller Gattungen nach der Funktion gefragt, also danach, für welches kommunikative Problem sie die Lösung liefern. Als verfestigte Formen dienen sie.

> [...] der Ordnung kommunikativer Sequenzen, die den Teilnehmern eine Orientierung über die Art des stattfindenden Kommunikationsprozesses bieten. Gattungen in diesem Sinn sind für eine gewisse Dauer feststehende Prozeduren der Kommunikation. Das Besondere an Gattungen [...] ist gerade, dass sie bereits durch die Art ihres Verlaufs eine Orientierung erzeugen, die alles prägt, was im Verlauf der jeweiligen kommunikativen Einheit zur Sprache und *zur Anschauung* [Herv. d. Autoren] kommt (ebd., S. 312).

Analog zur Bestimmung kommunikativer Gattungen stellen visuelle Gattungen verfestigte visuelle Kommunikationsformen dar, in denen etwas Soziales sichtbar gemacht wird. „Visuelle Gattungen können demnach den Verlauf visueller Kommunikation vorprägen, da sie analog zu mündlichen Gattungen, die ihrerseits Sprachhandlungen vorprägen, dies für Zeigehandlungen leisten" (Bauerschmidt 2016, S. 156).

Mit der *Außenstruktur* wird der Blick des Beobachters auf die sozialstrukturellen Merkmale von Gesellschaft gerichtet, die in die kommunikative Gattung hineinwirken bzw. die institutionellen Bereiche, die durch die Gattung (mit)konstruiert werden. Sie besteht aus Definitionen wechselseitiger Beziehungen, kommunikativer Milieus, Situationen und der Auswahl von Akteurs-Typen (bspw. nach Geschlecht, Alter, Schichtzugehörigkeit), aber auch aus unterschiedlichsten Rahmenbedingungen und anderweitigen Bezügen – u. a. „Bildbezüge" (ebd.) – die je nach dem Material der vorliegenden Gattung relevant werden.

Insbesondere bei der Analyse mündlicher Kommunikationen hat sich herausgestellt, dass noch eine dritte Ebene Berücksichtigung finden muss, die der *Zwischenstruktur.* Diese ergibt sich dadurch, „[...] daß sich kommunikative Äußerungen auf verschiedene Akteure verteilen und mündliche Gattungen dialogisch erzeugt werden" (Günthner und Knoblauch 1994, S. 708). Hiermit geht eine gewisse Eigengesetzlichkeit kommunikativer Diskurse in spezifischen Situationen einher, die weder mit der Binnen- noch mit der Außenperspektive eingeholt werden kann. Diese situative Realisierung umfasst z. B. Redezugabstimmungen, Beteiligungsformate und die soziale Welt in gemeinsamer Reichweite.

Dieser rein methodologisch verstandene Strukturbegriff eröffnet im gattungstheoretischen Bezugsrahmen eine spezifische analytische Perspektive auf kommunikative Phänomene und macht diese, wie erläutert, beobachtbar und beschreibbar.

3 Eröffnungssequenzen hochschulischer Imagefilme

Wie die vorangegangenen gattungstheoretischen und -methodologischen Darlegungen deutlich machen, erscheint es nur dann sinnvoll, *hochschulische Imagefilme* überhaupt als kommunikative bzw. visuelle Gattungen zu behandeln, wenn sie an Erwartungen gebundene Spezifika aufweisen. Dies trifft auf das Phänomen *Imagefilm* zu, wie dies bspw. an Checklisten (IFAM und KOMMA 1998) oder in satirischen Überhöhungen wie dem prämierten *Imagefilm* der Münchner Produktionsfirma al dente entertainment *S'Lebn is a Freid!/Die Mutter aller Imagefilme* deutlich wird. Zu beachten ist in den gattungstheoretischen Analysen – dies zeigen die vorangegangenen Überlegungen ebenfalls –, dass es in einer derartigen Erforschung *hochschulischer Imagefilme* nicht allein um dieses mediale Produkt gehen kann. Eine derartige Untersuchung würde in einer Analyse der medialen Gattung aufgehen. Es dreht sich hingegen um den Umgang mit diesen mehr oder weniger stark verfestigten und graduell verbindlichen audiovisuellen Formen in konkreten sozialen Situationen. In diesem Sinne ist es die Analyse einer „Face-to-Screen-Situation" (Knorr-Cetina 2012).

Im Folgenden konzentriert sich die Analyse auf die Eröffnungssequenzen *hochschulischer Imagefilme*. Hierbei gehen wir aus heuristischen Gründen von der Vermutung aus, dass derartige Eröffnungssequenzen ähnlich funktionieren wie eine Begrüßung. „Dem Gruß kommt das Privileg zu, dem Beginnen eine Form zu geben" (Allert 2005, S. 11). Auf diese Weise betrachtet auch der soziologische Gattungsanalytiker die Begrüßung und fragt, worauf diese Paarsequenz von Gruß und Gegengruß in ihrer Formenvielfalt die *Antwort* liefert. Eingestellt in diesen Bezugsrahmen zeigt sich, dass die Begrüßung das Problem der Eröffnung von Beziehungen (Kontaktaufnahme) löst – und dies für den Erstkontakt ebenso wie für bereits bestehende Beziehungen. „In Begrüßungen wird zum einen eine wechselseitige Wahrnehmung erzeugt und demonstriert, und zum anderen wird in der Begrüßung die soziale Relation der Teilnehmer untereinander wieder hergestellt und bestätigt" (Ayaß 2011, S. 279). Dieser *kleinen Form* der Kommunikation möchten wir uns im Folgenden zuwenden. Aber nun nicht am (Zeichen- und Ausdrucks-)Material mündlicher Kommunikation, sondern den

Äquivalenten in den *hochschulischen Imagefilmen* bzw. in deren Eröffnungssequenzen (Böhnke 2005; Stanitzek 2009). Die Eröffnungssequenz markiert den filmischen Beginn eines Films, wobei sie nicht unbedingt dafür gedacht ist, Aufmerksamkeit zu generieren, jedoch definitiv dafür, die Unaufmerksamkeit der Betrachtenden zu zerstreuen und seine Wahrnehmung auf den beginnenden Film zu lenken (Stanitzek 2009). Gleichwohl sie einen Beginn und ein Ende hat, sind die Strategien ihrer Komposition dazwischen mannigfaltig, wie wir gleich bei der binnenstrukturellen Betrachtung der Eröffnungssequenzen sehen werden.

3.1 Binnenstruktur hochschulischer Imagefilme

Die Analyse setzt, so die erste gattungsanalytische Auswertungs-Maxime, auf binnenstruktureller Ebene an; zum einen, da sich für den im Alltag unter seinen Mitmenschen lebenden und handelnden Menschen eben hier die kommunikativen Vorgänge materialisieren und in ihrer spezifischen Gestalt konkretisieren. Zum anderen können wir an dieser Stelle gattungsanalytisch dem Phänomen als empirischem Datum habhaft werden. Denn wie die Interaktanten das Gesprochene einer kommunikativen Gattung hören (und Dritten das Gesprochene eventuell als aufgezeichnetes auditives Material vorliegt), so sehen bei der visuellen Gattung die Interaktanten das Gezeigte (und es liegt Dritten eventuell als aufgezeichnetes audiovisuelles Material[3] vor). Wenden wir uns also nun dem Imagefilm in seiner (multimodalen) Materialität zu und stellen zunächst die Frage nach der ikonografischen Dimension (vgl. Raab 2008) des jeweiligen *hochschulischen Imagefilms*: Was wird gezeigt bzw. was ist zu sehen?

Die erste Eröffnungssequenz stammt aus dem Imagefilm der *Gottfried Wilhelm Leibniz Universität Hannover.* Im Jahr 2006, anlässlich des 175. Jubiläums der Universität, gab sich die Uni, bisher ausschließlich als Universität Hannover bekannt, jenen neuen Namen: Gottfried Wilhelm Leibniz Universität Hannover". Leibniz als Namenspatron vereint, so die Überlegungen der Hochschulleitung, „mit seinen wissenschaftlichen Studien, die von der Philosophie bis zur Technik reichten, eine wissenschaftliche Vielfalt, die charakteristisch für das Profil

---

[3] „Als Arbeitsbegriff verwenden wir dabei absichtsvoll den Ausdruck »Visualisierungen«. Denn gegenüber dem Bildbegriff besitzt der Visualisierungsbegriff den Vorzug, ein größeres Spektrum an Ausdrucksformen in die Analysen einbeziehen zu können – vor allem auch das, was nur sehr ungenügend als »laufende Bilder« bezeichnet wird. Filmartige Visualisierungen spielen im Folgenden eine besondere Rolle, was wir am Beispiel des universitären Imagefilms zeigen werden" (Schnettler und Bauernschmidt 2017, im Druck).

Tab. 1 Partitur der Eröffnungssequenz des Imagefilms der Universität Hannover. (Quelle: Gottfried-Wilhelm-*Leibniz Universität Hannover-Imagefilm*)

Einstellung	Zeit (in Sek.)	Bilddiskurs	Akustischer Diskurs	
			Voice Over	Musik/Geräusche
1	1	Turm, Dach und Giebel eines schlossähnlichen Gebäudes	–	Gleichbleibende Tonhöhe (monochromer Ton)
2	2	Schwarzer Bildschirm	–	
3	3	Säulen, Fenster, Verzierungen, Uhr eines schlossähnlichen Gebäudes	–	
4	4	Schwarzer Bildschirm	–	
5	5	Sandsteinfigur und Gebäudeteil eines schlossähnlichen Gebäudes	–	
6	7	Schwarzer Bildschirm	–	

Mit Wissen Zukunft gestalten – Imagefilm der Gottfried Wilhelm Leibniz Universität Hannover
- Spieldauer: 9:49
- Produktion: TVN Group
- Veröffentlichung: 2009

der heutigen Leibniz Universität Hannover ist" (Universität Hannover 2016, S. 9). Innerhalb dieses Rahmens entstand in den Folgejahren auch der Imagefilm *Mit Wissen Zukunft gestalten,* der 2009 auf der Homepage der Universität veröffentlicht wurde.

Zunächst folgt eine Beschreibung der gezeigten Visualisierungen in der Eingangssequenz des Imagefilms, die die ersten sieben Sekunden der knapp zehnminütigen Bewegt-Bild-Kommunikation ausmacht. In der folgenden Partitur (vgl. Raab und Tänzler 2006) findet sich die entsprechende Beschreibung (siehe Tab. 1).

In der Eröffnungssequenz dieses *Imagefilms* sind aus teils ungewöhnlicher filmischer Perspektive schlossähnliche Gebäudeteile zu sehen[4], die sich im weiteren Verlauf des Imagefilms als Gebäude der Universität Hannover herausstellen.

---

[4]Hier wird aus der Position des Gattungsanalytikers gesprochen, der eine Beschreibung der Bewegt-Bild-Kommunikation anfertigt. Die sich hieran anschließenden Fragen in der Analyse der visuellen Gattung: Was sehen die Rezipienten *hochschulischer Imagefilme?* Wird gesehen was gezeigt wird? Folgen die Rezipienten der durch eine spezifische Gestaltung im *Imagefilm* angelegten Wahrnehmungsrichtung (Bauernschmidt 2016)?

Hierbei handelt es sich in der Tat um ein ehemaliges Schloss, das Welfenschloss, das seit 1879 als Hauptsitz der Universität genutzt wird. Des Weiteren ist der Marstall zu sehen (Pietsch 2003). In dieser Eröffnungssequenz dominiert das visuelle Programm. Der akustische Diskurs ist äußerst reduziert eingesetzt (kein Sprecher bzw. Voice Over, minimale musikalische Begleitung in Form eines gleichbleibenden Begleittons, der einen *alarmierenden* Eindruck erzeugen mag). Die in Szene gesetzten Visualisierungen in dieser Eröffnung, so die Lesart dieser ersten Sekunden, ahmen den Blick eines Betrachters nach, der sich das Welfenschloss ansieht. Die Aus- und Einblendung zwischen den sechs Einstellungen der Eröffnungssequenz imitieren das Schließen und Öffnen der Augenlider. Immer wieder aufs Neue eröffnen sich dadurch dem Betrachter neue, ungewöhnliche Ansichten des Schlosses bzw. Details des Schlosses und des Marstalls. Sinn und Zweck dieser Subjektivierung der Perspektive, so die Überlegung, die dieser Lesart zugrunde liegt, besteht darin, einen jeweils persönlichen Zugang zu dem im *Imagefilm* Nachfolgenden zu eröffnen.

In einer Gattungsanalyse, dies ist das nächste Auswertungsprinzip, kann es jedoch nicht bei diesem Exemplar bleiben. Um ein Muster zu identifizieren, sind *Eröffnungssequenzen* weiterer hochschulischer Imagefilm heranzuziehen, um Vermutungen über ein mögliches Muster aufzustellen. Sehen wir uns also weitere Exemplare an.

Die zweite Eröffnungssequenz stammt aus dem Imagefilm der *Universität Stuttgart*. Bis ins Jahr 1985 gehen die Bemühungen der Universität zurück, ein anerkanntes Corporate Design aufzubauen. Im Jahr 2016 ist das Corporate Design den digitalen Anforderungen angepasst, vereinfacht und modernisiert worden (Universität Stuttgart 2016). Wie in der Beschreibung der Eröffnungssequenz dieses Imagefilms ablesbar bzw. sichtbar, gehört er noch dem alten Corporate Design an, das noch nicht den Kreis als „Basis und ideale Formsprache für ein zeitgemäßes Design mit hoher Flexibilität und hohem Wiedererkennungswert" (ebd., S. 5) inthronisiert hat. Folgen wir zunächst der entsprechenden Beschreibung der im Imagefilm gezeigten visuellen Inszenierung, wie sie in der Partitur niedergelegt ist (Tab. 2).

In diesem Imagefilm sind in den ersten Sekunden kubische Gegenstände (bzw. Rauten), teils statisch, teils dynamisch sich verhaltend, zu sehen, die sich nivellieren und gleichzeitig auf den Bildhorizont zubewegen. Diese Gegenstände entpuppen sich im Verlauf der elf-sekündigen Einstellung als Elemente des Universitätslogos. Aus diesen Rauten setzt sich das Signet, i. e. die Bildmarke des Universitätslogos zusammen.[5] Auch hier dominieren die Visualisierungen. Auch

Tab. 2 Partitur der Eröffnungssequenz des Imagefilms der Universität Stuttgart. (Quelle: *Imagefilm der Universität Stuttgart*)

Einstellung	Zeit (in Sek.)	Bilddiskurs	Akustischer Diskurs	
			Voice Over	Musik/Geräusche
1	11	Bildelement „We study the future" (oben links im Bild) (1) - kubische Elemente (4) - kubische Elemente nivellieren sich - Objekte bewegen sich auf den Bildhorizont zu (6) - Objekte vollführen eine Linkskurve: - Objekte Teil der Wort-Bild-Marke „Universität Stuttgart" (11) - Verdunklung des Logos (Ausblendung)	–	Musik (…)
2	3	Hintergrund: grau/leuchtend (Kuben-)Kugel: dunkelgrau Schriftzug: „WE STUDY THE FUTURE"	–	

Imagefilm der Universität Stuttgart
• Spieldauer: 7:13
• Produktion: Storz Medienfirma GmbH
• Veröffentlichung: 2013

hier wird das Gezeigte ausschließlich musikalisch untermalt. Auffällig an dieser Eröffnungssequenz ist die ausgedehnte erste Einstellung (elf Sekunden), in der das Universitätslogo *dramaturgisch* eingeführt wird. Das Logo wurde bereits im Jahr 1985 durch das Atelier Stankowski + Duschek entwickelt.[6]

---

[5] „Im Rahmen des Relaunches 2016 wird das Corporate Design jetzt den Anforderungen digitaler Medien noch besser gerecht. Es wird zugunsten klarer, anwendungsübergreifender Regeln vereinfacht und gestalterisch in einen zeitgemäßen Kontext übertragen. Die Bildmarke passt sich an ihre kreisförmige Wirkung an. Als zentrale Veränderung setzt sich diese nicht mehr aus Rauten zusammen, sondern aus Kreisen" (Corporate Design Manual der Universität Stuttgart 2016, S. 4).

[6] Zur Wahl geeigneter Ausdrucksmöglichkeiten, die den Akteuren im gesellschaftlichen Wissensvorrat zur Verfügung stehen vgl. Bauernschmidt (2016, S. 157). Dieser Strang wird im gattungsanalytischen Beobachtungsraster wieder bei der *Außenstruktur* aufgenommen (siehe unten Abschn. 3.3).

Die dritte Eröffnungssequenz ist dem Imagefilm der 2003 akkreditierten Privatuniversität *Zeppelin Universität* in Friedrichshafen am Bodensee entnommen. Sie bietet, so Maasen und Böhler (2006), „[...] ein eindrückliches Beispiel für den Einbau des klassischen in das neoliberale Universitätsmodell" (ebd.: S. 200). Verquickt werden zwei Narrative: das vom Kantischen Konzept der *Vernunft* und der Humboldtschen Idee der *Kultur* i. S. v. Bildung mit dem Narrativ der modernen technobürokratischen Idee der *Exzellenz* (ebd.). Sehen wir uns auch hier die Beschreibung der ersten Sekunden des Imagefilms an, wie sie in der nachfolgenden Partitur (siehe Tab. 3) aufgeführt ist.

Tab. 3 Partitur der Eröffnungssequenz des Imagefilms der Zeppelin Universität. (Quelle: *ZU-Imagefilm*)

Einstellung	Zeit (in Sek.)	Bilddiskurs	Akustischer Diskurs	
			Voice Over	Musik/Geräusche
1	3	Hand mit gespreizten Fingern (unscharf)	Es is' so, ...	Hintergrundgeräusche: Gespräche, Gemurmel
2	1	Verspiegelte Gebäudewand	... dass man im ...	
3	1	Bücherregale zur Linken und Rechten, in der Flucht der Regale eine Frau	... nachhinein im- ...	
4	1	Früchte auf Baum, Zweige, Äste (in Bewegung)	... mer (.) sich selbst er-...	
5	2	Personen in Raum	... klären kann, warum man jetzt hierher ge-...	
6	3	Junger Mann (Gesicht, Oberkörper zu sehen)	... kommen is'. Aber im ersten Moment findet man, glaube ich, eine Idee einfach cool	

Wozu ZU? – Imagefilm der Zeppelin Universität, Friedrichshafen
• Spieldauer: 5:19
• Produktion: KOBALT Images GmbH
• Veröffentlichung: 2008

In der Eröffnungssequenz sind in den ersten zwölf Sekunden, in mehreren Einstellungen, diverse Details zu sehen: eine – in unscharfer Einstellung gezeigte – Hand, eine verspiegelte Gebäudefront im Ausschnitt, Bibliotheksregale mit einer davor stehenden Frau, ein Baum mit Früchten, Personen in einem Lesesaal und schließlich ein in einer Halbtotalen gezeigter junger Mann, dessen Äußerung, die vorangegangen bildlichen Motive im Voice Over begleitet haben: „Es is' so, dass man im Nachhinein sich selbst immer (.) erklären kann, warum man jetzt hierher gekommen is'. Aber im ersten Moment findet man, glaube ich, eine Idee einfach cool" (ZU-Imagefilm, 00:00:01–00:00:11) Hier wie bei der Eröffnungssequenz des *Imagefilms* der Universität Stuttgart könnte wieder eine spezifische Lesart stehen. Doch ist zu berücksichtigen, dass dies nur eine von drei Strukturebenen ist und der Sinn so lange partikular rekonstruiert bleibt, solange nicht die anderen Beobachtungsebenen, die erst zusammen das Gesamtmuster der Gattung bestimmen, im Gang der Analyse integriert worden sind (siehe Abschn. 2.3).

Auffällig bei der Analyse der Binnenstruktur ist, dass der akustische Diskurs (Voice Over, Musik, Geräusche) auf die eine oder andere Weise marginalisiert bzw. in den Hintergrund gerückt worden ist. Entweder sind die akustischen Elemente in äußerst reduzierter Weise eingesetzt oder aber, wie beim *ZU-Imagefilm*, ist der später ins Bild kommende Sprecher, ein junger Student, zunächst als Sprecher aus dem *Off* eingeführt. Somit erhält auch hier das Bildprogramm Vorrangigkeit. Ebenso auffällig in den inszenierten Visualisierungen ist, dass gänzlich unterschiedliche Objekte bzw. bildliche Motive (Gebäudeausschnitte, Körperteile, Details eines Universitätslogos usw.) in unterschiedlichem visuellem und akustischem Rhythmus gezeigt werden. Abgesehen von derartigen Auffälligkeiten zeichnet sich in der Analyse der Eröffnungssequenzen der analysierten *hochschulischen Imagefilme* (noch) kein erkennbares Muster ab, zu variabel und fluide sind die *visuellen Topoi*. Selbstverständlich finden sich in anderen *hochschulischen Imagefilmen* ebenfalls Gebäude (z. B. bei einer Übersicht über den Campus wie im Imagefilm der Christian-Albrechts-Universität zu Kiel); es werden frühzeitig Akteurs-Typen präsentiert (wie. z. B. im Imagefilm der Universität Mannheim) oder aber der Einstieg in den Imagefilm wird über spezifische Orte (wie im Imagefilm der Universität Konstanz) oder über das Logo (wie im Imagefilm der Friedrich-Alexander-Universität Erlangen-Nürnberg) gewählt. Jedoch kommt man in der Rekonstruktion des Sinns eines vorliegenden kommunikativen Phänomens erst weiter, wenn die anderen Strukturebenen der Gattung mit berücksichtigt werden. Wenden wir uns also der Zwischenstruktur zu und fragen: Was sehen die in ihre Alltagswirklichkeit verstrickten Akteure?

3.2 Zwischenstruktur hochschulischer Imagefilme (performative Dimension)

Das tiefere Verständnis dieser binnenstrukturellen Konfigurationen eröffnet sich, wenn die – eigentlich bei medialen Gattungen schwer einzuholende – situative Realisierungsebene (Bauernschmidt 2016, S. 159 ff.), die sogenannte performative Dimension, mit berücksichtigt wird. Zur einen Seite haben wir die Produzenten und Darsteller, die mit den Visualisierungen eines *Imagefilms* etwas auf bestimmte Art und Weise zeigen möchten (Produktion von Wissen), das über die Analyse des Gezeigten z. T. erschließbar wird. Auf der anderen Seite haben wir aber auch diejenigen, die dies auf je spezifische Weise sehen (Rezeption von Wissen). Die Vermittlung des Wissens verwirklicht sich in derjenigen Wahrnehmung, die just der Wahrnehmungsrichtung folgt, welche durch die eingesetzten Zeigemittel in der Visualisierung nahegelegt wird. „Warum nehmen wir etwas Bestimmtes wahr und anderes – das wir ebenso hätten wahrnehmen können – nicht?" (Schröer 2013, S. 18).

Der erste Punkt, auf den an dieser Stelle hinzuweisen ist, ist der, dass gänzlich unterschiedliche Einstiege in den jeweiligen *Imagefilm* und unterschiedliche Umgangsweisen mit diesem gefunden und artikuliert worden sind. So wird eine erste Person in den eingangs erwähnten Datensitzungen (siehe die erste Fußnote) fasziniert von der Ausgestaltung des Hintergrunds (Barocktapete) in bestimmten Passagen des *Imagefilms* der Christian-Albrechts-Universität zu Kiel, in denen Akteure über ihre Universität Auskunft geben. Eine zweite Person wiederum findet den Einstieg in den *Imagefilm* über die besondere Machart im Hinblick auf die Wahl der musikalischen Untermalung (ebenfalls in *Uni Kiel im Film*). Diesen beiden und allen weiteren Betrachtern (siehe erste Fußnote) gemeinsam ist jedoch der Umstand, dass sie sich durch diese Art der Außendarstellung von Universitäten kaum angesprochen fühlen bzw. persönlich gering beteiligt sind. Wird der jeweilige *hochschulische Imagefilm* nicht über den Web-Auftritt der Universität aufgerufen, sondern z. B. über die Videoportale *YouTube* oder *Vimeo* oder eines der unzähligen anderen Portale, sodass also nicht von vornherein ersichtlich ist, um welche Universität bzw. welchen *hochschulischen Imagefilm* es sich handelt, ist unter besonderer Berücksichtigung der Eingangssequenzen, die oben rein binnenstrukturell beschrieben worden sind, ein wiederkehrendes Schema auf zwischenstruktureller Ebene auszumachen: das *Rätselraten*. Wird jedoch der *Imagefilm* über die Homepage aufgerufen, verschiebt sich dieses Motiv darauf, zu erraten, um welche universitäre Einrichtung es sich handelt, um welche Fakultät oder welches Zentrum usw. usf. Gleich ob über die universitäre Homepage oder ein außeruniversitäres Webportal, gleich ob Gebäudeteile, Ausschnitte eines sich aufbauenden Logos oder sonstige Details, mit einer derartig visuell ausgestalteten Eröffnung beginnt sogleich ein *Raten* und *Rätseln,* um welche Universität – wenn nicht gar ein Märchenschloss – es sich handeln könnte, um welches Gebäude, welche Professorin, welchen Professor oder welchen Studierenden im Fall der Universität. Gesehen wird das Detail des konkret Gezeigten als *pars pro toto* und liefert als solches einen Einstieg in den *Imagefilm einer Hochschule,* der das Charakteristische des Wissenschaftsfeldes, die Neugier und das Wissen-Wollen in Form von zu enträtselnden Details visualisiert. Steht in einer rein medial ausgerichteten Analyse dabei häufig die Aufmerksamkeitserzeugung im Vordergrund (Wie wird Aufmerksamkeit mit derartigen visuellen Formen generiert?), so dreht es sich in der hier verfolgten gattungsanalytischen Herangehensweise an kommunikative Phänomene gerade nicht nur um diesen Sachverhalt, sondern darum, welches Wissen in einer „Face-to-Screen-Situation" (Knorr-Cetina 2012) letzten Endes konstruiert wird. Übersetzt in die gattungsanalytische Diktion geht es also um die Sonderfunktion der kleinen Form *Eröffnungssequenz:* Einerseits möchte mit ihr Interesse geweckt, Aufmerksamkeit generiert werden (Herstellung einer Beziehung zu potenziellen Rezipienten), andererseits möchte mit ihr aber auch ihre neue Heimstätte nicht verleugnet und daher auf spezifische Weise gezeigt werden, als *Imagefilm einer Hochschule* und daher ein bestimmtes Wissen vermittelnd (Identität). Um einer derartigen Wahrnehmungsrichtung Vorschub zu leisten, bedienen sich die Produzenten beim *hochschulischen Imagefilms* am gesellschaftlich vorhandenen und akzeptierten Wissensvorrat. In der Persiflage des *Imagefilms* durch die Produktionsfirma al dente Entertainment heißt dies kurz und bündig: klassischer Imagefilm und typische Texte. Dies führt uns in der Analyse der Eröffnungssequenzen der *Imagefilme* schließlich zur Betrachtung der Außenstruktur.

3.3 Außenstruktur hochschulischer Imagefilme (institutionelle Dimension)

Bei der Analyse der Außenstruktur der audiovisuellen Formen können diverse kontextuelle Aspekte in Betracht kommen. Zum einen kann nach der Entwicklungs- und Institutionalisierungsgeschichte *hochschulischer Imagefilme* gefragt werden. Wann taucht eigentlich der *Imagefilm* im hochschulischen Bereich auf, wie ist er von den Hochschulen angeeignet worden und wie hat er sich verändert, wie hat er sich seitdem entwickelt und etabliert. Für *Imagefilme* kann dies auf die Jahre um die Jahrtausendwende eingegrenzt werden (Bauernschmidt 2013) und seitdem haben sie sich zu einem sozialen Tatbestand entwickelt, wie die erste Zahl in der Einleitung nahe legt. Bei der Betrachtung der Außenstruktur unter besonderer Berücksichtigung der Tatsache, dass wir es mit einer visuellen Gattung zu tun haben, stellt sich jedoch die Frage nach den institutionalisierten visuellen Elementen. Hierbei ist ein Satz zu berücksichtigen, der von Erving Goffman unter Bezugnahme auf die Flüchtigkeit in der Printwerbung stammt: „Im großen und ganzen kreieren die Reklame-Designer nicht die ritualisierten Ausdrucksweisen, mit denen sie arbeiten. Sie benützen offenbar das gleiche *Repertoire von Darstellungen,* das gleiche rituelle Idiom, dessen wir alle uns bedienen, die wir an sozialen Situationen partizipieren – und zu dem gleichen Zweck: nämlich, die *flüchtig wahrgenommene Aktion verständlich zu machen* [Herv. d. Autoren]" (Goffman 1981, S. 328). Dies gilt auch für die Produzenten von Imagefilmen, die sich in der Auswahl der Elemente und in der Ausgestaltung von *Imagefilmen visueller (wie auch auditiver) Topoi* bedienen – dies sind komplexe, zum Kulturgut geronnene Muster, um etwas *in* und *mit* Bildern darzustellen (Reichertz 1994). Mit der Verwendung *visueller (wie auch auditiver) Topoi* orientieren sie sich an visuellen Konventionen und kommen damit allgemein gesellschaftlichen Erwartungen nach. Gebäudeausschnitte z. B. finden sich auch in Nachrichtensendungen, in denen etwa die gläserne Kuppel des Reichstagsgebäudes für den Reichstag und im weiteren Sinne für die Regierung der Bundesrepublik Deutschland steht. Sobald dieser Ausschnitt nicht in seinem gewohnten Kontext (z. B. der Nachrichtensendung *Tagesschau*) auftritt, wird auch hier nach Lösungen gesucht. Wichtig auf außenstruktureller Ebene ist, dass mit derartigen Bildprogrammen *(Detaildramatisierungen)* Bildbezüge hergestellt werden, die bereits in anderen Bereichen typisiert sind und auf diese Weise auf typisierte Wahrnehmungen aufbauen können und dadurch den visuellen Verständigungsprozess erleichtern.

4 Fazit

Im Zuge des *Visual Turn,* der seit Anfang der 1990er Jahre parallel zum *Digital Turn* verläuft (vgl. z. B. Friedhoff und Benzon 1991), wachsen das Ausmaß und die Relevanz von Visualisierungen in sämtlichen gesellschaftlichen Bereichen dramatisch an. Hierbei sind auf den unterschiedlichsten gesellschaftlichen Feldern visuelle Ausdrucksformen entstanden, wie eben der *Imagefilm,* der bislang ein eher außerwissenschaftliches Phänomen dargestellt hat. Obgleich sich bereits vor der *visuellen Wende* das Augenmerk auf Forschungs-, Lehr- und Unterrichtsfilme richtete sowie auf die massenmediale Verbreitung wissenschaftlicher Themen und Forschungsergebnisse in Film und Fernsehen, ergeben sich doch gänzlich neue Fragestellungen durch die rasante Zunahme der Visualisierungen in der webbasierten öffentlichen Wissenschaftskommunikation. Einen möglichen forschenden Zugang zu den in vielfältigen Formen vorliegenden kommunikativen Vorgängen innerhalb der Gesellschaft bietet die Theorie und Methodik kommunikativer Gattungen. Auf Grundlage der Überlegungen zu einer Analyse visueller Gattungen (Bauernschmidt 2016) ist ein Satz Eröffnungssequenzen *hochschulischer Imagefilme,* ein im wissenschaftlichen Bereich neuartiges Kommunikationsphänomen, in ersten Anläufen in einer Reihe von Datenanalysen an der Universität Bayreuth (siehe erste Fußnote) gattungsanalytisch untersucht worden. Hierbei konnte in der Analyse gezeigt werden, dass sich das Wissen um diese Eröffnungssequenzen nicht alleine auf eine der in der Gattungsanalyse unterscheidbaren Beobachtungsebenen konstruiert, sondern erst in deren Zusammenspiel, wobei jede Strukturebene ihren Teil zum sinnhaften Gesamtmuster der Gattung, bzw. der *kleinen Form* wie im Fall der Eröffnungssequenzen, beiträgt.

Konkretes Ergebnis dieser Spielart der Gattungsanalyse in Anwendung auf die Eröffnungssequenzen *hochschulischer Imagefilme* ist, dass es das *Enigma* ist, das diese Sequenzen in ihrer visuellen Ausgestaltung insinuieren. Hiermit leisten diese *Imagefilme* bei der Konstruktion des institutionellen wissenschaftlichen Kontexts (parallel zu anderen Phänomenen im Innern des wissenschaftlichen Feldes, s. o.) einen wichtigen Beitrag im Grenzbereich zwischen Wissenschaft und Gesellschaft. In der Übertragung und Aneignung wird dieses kommunikative Phänomen, gleichwohl auf den ersten Blick wissenschafts*un*spezifisch, bei näherer Betrachtung an eine der zentralen Ideen der Universität, neue Erkenntnisse zu erzeugen (vgl. z. B. Stichweh 2006), angepasst. Mit diesem Zeigemittel suchen sie nicht nur die Neugierde auf den weiteren Verlauf des *Imagefilms* zu wecken *(Aufmerksamkeitselizitierung),* sondern zeigen sich auch auf den zweiten Blick als spezifische Ausdrucksform des universitär-wissenschaftlichen Feldes – dies gilt jedoch zunächst nur für die analysierten Eröffnungssequenzen.

Literatur

Allert, T. 2005. Der deutsche Gruß. Geschichte einer unheilvollen Geste. Frankfurt a. M.: Eichborn.
Anonymus. 2008. Bewerbermagnet Imagefilm – Personal-Marketing einmal anders. PR-Report 8: 50.
Ayaß, R. 2011. Kommunikative Gattungen, mediale Gattungen. In Textsorten, Handlungsmuster, Oberflächen. Linguistische Typologien der Kommunikation, hrsg. S. Habscheid, 275–295. Berlin, New York: de Gruyter.

Bauernschmidt, S. 2013. Wissenschaft im Imagefilm: Über eine neue Form der externen Wissenschaftskommunikation. Medien&Zeit 28 (4): 45–52.

Bauernschmidt, S. 2016. Auf dem Weg zu einer Analyse visueller Gattungen. Theoretische und methodologische Skizzen. ZQF – Zeitschrift für Qualitative Forschung 17 (1–2): 148–167.

Bauernschmidt, S. 2017. Öffentliche Wissenschaft, Wissenschaftskommunikation & Co.: Zur Kartierung von Schlüsselbegriffen im Forschungsbereich externer Wissenschaftskommunikation. In Öffentliche Gesellschaftswissenschaften – Zwischen Kommunikation und Dialog, hrsg. S. Selke, A. Treibel, im Druck. Wiesbaden: Springer VS.

Böhnke, A. 2005. Vorspann. Gesichter des Films, hrsg. J. Barck, P. Löffler u. a., 307–319. Transcript: Bielefeld.

Boulding, K. E. 1956. The Image. Ann Arbor: University of Michigan Press.

Brachfeld, O. 1976. Image. In Historisches Wörterbuch der Philosophie, Band 4, hrsg. J. Ritter, 216–217. Basel/Stuttgart: Schwabe.

Castells, M. 2003. TheInternet Galaxy: Reflections on the Internet, Business, and Society. Oxford.

Friedhoff, R.M./Benzon, W. 1991, The Second Computer Revolution: Visualization. New York.

Gabler Wirtschaftslexikon. o.J. Stichwort: Image. Springer Gabler Verlag (Herausgeber). http://wirtschaftslexikon.gabler.de/Definition/image.html. Zugegriffen 8.1.2017.

Goffman, E. 1981. Geschlecht und Werbung. Frankfurt a. M.: Suhrkamp.

Günthner, S. 1995: Gattungen in der sozialen Praxis. Die Analyse ‚kommunikativer Gattungen' als Textsorten mündlicher Kommunikation. Deutsche Sprache. Zeitschrift für Theorie, Praxis, Dokumentation 23 (3): 193–218.

Günthner, S./Knoblauch, H. 1994. Forms are the food of faith. Gattungen als Muster kommunikativen Handelns. Kölner Zeitschrift für Soziologie und Sozialpsychologie, 46 (4): 693–723.

Hentschel, B./Casser, A. 2007. The Vision Behind. Technische und soziale Innovationen im Unternehmensfilm ab 1950. Berlin: Vorwerk.

Huck, C./Bauernschmidt, S. Eds. 2012. Travelling Goods//Travelling Moods. Varieties of Cultural Appropriation (1850–1950). Frankfurt/New York: Campus.

IFAM/KOMMA Hrsg. 1998. Die 88 besten Checklisten für Ihre PR. Landsberg/Lech: MI Verlag.

Kautt, Y. 2015. Zur Theorie des Image. In Kampf um Images. Visuelle Kommunikation in gesellschaftlichen Konfliktlagen, hrsg. J. Ahrens, L. Hieber, Y. Kautt, 13–22. Wiesbaden: VS.

Keppler, A. 2011. Konversations- und Gattungsanalyse. In Qualitative Methoden der Medienforschung, hrsg. R. Ayaß, J. Bergmann, 293–323. Mannheim: Verlag für Gesprächsforschung.

Knorr-Cetina, K. 2012. Skopische Medien. In Mediatisierte Welten, hrsg. F. Krotz, A. Hepp, 167–196. Wiesbaden: VS.

Luckmann, T. 1986. Grundformen der gesellschaftlichen Vermittlung des Wissens: Kommunikative Gattungen. Kölner Zeitschrift für Soziologie und Sozialpsychologie SH 27: 191–211.

Luckmann, T. 1988. Kommunikative Gattungen im kommunikativen Haushalt einer Gesellschaft. In: Der Ursprung von Literatur. Medien, Rollen, Kommunikationssituationen zwischen 1450 und 1650, hrsg. G. Smolka-Kordt, P.M. Spangenberg, D. Tillmann-Bartylla, 279–288. München: Fink.

Luckmann, T. 2002. Der kommunikative Aufbau der sozialen Welt und die Sozialwissenschaften. In ders. Wissen und Gesellschaft: ausgewählte Aufsätze 1981–2002, 157–181 Konstanz: UVK.

Maasen, S./Böhler, F. 2006. »Zeppelin-University«: Bilder einer Hochschule. In Bilder als Diskurse – Bilddiskurse, hrsg. S. Maasen, T. Mayerhauer, C. Renggli, 199–228. Weilerswist: Velbrück Wissenschaft.

Pietsch, W. 2003. Vom Welfenschloss zum ‚Campus Center'. In Die Universität Hannover – Ihre Bauten, ihre Gärten, ihre Planungsgeschichte, hrsg. S. Auffahrt, W. Pietsch, 95–104. Petersberg: Imhof.

Reichertz, J. 1994. Selbstgefälliges zum Anziehen. Benetton äußert sich zu Zeichen der Zeit. In Interpretative Sozialforschung, hrsg. N. Schröer, 253–280. Opladen: Leske + Budrich.

Pretzer, C. 2008. Der Film zum Image. Wie bewegte Bilder die Öffentlichkeitsarbeit bereichern können. In Handbuch Wissenschaft kommunizieren, hrsg. A. Archut, E8.2. Stuttgart: Raabe.

Raab, J. 2008. Visuelle Wissenssoziologie. Theoretische Konzeptionen und materiale Analysen. Konstanz: UVK.

Raab, J./Tänzler, D. 2006. Video Hermeneutics. In Video Analysis: Methodology and Methods. Qualitative Audiovisual Data and Analysis in Sociology, hrsg. H. Knoblauch, B. Schnettler, J. Raab, H-G. Soeffner, 85–97, Frankfurt a. M. u.a.: Peter Lang.

Ronneberger, F./Rühl, M. 1992. Theorie der Public Relations. Ein Entwurf. Opladen: Westdeutscher.

Schmidt, S. J./Gizinski, M. 2004. Industriefilm. In Handbuch Werbung, hrsg. S. J. Schmidt, M. Giziniski, 207, Münster: LIT.

Schnettler, B./Bauernschmidt, S. 2017. Bilder in Bewegung: Visualisierung in der Wissenschaftskommunikation. In Das Bild als soziologisches Problem. Herausforderungen einer Theorie visueller Sozialkommunikation, hrsg. M. R. Müller, H.-G. Soeffner, im Druck, Wiesbaden: VS.

Schnettler, B./Knoblauch, H. Hrsg. 2007. Powerpoint-Presentationen. Neue Formen der gesellschaftlichen Kommunikation von Wissen. Konstanz: UVK.

Schnettler, B./Rebstein, B./Pusoma, M. 2013. Der Topos kultureller Vielfalt. Zur kommunikativen Konstruktion migrantischer ‚Zwischenwelten'. In Kommunikativer Konstruktivismus. Theoretische und empirische Arbeiten zu einem neuen wissenssoziologischen Ansatz, hrsg. R. Keller, H. Knoblauch, J. Reichertz, 337–362. Wiesbaden: VS.

Schröer, M. 2013. Sichtbar oder unsichtbar? Vom Kampf um Aufmerksamkeit in der visuellen Kultur. Soziale Welt 64 (1–2): 17–36.

Stanitzek, G. 2009. Reading the Title Sequence (Vorspann, Générique). Cinema Journal 48 (4): 44–58.

Stichweh, R. 2006. Die Universität in der Wissensgesellschaft: Wissensbegriffe und Umweltbeziehungen der modernen Universität. https://www.fiw.uni-bonn.de/demokratieforschung/personen/stichweh/pdfs/56_die-universitaet-in-der-wissensgesellschaft.pdf. Zugegriffen 8.1.2017.

Universität Hannover. Hrsg. 2016. Geschichte, Personen und Gebäude. Hannover: ohne Verlag.

Universität Stuttgart. Hrsg. 2016. Corporate Design Manual der Universität Stuttgart. Stuttgart: ohne Verlag.
Wikipedia. o. J. Stichwort: Imagefilm. https://de.wikipedia.org/wiki/Imagefilm. Zugegriffen 8.1.2017.

Filmverzeichnis

Uni Kiel im Film, CAU-Imagefilm – URL: http://www.forward.sh/portfolio/cau-imagefilme/. Zugegriffen 8.1.2017.
S'Leben is a Freid! / Die Mutter aller Imagefilme, Imagefilm für den Obststandl Didi – URL: http://aldente-entertainment.com/project/slebn-is-a-freid/. Zugegriffen 8.1.2017.
Mit Wissen Zukunft gestalten, LUH-Imagefilm – URL: https://www.uni-hannover.de/de/universitaet/veroeffentlichungen/imagefilm/. Zugegriffen 8.1.2017.
We study the future, Imagefilm der Universität Stuttgart – URL: http://www.uni-stuttgart.de/hkom/presseservice/bilderdienst/imagefilm/index.html. Zugegriffen 8.1.2017.
Wozu ZU?, ZU-Imagefilm – URL: https://www.youtube.com/watch?v=2r-WrlqnF80. Zugegriffen 8.1.2017.
Vorsprung durch Vernetzung, FAU-Imagefilm, URL: https://www.fau.de Zugegriffen 8.1.2017.
Universität Konstanz in zwei Minuten, Imagefilm der Universität Konstanz – URL: https://www.youtube.com/watch?v=Ruc/L6qL3Kk. Zugegriffen 8.1.2017.

Über die Autoren

Stefan Bauernschmidt ist Lehrbeauftragter am Lehrstuhl für Kultur- und Religionssoziologie an der Universität Bayreuth. Ausgewählte Publikationen: Auf dem Weg zu einer Analyse visueller Gattungen. Theoretische und methodologische Skizzen, in: *ZQF – Zeitschrift für Qualitative Forschung* 17 (2016), 1+2, 149–167; Wissenschaft im Imagefilm: Über eine neue visuelle Form externer Wissenschaftskommunikation, in: *Medien & Zeit – Kommunikation in Vergangenheit und Zukunft* 28 (2013) 4, 45–52; Travelling Goods//Travelling Moods. Varieties of Cultural Appropriation (hrsg. zusammen mit Christian Huck, 2012), Frankfurt/New York: Campus
Webseite: www.soz.uni-bayreuth.de

Bernt Schnettler ist Professor für Soziologie an der Universität Bayreuth. Ausgewählte Publikationen: Sinngrenzen und ihre Überwindung, in: Achim Brosziewski, Christoph Maeder & Julia Nentwich (Hg.), *Vom Sinn der Soziologie*, Wiesbaden: Springer VS (2015), 51–62; *Videographie: Einführung in die interpretative Video-Analyse sozialer Situationen*, Wiesbaden, VS Springer (zusammen mit Tuma, René und Hubert Knoblauch, 2013); Notes on the History and Development of Visual Research Methods, in: *InterDisciplines. Journal of History and Sociology*, 4 (2013) 1, 41–75
Webseite: www.soz.uni-bayreuth.de

Teil III
Grenzgänge

Virtuelle Identitäten

Science Blogs als Kommunikationsformat öffentlicher Kritik

Barbara Hendriks

Zusammenfassung

‚Science Blogs' als ein Werkzeug der Selbstthematisierung und -Inszenierung erfahren eine zunehmende Nachfrage innerhalb der wissenschaftlichen Gemeinschaft. Das Phänomen des ‚Blogging' hat folglich auch in die Welt der Wissenschaft Einzug gehalten. Vor diesem Hintergrund widmet sich der vorliegende Beitrag dem Ziel, Science Blogs als eine neue und gleichzeitig folgenreiche Form der wissenschaftlichen Kommunikation herauszuarbeiten. Dabei operiert dieser Beitrag mit einem aus der empirischen Arbeit gewonnenen Beispiel der kommunikativen Problemvermittlung von Clinician Scientists, die als eine *neue Form zur Aushandlung von öffentlicher Kritik* im Sinne des französischen Pragmatismus gedeutet werden kann. Durch eine öffentliche Vermittlung von persönlichen Identitäts- und Rollenkonflikten in den Science Blogs transformiert sich die tagebuchartige, ‚unscheinbare' Selbstthematisierung der Individuen zu einer öffentlichen Kritik am System der Wissenschaft. Science Blogs entwickeln sich demzufolge zu einem politischen Instrument der Identitätskonzeption ganzer gesellschaftlicher Gruppen.

Ich danke den Herausgebern sowie in alphabetischer Reihenfolge Hendrik Brunsen, Felicitas Heßelmann, Anne K. Krüger und Martin Reinhart für ihre konstruktive Kritik an meinem Beitrag.

B. Hendriks (✉)
Humboldt-Universität zu Berlin, Berlin, Deutschland
E-Mail: barara.hendriks@hu-berlin.de

Schlüsselwörter

Soziologie der Kritik · Konfliktsoziologie · Soziologie der Konventionen · Translationale Forschung · Clinician Scientist · Science Blogs · Science Communication · Rollenkonflikte · Triadische Sozialitätskonzeption

1 Einleitung

In der Soziologie und der empirischen Sozialforschung nimmt Kritik als wesentliches Moment von Konflikten einen zentralen Stellenwert ein. Konflikte bieten in der Soziologie einen Hinweis auf vorhandene Gerechtigkeits- und Verteilungsfragen, wie sie beispielsweise in klassischen Konfliktsoziologien von Simmel (1908) und Bourdieu (1982) zu finden sind. Gleichzeitig – und dies ist für die Soziologie von erheblicher Bedeutung – können Konflikte auf (gesellschaftlichen) Wandel hindeuten, weil sie entweder praktisch gelöst werden müssen oder von den Akteuren gelöst werden wollen. Wenn Problemlösungen gefunden werden, gehen diese mit einer Änderung bestehender Handlungspraktiken einher. Somit können Konflikte als ein Hinweis für die Entstehung von etwas Neuem gedeutet werden, denn sie zeigen an, wo sich bestehende Wertigkeitsprinzipien aneinander reiben. Die *Soziologie der Kritik* hat dabei in den letzten Jahren mit den Werken von Luc Boltanski und Laurent Thévenot (1999, 2007) insbesondere im deutschsprachigen Raum der Soziologie einen enormen Aufschwung erfahren (Peter 2011; Bogusz 2010). Ihre Soziologie der Kritik bietet konkret und in besonderer Weise eine Erweiterung der Konfliktsoziologie von Pierre Bourdieu (1982), indem sie die handelnden Subjekte aus ihren Entwicklungs- und Sozialitätskontexten weitgehend herauslösen. Demnach sind alle Individuen, unabhängig von ihrer Herkunft, zu einer „kritischen Urteilskraft" (Boltanski und Thévenot 2007) befähigt, die es den Akteuren erlaubt, in Situationen des Konflikts spezifische Rechtfertigungsordnungen zu bedienen.

Mit der Soziologie der Kritik lassen sich auf fruchtbare Weise vor allem jene empirische Felder in den Blick nehmen, die durch neue institutionelle Herausforderungen und Aufgaben gekennzeichnet sind, die von den involvierten Subjekten bewältigt werden müssen. Ein aktuelles Beispiel für solche Herausforderungen ist das Feld der Translationalen Forschung (TF)[1] in der Biomedizin. Unter dem Begriff der TF fallen Vorhaben und Maßnahmen, die darauf zielen,

---

[1]Zur begrifflichen Bedeutung von TF siehe Blümel et al. (2015).

die Organisation biomedizinischer Praxis zu verändern. Dabei strebt die TF eine engere Verzahnung von biomedizinischer Grundlagenforschung und medizinischer Praxis an. Durch die Emergenz dieses neuen Feldes in der Biomedizin entwickelt sich aktuell ein neuer Handlungsspielraum für (Um-)Verteilungskämpfe, die auf der individuellen Ebene in konkreten Konfliktsituationen münden.[2] Eine konkrete Konfliktsituation innerhalb der TF zeigt sich insbesondere an der Entwicklung des beruflichen Konzepts des sogenannten Clinician Scientist (u. a. auch als Clinical Scientist, Physician Scientist oder Translational Scientist bezeichnet). Durch die mittels TF eingeleitete Neuorientierung innerhalb der biomedizinischen Forschung, die eine zunehmende Beschleunigung der Übersetzung von Grundlagenforschung in die medizinische Praxis anstrebt („from bench to bedside'), werden die Erwartungen an das beschleunigte ‚from bench to bedside' in das einzelne Individuum verlagert (Brown und Michael 2003). Die Erwartung einer Zusammenführung von zwei verschiedenen Bereichen wie der Grundlagenforschung und der medizinischen Anwendung führt auf Ebene des Individuums zu einem Konflikt, welcher daraus resultiert, dass zwei unterschiedliche Bereiche – wie die Wissenschaft und die Medizin – mit ihren je eigenen Handlungslogiken zusammengeführt werden sollen (Wilson-Kovacs und Hauskeller 2012; Lemoine 2008; Zemlo et al. 2000; Morel und Ross 2014). In klassischer Weise wird diese Form des Konflikts in der Soziologie als Rollenkonflikt (Merton 1957a) verhandelt. Neueren Ansätzen zufolge handelt es sich beim Clinician Scientist um einen sogenannten ‚Grenzgänger' (Torka und Borcherding 2008; Wentland et al. 2012), der sich dadurch auszeichnet, dass in ihm/ihr zwei unterschiedliche Welten mit unterschiedlichen Wertigkeiten und Prioritäten aufeinanderprallen, deren praktische Umsetzung dann auf konflikthafte Weise im Alltag ausgelotet werden muss. In dieses Konzept des Grenzgängers lässt sich auch die Rolle des Clinician Scientist einordnen.

An dem Beispiel der Rollenkonflikte beim Clinician Scientist soll gezeigt werden, dass für die subjektive Verarbeitung derartiger Konflikte ‚Science Blogs' eine zentrale Plattform darstellen. In den Science Blogs findet eine Verarbeitung von Rollenkonflikten durch eine kommunikative Vermittlung von Erlebtem in Form von tagebuchartigen Einträgen statt. Dabei werden Teile des Erlebten in der Ich-Perspektive transportiert. Durch diese kommunikative Vermittlung von Erlebtem werden Science Blogs zu einem Ort, an dem sich wissenschaftliche Praktiken konkret beobachten lassen. Für eine Soziologie der Kritik werden Science Blogs insbesondere aufgrund ihres Öffentlichkeitsbezuges interessant. Denn ein Bezug zur Öffentlichkeit ermöglicht es, die individuellen und persönlichen Rollenkonflikte, die Teil des individuell

---

[2]Wie neue Begriffe zu politischen Kampfarenen avancieren, siehe dazu Rip und Voß (2013).

Erlebten sind, in eine Form der öffentlichen Kritik zu transformieren. Damit, so die hier vertretene These, werden Science Blogs zu Plattformen des öffentlichen Disputs im Sinne von Boltanski und Thévenot (1999, 2007). In Science Blogs kann demnach empirisch die Ausübung von Kritik und Konflikt beobachtet werden. Vor diesem Hintergrund widmet sich der vorliegende Beitrag einer Klärung der Frage, inwiefern Science Blogs konkret Zugang zu kritischen Momenten („moments of critics') im Sinne einer Theorie der Kritik nach Boltanski und Thévenot (1999) leisten und welche Konsequenzen sich daraus für die Identitätskonzeption von Individuen ergeben? Zur Beantwortung dieser Frage muss insbesondere die Rolle der Öffentlichkeit in den Science Blogs geklärt werden. Ziel ist es, der (medialen) Öffentlichkeit nicht nur einen passiven Part einzuräumen, indem sie eine Plattform für öffentlichen Protest schafft, sondern ihr einen gewissen Handlungsspielraum zuzuschreiben. Durch ihre Anwesenheit wird eine Struktur von Erwartungs-Erwartungen konstruiert, die für die Akteure in den Science Blogs selbst handlungsleitend wirkt.

Der vorliegende Beitrag gliedert sich in sechs Teile. In Teil zwei wird zunächst erläutert, welche Rollenkonflikte sich bei der Gruppe der Clinician Scientists vorfinden und welche Bedeutung Science Blogs vor diesem Hintergrund einnehmen. Im Anschluss daran widmet sich Teil drei einer theoretischen Aufarbeitung von Science Blogs als ein Medium für die Beobachtung und Entwicklung von Identitätsprozessen. In Teil vier wird dann unter Zuhilfenahme von empirischem Material erläutert, wie Kritik in Science Blogs empirisch beobachtet werden kann. Daran anschließend wird im fünften Teil die besondere Rolle der Öffentlichkeit und die konstitutive Funktion des Dritten bei der Analyse von Kritik in Science Blogs diskutiert. Teil sechs schließt den vorliegenden Beitrag mit den Konsequenzen, die sich aus diesen theoretisch-praktischen Überlegungen für die Identitätskonzeption von Akteuren im Netz ergeben.

2 Clinician Scientists in Science Blogs: Eine Form des Empowerments

Bei der Gruppe der Clinician Scientists handelt es sich um Akteure, die vor der Herausforderung stehen, die zwei unterschiedlichen Rollen von Wissenschaft und Medizin in einer neuen Rolle miteinander zu vereinbaren (Wilson-Kovacs und Hauskeller 2012; Vignola-Gagné 2014; Lemoine 2008). Die Erwartungen, die an diese Berufsrolle geknüpft sind, speisen sich vielfach aus dem aktuellen Diskurs um die TF in der Biomedizin.[3] Innerhalb dieses Diskurses wird die mangelhafte

---

[3]Für einen Einblick in den bestehenden Diskurs siehe Blümel et al. (2015).

Übersetzung von Grundlagenwissen in die klinische Anwendung kritisiert und gleichzeitig ihre Beschleunigung gefordert (Chalmers et al. 2014; Chan et al. 2014; Ioannidis et al. 2014). Auf der handlungspraktischen Ebene übersetzt die Rolle des Clinician Scientist diese Anforderungen konkret, indem sie beide Bereiche – sowohl Grundlagenwissen als auch klinisches Wissen – in der beruflichen Praxis direkt miteinander verzahnt.

Der Clinician Scientist ist in der Regel ein ausgebildeter Mediziner bzw. eine Medizinerin, der bzw. die Forschung aktiv in den Arbeitsalltag integriert. Derzeit existieren verschiedene Modelle hinsichtlich der Ausgestaltung der eigentlichen Arbeitspraxis. Unterschieden wird insbesondere hinsichtlich zweier Dimensionen: Erstens, der Grad der institutionellen Einbettung (z. B. in Trainings- und Ausbildungsprogramme) und die zeitliche Aufteilung von Patientenpflege und Forschung (z.B. ein 50/50 oder 70/30 Verhältnis). Unabhängig von der praktischen Ausgestaltung wird mit der angestrebten Dichotomie von Patientenpflege und Forschung die metaphorische Lücke zwischen der Grundlagenforschung und der medizinischen Praxis geschlossen, wodurch der Clinician Scientist eine besondere Bedeutung in der Diskussion um die TF bekommt und zu einer Schlüsselfigur für die Translation avanciert.

Doch trotz ihrer Relevanz für die Umsetzung von TF zeigt sich empirisch, dass die Rolle des Clinician Scientist krisenhaft besetzt ist (Rosen 2011; Zemlo et al. 2000; Daye et al. 2015). Die Krise ist im Wesentlichen dadurch gekennzeichnet, dass Clinician Scientists zwei Bereiche mit je eigenen Logiken und Referenzmodi in einer neuen Rolle zu vereinbaren haben. Dabei sehen sie sich zwei verschiedenen Bezugsgruppen bzw. Bezugsbereichen gegenüber, die bisweilen relativ autonom agieren. Dazu gehört die Wissenschaft als eigenständiger Bereich mit eigenen Werten und Prinzipien (Merton 1957) und die Medizin als eigenständiger Bereich mit wiederum eigenen Werten und Handlungsprinzipien. Zwar wird in der TF die Aufhebung einer Trennung (der Grenzen) diskutiert, in praktischer Hinsicht ist diese Trennung jedoch in vielen Bereichen (noch) vorhanden. Die Übertragung der Erwartungen einer Verknüpfung von Wissenschaft und medizinischer Praxis führt demnach zu Problemen der individuellen Überforderung, die auf institutioneller Ebene nicht abgeholt bzw. aufgefangen werden können. Damit erleidet der/die Clinician Scientist einen persönlichen Konflikt, der auf individueller Ebene einem Disput zwischen zwei Rollen entspricht.

Durch den fehlenden institutionellen Bezugsrahmen, welcher sich im Wesentlichen durch eine fehlende bzw. noch nicht hinreichende Professionalisierung auszeichnet (Vignola-Gagné 2014), mangelt es zugleich an einem Ort, an welchem die persönlichen Krisen medial-öffentlich verhandelt werden können. Science Blogs können für solche individuellen Konflikte eine Plattform bieten und durch ihren Bezug zur wissenschaftlich-gesellschaftlichen Öffentlichkeit dazu beitragen, dass aus den persönlichen (Rollen-)Konflikten Konflikte einer definierten Gruppe werden. Damit können Blogeinträge von Clinician Scientists zu einer Institutionalisierung der neuen Identität beitragen. Denn erst, wenn die Probleme öffentlich werden, werden aus den Problemen des Einzelnen die Probleme aller Statusinhaber*innen (Merton 1957). Aus den ursprünglich individuellen Problembeschreibungen und Alltagserfahrungen entwickeln sich durch den Bezug zur Öffentlichkeit Probleme und Alltagserfahrungen, mit denen sich eine spezifische Gruppe identifizieren kann. Science Blogs werden somit zu einem Werkzeug des ‚Empowerments' von professionellen Gruppen, die sich noch in einem institutionellen Entstehungsprozess befinden (Vignola-Gagné 2014).

Farrell und Sides (2010) haben beispielsweise vor diesem Hintergrund in ihrer empirischen Studie „Building a Political Science Public Sphere with Blogs" Strategien identifiziert, die zeigen, dass Politologen Blogs für eine Verbesserung und Aufwertung ihrer öffentlichen Profile nutzen und damit zur Stärkung ihrer eigenen Profession beitragen. Die Studie verdeutlicht, dass sich aus einer persönlichen Problembeschreibung in Blogs durchaus ein (professioneller) Aktionismus entwickeln kann.

3 Science Blogs als Ort der Identitätsbildung

In den Science und Technology Studies (STS), den Studien zur Science Communication (CS) und dem Forschungsfeld der Technoself Studies (TSS) sind Science Blogs zu einem wichtigen Gegenstand avanciert (Kouper 2010; Minol et al. 2007; Luppicini 2013). Aufgrund ihrer Offenheit ist die wissenschaftliche Kommunikation in Science Blogs sowohl für wissenschaftliche als auch für nicht-wissenschaftliche Akteure und Bezugsgruppen zugänglich. Vor diesem Hintergrund spricht die Bildungswissenschaftlerin Marie-Claire Shanahan (2011) von Science Blogs als sogenannte ‚Boundary Objects' zwischen Wissenschaft und Gesellschaft, weil sie ganz neue „writer and reader interactions" (ebd., S. 903) konstituieren. In ihnen werden wissenschaftliche Diskurse für unterschiedliche Gruppen zu einem gut beobachtbaren Gegenstand. Und über diesen wissenschaftlichen Diskurs wird für die Beobachtenden konkret ein Teil der wissenschaftlichen Praxis zugänglich (Knoblauch 1995; Keller et al. 2012). Science Blogs sind damit Orte, an denen sich die diskursive Verhandlung von Konflikten beobachten lässt, die das Resultat wissenschaftlicher (Labor-)Praktiken sind.

Auf der individuellen Ebene bieten Science Blogs ein Forum für die Verarbeitung von diversen Frage- und Themenkomplexen sowie Problemstellungen, die sich in der alltäglichen wissenschaftlichen Praxis ergeben. Sie haben typischerweise ein bestimmtes, auf den Gegenstand Wissenschaft bezogenes Thema und erscheinen häufig in der Form eines persönlichen Tagebuches (Wilkins 2008). Diese Praxis der Problemverarbeitung in öffentlichen Beiträgen findet sich unter dem Konzept der ‚Selbstthematisierung' welches die „Methoden der geregelten Konfrontation mit sich selbst" (Hahn und Kapp 1987) beschreibt. Durch die Selbstthematisierung findet in den Science Blogs eine kommunikative Vermittlung der individuellen Bedürfnisse und Problemlagen nach außen hin statt. Sie entwickeln sich dadurch zu einem Werkzeug der Identitätsbildung. Mittels dieser öffentlichen Selbstthematisierung kann, bewusst oder unbewusst, ein Akt der Identitätskonzeption in Gang gesetzt werden, in welchem dann die individuellen Merkmale einer Gruppe öffentlich definiert werden.

Die für die soziologische Perspektive relevante Verbindung von kommunikativer Vermittlung und Identitätskonzeption schafft in dezidierter Weise die empirische Arbeit der Soziologin Sherry Turkle (2005). In ihrer Studie „The Second Self: Computers and the Human Spirit" erläutert Turkle, inwiefern Computer und deren Nutzung einen Beitrag für die Identitätskonzeption von Menschen leisten. Vor diesem Hintergrund widmet sie sich empirisch insbesondere der Entwicklung des Selbstbildes bei Kindern und Jugendlichen, und erklärt das Internet zu einem wesentlichen Instrument für die Erforschung des Selbst und der Sozialität.

> In instrumental terms, the Internet changed every aspect of life in communications, economics, politics and the arts. But it also changed how we saw ourselves and our relationships; online life became a social location for the projection and exploration of self (Turkle 2005, S. 287 f.).

Die kommunikative Vermittlung, die durch ein Individuum im Internet vollzogen wird, entwickelt sich zu einem Medium der Identitätskonzeption und wird damit Bestandteil der gesellschaftlichen Wirklichkeit.

Das Blogging erhält über die Selbstthematisierung ferner eine politische[4] Komponente, was die Reichweite derselben erheblich vergrößert. Mittels der öffentlichen Kommunikation von Problemen und Meinungen wird eine Art ‚Agenda Setting' von verschiedenen Gruppen und Akteuren betrieben, das wiederum ganz unterschiedliche Akteursgruppen erreicht bzw. Bezugsgruppen definiert. Dadurch entwickeln sich dem Historiker und Wissenschaftsphilosoph John S. Wilkings (2008) zufolge Science Blogs zu Werkzeugen für politische ‚Überzeugungsarbeiten'. Die Gründe für das Blogging und das ‚Agenda Setting'

---

[4]Der Begriff „politisch" wird hier verwendet, wenn eine Handlung öffentlichkeitsgerichtet ist und gemeinschaftsstiftend wirkt.

sind dabei insgesamt vielfältiger Natur und entsprechend würden die Themen, so der Autor, strategisch unterschiedlich platziert (ebd., S. 7). Wilkings beschreibt die Entwicklung der Bloggendenbewegung daher als eine ‚bedeutende soziale Bewegung' (major social movement), denn das Blogging führe dazu, dass sich die Bloggenden miteinander vernetzen und eine Gemeinschaft (community) bilden, die sowohl berufliches als auch privates miteinander verbindet (ebd.).

4 Öffentliche Kritik in Science Blogs

Damit Kritik empirisch beobachtet werden kann, müssen theoretisch-praktische Voraussetzungen erfüllt sein. Diese Voraussetzungen gelten auch für die Beobachtung von Kritik in Science Blogs. Dazu gehören zum einen Anforderungen, die direkt an die Akteure gestellt werden (Akteurskonzept) und Anforderungen an den situativen Kontext (Situationsdefinition). Im Folgenden werden die wesentlichen Begrifflichkeiten einer Theorie der Kritik skizziert, die sich in den Werken „Über die Rechtfertigung" (2007) und „The Sociology of Critical Capacity" (1999) von Luc Boltanski und Laurent Thévenot finden. Parallel dazu findet im Weiteren eine Unterfütterung der Theorieeinheiten mit empirischen Auszügen aus den Science Blogs statt. Dies ermöglicht eine Veranschaulichung der Übersetzung von theoretischen Beschreibungen direkt auf das empirische Material. Die Ausarbeitung der zentralen Beobachtungseinheiten der Theorie der Kritik ist dabei maßgeblich begleitet von dem Werk „Zur Aktualität von Luc Boltanski" von Tanja Bogusz (2010), die eine dezidierte Aufarbeitung der Werke Boltanskis vorgenommen hat. Die vorliegende Skizzierung erhebt dabei keinen Anspruch auf Vollständigkeit der konstitutiven Elemente einer *Soziologie der Kritik,* sondern skizziert lediglich jene Elemente, die in der eigenen empirischen Arbeit als Voraussetzung für die Analyse von Situationen der Kritik ermittelt wurden. Das heißt, es werden diejenigen Elemente als zentral betrachtet, die mindestens gegeben sein müssen, um eine Situation der Kritik bzw. den darum entstehenden ‚Disput' in den Blogs empirisch beobachten und beschreiben zu können.

4.1 Die kritische Urteilskraft

Boltanski und Thévenot (1999, 2007) definieren einen Akteur, welcher die Fähigkeit zum kritischen Urteilen in sich trägt, um die in den pluralistischen Gesellschaften gestellte Gerechtigkeitsfrage im praktischen Handlungsalltag einfordern zu können. Dieses spezifische Akteurskonzept ist von zentraler Bedeutung und zeigt sich Bogusz (2010) zufolge insbesondere in Situationen, die durch Herausforderungen, Prüfungen oder Konflikte gekennzeichnet sind. In diesen Situationen zeige sich die spezifische Akteurskompetenz darin, „die Situation [der Herausforderung, Prüfung oder Konflikts] durch diskursive und performative Handlungen zu definieren" (ebd., S. 47 f.). Der Begriff der Prüfung ist Bogusz (2010) zufolge angelehnt an die Arbeiten von Bruno Latour (1988) über Louis Pasteur, in denen Prüfung für ein situatives Ereignis steht, das die traditionellen Praktiken innerhalb der Wissensproduktion herausfordert.

> Prüfungen im allgemeinen Sinne […] stellen dabei Herausforderungen an die Wirklichkeitskonstruktion dar. An der Prüfung offenbart sich […] ein moralischer und natürlicher Gemeinsinn, und sie bezeichnet zugleich eine kritische Kompetenz [der Akteure] (Bogusz 2010, S. 51 f.).

Situationen der Prüfung finden sich bei Clinician Scientists, wenn sie mit der Herausforderung konfrontiert werden, Forschung und medizinische Praxis im Alltag miteinander zu verbinden. Diese Erwartung stellt eine Herausforderung an die genuine Rolle des Arztes bzw. der Ärztin dar, insofern neue Logiken der Wissensproduktion Einzug in die alltägliche Praxis erhalten. Gleichzeitig sind sich die Akteure in einer reflexiven Weise dieser Prüfung bewusst, indem sie beschreiben, dass sie mit zwei Identitäten umzugehen haben, die jeweils spezifische Anforderungen mit sich bringen, wie das folgende Zitat aus einem Blogeintrag zeigt.

> This is the identity we promote at the program I direct […]. We call it a ‚Practitioner-Scientist' Model, whereby the emphasis is placed first and foremost on our identities as health service providers, and secondarily on psychological science (Blog 9, Abs. 30).

Die Prüfung gestaltet sich in diesem konkreten Fall aus einer Zusammenführung der Identität als ‚health service provider' (Praxis) und der Identität als ‚psychological scientist' (Forschung).

4.2 Der Handlungs- und Wertepluralismus

Boltanski und Thévenot erweitern in reflexiver Weise das Habituskonzept in der kritischen Soziologie von Pierre Bourdieu, indem sie den Ansatz eines Werte- und Handlungspluralismus hinzufügen. Der Handlungs- und Wertepluralismus lässt sich – im Gegensatz zum eher starren Habituskonzept – nicht nur in spezifischen

Gruppen oder Milieus beobachten, sondern auch in einer einzigen situativen Handlung (Bourdieu 1982; Bogusz 2010, S. 40). Der Handlungs- und Wertepluralismus wendet sich somit nicht nur gegen die im Vorhinein gemachte Setzung von Interessen der Akteure durch Sozialisations- und Entwicklungsprozesse, sondern erklärt darüber hinaus das Individuum zu einem Akteur verschiedener Gruppen, welches über ein geteiltes Interesse verfügt. Bei der Rolle des Clinician Scientist lässt sich empirisch ein solch geteiltes Interesse gut beobachten.

> So that is what I am trying to do now – attempting to stabilize my professional identity crisis […] of patient care, research and medical education – being an active innovative clinician and a cutting edge researcher and *moving from the bedside to the laboratory and back to the bedside again* (Blog 5, Abs. 22; Hervorh. i. O.).

Das hier vom Clinician Scientist – teilweise in sarkastischer Weise vermittelte – Interesse teilt sich in die drei Bereiche Patientenpflege, Forschung und medizinische (Aus-)Bildung. Alle drei Interessen stehen auf konflikthafte Weise zueinander in Beziehung, wobei die Konflikthaftigkeit dieser Bereiche durch die Knappheit an Zeit entsteht, allen drei ‚wertvollen' Bereichen in ausreichendem Maße nachgehen zu können.

4.3 Rechtfertigungsprinzipien und Situationen der Kritik

Der Handlungs- und Wertepluralismus in der Theorie der Kritik bzw. der kritischen Urteilskraft erlaubt es den Akteuren in Situationen des Disputs auf verschiedene Formen der Rechtfertigung zu rekurrieren. Diese Rechtfertigungen sind Prinzipien, die die Personen in spezifischen Situationen abrufen können, um in Momenten des Konflikts ihre Argumentation zu stützen. Ausgearbeitet haben Boltanski und Thévenot zunächst einmal sechs spezifische Rekurswelten, auf die die Akteure in Konfliktmomenten Bezug nehmen können: die inspirierte Welt, die häusliche Welt, die Welt der (öffentlichen) Meinung, die zivilgesellschaftliche Welt, die Welt des Marktes und die Welt der Industrie (Boltanski und Thévenot 2007; Bogusz 2010, S. 45 f.). Da sich die Ausarbeitung der Rechtfertigungsordnungen auf empirische Untersuchungen stützt, sind diese historisch kontingent. In „Der neue Geist des Kapitalismus" fügen Boltanski und Chiapello (2001) beispielsweise die projektbasierte Welt als neue Rekurswelt hinzu. Thévenot et al. (2011) definieren darüber hinaus noch eine grüne bzw. ökologische Rekurswelt. Die Gültigkeit von Rechtfertigungen muss daher immer wieder empirisch geprüft werden.

Boltanski und Thévenot (1999) zufolge spielen Situationen der Kritik im Gesellschaftsleben eine ganz besondere Rolle. Denn erst mittels der Kritik können Übergänge von einer Rechtfertigungsordnung in eine andere in Gang gesetzt und damit Wandel von Wertigkeiten vorangetrieben werden. Kritik meint dabei Infragestellung der genannten Welten und bietet damit „unmittelbare Motivation für eine Verschiebung von Rechtfertigungsordnungen" (Bogusz 2010, S. 56). Situationen der Kritik münden aber nicht zwangsläufig in einer Übereinkunft (agreement) hinsichtlich einer Rechtfertigungsordnung. Es gibt Boltanski und Thévenot (1999) zufolge auch einen weiteren Weg einen Disput zu beenden, und zwar jenen der Kompromissbildung. Wenn es nicht gelingt in Situationen des Konflikts eine Rechtfertigungsordnung als die eine gültige Ordnung durchzusetzen, kommt es zu Momenten der Kompromissfindung. Kompromissfindungen sind der Versuch, Konflikte beizulegen, deren letztendliche Klärung in einer Situation nicht durch die Einigung auf ein Wertigkeitsprinzip vollzogen werden kann. Kompromisse sind Boltanski und Thévenot zufolge jedoch durch Instabilität gekennzeichnet, weil sie nur vorgeben, es bestünde eine Gleichwertigkeit (equivalence) zwischen den Wertordnungen (ebd., S. 373 ff.). Eine solche Form der Kompromissbildung als Beendigung von Disputen finden wir auch in den Science Blogs.

> Although clinic time can take time away from research time, I think it adds value to the research we do (Blog 10, Abs. 19).

Der Konflikt zwischen den Interessen wird über einen Kompromiss gelöst. Der Forschung wird in diesem Beispiel eine höhere Wertigkeit zugeschrieben als der klinischen Praxis. Da aber beide Bereiche zwangsläufig in der Rolle des Clinician Scientist miteinander vermittelt werden müssen, findet eine Kompromissbildung statt. Diese Kompromissbildung offenbart sich durch das Argument, dass die klinische Praxis einen wertvollen Beitrag für die Forschung leistet.

5 Öffentlichkeit und die Funktion des Dritten

Science Blogs sind ein Ort, an dem beobachtet werden kann, wie Clinician Scientists ihr Unbehagen (Kritik) ausdrücken. Der/die Clinician Scientist sieht sich mit einer außeralltäglichen Situation konfrontiert, in der die tradierten Praktiken des ‚Arztseins' herausgefordert werden (Prüfung). Innerhalb dieser tradierten Arztpraktiken ist vor allem das Arzt-Patienten-Verhältnis von zentraler Bedeutung (Lachmund 1987; Lachmund und Stollberg 1995). Dieses wird nun durch ein

Durchdringen neuer Praktiken der Wissensproduktion durchzogen, durch die sich die einzelnen Akteure in individuellen Situationen herausgefordert sehen. Die Infragestellung dieser Herausforderungen (kritische Kompetenz der Akteure) und die Anforderungen an die neue Rolle des Clinician Scientist lassen sich in Science Blogs gut beobachten (siehe Abschn. 4). Hier werden die alltäglichen und individuellen Herausforderungen in Form von Kritik, die prozessual als eine Problembeschreibung verhandelt wird, in die Öffentlichkeit getragen. Damit werden persönliche Konflikte übersetzt in eine öffentliche Kritik, die prinzipiell von jeder anderen, beliebigen Akteurs- bzw. Interessengruppe eingesehen werden kann. Mit der Veröffentlichung persönlicher Konflikte auf öffentlichen Plattformen gelingt demnach in besonderer Weise eine Sichtbarmachung von Kritik für beteiligte und unbeteiligte Dritte.

Mit der Veröffentlichung persönlicher (Rollen-)Konflikte auf medialen Plattformen wie den Science Blogs, die eine spezifische Öffentlichkeit und damit Zuschauerschaft mit sich bringen, wird der innere Rollenkonflikt in eine öffentliche Kritik übersetzt und damit die Voraussetzung für die Aushandlung von öffentlich beobachtbaren Konflikten geschaffen. Konflikte können (empirisch) überall dort beobachtet werden, wo Kritik öffentlich geäußert wird. Eine (öffentliche) Kritik hat zwangsläufig eine/n Adressat*in, an den/die Kritik gerichtet ist. In Science Blogs ist diese*r Adressat*in in erster Linie die Öffentlichkeit selbst, mit ihren vielen und zum großen Teil für den/die Beobachter*in nicht sichtbaren Zuschauer*innen. Der Dritte, in Form von sichtbaren und unsichtbaren Zuschauenden, erhält in Science Blogs eine konstitutive Funktion, wenn es darum geht, Science Blogs als Plattform für die Austragung von Situationen des Disputs aufzubereiten.[5]

Die Bedeutung, die der Dritte oder auch die Triade für die Konzeption von sozialen Beziehungen und für Sozialität selbst hat, findet sich schon in den Arbeiten von Georg Simmel (1908). Simmel stellt in seinem Werk „Untersuchungen über die Formen der Vergesellschaftung" die Frage, wie Gesellschaft überhaupt

---

[5]Sabine Maasen und Barbara Sutter (2016) argumentieren in eine ähnliche Richtung, indem sie Blogs als eine Technologie der Überwachung beschreiben. Ein Blog gestaltet sich demnach als dezentrales Panoptikum, „das sich vom benthamschen Konstrukt wesentlich dadurch unterscheidet, dass es auf die nicht sichtbare Anwesenheit von kontrollierendem Personal zur Sicherung von Disziplinierung und Ordnung verzichten kann: Durch digitale Datenkanäle verflüchtigt sich die Unterscheidung zwischen Überwachenden und Überwachten in verschiedenen Bereichen – und dies, wiederum anders als im ursprünglichen Konstrukt – qua Einverständnis" (Maasen und Sutter 2016, S. 191).

möglich ist. Sozialität im Sinne von Institutionalisierung ist Simmel zufolge erst durch eine triadische Sozialitätskonzeption möglich. Simmel ist dabei Vorläufer für die Idee des Dritten als konstitutives Element für eine soziale Ordnung, wie sie Berger und Luckmann (1980) herausgearbeitet haben. Doch fehlt hier noch eine klare Unterscheidung von anwesenden Dritten und nicht anwesenden Dritten. Um eine dauerhafte Herstellung einer Ordnung zu ermöglichen, muss der Dritte als abwesend gedacht werden, denn der anwesende Dritte ist Teil einer konkreten Situation und damit prinzipiell auch beeinflussbar (Lindemann 2010, S. 494). Eine soziale Ordnung kann aber nur durch dauerhafte und stabile Erwartungen erzeugt werden, die in verschiedenen Situationen Bestand haben. Dies gelingt demnach nur über den nicht anwesenden Dritten (Luhmann 1987; Lindemann 2010). Der Dritte ist damit wesentlich für die Etablierung einer Struktur von dauerhaften Erwartungs-Erwartungen (Lindemann 2006, 2010).

Ausgehend von den Unterscheidungen von Tertiarität stellt sich unmittelbar die Frage, welchen Einfluss die Anwesenheit bzw. die Abwesenheit des Dritten auf die Situation des Disputs nimmt. Oder anders gefragt: Welchen Unterschied macht es, wenn sich Clinician Scientists in ihrer Kritikäußerung auf einen konkreten, anwesenden Dritten oder auf einen weniger konkreten, unsichtbaren Dritten beziehen? Mithilfe dieser theoretisch-analytischen Unterscheidungen lassen sich für die Analyse von Kritik in Science Blogs explizit zwei Konfliktebenen herausarbeiten.

5.1 Erste Konfliktebene

Die erste Ebene des Konflikts behandelt dabei jene Form der Kritik, die sich an einen *sichtbaren, anwesenden Dritten* richtet. Dieser Dritte gestaltet sich in diesem Fall in Form eines/einer Zuschauer*in, welche*r dem bzw. der einzelnen Blogger*in in gewisser Weise ‚gewiss' sein kann. Hierbei handelt es sich beispielsweise um Abonnent*innen von Blogs oder um Einträge (Posts), die sich auf bestimmte Blogeinträge beziehen. Bei letzterem handelt es sich um eine konkrete Stellungnahme. Diese Stellungnahme geschieht in der Regel via Hyperlinks zu anderen Blogeinträgen oder über Antwortfunktionen in den Blogs. In diesem Fall ist ein öffentlicher Konflikt zwischen zwei Parteien zu beobachten, der eine Nachzeichnung der Rekurswelten (Rechtfertigungsmuster) von beiden Parteien ermöglicht. Durch den anwesenden Dritten ergeben sich verschiedene Möglichkeiten analytischer Zugänge zum Konflikt. Dabei haben wir erstens einen Zugang zu der Kritik und der Rechtfertigungspraktik des Nachrichtensendenden (Blogger*in). Darüber hinaus können wir zweitens Adressat*innen oder Zuhörende bestimmen, die auf die Kritik des Nachrichtensendenden Bezug nehmen. Ferner lassen sich drittens, durch den Einbezug von Adressat*innen, die Rekurswelten derselben nachzeichnen.

Wenn der anwesende Dritte in einer Situation Stellung bezieht, wie im oben genannten Beispiel über die Antwortfunktion skizziert, entwickelt sich der anwesende Dritte dann zu einem Alter. Da Alter in den Blogs nicht zwangsläufig gegeben sein muss und Ego niemals sicher sein kann, ob Alter in Erscheinung tritt, muss hier wie folgt argumentiert werden: Der anwesende Dritte kann sich im Einzelfall zu einem Alter entwickeln; nicht Alter zu einem anwesenden Dritten. Ob der anwesende Dritte jemals zum Alter avanciert, liegt immer in der Entscheidungsmacht des potenziellen Alters, der quasi immer nur in Form eines anwesenden Dritten für den Bloggenden (Ego) zugänglich ist. Ego hat keine Entscheidungsmacht über den Status seiner Gegenüber. Daher bildet der anwesende Dritte in diesem Fall den grundlegenden Erwartungsbezug. Mit dem *anwesenden Dritten* werden in Science Blogs Auseinandersetzungen zu einer ‚gewöhnlichen', öffentlichen Protestsituation (Bogusz 2010, S. 119), die empirisch untersucht werden kann.

Im folgenden Auszug wird die gewöhnliche Konfliktsituation verdeutlicht. Die Situation der Kritik wird in diesem Fall von Alter begleitet, der im Laufe des Blogprozesses in Erscheinung getreten ist. Kritisiert wird in diesem Abschnitt eines Blogeintrages die diskursive Stilisierung einer Trennung von Forschung und medizinischer Praxis, die es laut dem/der Blogger*in de facto in der Praxis nicht gibt. Dabei rechtfertigt die bloggende Person ihre Kritik über die Argumentation einer Reziprozität von Forschung und medizinischer Praxis:

> Should I do research during my [...] days and how will it benefit me?' is a frequent question asked by medical students to their Professors and peers. The reason for this doubt is the fact that many of us consider as clinical medicine and research to be separate entities, which in fact is not true! They are both dependent on one another and only if both develop together will there be continuous improvement in the science of medicine. Clinical medicine and medical research can be thought of like a cycle- clinical practice provides the "data" for conducting research projects which, in turn discovers newer drugs, procedures and guidelines which influence the clinical practice and this goes on (Blog 13, Abs. 3).

Auf die Kritik der diskursiven Stilisierung antwortet das in Erscheinung getretene Alter mit einer Zustimmung (agreement). Diese Zustimmung wird jedoch im Zuge der weiteren Argumentation durch zusätzliche Kritik limitiert. Dazu folgender Abschnitt von besagtem Alter:

I agree with you on this, [name of blogger; anonym.]. The research exposure that medical students get in India does not meet the standards of other countries. But then again, handling the tremendous patient load in a populous country like ours and dedicating time to research is a tough task. Nevertheless, it'll do us a great deal of help if this concept of Clinician Scientist catches up in India right from the UG level, for the ultimate benefit of the patients themselves (Blog 13, Abs. 3).

In dieser Situation der Kritik wird deutlich, dass ein gemeinsamer, aber begrenzter Wertebezug hergestellt ist, der besagt, dass ein wechselseitiger Bezug von Forschung und medizinischer Praxis vorhanden ist und praktisch gelebt wird. Gleichzeitig findet eine Begrenzung der Zustimmung auf andere nicht so bevölkerungsreiche Länder wie Indien statt. Denn durch die hohe Bevölkerungsdichte nimmt der Anteil an zu behandelnden Patient*innen zu, sodass eine Vereinbarkeit von Forschung und Patient*innenversorgung schwieriger bis unmöglich wird.

5.2 Zweite Konfliktebene

Die zweite Ebene des Konflikts behandelt jene Form der Kritik, die sich an einen *unsichtbaren, abwesenden Dritten* richtet. Dieser Dritte gestaltet sich in Science Blogs in der Form eines unsichtbaren „bystanders" (Goffman 1981, S. 130), wie ihn Goffman beschrieben hat. Das Besondere an den ‚zufälligen Zuschauern' ist, dass ungewiss bleibt, ob sie da sind und wenn sie da sind, ob sie dem Gespräch lauschen oder es einfach überhören (ebd., S. 132). Gleiches gilt für den Sender einer Nachricht in Science Blogs. Aufgrund der Offenheit und Zugänglichkeit von Science Blogs lassen sich die Adressat*innen subjektiv zum Teil vom Sender bestimmen,[6] ob die Adressat*innen auch tatsächlich zuhören, bleibt jedoch ungewiss. Der unsichtbare, abwesende Dritte konstituiert demnach in Science Blogs eine/n Adressat*in, und darüber hinaus eine/n ‚stille/n' und nicht reaktive*n Zuhörer*in. Das Besondere am unsichtbaren Dritten ist, dass er mittels der Vorstellungskraft des Bloggenden im Prinzip jede gewünschte Position einnehmen kann. Der/die Blogger*in kann sich durch das Schreiben, das heißt, die Art und Weise, wie er/sie sich selbst thematisiert, ihre eigenen Zuschauer*innen bzw. Zuschauergruppen konstruieren.

---

[6]Beim Verfassen eines Blogeintrages können aus der Perspektive des Bloggenden Adressat*innen gedacht werden. Dies zeigt sich unter anderem in der Art und Weise, wie Texte formuliert sind und welcher Umgangssprache sie sich bedienen. Ob die vom Autor bzw. Autorin gewünschte Zielgruppe allerdings auch erreicht wird, bleibt darüber hinaus jedoch unklar.

Durch den abwesenden Dritten ergeben sich weitere und durchaus fruchtbare analytische Zugänge zur Situation des Konflikts. Mithilfe des abwesenden Dritten lassen sich – wie beim anwesenden Dritten auch – die Art der Kritik sowie die dahinterliegende Rechtfertigungspraktik des Nachrichtensendenden (Blogger*in) ermitteln. Das heißt, es lässt sich erschließen, was infrage gestellt und auf welche Rekurswelten dabei Bezug genommen wird. Ebenso kann untersucht werden, gegen wen bzw. welche Umstände sich die formulierte Kritik des Nachrichtensendenden richtet. Der/die Adressat*in wäre also auch in diesem Fall interpretierbar. Darüber hinaus – und hier unterscheiden sich die beiden Zugänge – lässt sich beim unbeteiligten Dritten die Rekurswelt des Gegenübers nicht in der Art und Weise bestimmen, wie es beim anwesenden Dritten der Fall ist. Beim anwesenden Dritten, oder je nach Beschaffenheit der Situation Alter, lässt sich in direkter Weise bestimmen, wie die Kritik vom Nachrichtensendenden aufgenommen und verarbeitet wird. Beim unbeteiligten Dritten gelingt der Zugang zum Konflikt bzw. zur formulierten Kritik beider Parteien über die normativen Vorstellungen des Nachrichtensendenden (Blogger*in). Der nicht anwesende Dritte nimmt insofern Einfluss auf die Kommunikation in den Science Blogs, als dieser die normativen Ansprüche des/der gewünschten Adressat*innen in der vermittelten Kommunikation des Nachrichtensendenden spiegelt. Das heißt, die Kritik, die vom Bloggenden (Nachrichtensender*in) geäußert wird, ist eine Kritik gegenüber gültigen Praktiken (Normen), die durch den abwesenden Dritten hervorgerufen werden. Beim Konflikt mit einem *abwesenden Dritten* haben wir es konsequenterweise mit einer Form von öffentlicher Kritik gegenüber gültigen Handlungspraktiken in (teil-)gesellschaftlichen Bereichen zu tun. Damit erlangt die öffentliche Kritik über die analytische Kategorie des abwesenden Dritten eine veränderte Reichweite, weil sie sich dadurch zu einer Art normativen ‚Systemkritik' transformiert.

Folgendes Beispiel aus der Empirie soll jene Systemkritik veranschaulichen. Bei diesem Blogabschnitt handelt es sich um die Kritik an einer zunehmenden Trennung von Forschung und Medizin, die laut Nachrichtensender*in durch eine zunehmende Polarisierung der Clinician Scientist-Identität hervorgerufen würde:

> An unfortunate side effect of the polarization of the physician-scientist identity appears to be an undesirable gap between research and the practice of medicine. [...] This research-practice gap can mean that the words of physician scientists, who may not be clinically active, don't hold much clout in real world settings with physicians who spend the totality of their working day at the bedside, tending to patients. This is being realized and appreciated by grant funding agencies who are now placing more emphasis on personalized medicine and effectiveness studies versus an over reliance on efficacy studies (Blog 5, Abs. 20).

Die Rechtfertigung der Kritik findet ihren Weg über die zusätzlichen Forschungsaktivitäten, die Clinician Scientists neben dem klinischen Alltag vollziehen. Die dadurch geringere Anwesenheit auf der Patientenseite (bedside) führt zu einem Reputationsverlust bei jenen Kolleg*innen, die Vollzeit an der Patientenseite arbeiten. Diese Trennung von Forschung und Medizin ist aber nicht ursächlich durch die Geringschätzung der Kolleg*innen zu erklären, sondern durch die Veränderungen innerhalb des Finanzierungssystems in der Medizin, die zunehmend eine personalisierte Medizin gegenüber eine Medizin basierend auf Wirksamkeitsstudien belohnt.

6 Fazit: Science Blogs als Form des politischen Engagements

Science Blogs erweisen sich als ein neues und modernes Kommunikationsmedium innerhalb der Wissenschaft, die eine kommunikative Vermittlung von wissenschaftsbasierten Themen, Problem- und Fragestellungen in die wissenschaftlich-gesellschaftliche Öffentlichkeit ermöglichen. Die kommunikative Vermittlung gestaltet sich dabei in Form einer öffentlichen Selbstthematisierung der Individuen (Hahn und Kapp 1987). Genau diese Möglichkeit einer öffentlichen Selbstthematisierung macht Science Blogs zu einem Forum, in welchem die Akteure ihr „Unbehagen […] zum Ausdruck bringen" (Bogusz 2010, S. 119) können. Ein solcher Ausdruck von Unbehagen kann gegenwärtig bei den Clinician Scientists im Feld der Biomedizin gut beobachtet werden. Das Unbehagen ergibt sich in diesem Fall durch die mittels TF eingeleitete Herausforderung zwei unterschiedliche gesellschaftliche Logiken und Wissensstrukturen (Wissenschaft und Medizin) auf der handlungspraktischen Ebene miteinander zu vermitteln und in einer neuen Rolle zu institutionalisieren (Lemoine 2008; Zemlo et al. 2000). Durch den Einbezug von Öffentlichkeit verwandelt sich der einstige Ausdruck von Unbehagen in eine öffentliche Infragestellung. Dies geschieht dadurch, dass die Öffentlichkeit aus einer formalen Selbstthematisierung in den Science Blogs eine politische Inszenierung konstruiert. Versteckt unter dem Deckmantel ‚unscheinbarer', tagebuchartiger Blogeinträge werden in den Science Blogs Probleme einer ganzen Gruppe für die Öffentlichkeit inszeniert. Unter Einschluss der Öffentlichkeit wird aus den individuellen Problembeschreibungen, dem Ausdruck des Unbehagens, eine öffentliche Infragestellung und damit eine Form der *öffentlichen Kritik*. Blogeinträge beinhalten nichts anderes als die genuin öffentliche Infragestellung von alltäglichen, wissenschaftlichen Praktiken. Science Blogs sind demnach nicht nur Orte, an denen sich die diskursive Verhandlung wissenschaftlicher Praktiken beobachten lassen, sondern auch Orte, an denen die politischen Interessen und Formationen spezifischer Gruppen verfolgt werden können. Damit transformieren Science Blogs die Vermittlung persönlichen Unbehagens zu einem Akt politischer Formation und damit zu einem Akt der Identitätsbildung von spezifischen Akteuren und Akteursgruppen.

Die öffentliche Kritik erreicht darüber hinaus ein besonderes Ausmaß soziologischer Reichweite, wenn die theoretisch-analytische Kategorie des Dritten in der Bloganalyse konsequent mitgedacht wird. In seiner abwesenden Form erhält der Dritte die Funktion einer Spiegelung gesellschaftlicher Erwartungshaltungen. In der kommunikativen Vermittlung der Clinician Scientists offenbart sich dann eine Kritik an den gegebenen normativen Vorstellungen, mit denen das Individuum in der alltäglichen Handlungspraxis konfrontiert ist. Damit entwickelt sich öffentliche Kritik in den Science Blogs zu einer Kritik an den jeweiligen normativen und konkurrierenden Bezugssystemen. Für eine Analyse des Feldes der TF hat dies folglich die praktische Konsequenz, dass beobachtet werden kann, welche Bezugssysteme auf der individuellen Ebene um spezifische Wertigkeiten konkurrieren und welche normativen Verschiebungen sich hier abzeichnen.

Ferner folgt aus den hier entwickelten analytisch-empirischen Überlegungen, dass scheinbar ‚unscheinbare' Kommunikationsformate wie (Science) Blogs in fruchtbarer Weise für die Soziologie der Kritik aufbereitet werden können und vor diesem Hintergrund zum Spielfeld politischer Handlungen avancieren. Demnach ist die Praxis der öffentlichen Kritik mit ihren politischen Konsequenzen nicht mehr nur spezifischen und für derselben typischen Öffentlichkeitsformaten zugänglich. Eine solche Erweiterung um ‚neue bzw. moderne Orte der Kritik' liest sich durchaus im Sinne des französischen Pragmatismus. So ermöglicht die Soziologie der Kritik ein politisches Handlungsprogramm für eine Gruppe unterschiedlichster Akteure. Kritik ist demnach nicht (mehr) nur einer elitären Gruppe vorbehalten. Vor diesem Hintergrund erscheint es nur konsequent, die Austragung von Kritik auch in analytischer Hinsicht ‚alltagstauglich' zu gestalten. Das heißt, Kritik auch in jenen Orten analytisch zugänglich zu machen, deren Zugriff sich niedrigschwellig(er) gestaltet als jene klassischen Orte öffentlicher Kritik wie bspw. den (Tages-)Zeitungen und/oder öffentliche Protestsituationen (Bogusz 2010).

Literaturverzeichnis

Berger, Peter L., und Thomas Luckmann. 1980. Die gesellschaftliche Konstruktion der Wirklichkeit. Eine Theorie der Wissenssoziologie. Frankfurt am Main: Fischer.

Blümel, Clemens, Stephan Gauch, Barbara Hendriks, Anne K. Krüger, und Martin Reinhart. 2015. In Search of Translational Research: Report on the Development and

Current Understanding of a New Terminology in Medical Research and Practice. iFQ-BIH-Report. Berlin: Institute for Research Information and Quality Assurance; Humboldt-University Berlin. https://www.bihealth.org/uploads/pics/iFQ-BIH-Report_2015_web.pdf. Zugriff: 22.08.2016.

Bogusz, Tanja. 2010. *Zur Aktualität von Luc Boltanski. Einleitung in sein Werk.* Aktuelle und klassische Sozial- und Kulturwissenschaftlerinnen. Wiesbaden: VS Verlag für Sozialwissenschaften.

Boltanski, Luc, und Eve Chiapello. 2001. Die Rolle der Kritik in der Dynamik des Kapitalismus und der normative Wandel. *Berliner Journal für Soziologie*, Nr. 4: 459–77.

Boltanski, Luc, und Laurent Thévenot. 1999. The Sociology of Critical Capacity. *European Journal of Social Theory* 2 (3): 359–77. doi:10.1177/136843199002003010.

Boltanski, Luc, und Laurent Thévenot. 2007. *Über die Rechtfertigung. Eine Soziologie der kritischen Urteilskraft*. Hamburg: Hamburger Edition.

Bourdieu, Pierre. 1982. Die feinen Unterschiede. Kritik der gesellschaftlichen Urteilskraft. Frankfurt a. M.: Suhrkamp.

Brown, Nik, und Mike Michael. 2003. A Sociology of Expectations: Retrospecting Prospects and Prospecting Retrospects. *Technology Analysis & Strategic Management* 15 (1): 3–18. doi:10.1080/0953732032000046024.

Chalmers, Iain, Michael B Bracken, Ben Djulbegovic, Silvio Garattini, Jonathan Grant, A Metin Gülmezoglu, David W Howells, John P A Ioannidis, und Sandy Oliver. 2014. „How to increase value and reduce waste when research priorities are set". *The Lancet* 383 (9912): 156–65. doi:10.1016/S0140-6736(13)62229-1.

Chan, An-Wen, Fujian Song, Andrew Vickers, Tom Jefferson, Kay Dickersin, Peter C Gøtzsche, Harlan M Krumholz, Davina Ghersi, und H Bart van der Worp. 2014. „Increasing value and reducing waste: addressing inaccessible research". *The Lancet* 383 (9913): 257–66. doi:10.1016/S0140-6736(13)62296-5.

Daye, Dania, Chirag B. Patel, Jaimo Ahn, und Freddy T. Nguyen. 2015. „Challenges and Opportunities for Reinvigorating the Physician-Scientist Pipeline". *The Journal of Clinical Investigation* 125 (3): 883–87. doi:10.1172/JCI80933.

Farrell, Henry, und John Sides. 2010. „Building a Political Science Public Sphere with Blogs". *The Forum* 8 (3). http://www.degruyter.com/downloadpdf/j/for.2010.8.3_20120105083456/for.2010.8.3/for.2010.8.3.1396/for.2010.8.3.1396.xml.

Goffman, Erving. 1981. *Forms of Talk*. Pennsylvania: University of Pennsylvania Press.

Hahn, Alois, und Volker Kapp. 1987. Selbstthematisierung und Selbstzeugnis. Bekenntnis und Geständnis. Frankfurt: Suhrkamp.

Ioannidis, John P A, Sander Greenland, Mark A Hlatky, Muin J Khoury, Malcolm R Macleod, David Moher, Kenneth F Schulz, und Robert Tibshirani. 2014. Increasing value and reducing waste in research design, conduct, and analysis. *The Lancet* 383 (9912): 166–75. doi:10.1016/S0140-6736(13)62227-8.

Keller, Reiner, Hubert Knoblauch, und Jo Reichertz. 2012. *Kommunikativer Konstruktivismus: Theoretische und empirische Arbeiten zu einem neuen wissenssoziologischen Ansatz*. Wiesbaden: VS Verlag.

Knoblauch, Hubert. 1995. Kommunikationskultur: die kommunikative Konstruktion kultureller Kontexte. Berlin: Walter de Gruyter.

Kouper, Inna. 2010. Science blogs and public engagement with science: Practices, challenges, and opportunities. *Journal of Science Communication* 9 (1): 1–10.

Lachmund, Jens. 1987. Die Profession, der Patient und das medizinische Wissen. Von der kurativen Medizin zur Risikoprävention. *Zeitschrift für Soziologie* 16 (5): 353–66.
Lachmund, Jens, und Gunnar Stollberg. 1995. Patientenwelten. Krankheit und Medizin vom späten 18. bis zum frühen 20. Jahrhundert im Spiegel von Autobiographien. Opladen: Leske + Budrich.
Latour, Bruno. 1988. *The Pasteurization of France.* Havard University.
Lemoine, N.R. 2008. The clinician–scientist: A rare breed under threat in a hostile environment. *Disease Models & Mechanisms*, Nr. 1: 12–14.
Lindemann, Gesa. 2006. Die Emergenzfunktion und die konstitutive Funktion des Dritten: Perspektiven einer kritisch-systematischen Theorieentwicklung. *Zeitschrift für Soziologie* 35 (2): 82–101.
Lindemann, Gesa. 2010. Die Emergenzfunktion des Dritten – ihre Bedeutung für die Analyse der Ordnung einer funktional differenzierten Gesellschaft. *Zeitschrift für Soziologie* 39 (6): 493–511.
Luhmann, Niklas. 1987. *Rechtssoziologie.* 3. Aufl. Opladen: Westdeutscher Verlag.
Luppicini, Rocci. 2013. Handbook of Research on Technoself. Identity in a Technological Society. Hershey: IGI Global.
Maasen, Sabine, und Barbara Sutter. 2016. Dezentraler Panoptismus. *Geschichte und Gesellschaft* 42 (1): 175–94.
Merton, Robert. 1957. Priorities in Scientific Discovery: A Chapter in the Sociology of Science. *American Sociological Review* 22 (6): 635–59.
Merton, Robert K. 1957a. The Role-Set: Problems in Sociological Theory. *The British Journal of Sociology* 8 (2): 106–20. doi:10.2307/587363.
Minol, Klaus, Gerd Spelsberg, Elisabeth Schulte, und Nicholas Morris. 2007. Portals, Blogs and Co.: The Role of the Internet as a Medium of Science Communication. *Biotechnology Journal* 2 (9): 1129–1140. doi:10.1002/biot.200700163.
Morel, Penelope A., und Gillian Ross. 2014. The Physician Scientist: Balancing Clinical and Research Duties. *Nature Immunology* 15 (12): 1092–1094. doi:10.1038/ni.3010.
Peter, Lotahr. 2011. Soziologie der Kritik oder Sozialkritik? Zum Werk Luc Boltanskis und zu dessen deutscher Rezeption. *Lendemains* 36: 73–90.
Rip, Arie, und Jan-Peter Voß. 2013. Umbrella Terms as a Conduit in the Governance of Emerging Science and Technology. *Science, Technology & Innovation Studies* 9 (2): 39–59.
Rosen, Michael R. 2011. The Role of the Physician-Scientist in Our Evolving Society. *Rambam Maimonides Medical Journal* 2 (4). doi:10.5041/RMMJ.10063.
Shanahan, Marie-Claire. 2011. Science Blogs as Boundary Layers: Creating and Understanding New Writer and Reader Interactions through Science Blogging. *Journalism* 12 (7): 903–19. doi:10.1177/1464884911412844.
Simmel, Georg. 1908. Soziologie. Untersuchungen über die Formen der Vergesellschaftung. Berlin: Duncker & Humblot.
Thévenot, Laurent, M. Moody, und C. Lafaye. 2011. Formen der Bewertung von Natur: Argumente und Rechtfertigungsordnungen in französischen und US-amerikanischen Umweltdebatten. In *Soziologie der Konventionen. Grundlagen einer pragmatischen Anthropologie*, hrsg. Diaz Bone, R., 125–66. Frankfurt: Campus.

Torka, Marc, und Anke Borcherding. 2008. Wissenschaftsunternehmer als Beruf? Berufs- und professionssoziologische Überlegungen vor dem Hintergrund aktueller (Ent-)Differenzierungsphänomene der Wissenschaft. Discussion Paper SP III 2008-601. Berlin: Wissenschaftszentrum Berlin für Sozialforschung. http://www.ssoar.info/ssoar/bitstream/handle/document/23819/ssoar-2008-torka_et_al-wissenschaftsunternehmer_als_beruf_berufs-_und.pdf?sequence=1. Zugriff:12.08.2015.

Turkle, Sherry. 2005. *The Second Self. Computers and the Human Spirit*. Cambridge, MA; London: MIT Press.

Vignola-Gagné, Etienne. 2014. Argumentative Practices in Science, Technology and Innovation Policy: The Case of Clinician-Scientists and Translational Research. *Science and Public Policy* 41 (4): 94–106. doi:10.1093/scipol/sct039.

Wentland, Alexander, Andreas Knie, Lisa Ruhrort, Dagmar Simon, Jürgen Egeln, und Birgit Aschhoff. 2012. *Forschen in getrennten Welten: Konkurrierende Orientierungen zwischen Wissenschaft und Wirtschaft in der Biotechnologie*. 1.Aufl. Baden-Baden: Nomos.

Wilkins, John S. 2008. The roles, reasons and restrictions of science blogs. *Trends in Ecology & Evolution* 23 (8): 411–13.

Wilson-Kovacs, Dana M., und Christine Hauskeller. 2012. The Clinician-Scientist: Professional Dynamics in Clinical Stem Cell Research. *Sociology of Health & Illness* 34 (4): 497–512. doi:10.1111/j.1467-9566.2011.01389.x.

Zemlo, Tamara R.et al. 2000. The Physician-Scientist: Career Issues and Challenges at the Year 2000. *FASEB journal: official publication of the Federation of American Societies for Experimental Biology* 14: 221–30.

Über die Autorin

Barbara Hendriks ist studierte Sozialwissenschaftlerin. Sie forscht und lehrt derweil am Lehrbereich Wissenschaftsforschung an der Humboldt-Universität zu Berlin. Ihr Forschungsschwerpunkt liegt aktuell auf einer theoretisch-praktischen Vermittlung von subjektiven Konfliktverarbeitungen und öffentlichem Diskurs am Beispiel der Translationalen Forschung in der Biomedizin.

„Jetzt ändere Dein Gehirn in diese Richtung!" - Aneignungsprozesse der Steuerung von Hirnaktivität über das Brain-Computer Interface

Melike Şahinol

Zusammenfassung

Die Handlungsfähigkeit von Patienten mit bestimmten Erkrankungen ist von Medizintechnik abhängig, woraus sich ihre soziologische Relevanz ergibt. Medizintechnik muss anzueignen, anwendbar und funktionsfähig sein – nur so kann Handlungsfähigkeit gewährleistet werden. Brain-Computer Interfaces (BCI) und ähnliche neurotechnische Verfahren sollen bspw. die Wiederherstellung der Kommunikations- und Bewegungsfähigkeit verschiedener Patientengruppen sicherstellen. Derzeit werden solche Verfahren in Heilversuchen erprobt. In diesem Beitrag stelle ich, basierend auf teilnehmenden Beobachtungen verschiedener neurowissenschaftlicher Studien sowie Interviews mit Neurowissenschaftlern und Patienten, die Aneignungsprozesse der Steuerung von Hirnaktivität über das BCI vor. Anhand von empirischem Material wird verdeutlicht, wie Patienten Aneignungsprozesse der BCI-Nutzung beschreiben. Damit zusammenhängend ergibt sich die Frage, wie sich die Kommunikation

---

Die Ergebnisse dieses Beitrags beruhen auf meiner Dissertation, die 2016 unter dem Titel „Das techno-zerebrale Subjekt: Zur Symbiose von Mensch und Maschine in den Neurowissenschaften" im transcript Verlag erschienen ist. Der vorliegende Aufsatz setzt einen erweiternden Fokus auf Forschungsergebnisse hinsichtlich der Aneignungsprozesse, die sich als Bedingung der Mensch-Maschine-Symbiose ergeben.

M. Şahinol (✉)
Orient-Institut Istanbul (im Verbund der Max Weber Stiftung), Istanbul, Türkei
E-Mail: sahinol@oidmg.org

im Labor gestaltet, wenn Neurowissenschaftler mit Nicht-Wissen über Abläufe, die – im wahrsten Sinne des Wortes – in den individuellen Köpfen der Patienten vorgehen, konfrontiert werden.

Schlüsselwörter

Mensch-Maschine-Interaktion · Mensch-Maschine-Anpassung · Soziotechnische Kompetenz · Gehirnsteuerung · Körpersoziologie · Techniksoziologie · Cyborgsoziologie

1 Einleitung

Die Handlungsfähigkeit von Patienten mit bestimmten Krankheiten ist von Medizintechnik abhängig. Beispielsweise sollen Brain-Computer/Machine Interfaces (BCI/BMI[1]) in Zukunft die Wiederherstellung der Kommunikationsfähigkeit von ALS-Patienten[2] und die Wiederherstellung der Bewegungsfähigkeit von Schlaganfallpatienten gewährleisten. Hirnaktivitäten, die mittels Elektroenzephalogramm (EEG)[3] über BCI sichtbar gemacht werden, werden zur Ansteuerung

---

[1]Es gibt je nach Einsatzbereich unterschiedliche BCI-Systeme, die in der Regel aus den Komponenten a) zentrale Recheneinheit, b) internes Interface und c) externes Interface bestehen (Birbaumer et al. 2010, S. 112, 116, Clausen 2009, S. 21). Derzeit gibt es allerdings keine verbindliche Definition der Begriffe „Brain Machine Interfaces" bzw. „Brain Computer Interfaces". Nach Craelius (2002) sind BMI für gelähmte Personen bestimmt, die von mechanischen Assistenzsystemen profitieren, wie z. B. Roboterarmen, die durch die Versuchssubjekte kontrolliert werden. BCI dagegen sind dafür konzipiert, die Kommunikation von gelähmten Patienten zu ermöglichen bzw. zu erweitern. So kann der Patient über einen Monitor einen Cursor bewegen, um sich auf diesem Weg der Außenwelt mitzuteilen. Im Rahmen dieser Arbeit verwende ich den Begriff BCI, wenn Hirnvorgänge und computertechnische Vorgänge im Fokus stehen. Den Begriff BMI hingegen verwende ich dann, wenn die Ansteuerung externer Geräte mittels BCI im Fokus steht. Zudem verwende ich den Begriff BCI/ BMI-System analog zu dem Begriff Mensch-Maschine-System, bei der die Arbeitsteilung zwischen Mensch/Gehirn und Maschine/Computer bei der Durchführung einer bestimmten Aufgabe im Vordergrund steht.

[2]Amyotrophe Lateralsklerose (ALS) ist eine degenerative Erkrankung des motorischen Nervensystems, die zur vollständigen Lähmung führt.

[3]Das EEG (Elektroenzephalografie) ist eine Methode zur Messung elektrischer Hirnaktivität durch Aufzeichnung der Spannungsschwankungen an der Kopfoberfläche. Die grafische Darstellung dieser Schwankungen wird ebenfalls EEG genannt (Elektroenzephalogramm).

externer Hard- und Software genutzt (z. B. PC-Cursor, Buchstabenmatrix, über die „gedanklich" Buchstaben gewählt werden, etc.). Wie jedoch die aktive Steuerung neuronaler Expressivität gewährleistet wird und damit die Ansteuerung externer Hard- und Software, ist weitgehend unklar.

In diesem Beitrag stelle ich, basierend auf teilnehmenden Beobachtungen von neurowissenschaftlichen Studien sowie Interviews mit Neurowissenschaftlern und Patienten, die Aneignungsprozesse der Steuerung von Hirnaktivität über BCI vor.[4] Anhand von empirischem Material wird verdeutlicht, wie Patienten Aneignungsprozesse der BCI-Nutzung beschreiben. Damit zusammenhängend ergibt sich die Frage danach, wie sich damit der Umgang für Neurowissenschaftler gestaltet, die mit Nicht-Wissen von Abläufen, die – im wahrsten Sinne des Wortes – in den individuellen Köpfen der Patienten vorgehen, konfrontiert werden.

2 Sozio-(bio-)technische Prozesse der Mensch-Maschine-Anpassung

Bei der Beschreibung von Aneignungs- und Anwendungsprozessen von Medizintechnik reicht es nicht aus, Technik als „sozialen Prozeß" (Weingart 1989) zu beschreiben, nicht in einer Zeit, „in der Technik förmlich in uns eindringt und es kein ‚reines' Soziales mehr zu geben scheint, in der Handlungen nicht nur Menschen sondern auch Dingen zugeschrieben werden und in der menschliche und nicht-menschliche AkteuerInnen handeln, in der (auch) Hybride und Cyborgs leben" (Şahinol 2016, S. 314). Daher müssen Aneignungsprozesse von Technik – auch als „subjektive Könnerschaft" (Krohn 1989, S. 17) – im Rahmen eines rekursiven

---

[4]Die Anonymisierung der befragten Akteure erfolgte durch Kürzel. In jedem Kürzel ist die Position enthalten, gefolgt von einer dreistelligen Zahl, gefolgt von der Profession (z. B. für einen Professor, der Arzt und zugleich auch Neurochirurg ist: Prof000-DrMed; für eine Wissenschaftliche Mitarbeiterin und zugleich Ärztin: WiMi000-DrMed, für einen ausgebildeten Bioinformatiker: WiMi000-BioIuT; für Wissenschaftliche Hilfskräfte: HiWi; für Physiotherapeuten: Physio; für Mitarbeiter aus der medizinischen Psychologie: MedPsy; für Philosophieprofessoren: GW). Die Anonymisierung der Patienten erfolgte nach einer beliebig gewählten Farbe, bspw. Schwarz049. Die digitalisierten Protokolle meiner Feldbeobachtungen während meiner Labor- und Krankenhausaufenthalte wurden mit einem internen Schlüsselungsverfahren kodiert. In dieser Fassung wird die Primärdokumentennummer, die im von mir benutzten ATLAS.ti-Programm ausgegeben wurde, als Zitationsangabe verwendet (z. B. P17: Abs. 032 ff.).

sozio-(bio-)technischen Anpassungsprozesses erklärt werden. Dies ist insbesondere dann wichtig, wenn das Mechanische buchstäblich einverleibt wird und Teil des Handlungskontextes wird. Bei der Steuerung von Hirnsignalen mittels BCI ist diese Betrachtungsweise elementar (und für andere, ähnliche Neuro- oder Biotechniken möglicherweise auch). Denn die BCI-Bedienung hängt maßgeblich ab von: 1) einem subjektiven Können, das ein Verstehen und/oder Bedienen der betreffenden Technik voraussetzt; 2) der Funktionsfähigkeit eingesetzter Artefakte, deren Beziehungen zueinander und deren Beziehungen zum Organischen (z. B. Inskription, Technikfähigkeit, Biofunktionalisierung); 3) der sozio-technischen Konstellation[5] (Rammert 2007), welche die Mensch/Gehirn-Maschine/Computer-Verbindung gewährleistet; und 4) der Rekonstruktion von Expressivität eines vorherigen Zustands, welcher wiederrum das Wissen über diesen Zustand voraussetzt. Dabei sind diese Bedingungen wechselseitig voneinander abhängig. Diese Betrachtungsweise impliziert zunächst einen weiten Technikbegriff, wobei ich Technik nicht nur als „physikalisch vergegenständlichte *Sachtechnik*", sondern auch als in menschlichen „Handlungen verkörperte *Handlungstechnik*" und in „Symbolsystemen eingeschriebene *Zeichentechnik*" (Rammert 2007, S. 17, Hervorh. i. Orig.) verstehe.

Zur *ersten Voraussetzung,* zum subjektiven Können, ist zu sagen, dass die Aneignung und Weiterentwicklung der subjektiven Könnerschaft[6] hinsichtlich der Steuerung von Hirnsignalen mittels BCI Wissen impliziert, dass die Handlungsfähigkeit „etwas in Ganz zu setzen" (Stehr 1994, S. 242) charakterisiert. Nach Stehr ist Wissen „eine notwendige, aber keine ausreichende Fähigkeit zum Handeln." (ebd.). In Verbindung mit der *zweiten Voraussetzung,* der Funktionsfähigkeit eingesetzter Artefakte, kommt dieses Wissen überhaupt *in Bewegung* und geht so in einen *sozio-technischen Handlungskontext* über. Erst in einem sozi-(bio-)technischen Anpassungsprozess wird die *(dritte)* Bedingung dazu geschaffen, dass Maschinensteuerung über „neuronale Expressivität" (in Anlehnung an Lindemann 2008) ermöglicht wird. Sowohl Interaktionen menschlicher Akteure, Intra-Aktion technischer Objekte als auch die Interaktivität zwischen Menschen und technischen Objekten müssen demnach störungsfrei ablaufen,

---

[5]Nach Rammert bestehen sozio-technische Konstellationen aus Interaktionen menschlicher Akteure, der Intra-Aktion technischer Objekte sowie der Interaktivität zwischen Menschen und technischen Objekten und demzufolge aus „körperlichen Routinen, sachlichen Designs und symbolischen Steuerungsdispositiven" (Rammert 2007, S. 35).
[6]Von den Neurowissenschaftlern selbst als „das BCI können" bezeichnet, hier verwende ich analog dazu „doing BCI".

um Handlungsfähigkeit (Öffnung bzw. Greifbewegung der Hand) im BMI-System zu gewährleisten. Da das Neurofeedback auf einen vorher ermittelten Vergleichswert basiert, ist die Rekonstruktion von der eigenen neuronalen Expressivität eines vorherigen Zustands elementar. Das Neurofeedback (Erläuterungen im nächsten Abschnitt) ist eine bio-technisch[7] vermittelte Information über diese Könnerschaft – und zwar *medial formiert, rekursiv* und *zirkulär.* Ausgehend vom technischen Part stellt neuronale Expressivität im BMI-System eine Information dar, die vom Computer softwaretechnisch weiterverarbeitet wird. Durch lernfähige Algorithmen wird dabei die Biofunktionalität der Maschine gewährleistet, die sich an das Forschungssubjekt adaptiert und die ein individuelles Neurofeedback analog (der Intensität) der Steuerung der Verhaltensaktivität ausgibt. Das Neurofeedback wirkt dann wieder auf die (Intensität der) Verhaltensaktivität zurück, welche dann wiederum Folgen auf die Algorithmen hat, sodass sich eine theoretisch unendliche Handlungsschleife ergibt. *Durch diese sich im kybernetischen BMI-System zirkulär wiederholende Interaktion, Intra-Aktion und Interaktivität wird das doing BCI im Prozess der sozio-(bio-)technischen Anpassung erlernt.* Hierbei ist die Zirkularität (zentrales Prinzip der Kybernetik) von Wissensprozessen bzw. Könnerschaft unter Bedingungen der bio-technischen Vermittlung hervorzuheben. Das Wissen darüber, wie man das BCI bedient und die Maschine per Gedankenkraft in Gang setzt, bezeichne ich als Fähigkeit, in sozio-technischen Konstellationen mitzuhandeln. Diese Fähigkeit des Mithandelns stellt eine *sozio-technische Kompetenz* dar und erschließt sich aus der hybriden *Handlungsträgerschaft* zwischen Mensch und Technik. Das *doing knowledge mit* dem Technischen steht im Gegensatz zum *having knowledge über* das Technische im Fokus. Das *doing BCI* impliziert in diesem Sinne diese sozio-technische Kompetenz, deren Aneignung nicht zwangsweise einer sozialen Vermittlungsinstanz bedarf (hier also keiner Unterweisung). Die Aneignung erfolgt eher durch einen Prozess, in dem Wissen medial formiert in einer zirkulären Schleife bio-technisch vermittelt wird. Sie kennzeichnet die Handlungsfähigkeit in Interaktionssituationen mit Technik, der sozio-technischen Konstellationen entsprechend zu handeln, und wird in der Anwendung sichtbar.

---

[7]Bio-technisch, da die Öffnung der gelähmten Hand durch die biomechanische Öffnung der Orthese erfolgt.

3 Neurofeedback als Kulturtechnik der Neurowissenschaften

In den von mir teilnehmend beobachteten neurowissenschaftlichen Studien mit ALS- und Schlaganfallpatienten spielt die Medizintechnik eine entscheidende Rolle. So wurden bspw. die Hirnsignale von Schlaganfallpatienten mittels BCI so weiterverarbeitet, dass bei einem bestimmten Hirnsignalaktivitätsmuster die Ansteuerung eines Rehabilitationsroboters die Öffnung der gelähmten Hand von Patienten durch die Aktivierung der Roboterorthese ermöglichte. Diese Aktivität stellt ein Feedback für die Patienten dar, welches Neurofeedback genannt wird. Durch diesen Feedbackmechanismus wollen die Neurowissenschaftler bei Patienten einen Lernprozess in Gang setzen, bei dem die Gehirnaktivität durch die Patienten bewusst steuerbar und regulierbar wird. In Kombination mit anderen Technologien (z. B. eines Rehabilitationsroboters) soll das BCI die Wiederherstellung der Bewegungsfähigkeit bei Schlaganfallpatienten gewährleisten. In Zukunft soll es auch zur Steigerung der Kommunikationsfähigkeit von ALS-Patienten genutzt werden. Im letzteren Fall wird das BCI als Kommunikationskanal genutzt, um Buchstaben „gedanklich" anzuwählen, die über eine Buchstabenmatrix am Bildschirm angezeigt werden. Diese Wiederherstellungs- bzw. Förderungsprozesse erfordern eine Mensch-Maschine-Verbindung, die höchst voraussetzungsvoll ist. Eine erfolgreiche Behandlung durch den Einsatz von BCI ist gleichzeitig von dessen Aneignung und Bedienung abhängig. Forschende des Projekts finden es elementar, Prozesse, die sich im Gehirn abspielen, zu verstehen. Für das BCI und andere Neurotechnologien sei dabei auch die Verbindung von Biologischem, Technischem und Psychologischem elementar (vgl. u. a. Prof002-MedPsy und Prof007-DrMed). Damit externe Hard- und Software über Hirnaktivitätsmuster angesteuert werden können, muss das Forschungssubjekt z. B. mit einer EEG-Kappe ausgestattet sein, die die Hirnaktivität über Elektroden misst, die Hardware (z. B. Verkabelung, etc.) muss funktionsfähig sein, die Software des Computers muss funktions- und lernfähig (lernfähige Algorithmen, die sich an das Forschungssubjekt anpassen) sein, das Forschungssubjekt muss motiviert sein und das BCI „bedienen" können. Damit die erfolgreiche BCI-Bedienung gewährleistet wird, kann erwartet werden, dass Neurowissenschaftler Patienten gewissermaßen anleiten und anweisen. Hierzu müsste man schlussfolgern, dass ein Wissen über die Funktionsfähigkeit des BCI und somit über die Steuerung von Hirnaktivität vorhanden ist und dass dieses Wissen kommuniziert werden kann. Prof002-MedPsy sagt erstaunlicherweise aus, dass man z. B. keine genaueren Aussagen darüber treffen kann, was die Bedienung und somit z. B.

Kommunikation über BCI gewährleistet und dass die Steuerung von Hirnaktivitäten eher implizit ablaufe:

> Prof002-MedPsy: Weiß man im Grunde nicht genau. Man kann darüber spekulieren. Es ist aber auch nicht wichtig, das zu wissen. Entscheidend ist, dass es geht. (...)
> MŞ: Und was sagen Sie dann den Patienten, wie...
> Prof002-MedPsy: Den Patienten. Ich sage den Patienten GAR NICHTS. Also ich sage: ‚Bitte finden Sie Ihre eigene Denkstrategie, machen Sie, was Sie wollen, probieren Sie, was Sie wollen, tun Sie, was Sie wollen, denken Sie, was Sie wollen'. Meine Mitarbeiter halten sich daran nicht. Weil ich bin der Auffassung, also man soll das den Patienten überlassen. Meine Mitarbeiter geben immer Ratschläge. Und das sind dann Ratschläge wie ‚Versuchen Sie sich das und jenes vorzustellen. Stellen Sie sich eine Bewegung vor. Stellen Sie sich die öffnende Hand vor' usw. usw. Ich halte davon gar nichts. Es gibt auch Untersuchungen, die wir gemacht haben, die gezeigt haben, dass die Vorstellung, diese Instruktionen nicht sehr hilfreich sind. Trotzdem machen das die Leute immer wieder, weil sie die Patienten hilflos sehen und [diese, MŞ] immer wieder fragen: ‚Ja' was soll ich denn da machen? Geben Sie mir doch einen Rat. Dann sage ich: ‚Nein, ich gebe Ihnen keinen Rat!' Und die anderen geben dann halt mal einen Rat. Es macht im Grunde keinen Unterschied. Am Schluss lernen die das, was sie wollen (ebd.: Abs. 072:076).

Der Befragte lehnt also eine Instruktion der Patienten ab. Der Befragte gibt an, dass das Lernen ein subjektiver Prozess („eigene Denkstrategie finden") ist. Aneignungsprozesse sollen, so Prof002-MedPsy, über das Machen, Probieren, Tun, und Denken ablaufen, also über das *learning by doing BCI* und bedürfen keiner sozialen Vermittlungsinstanz. Das *doing BCI* wird quasi im Vollzugsgeschehen mit sich selbst ausgehandelt. Dennoch ist m. E. die Ablehnung der Unterweisung durch den Neurowissenschaftler nicht unproblematisch. Denn meinen Beobachtungen von ALS-Patienten zufolge kann eine vollständige und reibungslose Kommunikation mit ALS-Patienten über BCI nur dann gewährleistet werden, wenn BCI-Nutzer *wissen,* wie die Kontrolle von Hirnaktivität und somit das „Treffen von richtigen Buchstaben" über die BCI mit EEG genau funktioniert. Das Unterbleiben von Instruktionen kann demnach verwirrend wirken: Wie soll Technik ohne Bedienungsanleitung, ohne (einführende) Informationen also, in Gang gesetzt werden? Die Patienten lernen zwar die Steuerung von Hirnaktivitäten und somit das Treffen von Buchstaben durch eigenes Ausprobieren – also in der Interaktion mit der Maschine, allerdings besteht dann immer noch eine Fehlerhäufigkeit (Ausgabe von falschen Buchstaben). Zudem ist die Dauer der Buchstabenermittlung immer noch lang. So lässt sich ein Buchstabe z. B. manchmal nach 30 s und manchmal erst nach 50 s ermitteln.

Die Ermittlung eines einzelnen Wortes ist zeitlich variabel. Bei meiner Beobachtung einer ALS-Patientin brauchte die Patientin z. B. fünf Minuten für das Wort AQUA (ital. Wasser), wobei in diesem Fall ein Buchstabe falsch ermittelt wurde (ARUA). Die falsche Ermittlung von Buchstaben ist für die Patienten oft frustrierend, da sie zusammen mit den richtigen ein Wort ergeben, welches ggf. für den Kommunikationspartner unverständlich bleibt. Allerdings kann es natürlich abhängig von der Erkrankung sein, inwiefern die Steuerung von Hirnaktivitäten durch das „learning by doing" mittels Neurofeedback als ausreichend und bedarfsgerecht empfunden wird. Bei Epilepsiepatienten beispielsweise, die erst die Erforschung der Steuerung und Kontrolle von Hirnaktivität mittels BCI attraktiv werden ließen, beschreibt ein Neurowissenschaftler folgendes:

> Es gab, für mich jedenfalls, eine Initialzündung, insofern, vor vielen Jahren, vor ca. 20 Jahren. Da haben wir das ja bei Epilepsiepatienten geprüft. Wir haben also Leute, die nicht heilbar sind, mit Epilepsie, dazu gebracht, durch Hirntraining [Neurofeedback mittels BMI, MŞ] die Anfälle selbst zu kontrollieren. Und dabei ist uns aufgefallen, dass nach langen Trainingszeiten, nachher, diese schwerstkranken Leute das so gut können, dass sie praktisch jedes Mal, wenn der Computer sagt: ‚Jetzt mach dein Gehirn, jetzt ändere dein Gehirn in diese und jene Richtung!', dass die das praktisch immer konnten. Und zwar nicht nur in Laboratorien, sondern auch in der Wirklichkeit, da wo sie die Anfälle gekriegt haben. Und das war der Initialzünder für mich, zu sagen:‚Okay, wenn das bei denen geht, dann muss das auch als Kommunikationsmittel gehen. Denn wenn jemand das so genau kontrollieren kann, dann kann er auch ‚ja' oder ‚nein' sagen damit, oder Buchstaben auswählen'. Und so sind wir dann sozusagen auf die ALS gekommen (Prof002-MedPsy: Abs. 085).

Im Zitat wird die Steuerung der Anfallskontrolle von Epilepsiepatienten mittels BCI durch Neurofeedback beschrieben. Dies stellt ein behavioristisches Verfahren dar, bei dem der Patient positiv darin bestärkt wird, seine Hirnaktivität so zu steuern, dass diese eine bestimmte Frequenz erreicht. Die Rückmeldung, ob die Hirnsignale richtig gesteuert werden, erfolgt durch visuell dargestellte Frequenzwellen der elektrischen Hirnaktivität und auch durch den *erlebten* Körperzustand. Diese Rückmeldung ist für die Patienten von entscheidender Bedeutung, denn im Fall einer Falschsteuerung könnte es zu einem epileptischen Anfall kommen, den es zu verhindern gilt. Die bedeutende Rückmeldung wirkt insofern konditionierend, als die Patienten lernen, ihr Verhalten (also ihren zerebralen Zustand) immer dann *anzupassen,* wenn sie merken, dass sie einen Anfall erleiden könnten.

Auffallend am obigen Zitat von Prof002-MedPsy ist die Beschreibung des Neurofeedback-Verfahrens als Ereigniskette: der „Computer sagt" und das „Gehirn ändert" und der Patient kann etwas „selbst kontrollieren". Bei näherer Betrachtung jedoch folgt das Vorgehen dem kybernetischen Prinzip der Zirkularität, wobei eine Ursache (Input) eine Wirkung hervorruft (Output) und wobei diese Wirkung eine neue Ursache für eine neue Wirkung wird usw. Ich werde nun den Lernprozess der Gedankensteuerung von Patienten analog der Sprechweise des Interviewpartners als Ereigniskette in vier Schritten aufschlüsseln, um das Problem der Zirkularität besser hervorzuheben.

Die Apparatur löst in einem *ersten Schritt* einen Reiz als Steuerbefehl bei den Patienten aus, wobei die Ursache für diesen Reiz im obigen Zitat noch nicht deutlich wird. Die Formulierung „ändere dein Gehirn" bedeutet, dass ein visueller oder audiovisueller Reiz über den Bildschirm durch die Darstellung der Frequenzwellen der elektrischen Hirnaktivitäten erfolgt. Sie erscheinen dem Patienten als neuronale Expressivität.[8]

Der *zweite Schritt* bezieht sich auf das, mit dem der Neurowissenschaftler aus der Klinischen Psychologie fortfährt: „in diese und jene Richtung". Dies betrifft die Richtungsanweisung. Die aktuelle Hirnaktivität wird zwar visuell in Form von EEG-Wellen am EEG angezeigt (Ursache/Input), sie erscheint dem Patienten als etwas, was er/sie selbst steuern kann (expressives Gegenüber).

Der *dritte Schritt* wird mit der Formulierung „an das Gehirn" eingeleitet, betrifft also die neuronale Expressivität als expressives Gegenüber. Denn die Rückmeldung, welche Richtung die „richtige" ist, erhält der Patient durch die graphische EEG-Darstellung, wobei sich die Frequenzen analog zu seinem/ihrem Verhalten ändern. Bei einer Änderung der Gedanken[9] (Wirkung/Output) ändert sich bspw. die bildliche Darstellung der neuronalen Expressivität entsprechend (neuer Input für den Patienten). Allerdings soll der Patient seine Hirnaktivität nach einer gewünschten Repräsentation der elektrischen Aktivitäten des Hirns ändern. Dementsprechend erfolgt die Richtungssteuerung nach dem seitens des Wissenschaftlers von Foerster (Foerster und Pörksen 2008) beschriebenen Prinzip der Kybernetik. Durch den Prozess der visuell dargestellten Informations*verarbeitung* wird die Hirnaktivität *angepasst*. Der Patient lernt also, sich entsprechend der Visualisierung der neuronalen Expressivität zu verhalten. Die exzentrische

---

[8]Ich verwende diesen Begriff analog zu Lindemann (Lindemann 2003, 2008) immer dann, wenn eine Eigenleistung des Gehirns durch den/die InterviewpartnerIn implizit betont wird, ohne dabei die Patienten in die Betrachtung einzubeziehen.
[9]Neurowissenschaftler sprechen von Kontrolle der Hirnfrequenzen.

Positionalität[10] bei Steuerung von „spontaner neuronaler Expressivität" (Lindemann 2008, S. 87) trifft hier also zu, sofern die epileptischen Anfälle als unwillkürliche und somit spontane Hirnaktivität gedeutet werden können. Der aktuelle zerebrale Zustand wird durch Manövrieren der Gedanken visuell objektiviert und der Patient gleicht seine/ihre willentliche geistige Handlung mit dieser visuellen Wiedergabe ab. Die Steuerung und Regulierung von Hirnaktivitäten entspricht dem Zirkularitätsprinzip der Steuerung und Regelung von Menschen/Organismen nach der Kybernetik (Foerster und Pörksen 2008).

Der *vierte Schritt* beinhaltet dann die Feststellung, dass die Kontrolle der Hirnaktivität aber „nicht nur in Laboratorien, sondern auch in der Wirklichkeit" erfolgen soll. Durch das Üben dieses Verfahrens wird ein Lernprozess aktiviert, wobei hiermit die nachhaltige Wirkung dieses Verfahrens gemeint ist, was sowohl die zeitliche als auch die situative Komponente betrifft. In diesem Zusammenhang wird implizit die Bedeutung des Neurofeedback-Verfahrens mittels BCI für den Alltag des Patienten betont, die sich also schon bewährt hat. Das Neurofeedback-Verfahren wird bereits weltweit als Therapieform eingesetzt, z. B. zur Behandlung von Schmerzpatienten oder zur Behandlung von ADHS bei Kindern.[11]

Lindemanns (Lindemann 2008) Ausführung, „[w]enn sie [die exzentrische Positionalität bei gleichzeitigem Verhältnis von neuronalen Zuständen zur Steuerungsfunktion des Organismus, MŞ] trotzdem im Experiment festgelegt werden

---

[10]Lindemann (2008) definiert in ihrer Analyse „Expressivität (…) als eine Eigenschaft lebendiger Dinge" (ebd., S. 86) in Anlehnung an Plessner (1975). Im Zusammenhang von neuronaler Expressivität und (ex)zentrischer Positionalität schreibt sie Folgendes: „Wenn man nun die Differenz von zentrischer und exzentrischer Positionalität zugrunde legt, stellt sich die Frage, was dies für die neuronale Expressivität bedeutet. Exzentrische Positionalität besagt, dass ein organisches Selbst einen Abstand zu sich als Vollzug der Selbststeuerung hat. Dies schließt prinzipiell die Möglichkeit ein, die spontane Expressivität des Vollzugs der Selbststeuerung der zentrischen Positionalität aktiv zu gestalten. Wenn dies zutrifft, müsste auch spontane neuronale Expressivität steuerbar sein. Dann würde sich folgendes ergeben: Wenn neuronale Prozesse als Hinweis auf das Vorhandensein einer Selbststeuerung verstanden werden können, wären neuronale Prozesse auf der Ebene der zentrischen Positionalität durch den Organismus nicht steuerbar. Denn neuronale Prozesse wären selbst die expressive Realisierung der Steuerungsfunktion, in deren Vollzug der Organismus aufgeht. Der Organismus hat zum Vollzug der Selbststeuerung keine Distanz, die es ihm erlauben würde, sich zu ihr zu verhalten. Anders verhält es sich bei der exzentrischen Positionalität, hier wäre im Sinne Plessners davon auszugehen, dass der Organismus zum Vollzug der Selbststeuerung in Distanz ist und sich deshalb zu dieser verhalten kann" (Lindemann 2008, S. 87).
[11]Ein Therapeutenverzeichnis findet sich bspw. auf http://www.eeginfo-neurofeedback.de (zugegriffen: 02. März 2017).

sollte, wäre dies auf die restriktiven Interaktionsbedingungen in der Experimentalanordnung zurückzuführen" (Lindemann 2008, S. 94 f.), steht im Widerspruch zur obigen Ausführung und muss in diesem Fall zurückgewiesen werden. Denn die technische Apparatur im Experiment (das BCI mitsamt Monitor) rückt im letzten Schritt in den Hintergrund. Das sachtechnische Hilfsmittel wird durch die handlungstechnische Ausführung der Hirnaktivitätssteuerung ersetzt. Der Patient erscheint als eine Ganzheit, die ihren zerebralen Zustand zu Hause selbstständig kontrollieren kann – *ohne* BCI (Sachtechnik) aber *mit* dem erlernten Verhaltensmuster zur Steuerung der Hirnaktivität (Handlungstechnik). Die gestalthafte Ganzheit wird daher implizit in die Elemente Patientenhandeln (Patient als Handlungsinstrument) und Hirnaktivität (neuronale Expressivität als Kommunikationsinstrument) unterteilt. Die Steuerung der Hirnaktivität kann nicht an das Gehirn als isoliertes Organ abgegeben werden – was durch die Formulierung „an das Gehirn" suggeriert wird. Der Patient stellt vielmehr im Zusammenspiel der Steuerung eine Komponente des Könnens dar, was ein Verstehen und ein dem nachgeordnetes Vollzugsgeschehen impliziert (Organismus des Vollzugsgeschehens). Der Patient muss also die *Verhaltensaktivität* seines/ihres Gehirns *deuten* (biologische Informationen verstehen), damit er/sie *unwillkürliche Hirnaktivitäten* (epileptischer Anfall) *kontrollieren* kann, indem er/sie ein *Verhaltensmuster zur Steuerung der Hirnaktivität nutzt*. Dieser Prozess verläuft dynamisch zirkulär als sozio-(bio-)technisches Ensemble (dazu später mehr). Das heißt, die Verhaltensaktivität des Gehirns steht dem Patienten in der visuellen Repräsentation zunächst als expressives Gegenüber gegenüber und bildet die Ursache zur willentlichen Steuerung der Hirnaktivitäten. In ihrer Wirkung bilden die so neu produzierten Hirnaktivitäten erneut eine Ursache zur Steuerung der Hirnaktivität des Patienten usw. usf.

Das „praktisch immer Können" (Prof002-MedPsy, s. o.) beschreibt das erlernte Handeln, also die Hirnaktivitätssteuerung mittels Neurofeedback-Verfahren, als ein Wissen über einen bestimmten Umstand, den zerebralen Zustand. Dies kann z. B. im Rahmen eines anstehenden Anfalls relevant sein. Der zerebrale Zustand wird dabei zunächst visuell repräsentiert und später losgelöst von Sachtechnik handlungstechnisch relevant. Die willentliche Steuerung der Hirnaktivität wird zur Handlungstechnik. Wenn ich Lindemann (2008, S. 95) richtig deute, ist genau das das wesentliche Resultat einer Kulturtechnik der Neurowissenschaftler. Der Neurowissenschaftler Prof002-MedPsy bezieht das Vorhandensein eines Leibes in seine Betrachtungen ein, wobei hier nicht nur das *Körper Haben* sondern auch das *Leib Sein* im Sinne Merleau-Pontys (1974) gemeint ist. Die Aktivitätensteuerung des Gehirns und das BCI-Neurofeedback werden implizit im Patientenhandeln verkörpert. Diese Steuerung auch in die ‚Wirklichkeit' umzusetzen, macht das Verfahren alltagstauglich und somit auch interessant für

Patientengruppen mit anderen Funktionsstörungen. Dadurch wird der Weg zur Etablierung der Kulturtechnik der Neurowissenschaften geöffnet. Die zirkuläre Dynamik, auf der das Neurofeedback-Verfahren beruht, versperrt allerdings die Ursache-Wirkungs-Kausalität und somit den genauen Vorgang der Steuerung. Für die Genesung von Patienten mit Hirnerkrankungen ist jedoch – auch wenn der Vorgang der Steuerung im Impliziten bleibt und dadurch schwer erlernbar ist – das Erlernen dieser Kulturtechnik der Neurowissenschaftler vielversprechend. Diese erfolgversprechenden Versuche sind Bedingungen und zugleich Hoffnungen für weitere Versuche an anderen Patientengruppen, wie hier den Schlaganfallpatienten. Die Funktionsfähigkeit des Neurofeedback-Verfahrens ist dabei eine wesentliche, jedoch nicht die einzige Bedingung für Heilversuche am Menschen in den Neurowissenschaften. Die Kontrolle von Hirnaktivitäten bei Epilepsie-Patienten gibt also Grund zur Annahme, dass die Kontrolle von Hirnaktivitäten auch zur Wiederherstellung der Motorikfunktionen bei Schlaganfallpatienten und zur Wiederherstellung der Kommunikation mittels BCI bei ALS-Patienten erreicht werden kann.

Wie die Steuerung von Hirnaktivität in neurowissenschaftlichen Heilversuchen erlernt wird, wird anhand des Neurofeedbacktrainings mit Schlaganfallpatienten im nächsten Abschnitt dargestellt.

4 Das Neurofeedbacktraining mit dem Rehabilitationsroboter

Das Neurofeedbacktraining mit dem Rehabilitationsroboter kann man sich folgendermaßen vorstellen: Das Forschungssubjekt (der Patient) sitzt vor einem Monitor. Damit die elektrischen Hirnaktivitäten des Forschungssubjekts überhaupt aufgenommen werden können, ist es mit einer BCI- bzw. EEG-Kappe, in der die Elektroden platziert werden, ausgestattet. Die EEG-Kappe besteht aus einem anschmiegsamen gewebten Stoff mit Elektrodenplätzen (siehe Abb. 1). Ein elektrolytisches Gel, das in die Elektrodenringe gespritzt wird, stellt dann den Kontakt zwischen der Kopfhaut und der Elektrode her. Sein linker Arm ist mit zwei Klettbändern in der Armvorrichtung der Roboterorthese fixiert. Seine Fingerspitzen sind durch magnetische Fingertips in einer mechatronischen Handorthese fixiert. Die Öffnung der Handorthese (und somit der Hand der gelähmten des Patienten) wird durch das (invasive oder nicht-invasive) BCI kontrolliert. Rechts von dem Monitor, vor dem das Forschungssubjekt sitzt, befindet sich ein weiterer Monitor. Dort werden die digitalen EEG-Messwerte, d. h. die Hirnstrommuster, die das Forschungssubjekt während der Aufgabendurchführung produziert, simultan (in Echtzeit)

Abb. 1 Seitliche Porträtaufnahme im Selbstversuch mit verkabelter EEG-Kappe

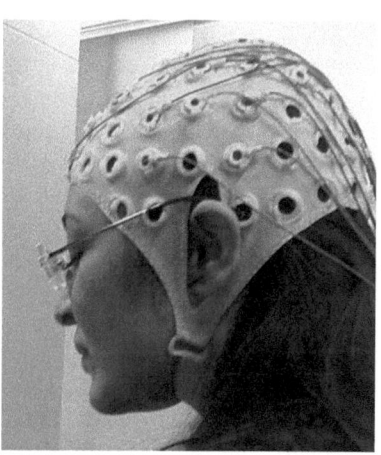

dargestellt. Ich nenne diese Darstellung der abgeleiteten Hirnstrommuster in Echtzeit auf dem Bildschirm im Folgenden „simultane Repräsentation".

Das Forschungssubjekt wird gebeten, eine Aufgabe zu erfüllen. Diese Aufgabe vollzieht sich in drei Teilaufgaben, die nacheinander ablaufen und die insgesamt drei Minuten lang wiederholt werden. Die drei Teilaufgaben werden in einer zeitlich festgelegten Reihenfolge über den Monitor audiovisuell (durch Phonetik und Geschriebenes) angesagt: Erst kommt das Kommando „Linke Hand…", für dessen Umsetzung dem Patienten zwei Sekunden bleiben. Dann kommt der Befehl „LOS", der sechs Sekunden lang umzusetzen ist. Und schließlich heißt es, sich acht Sekunden lang zu „Entspannen!". Eine Aufgabe beinhaltet demnach 16 s. In einem dreiminütigen Durchlauf werden somit 11 Aufgaben absolviert. Analog dieser Teilaufgaben müssen sich die Patienten „auf Befehl" auf die Aufgabe vorbereiten (Vorbereitung bzw. Ordnungsruf), sich die Öffnung der linken Hand vorstellen (Öffnung bzw. Steuerbefehl) und sich danach entspannen (Entspannung bzw. Entspannungsaufforderung). Die Durchläufe werden innerhalb einer Trainingssitzung vierzehn Mal wiederholt, sodass eine komplette Sitzung mit dem Forschungssubjekt am Roboter ca. 45 min dauert.

4.1 Klassifikationen von Verhaltensaktivitäten

Bevor das Neurofeedbacktraining beginnt, muss das „Screening" durchgeführt werden. Es ist eine Messung der Hirnaktivitäten der Patienten, die zwar die BCI-Kappe, nicht jedoch den Roboter erforderlich macht. Die Aufgabe, die die Patienten beim Screening erfüllen sollen, entspricht der 3-teiligen Befehlsabfolge: „Linke Hand…", „LOS", „Entspannen!". Während des Screenings werden die jeweiligen lokalen neuronalen Aktivitäten entsprechend der Teilaufgaben mithilfe des BCI2000-Programms aufgezeichnet (Eingabe), die Signale weiterverarbeitet und klassifiziert. Zudem werden spezielle Mustererkennungsmethoden angewendet, die individuelle, patientenspezifische Klassifikatoren ermitteln (Verarbeitung) und schließlich in einer individuellen ID zur Parameterübergabe an den Roboter abgespeichert werden (Ausgabe). Das heißt, dass die durch das Screening ermittelten Werte diejenigen Werte darstellen, die der Orthesensteuerung zugrunde liegen (was eine erneute Eingabe der ID in das BMI-System zur Folge hat). Das Screening wird also computertechnisch mittels eines Signalverarbeitungsprozesses durch Eingabe, Verarbeitung sowie Ausgabe ausgeführt. Die im Screening ermittelten Klassifikatoren dienen beim Neurofeedbacktraining als jeweils unterschiedliche Befehlsbedingungen zur Steuerung des BMI-Systems, also zur Klassifikation des Steuerkommandos. Durch die während des Screenings ermittelten Klassifikatoren werden dabei neuronale Prozesse gemäß der drei gewünschten Zustände isoliert betrachtbar. Somit stellt das Screening ein wissenschaftlich-technisches Verfahren zur Adjustierung der Gehirncomputerschnittstelle dar. Die während des Screenings ermittelten Werte werden während des Neurofeedbacktrainings als Vergleichswert zu jenen Werten genutzt, die das Forschungssubjekt analog der Befehlsphasen produziert. Das Screening ist also eine Bedingung dafür, dass sich die Orthese am Roboter nur dann öffnet, wenn die durch das Screening ermittelten und festgelegten Parameter für die Vorstellungsaktivitäten des Patienten vorliegen.

Da der Patient immer die gleiche Aufgabe bzw. die gleichen Teilaufgaben in vielen Durchläufen ausführt, ermittelt der Computer individuelle Parameter der Vorstellungen, die während jeder einzelnen Aufgabe neuronale Prozesse in bestimmten Arealen im Hirn aktivieren. Dies gilt für jeden einzelnen Befehl, also gleichermaßen für den Ordnungsruf, den Steuerbefehl und die Entspannungsaufforderung. Wenn der Patient sich also beim Befehl „LOS" statt der Öffnung der Hand eine andere Bewegung oder etwas anderes vorstellen würde, würde dieser Mittelwert als Parameter für den Steuerbefehl ermittelt werden. Der Patient wird aus diesem Grund angewiesen, sich beim Befehl „LOS" die Öffnung der jeweiligen Hand vorzustellen. Die Anweisung bleibt jedoch relativ unspezifisch, was dazu führt, dass die Vorstellungen der einzelnen Patienten voneinander abweichen. So berichtet bspw. ein Patient, dass er sich beim Los-Befehl vorstelle, wie er einen Ball fängt (vgl. Lila052, P48: Abs. 107). Diese Abweichungen in den Vorstellungen sind jedoch für den Versuch relativ unerheblich. Denn auch die

Vorstellung des Fangens eines Balls entspricht einer Imagination einer motorischen Aktivität. Ob sie nun tatsächlich eine Öffnungsbewegung der Hand imaginiert oder nicht: Wichtig für den Versuch ist, dass die motorischen Areale „angesprochen" und „aktiviert" werden. Zwar werden durch die verschiedenen Befehlsabfolgen die drei Stadien der Verhaltensaktivität abgefragt und klassifiziert und softwaretechnisch drei verschiedene Zustände des Gehirns ermittelbar und miteinander vergleichbar, jedoch sind diese Vergleichswerte wissenschaftlich-technisch ermittelt und beruhen auf hochgerechneten quantitativen Daten und nicht auf den „tatsächlichen" Gedanken. Die Vergleichswerte werden lediglich mit den aktuellen zerebralen Zuständen des Forschungssubjekts verglichen. Der Computer kann zudem durch das Signalverarbeitungsverfahren „lernen", die individuellen Hirnstrommuster eines Patienten zu erkennen und sie bestimmten Klassifikatoren zuzuordnen. Hier wird deutlich, dass die Vorstellung einer Verhaltensaktivität, also die Imagination einer Verhaltensaktivität durch den Patienten, unabhängig davon, welche Art diese Imagination ist, der tatsächlichen körperlich sichtbaren Verhaltensaktivität nachgeordnet ist bzw. gar nichts mehr damit zu tun haben muss. Denn was der Patient schlussendlich tatsächlich denkt, bleibt eine unbekannte Variable.

4.2 Wie über Gedanken Roboter gesteuert werden

Den Forschenden ist es wichtig, Patienten zu demonstrieren, dass das, was sich im Gehirn abspielt, auch simultan repräsentiert wird. WiMi018-DrMed erklärt dem Patienten Gelb043 in einer Screening-Sitzung, dass die Forscher die Hirnsignale messen wollen, um zu sehen, was im „Hirn vor sich geht" und führt wie folgt aus: „Jetzt ganz wichtig: Was passiert im Kopf, wenn Sie bestimmte Bewegungen machen. Bewegen Sie mal den Kopf!" WiMi018-DrMed zeigt dem Patienten die sich verändernden Hirnsignale auf dem Monitor. Er erklärt dem Patienten, dass sich auch bei der Vorstellung einer Bewegung die Hirnsignale ändern. Und es käme darauf an, zu erkennen, welche Signale das sind (P19: Abs. 7 ff., 071 ff.).

Von Beginn der Studie an wird Patienten also suggeriert, dass die Forschenden *sehen können, was im Kopf bzw. im Gehirn der Forschungssubjekte geschieht,* und dass die (gedankliche/imaginative) Handlung auf dem Monitor prozessual in Echtzeit – also simultan zur Imagination – sichtbar wird. Auf bisherige Forschungen rekurrierend erklärt WiMi018-DrMed darüber hinaus, dass es in der Messung der Hirnsignale zunächst darauf ankomme, „neue Positionen" für Bewegungsausführung ausfindig zu machen, wobei es nicht darauf ankomme, dass der Patient tatsächlich die Hand bewegen könne, sondern darauf, dass man bei der

Bewegungsvorstellung bestimmte Bereiche lokalisiere. In der Lokalisationsphase sollen genau die Bereiche, vor allem im Motorcortex, lokalisiert werden, die im Hirn bei der Vorstellung von Bewegungen aktiv sind. Da die Aktivität im Motorcortex bei Schlaganfallpatienten nicht zwangsläufig dazu führt, dass sie ihre Hand tatsächlich bewegen können, wird mit den geringfügig aktiven zerebralen motorischen Arealen die Hoffnung verknüpft, zerebrale motorische Funktionen so weit sach- und handlungstechnisch durch Stimulation und Neurofeedback zu verstärken und auf ihnen aufzubauen, dass die Wiederherstellung der Bewegungsfähigkeit gefördert wird.

Dass mit der Bewegungsvorstellung Hirnsignale aktiviert werden können (und sollen), lässt WiMi018-DrMed den Patienten selbst testen („Bewegen Sie mal den Kopf"). Als der Patient seinen Kopf bewegt, verändert sich das Hirnstrommuster. WiMi018-DrMed zeigt dem Patienten die sich verändernden Hirnsignale auf dem Monitor. Er erklärt dem Patienten, dass sich auch bei der bloßen Vorstellung einer Bewegung die Hirnsignale ändern. Es käme darauf an, zu erkennen, welche Signale das sind. Und genau in diesem Augenblick wird die zuvor suggerierte Sichtbarmachung von Abläufen im Gehirn mit Bewegungshandlungen verknüpft. Zugleich liefert WiMi018-DrMed den „Beweis" auf dem Monitor, auf dem synchron zur Bewegung des Patienten die Veränderung der Hirnsignalwellen sichtbar wird. Der Patient sieht also auch selbst im Akt der eigenen Ausübung einer Bewegung, dass unsichtbare Hirnsignale durch Bewegung auf dem Monitor sichtbar werden und dass diese Signale durch seine Handlung selbst verursacht sind. Dem Patienten wird also demonstriert, wie eine bestimmte Verhaltensaktivität (Kopfbewegung) mit einer, auf dem Monitor sichtbar gewordenen, Gehirnaktivität korreliert. Anhand dieser Demonstration wird erklärt, dass auch eine Vorstellung (Gehirnaktivität) einer Verhaltensaktivität (also eine diskrete, unsichtbare Verhaltensaktivität[12]) mit einer Gehirnaktivität korrelieren würde.

Für die Forschenden ist es wichtig, dass die Muskeln der gelähmten Hand während der Vorstellung der Verhaltensaktivität nicht aktiv angeregt werden sollen. Denn durch die Anspannung der Muskeln wird eine Spastik in der Hand aktiviert, die die Roboterorthese zum Stoppen bringt. Dadurch wird die Versuchsordnung gestört. Hinzu kommt, dass bei Muskelaktivität erneut Hirnsignale erzeugt werden, die nicht mehr der willentlichen Kontrolle des BCI zuzuordnen

---

[12] Mir ist klar, dass mit manchen Gedanken auch Mimiken einhergehen, die sichtbar werden und die man dann deuten kann. Allerdings ist mit unsichtbar hier eher eine solche Imagination gemeint, die Hirnstrommuster produziert, die man über das EEG sieht, und die man nicht über einen Ausdruck/die Motorik des Körperlichen direkt erkennen kann.

sind, wodurch die Datenaufzeichnung der Neurowissenschaftler „verfälscht" und „unbrauchbar" wird. Die Vorstellung einer Verhaltensaktivität soll nicht dazu führen, die Muskeln aktiv zu bewegen. Es soll also (vorerst) zu keiner körperhaften Bewegungsaktivität der gelähmten Extremitäten kommen, sondern die Vorstellung solle „passively" oder diskret stattfinden – also über das Gehirn (P48: Abs. 160–163).

Letztendlich wird hier die diskrete Verhaltensaktivität, also die Imagination einer motorischen Aktivität, noch einmal unterteilt. Die Imagination einer Bewegungsaktivität kann zum einen potentiell zu einer tatsächlichen (unbeabsichtigten) Körperbewegung (körperhafte Verhaltensaktivität) führen, aber es kann zum anderen auch lediglich bei einer diskreten Verhaltensaktivität (zerebral) ohne körperhafte Bewegungsaktivität[13] bleiben. Mit Letzterem ist gemeint, dass Patienten sich zwar eine Bewegung vorstellen, es jedoch durch die Vorstellung *nicht* zu einer Aktivierung der Muskeln kommt (diskrete Verhaltensaktivität).[14] Die Vorstellung, die hier explizit gewünscht ist, soll keine körperhafte, sondern eine diskrete Verhaltensaktivität sein.[15] Die Vermutung liegt also nahe, dass Neurowissenschaftler im Begriff sind, die zerebralen Zustände zunächst zu isolieren und somit die *bloße* Körpererfahrung[16] von der körperhaften Bewegungsaktivität loszulösen. Durch die Loslösung der körperhaften Verhaltensaktivität von der diskreten Verhaltensaktivität wird hauptsächlich, so die Absicht in den Neurowissenschaften, die zerebrale motorische Aktivität an die Maschine delegiert.

---

[13]Im Gegensatz zur körperhaften Verhaltensaktivität („imaginierte" Bewegungsaktivität, kann zu unbeabsichtigten Muskelbewegungen führen) stellt die körperhafte Bewegungsaktivität eine „beabsichtigte" motorische Bewegung dar, wie sie im Alltag vorkommt (z. B. beim Greifen eines Bechers).

[14]Unter diskreten Vorstellungsleistungen (der Motorik) verstehe ich Vorstellungen, die losgelöst von der tatsächlichen Motorik sind. Gemeint ist also eine „intellektuelle" und keine tatsächliche motorische Leistung (Merleau-Ponty 1974). Unter einer körperhaften Bewegungsvorstellung verstehe ich dabei jene Vorstellung, die die tatsächliche Bewegung aktiviert. Mir ist klar, dass wir täglich Millionen von Bewegungen eher unbewusst und routiniert ausführen. Hier geht es jedoch ausschließlich um Schlaganfallpatienten, die sich die Bewegungen bewusst vorstellen müssen, damit sie, falls sie über restliche motorische Funktionen verfügen, diese auch aktivieren können.

[15]Wie schwer das sein kann, können Sie selbst testen, indem Sie auf ihren Finger schauen und sich vorstellen, wie er sich z. B. nach oben und unten bewegt. Wenn Sie dies 45 min lange machen, dann können Sie möglicherweise verstehen, wie schwierig es ist, den Finger dabei still zu halten, sodass es keinerlei Muskelkontraktionen gibt.

[16]Mit bloßer Körpererfahrung meine ich diejenige, die nicht mithilfe der Biomechanik getätigt wird.

Dieser Delegationsprozess (in Anlehnung an die Phase der Delegation bei Latour 2006) vollzieht sich, neurophysiologisch induziert und technisch vermittelt, über diverse Intra-Aktionen von Soft- und Hardware. Es ist also auch anhand dieses Beispiels naheliegend, zu vermuten, dass dadurch auch die Struktur der Selbsterfahrung und -reflexivität des Forschungssubjekts verändert wird.

Die verschiedenen Zustände die Vorbereitung auf die Aktivität, die körperhafte Bewegungsvorstellung bzw. die diskrete Vorstellung einer Aktivität (diskrete Verhaltensaktivität) sowie das Entspannen bleiben jedoch vage.

Die beabsichtigte und realisierte Isolation der zerebralen Prozesse stellt eine Spaltung zwischen dem Denken (der Imagination) und dem Eigenhandeln (der tatsächlichen Verhaltensaktivität, ohne das Zutun von Biomechanik) im sozio-biotechnischen Anpassungsprozess dar. Sozio, weil das Forschungssubjekt in einem cerebrozentrischen sozio-technischen Arrangement des Experimentalsystems der Neuro-Welt integriert und dort in verschiedene Interaktionsprozesse involviert ist. Und bio-technisch, weil der Bewegungsvollzug über neurophysiologische Prozesse induziert und, technisch vermittelt, biomechanisch durch den Roboter ausgeführt wird. Die reine individuelle Handlung eines Subjekts wird also durch die techno-zerebrale Handlung abgelöst. In dieser Versuchsanordnung spielt das Gehirn als epistemisches Objekt also *die* zentrale Rolle, da der Patient als zerebrales Subjekt mit dem Körper als epistemisches Medium in die Anordnung integriert ist.

Was während der Aufgabenstellung im Gehirn passiert, beschreibt HiWi034-DrMed, wobei er sich insbesondere auf die (De-)Synchronisation der Vorstellung von Verhaltensaktivitäten bezieht:

> Das EEG misst ja die Aktivität von Nervenzellen. Die sind ja in so Kolumnen, also in so Säulen angeordnet auf dem Motorcortex, und es geht um die gerichtete Aktivität dieser Neuronen. Wenn man sich dann die Bewegung vorstellt, in diesem Fall mit der linken Hand bei dem Patienten, dann gibt es eine gewisse Aktivität im rechten Motorcortex. Normalerweise schwingt dieser Motorcortex in einem gewissen Rhythmus, also die Zellen. Das ist quasi der Ruhezustand. Der ist normal. Das nennt man Synchronisation, weil der so in einem bestimmten Rhythmus oszilliert, schwingt. Wenn es diese Bewegungsintention gibt, also die Vorstellung: Ich möchte meine Hand bewegen oder ich möchte mir in der Nase popeln oder was auch immer, dann kommt es zu dieser Desynchronisation. Das heißt, einmal ist es ein bisschen stärker, einmal ein bisschen schwächer. Und das kann der Computer lesen und daraus die Bewegungsintention errechnen und der Roboter bewegt sich (HiWi034-DrMed: Abs. 178).

Diese Aussage macht deutlich: Es ist nach Ansicht der in meine Untersuchung einbezogenen Forschenden im Grunde ganz gleich, ob der Patient daran denkt, sich „in der Nase zu popeln" oder an etwas anderes, wichtig ist die Bewegungsintention bzw. die Imagination der Bewegung. Zudem wird angenommen, dass das Gehirn selbst im Ruhezustand etwas „oszilliert" bzw. „schwingt", jedoch in einem bestimmten Rhythmus, der offensichtlich softwaretechnisch ausgelesen und gefiltert werden kann, was eine Synchronisation bedeutet. Die Parameterübergabe, die durch ein in der Vergangenheit durchgeführtes Screening ermittelt und in einem BCI2000-Ordner abgespeichert wurde, erfolgt in einem für die Durchführung des BMI vorgesehenen Teil des BCI2000-Programms. Kommt es zu einer Desynchronisation der Aktivitäten im rechten Motorcortex, stellt diese den Wert für die Befehlsanweisung an den Roboter dar, die Orthese zu öffnen, wobei der Wert unter 1 liegen muss.

Für eine stabile Mensch-Maschine-Anpassung ist es jedoch wichtig, was die Forschungssubjekte während der „Gehirn-Maschinen-Steuerung" denken. Die Herstellungsleistung dazu notwendiger zerebraler Zustände ist nämlich elementar für das BMI. Ohne eine adäquate zerebrale Steuerung der Maschine, kann nicht von einem stabilen BMI gesprochen werden. *Doch was denken die Patienten tatsächlich?* – Die meisten der von mir Befragten haben berichtet, dass sie beim Los-Befehl versuchen, die Hand gedanklich zu öffnen, und beim Entspannen versuchen, sie wieder zu lockern. Die Aussagen, was genau sie sich vorstellen, waren jedoch oft vage und kurz. Blau051 beschreibt als einziger genauer, was sich in seinem „Kopf abspielen" muss und was die erfolgreiche Öffnung der Hand veranlasst. Er hat das imaginierte Nachzeichnen eines Porträts als Methode für sich gewählt und beschreibt den Vorgang der Vorstellung/Imagination folgenderweise:

> Ja, und zwar zunächst Portrait. Da habe ich aber gemerkt: Man musste nach dem Hals ja auch weitermachen. Dann war der Hals so und der Kopf so und die Schultern so. Das hat nicht gestimmt. Da habe ich Aktzeichnen auch noch gemacht. Und da ist es so, um wieder auf das Ding [Roboter, MŞ] zu kommen: Wenn ich Sie jetzt angucke, da gibt es ganz bestimmte Grundformen des Gesichtes. Quadratisch, oval, rund. Dann gucke ich sie an und dann muss ich, wie scannen. Dann muss ich mit dem Kopf Ihre Kopfform abfahren. Und zwar die Knochenform. Da drüber liegt ein Mantel, das sind die Haare. Das ist bei mir etwas anderes als bei Ihnen. Für das Wiedererkennen sind das ganz charakteristische Sachen. Dann gibt es so axiale Geschichten. Sie müssen dann so, so, die Augen, der Mund, dann Hals und der Kopf drauf, das müssen Sie alles erfassen. Das müssen Sie mit dem Kopf scannen. Dann müssen Sie das, was Sie im Kopf haben, auf den Stift übertragen. Da kommt nur raus, wenn ich so mache. Von dem, was ich gesehen habe und da oben verarbeitet. Insofern habe ich ganz genau gewusst, was ich mir vorstellen muss. Ich muss mir vorstellen, ich strecke die Finger (Blau051: Abs. 91).

Blau051 macht darauf aufmerksam, dass beim „Scannen" eines Gegenstands mittels eines analytischen Blicks im Gehirn implizit verschiedene Zuordnungen und Assoziationen ablaufen, die es anschließend zu explizieren, also zu übertragen gilt. Dieses „Scannen" beschreibt er als einen inneren Prozess, der beim Sehen und bei der gedanklichen Rekonstruktion des Gesehenen vollzogen wird. Der Patient hilft sich, indem er auf sein Erfahrungswissen zurückgreift. Er „weiß" wie er sich das Strecken der Finger vorstellen muss, um den Gedanken einer Bewegung herzustellen. Das signalisiert, dass Erfahrungswerte und individuelle Strategien bei der Imagination von großer Bedeutung sind. Der Befragte bspw. internalisiert den Prozess des Sehens während des imaginierten Streckens der Finger vor seinem geistigen Auge und führt die Bewegung gedanklich aus. Das Strecken der Finger entspricht dabei genau der Bewegung, die veranlasst wird, wenn sich die Orthese öffnet. Die Öffnung der Orthese soll dabei nur beim Los-Befehl erfolgen und der Gedanke soll so lange „festgehalten" bzw. vollzogen werden, bis der nächste Befehl erfolgt, der zur Entspannung auffordert. Die Phase, in der der Patient die Orthese öffnen soll, dauert mit sechs Sekunden allerdings recht lange, was fast allen Patienten Schwierigkeiten bereitet (wie im Laufe des Kapitels noch deutlich werden wird). Dass es bei Blau051 klappt, führt er darauf zurück, dass das, was in seinem Kopf vor sich geht, auf den Stift übertragen werden muss, also in diesem Fall an die Roboterorthese delegiert wird. Dies stellt für den Patienten offensichtlich kein Problem dar. Die Maschine gibt dann „Rückmeldung", ob das, was sich „im Kopf abspielt" das richtige Signal zur Übertragung der Bewegungsvorstellung auf die mechatronische Bewegungsausübung ist. Die Zuordnungen und Assoziationen, die sich implizit im Gehirn der jeweiligen Patienten abspielen, werden dem Versuch entsprechend durch das Aus- und Zurückfahren der Fingerschlitten expliziert. Und diese Explizierung drückt sich dann nicht mehr in einer körperlichen Eigenhandlung aus, sondern in einer biomechanischen Intra-Aktion, die die Hand interaktiv öffnet. Die Ausführung der Greifbewegung der Hand übernimmt die Roboterorthese. Allerdings zeigen sich bei der Ausführung der Greifbewegung unterschiedliche biologisch und technisch induzierte Probleme, welche die Synchronisation des Mensch-Maschine-Zusammenwirkens gefährden (vgl. Şahinol 2016).

4.3 Das Maschinenhafte im Leib

Nach Aussage einer Medizinstudentin, habe es keine standardisierten Anweisungen hinsichtlich der *Gedankenarbeit* gegeben. Damit sich die Forschungssubjekte nicht das „Falsche" vorstellen, sich „richtig" entspannen bzw. damit die neuronalen

Zustände in die für das Gelingen des Versuchs maßgebliche Position gebracht werden können, geben die Forschenden eher improvisatorische Instruktionen, wie an einen Urlaub zu denken, oder stellen Patienten ad hoc Rechenaufgaben (vgl. HiWi020-DrMed: 204–211). Während der Aufgaben, die das Forschungssubjekt durchführt, beobachten die Forschenden immer wieder die Hirnstrommuster am EEG, insbesondere die Anzeige der (De-)Synchronisation, und urteilen so, ob die Aufgabe „richtig" durchgeführt wird. Die EEG-Anzeige stellt für alle Forschenden eine Kontrollinstanz dar, was folgende Laborbeobachtung verdeutlicht:

> HiWi034-DrMed zeigt Lila052 das Bild mit den Hirnströmen bei der Pause zwischen den Durchläufen: „So eine Pieke [zeigt auf den niedrigsten Punkt auf der Hirnwelle im Synchronisationsbereich, MŞ] öffnet das Ding nicht. Dann öffnet es sich [zeigt auf eine Spitze der Hirnwelle im Desynchronisationsbereich, MŞ]. Und Sie konzentrieren sich nicht mehr. (…) Jetzt machen wir 'ne Ruhemessung und dann 'ne Stimulationspause (…) okay?"
> Herr Lila052 nickt.
> HiWi034-DrMed: „Zwei Minuten. JETZT!"
> HiWi034-DrMed startet das Programm per Mausklick (P48: Abs. 033).

Lila052 hat Schwierigkeiten, die Aufgabe durchzuführen. HiWi034-DrMed zeigt ihm auf dem (De-)Synchronisationsbild, welche „Pieke" die Orthese öffnet und welche nicht. Dass die Pieke von den Hirnströmen von Lila052 ausgeht, scheint der Patient zu wissen, sodass der Neurowissenschaftler das nicht erklärt. Lila052 soll nun eine Pieke produzieren, die die Orthese öffnet. Hier ist nicht die Rede davon, ob der Patient etwas „Falsches" oder „Richtiges" denkt, dass er also ganz bestimmte Gedanken während des Screenings (re-)produzieren soll, sondern davon, dass die Pieke, die die „Geisteskraft" des Patienten repräsentiert, nicht den Erwartungen entspricht, da sie nicht die gewünschte Orthesenöffnung veranlasst. Er zeigt beispielhaft auf der (De-)Synchronisationsanzeige, welche Pieke die Orthese öffnet und welche nicht. Die Frage jedoch, wie und woher der Patient wissen soll, wie er die zur Öffnung erforderliche Höhe der Pieke erreichen kann, bleibt ungeklärt. Das Scheitern der Öffnung wird allein auf die Annahme zurückgeführt, dass der Patient sich nicht mehr konzentriert, wobei nicht überprüft wird, ob diese Annahme richtig ist. Danach folgt die Ruhemessung, die in kontrollierter zweiminütiger Dauer der absoluten Stille erfolgt und den Patienten entspannen soll. Zudem können in dieser Zeit die „neuen" (Schwellen-)Werte, die in der Ruhemessung ermittelt werden, mit den (Mittel-)Werten, die während der Entspannungsphase ermittelt wurden, verglichen werden. Dadurch werden Vergleichswerte generiert und es wird überprüfbar, ob das Forschungssubjekt sich „tatsächlich" während der Aufgabe entspannt, wobei dieser Prüfung der Vergleich mit der Ruhemessung zugrunde liegt.

Im Laufe der Sitzung ergeben sich noch weitere Schwierigkeiten:

HiWi034-DrMed: „Okay, ein Durchgang noch. Es tut mir leid, dass es nicht immer klappt. Es hat zwei Gründe, warum ich das nicht leichter stelle. 1. ich kann das sonst nicht vergleichen mit den anderen Werten, und 2. ich weiß, dass Sie es können. Ich sehe es ja hier (zeigt auf die Hirnströme) (…) es ist immer knapp. (…) Erinnern Sie sich nochmal, was Sie heute Morgen gedacht haben, woran Sie gedacht haben … Geben Sie alles (…) Trinken Sie noch mal einen Schluck. Dann geht es los (…) [reicht ihm Wasser, Lila052-Stroke trinkt einen Schluck, Lila052-Stroke reicht ihm den Becher, MŞ] (…) Ja, so (…)"
Lila052: „Ich schmeiß' die Maschine gleich auseinander."
HiWi034-DrMed: „Ja, aber nicht mit der Muskelkraft, sondern mit der Geisteskraft. Ja? Geben Sie alles, das ist der letzter Durchlauf …" KLICK. „Ja, es ist immer haarscharf."
(…) Das Training ist beendet. (…)
Lila052: „Vielleicht fehlt 'n Schluck [er nennt eine bekannte Biermarke, MŞ]. (…) Ich hoffe, es ist ja intensiver als Krankengymnastik. Im Laufe der Wochen, dass das einiges bringt und [ich, MŞ] zu Hause die Hand einsetzen kann, wenn man merkt, es geht. Ich gebe ja immer auf, wenn ich merke, dass es nicht geht."
MŞ: „Und wie ist das mit der Technik?"
Lila052: „Also wenn das Gerät meine Hand öffnet, dann weiß ich nicht, ob ich das war oder nicht. Da bin ich manchmal selbst ganz überrascht, wie das jetzt passiert ist. Und die Hand zu öffnen wird dann auch durch die Überraschung abgebrochen."
MŞ: „Und woran denken Sie da?"
Lila052: „Am Anfang hab' ich an das Fangen des Balls gedacht, jetzt denke ich nicht mehr daran."
HiWi034-DrMed: „An das Fangen eines Balls?"
Herr Lila052-Stroke: „Ja."
HiWi034: „Na, das konnte ich ja nicht wissen. Vielleicht sollten Sie mal weiter daran denken."
MŞ: „Warum denken Sie nicht mehr an den Ball?"
Lila052: „Das Denken an den Ball lenkt eben ab. Es klappt nicht mehr" (P48: Abs. 080–110).

Es wird deutlich, was passiert, wenn der Patient beim Los-Befehl nicht an das „Richtige" denkt. Beim Misslingen der Aufgabe ist nicht nur die Orthese nicht zu bewegen, sondern der Patient wird zudem frustriert. Im Laufe der Aufgabe stellt HiWi034-DrMed deshalb den Bezug zum Gedanken her („Erinnern Sie sich nochmal, was Sie heute Morgen gedacht haben") und versucht damit, dem Patienten zu helfen. Der Patient wird aufgefordert, sich daran zu erinnern, was er am Morgen des Trainingstags während des Screenings gedacht hat und soll „alles geben", also aktiv sein, denken, einen Schluck Wasser trinken usw. Dadurch versucht der Doktorand, den Patienten zur Mitarbeit zu motivieren. Als der Patient sagt, dass er die Maschine gleich auseinandernehme – ein deutliches Signal seiner Frustration –, entgegnet ihm der Doktorand, dass er das nicht mit Muskelkraft, sondern mit seiner Geisteskraft machen solle. Dies bestätigt, dass die körperliche Verhaltensaktivität der diskreten, imaginierten motorischen Aktivität nachgeordnet ist, letzteres jedoch gleichsam mit der Maschine direkt in Verbindung gebracht wird. Letztere Analogie ergibt sich durch die Möglichkeit, die Maschine allein mit Gedankenkraft „auseinander zu nehmen" – also in Bewegung zu bringen. Die körperlich unsichtbare, diskrete Gedankenkraft, die die Maschine bewegt, ist also elementar, nicht die tatsächliche körperliche Verhaltensaktivität. Das bedeutet, dass die körperlich diskrete Aktivität (die Gedankenkraft) durch die biomechanisch-körperlich sichtbare Aktivität (die Robotersteuerung) ersetzt werden soll und auch ersetzt wird.

Nach dem Training frage ich Lila052 nochmal, woran er gedacht hat. Er antwortet, dass er am Anfang des Screenings an „das Fangen des Balls" gedacht habe und dass er jetzt nicht mehr daran denke. Was er jedoch tatsächlich denkt, sagt er nicht. Als HiWi034-DrMed erfährt, an was das Forschungssubjekt gedacht hat, weist er ihn daraufhin, dass es vielleicht günstig sei, weiterhin daran zu denken. Dass der Patient anders denkt, weil das Denken an das Ballfangen seiner Ansicht nach nicht mehr funktioniert, ist hier unerheblich. Wichtiger ist, dass hier offensichtlich wird, dass der Patient aufgefordert wird, den Denkprozess während des Screenings zu rekonstruieren und zu reproduzieren, damit das BMI funktioniert. Die Herstellungsleistung der neuronalen Zustände rückt implizit in den Fokus.

5 Fazit

Zusammengefasst zeigt sich, dass das Forschungssubjekt in einem Experimentalsystem interagiert, innerhalb dessen seine Gedanken von seiner eigenen tatsächlichen Bewegung isoliert werden und innerhalb dessen die Bewegungsausführung an die Maschine zerebral, also durch das Gehirn, delegiert wird. Durch die zerebrale Delegation der Bewegungsaktivität an die Maschine wird das Maschinenhafte in den Versuchshandlungen habitualisiert[17] und die körperliche Handlung wird zu einer techno-zerebralen Handlung. Diesen Prozess nenne ich *Integration*

---

[17]In den von mir beobachteten Heilversuchen an Schlaganfallpatienten ist diese Phase augenscheinlich auf den Zeitraum der Versuche begrenzt. Bei einer dauerhaften Nutzung von Neurotechniken, z. B. bei der Nutzung neuronaler Implantate durch Parkinsonpatienten, müsste sich der Habitualisierungseffekt noch deutlicher zeigen. Wie genau, müsste jedoch überprüft werden.

des Maschinenhaften in die Leiblichkeit. Die Isolation der zerebralen Prozesse jedoch gestaltet sich etwas schwierig, weil es, wie ich bereits erörtert habe, keine eindeutigen Anweisungen gibt, was sich die Forschungssubjekte bei der dreiteiligen Aufgabenstellung konkret vorstellen sollen. Wie es zur bio-technischen Zusammensetzung kommt und welche Rolle die Zusammensetzung im Rahmen der Aneignungsprozesse spielen, ist deutlich geworden. Dabei ist insgesamt festzuhalten, dass sich die subjektive Könnerschaft hinsichtlich der Aneignung des BCI im Zuge des sozio-(bio-)technischen Anpassungsprozesses entwickelt. Das Erlernen des *doing BCI* wird durch die Interaktion, Intra-Aktion und Interaktivität, die sich im kybernetischen BMI-System zirkulär wiederholen und aufeinander beziehen, ermöglicht. Aneignungsprozesse von bewusster Gehirnsteuerung und die dadurch erreichte Bedienung von BCI lassen sich also nur im Rahmen detaillierter Beschreibungen sozio-(bio-)technischer Konstellationen erklären.

Literatur

Birbaumer, Niels, Ander Ramos Murguialday, Anglea Straub, und Leonardo Cohen. 2010. „Gehirn-Computer-Schnittstellen bei Lähmungen." In *Mensch und Maschine*, hrsg. Karl-Heinz Pantke. Frankfurt/M.: Mabuse.

Clausen, Jens 2009. Ethische Aspekte konvergierender Technologien: das Beispiel Gehirn-Computer-Schnittstellen. *Technikfolgenabschätzung: Theorie und Praxis* 18 (2), 20–29.

Craelius, William 2002. The bionic man: restoring mobility. *Science* 295 (5557), 1018–1021.

Foerster, Heinz von, und Bernhard Pörksen. 2008. *Wahrheit ist die Erfindung eines Lügners: Gespräche für Skeptiker*. 8. Aufl. Heidelberg: Carl-Auer-Systeme-Verl.

Krohn, Wolfgang. 1989. Die Verschiedenheit der Technik und die Einheit der Techniksoziologie. In *Technik als sozialer Prozeß*, hrsg. Peter Weingart, 15–43. Frankfurt am Main: Suhrkamp.

Latour, Bruno. 2006. Über technische Vermittlung: Philosophie, Soziologie und Genealogie. In *ANThology*, hrsg. Andréa Belliger and David J. Krieger, 483–528. Bielefeld: transcript Verlag.

Lindemann, Gesa. 2003. *Beunruhigende Sicherheiten: Zur Genese des Hirntodkonzepts*. Konstanz: UVK Verlagsgesellschaft.

Lindemann, Gesa. 2008. Neuronale Expressivität. Auf dem Weg zur neuen Natürlichkeit. In *Expressivität und Stil*, hrsg. Bruno Accarino und Matthias Schlossberger, 85–95. Berlin: Akademie Verlag.

Merleau-Ponty, Maurice. 1974. *Phänomenologie der Wahrnehmung*. Berlin: De Gruyter.

Plessner, Helmuth 1975. *Die Stufen des Organischen und der Mensch: Einleitung in die philosophische Anthropologie*. 3., unveränderte Aufl. Berlin: De Gruyter.

Rammert, Werner. 2007. Technik, Handeln und Sozialstruktur: Eine Einführung in die Soziologie der Technik. In *Technik - Handeln - Wissen*, Werner Rammert, 11–36. Wiesbaden: VS Verlag für Sozialwissenschaften I GWV Fachverlage GmbH Wiesbaden.

Stehr, Nico. 1994. *Arbeit, Eigentum und Wissen: Zur Theorie von Wissensgesellschaften*: Suhrkamp Verlag.
Şahinol, Melike. 2016. *Das techno-zerebrale Subjekt: Zur Symbiose von Mensch und Maschine in den Neurowissenschaften*. Bielefeld: transcript.
Weingart, Peter. 1989. *Technik als sozialer Prozeß*. Frankfurt am Main: Suhrkamp.

Über die Autorin

Melike Şahinol (Dr. rer. soc.) ist wissenschaftliche Mitarbeiterin am Orient-Institut Istanbul der Max Weber Stiftung und leitet dort den Forschungsbereich „Mensch, Medizin und Gesellschaft". Ihre Forschungsschwerpunkte liegen im Bereich STS, Technik- und Medizinsoziologie sowie der Bio-/Technologie-Politik in der Türkei, insbesondere im Bereich Human Enhancement und der Reproduktionsmedizin.

Präsentationales Wissen

Die kommunikative Konstruktion von Evidenz am Beispiel der Computational Neuroscience

René Wilke, Eric Lettkemann und Hubert Knoblauch

> **Zusammenfassung**
>
> In diesem Kapitel widmen wir uns der *Evidenzerzeugung* in der wissenschaftsinternen Wissenskommunikation. Ausgehend von einer allgemeinen Begriffsbestimmung definieren wir *Evidenz* aus Perspektive der *Wissenssoziologie* (Berger und Luckmann 1980) und insbesondere des *Kommunikativen Konstruktivismus* (Knoblauch 2017) als Produkt eines interaktiven Prozesses. Datengrundlage unserer empirisch gestützten Argumentation sind ausgewählte Sequenzen aus einer Videografie der interdisziplinären Face-to-face-Kommunikation einer Forschungsgruppe im Bereich der Computational Neuroscience (CNS). In unserer Untersuchung stellt sich *Evidenz* als eine *kommunikative Konstruktion* heraus, die sequenziell in Kommunikationsgemeinschaften erzeugt wird und der intersubjektiven Validierung durch die Gruppe standhalten muss. Auf Grundlage der Arbeit von Lorraine Daston und Peter Galison (2007) entwickeln wir den Begriff des *präsentationalen Wissens*. Es bezeichnet die Wissensbasis, mittels derer es den Teilnehmer/-innen der Forschungsgruppe gelingt, ihre Ansätze und Ergebnisse innerhalb der CNS über die Grenzen der unterschiedlichen Fachdisziplinen hinaus zu kommunizieren und

---

R. Wilke (✉) · E. Lettkemann · H. Knoblauch
Fakultät VI: Planen Bauen Umwelt, Institut für Soziologie, Technische Universität Berlin, Fraunhoferstraße 33-36, Sekretariatszeichen FH 9-1, 10587 Berlin, Deutschland
E-Mail: rene.wilke@tu-berlin.de

E. Lettkemann
E-Mail: eric.lettkemann@tu-berlin.de

H. Knoblauch
E-Mail: hubert.knoblauch@tu-berlin.de

© Springer Fachmedien Wiesbaden GmbH 2018
E. Lettkemann et al. (Hrsg.), *Knowledge in Action*, Wissen,
Kommunikation und Gesellschaft, DOI 10.1007/978-3-658-18337-0_10

dabei *evident* zu machen. Eine besondere Rolle für das *präsentationale Wissen* spielen *Visualisierungen,* die vor dem Hintergrund eines geteilten Wissens als materialisierte Grundlage der *Evidenz* fungieren.

Schlüsselwörter
Evidenz · Kommunikativer Konstruktivismus · Wissenskommunikation · Wissenschaft · Visualisierungen · Präsentationales Wissen

1 Einleitung[1]

Die gegenwärtige Wissensgesellschaft stellt Akteure vor das Problem, komplexe und spezialisierte Wissensinhalte anschaulich zu kommunizieren. Philosophiegeschichtlich betrachtet, verweist die Forderung nach Anschaulichkeit auf das alte Problem der *Evidenzerzeugung,* das sich heute – vor dem Hintergrund hochgradig spezialisierter Wissensbestände – allerdings mit besonderem Nachdruck und in neuartiger Weise stellt. Seit der Antike institutionalisieren Gesellschaften *sprachliche und visuelle Formen* zur evidenten Präsentation von Sachverhalten, die in unterschiedlichen Handlungsfeldern jeweils spezifische Formen annehmen. So zählt die Frage nach der *Evidenz* nicht nur zu den Grundzügen der Wissenschaft; sie wird z. B. auch im Rechtssystem aufgeworfen. Freilich ist es weithin bekannt, dass *Evidenz* im Recht eine andere Form annimmt als in der Wissenschaft.[2] Dieser Unterschied verweist auf eine Beobachtung, die in der Wissenssoziologie systematisch untersucht wird. Die Wissenssoziologie beschäftigt sich nämlich mit der sozialen Ausprägung des Wissens. Es liegt auch für Nicht-Soziologen auf der

---

[1]Wir bedanken uns an dieser Stelle bei Lisa-Marian Schmidt für ihre wertvollen Vorarbeiten. Unser Dank gilt auch unseren Kolleg/-innen in der Allgemeinen Soziologie der TU Berlin für ihre Hinweise im Rahmen der gemeinsamen Analysesitzungen zum videografierten Datenmaterial. Unser besonderer Dank gilt Christian Kiesow und Miira Hill.

[2]In der Wissenschaftstheorie bezeichnet der Begriff *Evidenz* den Nachweis der Richtigkeit einer Hypothese mittels methodisch angeleiteter Beobachtungen *(empirische Evidenz).* In den Rechtswissenschaften ist der Gebrauch im anglo-amerikanischen und (kontinental-) europäischen Sprachraum uneinheitlich: Während er im deutschen Strafrecht als „Offenkundigkeit" (Kemmann 1996, S. 37) all das bezeichnet, was eben gerade keines Beweises bedarf, bezeichnet *Evidenz* im anglo-amerikanischen Raum das, was im deutschen Rechtssystem Beweis genannt wird, also die vor Gericht zu prüfenden Einreichungen der streittentenden Rechtsparteien. Werden diese vor Gericht für richtig befunden, so gelten sie als Tatsachen (proof of fact) (ebd. S. 38).

Hand, dass sich das Wissen der Wissenschaft vom juristischen Wissen unterscheidet, und deswegen erscheint die Annahme auch plausibel, dass sich die *Evidenz* in beiden gesellschaftlichen Systemen oder Feldern unterscheidet. Aber ist dieser Unterschied wesentlich in den verschiedenen Formen des Wissens verankert? Und muss man dann folgern, dass auch andere gesellschaftliche Felder (Politik, Wirtschaft etc.) ihre eigenen *Evidenzen* kennen?

Gegen eine solche Auffassung hat sich einer der bedeutendsten Vertreter einer philosophischen Vorstellung der *Evidenz,* Edmund Husserl, vehement gewehrt. Husserl (1977) hat den Begriff der *Evidenz* stark geprägt. Sie besteht für ihn darin, dass ein gedachter bzw. gesagter Satz bzw. eine Bedeutung mit dem zur Deckung kommt, was sinnlich wahrnehmbar ist. Wenn ich etwa äußere, ein Haus sei grün und ich nehme ein grünes Haus wahr, dann haben wir es mit einer Übereinstimmung zu tun, die Husserl *Evidenz* nennt. Diese Vorstellung klingt zwar ähnlich wie die logisch-positivistische Forderung der Erzeugung von wissenschaftlicher Wahrheit durch „Protokollsätze" (Carnap 1998) über empirische Wahrnehmungen, doch ist Husserls Vorstellung der *Evidenz* in einem Sinne weitaus radikaler: Die *Evidenz* der Wissenschaft ist keineswegs in sich begründet, sondern ruht auf einer vorwissenschaftlichen Grundlage, die Husserl als Lebenswelt bezeichnet. Dieser Begriff der Lebenswelt wurde in der Wissenssoziologie insbesondere von Alfred Schütz, Peter Berger und Thomas Luckmann aufgenommen. Wissen gründet demnach ebenso wie die *Evidenz* im reflexiven Bewusstsein des Subjekts, das sich seiner Erfahrung als einer Erfahrung zuwenden kann. Die Wirklichkeit des Menschen gründet also in der „Gewissheit, dass Phänomene wirklich sind und bestimmbare Eigenschaften haben" (Berger und Luckmann 1980, S. 1).

Aus soziologischer Sicht ist der Plural (Menschen) jedoch entscheidend, denn Wissen ist per definitionem nicht auf das Individuum beschränkt. Vielmehr richtet die Wissenssoziologie ihr Augenmerk darauf, in welchem Maße unser Wissen „gesellschaftlich konstruiert" ist, wie es in Bergers und Luckmanns nachgerade klassischer Formel lautet. Gesellschaftlich sind, wie sie zeigen, nicht nur Weltanschauungen und Ideologien oder die höheren Wissensformen der bildenden Kunst, der Musik oder der Literatur (mitsamt ihrem Imaginären). Gesellschaftlich sind auch so grundlegende Kategorien des Denkens, des Wahrnehmens und der Körperlichkeit, wie etwa der Syllogismus, die lineare Zeitstruktur oder die binäre Geschlechtlichkeit. Die von Berger und Luckmann schon 1966 formulierte These führte zu Debatten über das Ausmaß dieser Konstruktion (vgl. Knoblauch und Wilke 2016; Tuma und Wilke 2016): Während radikale Sozialkonstruktivisten alles für frei konstruierbar halten, eine Vorstellung, gegen die sich neuerdings neue Realisten richten, betonen schon Berger und Luckmann, dass die gesellschaftliche Konstruktion auf der Grundlage von Objektivationen erfolgt, die eine nicht übergehbare Grundlage der sozial konstruierten „objektiven Wirklichkeit" bilden. Wie immer man sich in dieser Debatte verorten mag, berührt sie doch die Frage nach der *Evidenz* unmittelbar. Denn *Evidenz* kann nun nicht mehr in einer gesellschaftlich und kulturell gleichsam unberührten Wahrnehmung oder Erfahrung des Individuums verankert werden; vielmehr führt die Beobachtung, dass unser subjektives Wissen mehr oder weniger vollständig von der schon konstruierten Gesellschaft vermittelt wird, zur These der Sozialität der *Evidenz*.

Diese These betrifft keineswegs nur die Herkunft oder die Quellen der *Evidenz*. Es ist sicherlich auch der Rhetorik zu verdanken, dass die These der Sozialität des Wissens auch auf das *Evidenzerlebnis* selbst gerichtet werden kann. In der Tat geht ja bereits die Rhetorik davon aus, dass *Evidenz* bestimmten eingespielten Formen folgt.[3] Es gehört zum Wesen des Sozialen, dass es dabei um Formen im *kommunikativen Handeln* (Knoblauch 2013, 2017) zwischen Menschen, d. h. um die *Konstruktion der Evidenz im Vollzug des sozialen Handelns* geht. Gerade vor dem Hintergrund der gegenwärtigen Debatte um den Konstruktivismus sollte man betonen, dass diese Konstruktion im Wesentlichen *kommunikativ* verlaufen muss. Denn, ob man nun davon ausgeht, dass es eine (natürlich, körperlich-physiologisch oder geistig begründete) kulturübergreifende (nicht relative) Erfahrung des Menschen gibt oder davon, dass diese entscheidend soziokulturell geprägt oder gar determiniert ist, in jedem Fall muss die *Evidenz* anderen vermittelbar, also kommunizierbar sein (inklusive einer sinnlichen und sinnhaften Referenz auf das, was *evident* sein soll).

Die Annahme, dass der Prozess der gesellschaftlichen Konstruktion sich empirisch auf *kommunikative Handlungen* bezieht, wird auch unter dem Titel der *„kommunikativen Konstruktion"* gefasst (Keller et al. 2013; Knoblauch 2017). *Kommunikatives Handeln* bezieht sich auf alle sozialen Situationen. Ja mehr noch: Ausgehend von der Hypothese, dass zwar nicht alle Erfahrungsformen, wohl aber Handlungsformen prinzipiell sozial geformt sind, wird das einsame Handeln als eine Ableitung des sozialen Handelns angesehen. (Selbstgespräche oder etwa Vergewisserung von Seh-Erfahrungen scheinen das zu bestätigen, vgl. Mead 1973). Überdies bezieht das *kommunikative Handeln* auch *Objektivationen* mit ein. Dabei kann es sich um Zeichen handeln, wie etwa Zeigegesten oder Diagramme auf Powerpointfolien (vgl. Knoblauch 2008, 2013); es kann sich aber

---

[3]In der klassischen Rhetorik gilt *Evidenz* als „Oberbegriff für eine ganze Reihe von Techniken des Vor-Augen-Stellens", die sich als „Verfahren der Verlebendigung" bzw. der „Detaillierung" unterscheiden lassen (Kemmann 1996, S. 33).

auch um Objekte handeln, wie etwa Hammer, Häuser oder Hunde. Ebenso wie Verkörperungen sind Zeichen und Objekte sozusagen Materialisierungen von Sinn. Gerade in der Wissenschaft spielen diese Materialisierungen eine besondere Rolle. Abgesehen von der Mathematik und der Logik geht es in den Wissenschaften immer um Gegenstände, die (selbst im Falle der Literatur oder der Kunst) eine für sie konstitutive Materialität besitzen. Ja mehr noch: Es ist diese Materialität, die als Grundlage jener *Evidenz* dient, von der Husserl, aber auch Rudolf Carnap sprachen. Diese *Evidenz* jedoch ist auf eine doppelte Weise vermittelt: Sie wird zum einen auf eine Weise umgewandelt, die man als *Repräsentationen* bezeichnet. Ob es sich um im Labor isolierte Präparate, archäologische Sammelobjekte, Modelle von Neuronennetzwerken oder um statistische Kurven handelt: *Evidenz* wird auf eine jeweils besondere Weise erzeugt. Das zeigt sich eindrücklich am Fall der *Computational Neuroscience* (CNS), den wir hier untersuchen wollen. In der CNS geht es um mathematische Computermodelle, die Abläufe im menschlichen Nervensystem *repräsentieren* und damit einer genauen Analyse zugänglich machen. Während diese Prozesse schon selbst von den Forscher/innen erzeugte (Re-)Präsentationen sind (dazu genauer unten), werden diese von den Forschenden zusätzlich noch einmal zum Zwecke der Verständigung über die gemeinsamen Forschungsgegenstände sprachlich und *visuell präsentiert*. Die *Evidenz,* so wollen wir zeigen, ist in jedem Fall eine Form der Kommunikation.

In diesem Kapitel werden wir exemplarisch aufzeigen, welche Form *Evidenz* in der *Wissenskommunikation* im Feld der CNS annimmt. Im Sinne des *Kommunikativen Konstruktivismus* ist Wissenskommunikation keineswegs nur ein abstrakter Begriff, der den „Transfer" von Wissen nach Art eines einfachen Sender-Empfänger-Modells fasst – oder gar nur die mit dem Wissen identifizierten Medienprodukte benennt. Vielmehr richten wir den Blick auf die performativen (realzeitlichen und verkörperten) Prozesse des wissenschaftlichen Kommunizierens, für die vor allem Argumentationen einen Rahmen darstellen. Argumentationen werden hier aber nicht monologisch verstanden; für die Erzeugung von *Evidenz* spielt in den Kommunikationsprozessen einer beobachteten Forschungsgruppe vielmehr der Dissens eine tragende Rolle. Unter Dissens verstehen wir dabei eine kooperative Leistung von Handelnden, die *kommunikativen Sequenzen* Redezüge nachfolgen lässt (Expansion), die eine argumentative Episode auslösen. Es ist diese argumentative Episode, in der etwas, das als Begründung angeführt wird, eine *Evidenz* sein kann. Innerhalb der sequenziellen Ordnung ist *Evidenz* das, was die Sequenz abschließt (etwa ähnlich wie die Pointe einer Witzerzählung).

Neben dieser strukturellen Verortung hat *Evidenz* natürlich auch eine inhaltliche Seite. Diese Seite betrifft einerseits die Medialität, Materialität und (in unserem Fall) Visualität dessen, was *evident* gemacht wird, wie auch die (in unserem Fall heterogene) Wissensverteilung der Beteiligten. Auch wenn wir auf die komplexe Struktur des Wissens nur am Rande eingehen können, soll doch deutlich werden, dass *Evidenz* eine besondere *kommunikative Form* darstellt, die von den Handelnden erzeugt und selbst erkannt werden muss. Zum zweiten zeichnet sich die *Evidenz* durch die Objektivierung von etwas aus, das vor dem (durchaus unterschiedlichen) Hintergrund des Wissens als gemeinsam erkannt werden kann. Die Herstellung dieser Gemeinsamkeit wird von den Handelnden in *kommunikativen Formen* vollzogen, die Wissen keineswegs nur *repräsentieren,* sondern in und durch die Art der organisierten Kooperation als *präsentationales Wissen* erzeugen. Bevor wir kurz auf das Feld der CNS eingehen (Abschn. 3), wollen wir einige Bemerkungen zur Besonderheit des wissenschaftlichen Wissens, insbesondere zum *präsentationalen Wissen* machen (Abschn. 2). Dann werden wir exemplarisch einen Fall präsentieren, den wir als typisch für die *Evidenzerzeugung* in der CNS ansehen (Abschn. 4). Im Abschluss werden wir unsere Thesen, die sich aus der Analyse ergeben, zusammenfassen (Abschn. 5).

2 *Präsentationales* und *repräsentationales Wissen*

Während die Sozialität des Wissens ein klassisches Thema der Soziologie ist, hat sich seit den 1930er Jahren allmählich auch eine soziologische Forschung entwickelt, die sich besonders auf das wissenschaftliche Wissen konzentriert (vgl. Knoblauch 2010, S. 238 ff.). Seit den 1970er Jahren weitete sich die Erforschung der sozialen Konstruktion wissenschaftlichen Wissens zum Feld der Science & Technology Studies (STS) aus. An den STS sind neben der Soziologie auch die Geschichtswissenschaft, die Philosophie und andere Disziplinen beteiligt, häufig in einem fachübergreifenden Zusammenhang von STS-Instituten, Tagungen und Publikationen. Die STS teilen die wissenssoziologische Annahme, dass auch wissenschaftliche Forschung und Technikentwicklung im Kern soziale Prozesse darstellen und deshalb kultur- und sozialwissenschaftlichen Untersuchungsmethoden zugänglich sind (vgl. Hackett et al. 2008). Inspiriert durch Ludwik Flecks und Thomas Kuhns Arbeiten zur Gemeinschafsstruktur der Forschung betrachten die STS sogenannte Denkkollektive, epistemische oder „Wissenskulturen" (Knorr Cetina 1999) als ihre zentralen Untersuchungseinheiten. Ein wesentliches Merkmal dieser Untersuchungseinheiten ist, dass sie als Kommunikationszusammenhänge eigene epistemische Dinge oder Wissensobjekte fokussieren und Deutungshoheit über diese Objekte für sich beanspruchen (Rheinberger 1997). Solche Wissensobjekte können durch die Sprache, durch formale Zeichensysteme (wie in der

Mathematik) oder auch durch andere Weisen objektiv werden, die man in der Regel als *Repräsentationen* bezeichnet.[4] *Repräsentationen* können beispielsweise im Labor bearbeitete und in Zeichen transformierte *(re-präsentierte)* Naturobjekte sein, die auf diese Weise zwischen den Mitgliedern epistemischer Gemeinschaften kommunizierbar werden (vgl. für diesen Transformationsprozess insbesondere Amann 1994). *Repräsentationen* können aber auch auf andere Weisen erzeugte analoge und digitale Bilder sein, wie etwa die Abbildungen aus wissenschaftlichen Vorträgen, die wir hier vorstellen werden (vgl. zu *visuellen Repräsentationen* in der Wissenschaft auch die Beiträge in Lynch und Woolgar 1990 sowie Coopmans et al. 2014).

Als *Objektivationen* methodisch kontrolliert erzeugten Wissens bezeichnen *Repräsentationen* eine für die wissenschaftliche Kommunikation zentrale Form der *Evidenz*. Vor allem in positivistisch orientierten Wissenschaften wird diese *Evidenz* als kulturübergreifend, prinzipiell universalisierbar und damit objektiv angesehen. Entgegen dieser Vorstellung zeigen Lorraine Daston und Peter Galison, wie sich die Vorstellung der Objektivität in den Naturwissenschaften im Zuge der letzten dreihundert Jahre verändert hat (vgl. hier und im Folgenden: Daston und Galison 2007). Mit Daston und Galison können wir drei historische Epochen unterscheiden, in denen jeweils eine Seh- und Darstellungsordnung dominierte. Jede dieser Ordnungen zeichnet sich durch spezifische *Evidenzkriterien* oder, wie die Autoren es nennen, „epistemische Tugenden" aus. Während der Frühmoderne oblag es erfahrenen Gelehrten, die „Naturwahrheit" durch Auswahl und Synthese natürlicher Vorbilder in idealtypischen Zeichnungen festzuhalten. Gegen die epistemische Autorität dieser Gelehrten richtete sich schnell die Skepsis der Aufklärung. So wurde diese Ordnung im neunzehnten Jahrhundert durch die aufkommende Tugend der „mechanischen Objektivität" zunehmend ins Abseits gedrängt. Die neue Tugend verlangte von Wissenschaftler/-innen, sich bei Naturbeobachtungen auf automatisierte Instrumente zu verlassen, die die Subjektivität des Beobachters systematisch aus dem Aufzeichnungsprozess ausklammern sollten. Doch schon bald kamen Zweifel und Unbehagen auf, ob fotografische und ähnliche Aufzeichnungsinstrumente die Natur tatsächlich unverfälscht abbildeten. Um instrumentelle Artefakte oder auch überindividuell wiederkehrende Muster in Bildern zu erkennen, war daher im zwanzigsten Jahrhundert immer häufiger die Tugend des „geschulten Urteils" gefragt. Bei dieser

---

[4]Gerade für die Wissenschaft legt sich der neutralere Begriff der „Objektivierung" für das nahe, was als Wissensobjekt behandelt wird. Zum Begriff vgl. Berger und Luckmann (1980).

Darstellungsweise heben Expert/-innen bspw. einzelne Bilddetails farbig hervor, fügen Markierungen ein; allgemeiner gesagt, sie ergänzen und kommentieren ihre instrumentellen Aufzeichnungen auf der Grundlage theoretischer Kenntnisse und technischer Erfahrungen.[5]

Daston und Galison zeigen, wie sich die Vorstellungen der Objektivität und damit auch die *Evidenzkriterien* soziohistorisch wandeln; dabei sollte man beachten, dass vorhergehende *Evidenzkriterien* in der einen Wissenskultur fortbestehen können, während sich in einer anderen schon neue ausgebildet haben. Was als *evident* gilt und wie *Evidenz* erzeugt wird, hängt also stark von der Wissenskultur eines Forschungsfelds ab (vgl. Engelen et al. 2010). Dabei weisen Daston und Galison am Ende ihrer Untersuchung auch auf eine sehr aktuelle Veränderung hin, die für unseren Fall von großer Bedeutung ist. In der Gegenwart nämlich entwickle sich in manchen Wissenschaften eine Form der *Objektivierung* des Wissens, für die der Begriff der *Repräsentation* nicht mehr angebracht sei. Statt realweltliche Vorbilder abzubilden, erzeugten vor allem Simulationen eine neuartige Klasse virtueller Wissensobjekte. Anstelle von *Repräsentationen* sprechen Daston und Galison deswegen von „*Präsentationen*". In diesem Sinne zielt *präsentationales Wissen* nicht auf die Abbildung eines epistemischen Objekts. *Präsentationen* zeigen Wissen vielmehr auf eine Weise auf, die es für andere verwendbar macht: Aus „Bildern-als-Evidenz" werden dadurch „Bilder-als-Werkzeuge" (Daston und Galison 2007, S. 409).

3 Das empirische Feld: Computational Neuroscience

Der Begriff *Computational Neuroscience* (CNS) geht auf eine 1985 von Eric L. Schwartz im kalifornischen Carmel organisierte Konferenz zurück, die Gehirntheoretiker/-innen und Computerwissenschaftler/-innen ins Gespräch bringen sollte. In diesem Forschungsfeld spielen mathematische Simulationsmodelle als gemeinsame Bezugspunkte der verschiedenen Wissenskulturen bis heute eine zentrale Rolle. Dabei ist es für unsere Untersuchung durchaus relevant, dass die Wissensordnung in diesem Feld nach wie vor heterogen ist. Ob sich die CNS

---

[5]Für die Gegenwart konstatieren Michael Lynch und Steve Woolgar, dass es keine verbindliche Darstellungsordnung mehr gibt. Vielmehr bezeichnen sie die heutigen Praktiken der Erzeugung und Nutzung von *Repräsentation*en als „Bricolage" (Lynch und Woolgar 1990, S. vii).

inzwischen zu einer weitgehend eigenständigen Hybridkultur entwickelt hat oder ob sie lediglich eine „trading zone" (Galison 1996)[6] darstellt, in der Vertreter/-innen heterogener Kulturen einzelne Wissensbruchstücke austauschen, ist eine Frage, die wir mit der Untersuchung der Kommunikation in diesem Feld angehen, die in diesem Kapitel aber nur am Rande betrachtet wird (siehe dazu Wilke und Lettkemann in diesem Band).

Eine technische Voraussetzung für das neue Feld war die digitale Revolution der 1980er Jahre. Damals zogen Computer erstmals auf breiter Front in den Laboralltag ein. In einer frühen Selbstbeschreibung der CNS heißt es dazu: „[T]echnical achievements in designing fast, powerful, and relatively inexpensive computing machines have made it possible to undertake simulation and modeling projects that were hitherto only pipe dreams" (Churchland et al. 1990, S. 47). Die CNS ‚träumt' seither von der Verwirklichung zweier komplementärer Ziele: Erstens möchte sie die neurobiologischen Grundlagen des Gehirns mittels Computeranalogien besser verstehen lernen. Die Rückübersetzung dieser Erkenntnisse in Simulationsbilder macht diese Analogie auch für Neurobiolog/-innen und klinische Anwender/-innen neurobiologischen Wissens interessant. Zweitens sind Teilbereiche der CNS der Aufgabe gewidmet, die Performanz des Gehirns in Maschinen nachzubauen. Sie stellt somit sowohl einen informatorisch basierten Ansatz zur Hirnforschung als auch einen (neurobiologisch inspirierten) Zweig der Künstliche-Intelligenz-Forschung (KI) dar.

In keinem der beiden Teilbereiche der CNS geht es allerdings maßgeblich darum, real existierende Gehirne in Simulationen *re-präsentational* abzubilden. Vielmehr steht *präsentationales Wissen* im Vordergrund, also Aspekte technischer Effizienz sowie die experimentellen Verwendungsmöglichkeiten von Simulationen. Selbst das Interesse neurobiologischer und klinischer Experimentator/-innen an Computeranalogien rührt eher daher, dass sie aus den Differenzen zwischen idealisierten Simulationsbildern und Laborobjekten lernen wollen. Mit anderen Worten stellen die Simulationsbilder der CNS exemplarische Fälle für *präsentationales Wissen* dar, wie sie Lorraine Daston und Peter Galison beschreiben. Während Daston und Galison die von diesem Wissen geleitete Praxis aber nur vermittelt über historische Dokumente rekonstruieren können, untersuchen wir das *kommunikative Handeln* in situ. Unser empirischer Gegenstand ist dabei der situative Umgang mit *präsentationalem Wissen* in der CNS. Zu dessen

---

[6]In historischer und personeller Hinsicht überlappt die CNS mit Feldern wie Neuroinformatik und Maschinenlernen, aber beispielsweise auch mit den stärker mathematischen Zweigen der Systembiologie oder Lernpsychologie.

Erforschung führten wir eine *fokussierte Ethnografie* (Knoblauch 2000) in einer CNS-Forschungsgruppe durch.[7]

4 Die *Evidenzepisode* im *Group Talk*

Die Wissensproduktion in der CNS ist nicht nur hochgradig interdisziplinär, sondern auch stark individualisiert. Die Arbeit der Forschenden findet an Daten, Programmen und *Visualisierungen* zumeist ‚einsam' statt, d. h. allein am Computer (vgl. auch Schmidt 2013). Gerade weil die Wissensproduktion vergleichsweise individualisiert vonstattengeht, besitzen die Kommunikationsereignisse, in denen die Forschenden ihre Ergebnisse intern austauschen, innerhalb der von uns beobachteten Gruppe eine besondere Bedeutung. Vor diesem Hintergrund hat sich eine wissenschaftliche Diskursgattung (vgl. Günthner und Knoblauch 2007) etabliert, die im Feld als *Group Talk* bezeichnet wird (vgl. Wilke und Lettkemann in diesem Band). Der *Group Talk* ist die zentrale Schnittstelle, in der sich die Vertreter/-innen der unterschiedlichen Wissenskulturen begegnen und ihre unterschiedlichen Perspektiven auf den gemeinsamen Forschungsgegenstand der CNS austauschen.

Er besteht im Regelfall aus einem oder mehreren wissenschaftlichen Vorträgen, in denen die verschiedenen Mitglieder der Forschungsgruppe (zuweilen auch Gäste von außerhalb) ihre zum Teil auch vorläufigen Arbeitsergebnisse und Überlegungen präsentieren. Der Vortrag wird stets in Gestalt einer Powerpoint-Präsentation[8] abgehalten, in der die Arbeit in einer stark visualisierten Form präsentiert wird. Der Begriff Vortrag ist jedoch unangemessen, denn das Besondere dieses *Group Talks* ist sein dezidiert argumentativ-dialogischer Charakter. Kommentare und Zwischenfragen des Publikums sind ausdrücklich erwünscht (vgl. Lettkemann und Wilke 2016) und strukturieren den Vortrag damit auf eine Weise dialogisch, die nicht mehr der Vorstellung eines typischen – monologisch angelegten – Vortrags entspricht.[9] Räumlich werden die *Group Talks* an einem deutschen Universitätsinstitut, an dem die Forschungsgruppe beheimatet ist, in

---

[7]Die Datenerhebung erfolgte im Rahmen des zwischen Dezember 2013 und April 2017 von der Deutschen Forschungsgemeinschaft geförderten Forschungsprojekts: „Bildkommunikation in der Wissenschaft am Fallbeispiel der Computational Neuroscience" (KN 298/8–1). Unser methodisches Vorgehen schildern wir detailliert in Lettkemann und Wilke (2016).

[8]Wir verwenden den Begriff Powerpoint als Synonym für computergestützte *visuelle Präsentationen*.

[9]Der wissenschaftliche Vortrag ist vielfach untersucht, vgl. z. B. Goffman (1981).

einem kleinen Seminarraum veranstaltet. Die Sitzordnung entspricht einer klassischen Frontalstellung, d. h. die Hauptsprecher/-in steht dem Publikum gegenüber, die rückwärtige Wand dient als Projektionsfläche der Powerpoint-Präsentation.[10] Die weiteren Teilnehmer/-innen sitzen in drei Reihen an typischen Seminarraumtischen. Da sich die Forschungsgruppe international zusammensetzt, wird die Veranstaltung in englischer Sprache durchgeführt. Dies gilt auch für die von uns untersuchte Episode, die mit Video aufgezeichnet wurde und aus der wir einige Sequenzen in Form von Transkripten wiedergeben werden.[11]

Axel, der Hauptsprecher der hier analysierten Sequenzen, ist Informatiker und beschäftigt sich in seinem Talk mit einem von ihm entwickelten Modell der KI-Forschung. Ziel seines von der Deutschen Forschungsgemeinschaft (DFG) geförderten Projekts ist es, einen Algorithmus zu entwickeln, der z. B. als Kernbestandteil eines technischen Systems dienen könnte, das im Rahmen autonomer Lernprozesse in der Lage wäre, in komplexen real-weltlichen Szenarien selbsttätig sinnvolle Entscheidungen zu treffen. Insbesondere möchte Axel den Algorithmus derart entwickeln, dass er die notwendige Rechenleistung gering genug hält, um die praktische Umsetzung eines solchen Systems z. B. zur Verkehrsüberwachung und -leitung attraktiv erscheinen zu lassen.[12]

4.1 Auftakt

Axels Ansatz ist deutlich im Bereich des Maschinenlernens angesiedelt. Um seine Arbeit auch für die interdisziplinäre Gruppe interessant werden zu lassen, verortet er sein Thema mittels verschiedener Marker im Feld der CNS. Zum einen offeriert er für sein mathematisches Modell, auf dem er einen Datenverarbeitungsprozess aufbaut, eine anwendungsorientierte Nutzung. Zum zweiten betont er, dass sein

---

[10]Zur Rahmungen von Powerpoint-Präsentationen vgl. Knoblauch (2013).
[11]Methodologisch folgen wir der Vorgehensweise der Videografie, die andernorts detailliert erläutert wird (Tuma et al. 2013). Die Transkriptionskonventionen der Sequenz werden in Wilke und Lettkemann (in diesem Band) erläutert. Für die Publikation wurden sämtliche Personennamen durch Pseudonyme ersetzt.
[12]Axels Ansatz konkurriert in seinem Forschungsbereich mit etablierten, weniger biologisch orientierten, symbolischen KI-Forschungsansätzen im ingenieurwissenschaftlichen Feld des Maschinenlernens. Für eine soziologische Auseinandersetzung mit der Kontroverse zwischen Symbolischer KI und dem stärker biologisch orientierten Neuronale-Netze-Ansatz vgl. Meyer (2004).

Modell auch auf neurologische Wahrnehmungsprozesse anwendbar sei. Damit schlägt er eine Brücke zu den Neurobiolog/-innen in der Gruppe. Außerdem entspricht es dem institutionellen Anspruch der CNS, sich nicht nur lose an neurobiologischen Prozessen zu orientieren, um KI zu entwickeln, sondern neuro-biologisch plausibel zu modellieren, um so zu einem tieferen Verständnis des menschlichen Gehirns beizutragen. Im Verlauf seines Talks zeigt Axel verschiedene *Visualisierungen,* mit deren Hilfe er seine Motive und die vielfältigen Aspekte seines Modells veranschaulichen und die Güte seines Ansatzes und seiner Ergebnisse *evident* machen möchte.

Im heterogenen Kontext seiner Forschungsgruppe[13] scheint tatsächlich nicht allen klar zu sein, woran Axel forscht bzw. worin der thematische Zusammenhang zur Gruppe besteht. Offensichtlich hat er diese Unklarheit aber bereits im Vorfeld seiner Präsentation antizipiert. So verwendet er gleich zu Beginn seines Talks eine Analogie,[14] mittels derer er versucht seinen Ansatz und dessen spezifischen Wert im Kontext der CNS-Forschungsgruppe zu verorten. Seine Analogie veranschaulicht er anhand von zwei *Visualisierungen* (siehe Abb. 1) auf der einleitenden Folie seiner Powerpoint-Präsentation. Im Fall der oberen Visualisierung (V1) auf Abb. 1 handelt es sich um eine Kollage. Diese setzt sich aus der Grafik einer befahrenen Autostraße und der Grafik eines LKW zusammen. Letztere überlappt die rechte obere Ecke der Verkehrsabbildung nach Art eines vergrößernden Ausschnitts. Die untere Visualisierung (V2) auf Abb. 1 ist ein Screenshot. Er zeigt die Benutzeroberfläche eines Computerspiels, bei dem es sich um ein Strategiespiel handelt.

Rhetorisch führt Axel die Analogie mit einer expliziten Einladung an die Teilnehmer/-innen seiner Forschungsgruppe ein, die sich eher mit Anwendungen und Problemen der ‚echten Welt' beschäftigen (if you like looking to real-life scenes). Direkt im Anschluss an diese Worte geht er unvermittelt auf die Erläuterung der *Visualisierungen* und die damit zu illustrierende Analogie über. Er fordert seine Kolleg/-innen nun auf, die technische Leistung des elektronischen Verkehrsüberwachungssystems (V1 in Abb. 1), dem sein Algorithmus als maßgebliche Funktion dienen könnte, mit der menschlichen Wahrnehmungsleistung

---

[13]Die Arbeitsgruppe umfasst zwei Professoren sowie ca. 20 (Post-)Doktorand/-innen aus den Fächern Physik, Biologie, Informatik, Neurophysiologie und Psychologie.

[14]Als Analogie wird ein rhetorisches Stilmittel bezeichnet, das der Übertragung von Kenntnissen aus einem bekannten Wissensbereich in einen anderen dient, in dem z. B. gleiche oder ähnliche Strukturen auftreten. Die Analogie gehört zu den klassischen Methoden der Evidenzerzeugung, erlaubt sie doch, mittels des Voraugenführens bekannter Tatsachen, die Einstellung des unhinterfragt Für-Wahr-Nehmens auf Objekte zu transferieren, deren Status für die Adressat/-innen der Analogie tatsächlich ungeklärt ist.

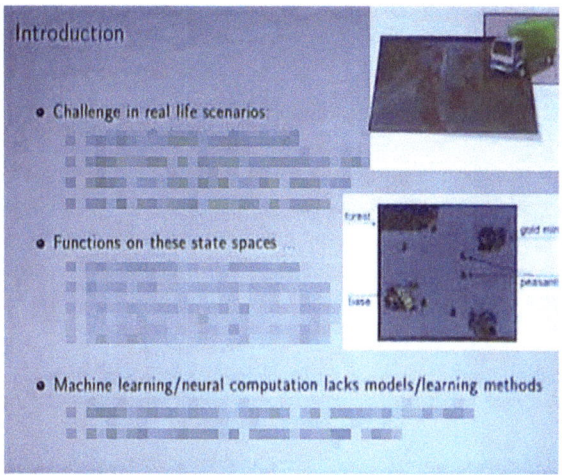

Abb. 1 Die Einleitungsfolie mit Spiegelstrichen (li.) und *Visualisierungen* (re.). (Textelemente wurden zu Anonymisierungszwecken unkenntlich gemacht.) Zu sehen sind zwei Grafiken (oben V1, unten V2), die Axel zur Veranschaulichung einer Analogie dienen

beim Vollzug eines PC-Strategie-Spiels (V2 in Abb. 1) gleichzusetzen (take this as an analogy). Hierauf erläutert Axel einige seiner theoretischen Vorannahmen, die seiner Gleichsetzung zugrunde liegen. Zum einen betrachte er sowohl Verkehrssituationen als auch Computerspiele als ‚komplexe Zustandsräume'. Zum anderen könne hier wie dort keinem Objekt (z. B. ein PKW bzw. eine virtuelle Spielfigur (peasant)) eine spezifische Identität zugesprochen werden (the objects itself do not have any identity). Jedes mögliche Einzelereignis in beiden Zustandsräumen sei deshalb einzigartig, sodass sowohl diese Zustandsräume als auch die jeweiligen Wahrnehmungsprozesse vergleichbar seien. Beide Prozesse, so Axel, unterlägen einem strukturell homologen Datenverarbeitungsprozess. Im Kern behauptet er damit, sein Algorithmus stelle eine Funktion dar, die dem biologischen Prozess bei der visuellen Wahrnehmung in vergleichbaren Zustandsräumen entspreche. Eine Gleichsetzung, die von einem biologischen Fachvertreter nicht unwidersprochen bleibt.

Die besondere Form des *Group Talks* kommt, wie bereits erwähnt, vor allem darin zum Ausdruck, dass jede/-r der Zuhörer/-innen, ohne besondere rituelle Vorrede den nächsten Redezug ergreifen kann. Diese Gelegenheit nutzt nun Will, ein Biologe und Postdoktorand, der in der Gruppe forscht, für einen Einspruch, der eine argumentative Episode (Dissens) auslöst:

```
Will:    but they have some number plates.
Ern:     ye::ah.
```

Mit Wills Formulierung, die von einem anderen Mitglied des Publikums, Ern, ratifiziert wird (ye::ah), kommt Axels Analogieversuch ins Wanken. Entscheidend dafür sind die gewählten *Visualisierungen,* denn Will bezieht sich offenbar auf die Identifizierbarkeit der Objekte, die Axel bestritten hatte, denn Nummernschilder leisteten genau dies. Diese Interpretation wird auch von Axel bestätigt, der im Gegenzug eine rhetorische Frage stellt, die sich ebenfalls konkret auf die entsprechende Visualisierung bezieht:

```
Axel:    do you see any license plates here?
         ((allgemeines Lachen))
```

Dass diese Frage rhetorisch ist, zeigt sich sogleich an dem allgemeinen Lachen im Publikum. Offenbar ist es im zuvor erläuterten Sinne Husserls *evident,* dass die Fahrzeuge nicht identifizierbar sind. Axel macht sich für die Pointe seiner Antwort zunutze, dass die Auflösung der Visualisierung auf der Digitalfolie zu gering ist, um überhaupt zu entscheiden, ob die Fahrzeuge Nummernschilder tragen. Dass auch Axel seine Erwiderung als rhetorische Frage versteht, zeigt sich darüber hinaus daran, dass er nun keine Antwort abwartet, sondern selbst eine Erläuterung produziert, die (durch den Bezug auf seine zuvor formulierte Analogie) als Begründung für die von ihm behauptete Ununterscheidbarkeit der Einzelobjekte dient:

```
Axel:    °i take this as an analogy too.° of course, in
         reality no two cars are the same. but someti-
         mes you can't identify them really quick. and in
         this case ((umkreist mit dem Laserpointer V2))
         it is actually the case? every peasant here is
         exactly the same. i mean, >they follow the same
         computer code, they use the same pixel repre-
         sentation on screen, they have the same inter-
         nal statistics.< everything is exactly the same.
```

Erneut dient Axel eine Visualisierung (V2) dazu, die theoretischen Vorannahmen *evident* zu machen, die seiner Analogie zugrunde liegenden. Im Rahmen einer ersten kleinen „Expansion" (Jacobs und Jackson 1981) nennt er eine Merkmalsreihe der Objekte in dem PC-Spiel, was seine Behauptung der Ununterscheidbarkeit überzeugend verdeutlicht. Tatsächlich erfolgt nun keine direkte Nachfrage mehr. Der weitere Verlauf des Talks verdeutlicht aber, dass diese Eingangssequenz lediglich den Auftakt einer größeren *Evidenzepisode* darstellt, die im *Group Talk* in einer Weise erfolgt, die sich nicht monologisch, sondern in Form von Redezugwechseln realisiert.[15] Dies zeigt sich bereits in der oben paraphrasierten Eingangssequenz. Hier kündigt Axel an, er wolle eine holistische Einleitung (grand introduction) in seine Arbeit und ihre großen Herausforderungen (grand challenges) geben. Dabei betont er den Bezug seines mathematischen Modells zu den neuro-biologischen Problemfeldern der CNS, woraufhin sich der Dissens mit einem biologischen Fachvertreter aus seiner Forschungsgruppe entwickelt.

Bevor wir diesem Dissens zwischen Axel und Will weiter folgen, möchten wir anhand der vorangegangenen Eingangssequenz die in mehrerlei Hinsicht große Typizität der ausgewählten Episode auf Grundlage unseres ethnografischen Feldwissens kontextualisieren:

a) Zunächst ist bereits die frühe kritische Einwendung aus dem Publikum, wie sie die oben analysierte Eingangssequenz illustriert, kein Einzelfall, sondern im *Group Talk* die Regel. Als wissenschaftliche Diskursgattung lässt der *Group Talk* sich u. a. dadurch charakterisieren, dass er den Teilnehmer/-innen jederzeit Spielraum für unangemeldete Einsprüche und Fragekaskaden gewährt, sodass sich typischerweise erst im Fortschreiten des Kreuzverhörs durch die anderen herausstellt, ob das in subjektiver Abgeschiedenheit erlangte ‚neue Wissen' der Hauptsprecher/-innen tatsächlich der intersubjektiven Validierung durch die Gruppe standhält.[16]
b) Im *Group Talk* haben die Teilnehmer/-innen sprach- und bildrhetorische Formen und Muster ausgebildet und etabliert, um ihre Ansätze und Erkenntnisse, trotz der Hürden interdisziplinärer Kommunikation, intersubjektiv *evident* zu machen. Die Analogie, der sich auch Axel bedient, ist z. B. ein häufig verwendetes rhetorisches Stilmittel, das oft dazu genutzt wird, um einleitend geteiltes Verständnis über einen Forschungsansatz zu erzeugen.
c) Auch spielen, wie in dem hier behandelten Beispiel, stets *Visualisierungen* eine hervorgehobene Rolle für die Kommunikation im *Group Talk*. Regelmäßig werden *Visualisierungen* etwa zur Illustration von Analogien verwendet.

---

[15] Zur Analyse von sequenziellen Redezugwechseln im *Group Talk* (vgl. Lettkemann und Wilke 2016).
[16] Für eine Erläuterung des *Group Talks* als Werkstatt CNS-spezifischer Kommunikationsformen (siehe Wilke und Lettkemann in diesem Band).

Hierfür werden typischerweise Alltagsdarstellungen genutzt, die nicht selten aus der Bildersuche von Google Images stammen. Entsprechend bedient sich auch Axel gleich zu Anfang seiner Einleitung einer Digitalfolie und der darauf dargestellten *Visualisierungen* (siehe Abb. 1), um sein Thema im Kontext der CNS-Forschungsgruppe zu verorten.

d) Außerdem verdeutlicht bereits diese Eingangssequenz, dass *Visualisierung* im *Group Talk* nicht allein für die (neutrale) Illustration Bedeutung haben, sondern dass sie vor allem für den argumentativen Fortgang der Kommunikation sehr wichtig sind. Nicht nur die Hauptsprecher/-innen bedienen sich des Einsatzes von *Visualisierungen*, um die Begründetheit ihres Ansatzes oder die Güte ihrer Forschungsergebnisse *evident* zu machen, sondern auch die weiteren Teilnehmer/-innen beziehen sich auf diese *Visualisierungen*, um gegebenenfalls das Gegenteil zu veranschaulichen. So geschieht es auch in dem vorliegenden Fall: Die Konkretisierung der vorgeschlagenen Analogie anhand der *Visualisierungen* dient sowohl Wills Einspruch (but they have some number plates) als auch Axels spontaner Parade (do you see any license plates here?) als sicht- und referenzierbare Grundlage der jeweiligen Argumentation für bzw. gegen die von Axel vorgeschlagene Gleichsetzung.

Im weiteren Verlauf des Dissenses setzt sich die Argumentation zwischen Axel und Will entlang der beiden von Axel präsentierten *Visualisierungen* fort. Als nach dessen letzten Erläuterungen zunächst kein weiterer Einspruch mehr erfolgt, greift er mit seiner Hand zum Laptop um die Folie zu wechseln (siehe Abb. 2).

4.2 Dissens

```
Axel:   so this is the kind of functions i like to
        talk about. ((im Begriff die Folie zu wechseln,
        innehaltend)).
```

Im Begriff die Folie zu wechseln, resümiert Axel seine einleitenden Ausführungen. Prosodisch markiert er mit dem Satzende (i like to talk about.) zugleich, dass er nun zu einem weiteren Punkt seiner Präsentation fortschreiten wird. Doch bevor er dazu kommt, die Folie zu wechseln und damit den Übergang zu seinem nächsten Punkt abzuschließen, wendet sich Will mit einer erneuten Nachfrage an ihn:

```
Will:   axel, practically speaking, what do you want to
        do? do you want to navigate that space?
```

Präsentationales Wissen

Abb. 2 Axel möchte die Folie wechseln, als er erneut zu seiner Einleitung befragt wird

```
       [from one thing to the other without bumping
       into an-
Axel:  [°no, i want,° ((sich vom Laptop abwendend))
Will:  ything?
```

Noch bevor Will mit seiner Einlassung fertig ist, beginnt Axel ihm bereits zu antworten (no, i want); als er dies bemerkt, hält er inne und wendet sich dabei dem Fragenden zu. Während er sich Wills Frage nun zu Ende anhört, läuft er, vehement kopfschüttelnd, auf Will zu und versucht, im Rahmen einer weiteren kleinen Expansion, sich diesem zu erklären:

```
Axel:  ((sich kopfschüttelnd Will zuwendend)) >i want
       to learn something very, very basic<. and this
       is, (.) °i want to do regression, basically.°
```

Durch Wills scharfe Nachfrage entledigt sich Axel kurzerhand seiner in der Eingangssequenz mühevoll eingeführten analogischen Sprechweise und kehrt inhaltlich zum Kern seiner Arbeit, dem mathematischen Modell, zurück. Damit aber verlässt er zugleich die semantische Ebene, die er zuvor angedeutet hatte und auf die Will ihn nun festzulegen versucht, nämlich die praktische Anwendung seines Modells. Dass Axel sich durch diese Antwort noch weiter von dem entfernt hat, was Will ursprünglich wissen wollte, verdeutlicht dieser durch seine Replik, die klar einen Dissens markiert und dabei die Frage nach der Anwendbarkeit des Modells mit der Frage nach der Angemessenheit von Axels Sprache verknüpft:

Will: NO, practically speaking. <u>in eng:::lish</u>.

Will fordert Axel auf in klaren Worten zu beschreiben, was er praktisch mit seinem Modell vorhabe. Mit seinem „NO" verdeutlicht er, dass er sich mit Axels bisheriger Antwort auf diese Frage noch nicht zufrieden gibt: Während er umgangssprachlich erfahren möchte, wozu der von Axel bislang nur mittels seiner einleitenden Analogie vorgestellte Ansatz zu gebrauchen sei („practically speaking"), antwortet dieser, gleichsam von der Einleitung weg und in das Zentrum seiner geplanten Präsentation hinführend, dass er „basically" eine Regression, also ein statistisches Standardverfahren, durchführen möchte, um sein Modell zu testen.

Will markiert hier mit seinem „NO" einen klaren Dissens, der sich empirisch als ein durch und durch interaktives Phänomen erweist, das eine *sequenzielle* Struktur aufweist, wie sie bereits von Jeff Coulter (1979) herausgestellt wurde. Beachtenswert dabei ist, dass eine erste Äußerung (A) nicht für sich eine Behauptung sein muss, vielmehr kann sie auch erst dadurch zu einer Behauptung werden, dass eine Dissensmarkierung/Gegenbehauptung (B) erfolgt.

Doch auch dieser zweite Zug genügt nicht für den Dissens; er bedarf vielmehr beider Züge und zeichnet sich deswegen als interaktives Phänomen aus. Das zeigt sich daran, dass die Frage, was das Problem ist, nicht einfach in der mit dem zweiten Zug zur Behauptung gemachten Äußerung liegt. Vielmehr wird das Problem auch durch die Art, wie der Dissens formuliert wird, mit erzeugt. Das zeigt sich im Dissens zwischen Axel und Will sehr deutlich, denn Will verwendet nicht nur eine Widerspruchsmarkierung. Vielmehr fügt er ein „practically" hinzu, das sich grammatikalisch erkennbar auf das „basically" der vorangegangenen Äußerung von Axel bezieht. Damit ist nicht nur das Thema des Widerspruchs benannt. Vielmehr deutet sich in der Wahl dieser Adverbien sogar die fachliche Zuständigkeit an, denn Axel ist Informatiker und nimmt damit in der CNS eher die Rolle eines Grundlagenwissenschaftlers ein; Will dagegen ist Biologe, dem es aus seiner Perspektive um die praktische Anwendbarkeit des mathematischen Modells geht.

Ein drittes Merkmal des Dissenses besteht darin, dass er Folgesequenzen nach sich zieht. Der Widerspruch führt zu einer Auskopplung. Scott Jacobs und

Sally Jackson (1981) sprechen von einer konversationellen „Expansion", wenn an Äußerung (A) und Widerspruch (B) eine Folgesequenz anschließt, die den Redezugwechsel A–B als Dissens markiert. Dabei ist zu beachten, dass das, was nach dem Dissens geschieht, als „eingebettete Sequenz" (Goffman 2005, S. 73–150) bezeichnet werden kann. Was immer vor dem Dissens geschah, wird nun unterbrochen; eine Rückkehr findet erst statt, wenn die Expansion abgeschlossen ist. Dabei kann die Frage, wer die Expansion zu leisten hat, vernachlässigt werden; die Auslassung einer Expansion aber kann sehr folgenreich sein und ist eine strukturelle Grundlage für den Übergang zu Streitgesprächen (vgl. Knoblauch 2009).

Diese Struktur ist deswegen sozial folgenreich, weil sie als eine Verstehensanleitung dient: Alles, was nach dem Dissens erfolgt, wird, ceteris paribus, schon aus strukturellen Gründen, als Argument verstanden. Genau dies geschieht auch in unserem Fall. Axel scheint sich dem durchaus bewusst, was sich daran zeigt, dass er nicht mit seinem Thema, sondern (nach der Anerkennung des Dissens: „OKAY") mit einer Begründung fortfährt:

```
Axel:   OKAY. (2.0)  °i give you ((Laserpointergeste auf
        V1)) this image° > (.) or a series of this ima-
        ges<, a::nd you give me (.) if this traffic-
        light should be red or green. this is °what i
        want to learn.°
```

Offenkundig adressiert Axel hier mit „you" Will; seine Äußerung bezieht sich dann anhand einer seiner *Visualisierungen* auch sehr ‚praktisch' darauf, was er von Will ‚möchte' (you give me) und was er ihm konkret ‚gibt' (and i give you). Mit dieser Äußerung bemüht er sich einerseits formal um eine Schließung des Dissenses, indem er mit einer abschließenden Formulierung Wills erste allgemeine Frage aufnimmt:

```
Will:   what do you want to do?
Axel:   this is what i want to learn.
```

Andererseits insinuiert er auch inhaltlich eine Schließung, indem er Will rhetorisch in seine Arbeit einbezieht. Dabei spricht Axel implizit den Kooperationsgedanken zwischen den autonomen Forschungsprojekten innerhalb der Gruppe an. Mit seiner Wortwahl (i give you/you give me) spielt er auf das bekanntlich mit versöhnender Absicht vorgebrachte Prinzip des Gebens-und-Nehmens an und entschärft Wills Kritik, indem er diesen in einer Weise in seinen Beitrag einbindet, die diesen von einem kritischen außenstehenden Kommentator zu einem involvierten Partner umrahmt. Tatsächlich stellt Will im Fortgang des Talks keine weiteren Nachfragen. Damit sind die Hürden der *Evidenzerzeugung* im *Group Talk* allerdings noch nicht überwunden. Einleitend hat Axel vor allem die neurobiologische Bedeutung seines mathematischen Modells stark gemacht. Zu diesem Zweck hat er sich einer Analogie und zweier *Visualisierungen* bedient, die die Brücke zu eher anwendungs- und biologisch orientierten Perspektiven innerhalb der CNS schlagen sollten. Auch auf der nächsten Digitalfolie fährt Axel damit fort, sein mathematisches Modell aus dem Bereich des Maschinenlernens im Kontext der CNS zu verorten. Die daraus hervorgehende große Expansion wird dieses Mal von Wolf, dem Gruppenleiter, eingefordert. Aus Gründen der Nachvollziehbarkeit müssen der Leser/-in an dieser Stelle etwas längere Transkriptpassagen zugemutet werden. Um dennoch die Übersichtlichkeit zu wahren, wird das Transkript mit einigen Kürzungen wiedergegeben, worauf eckige Klammern in doppelten runden Klammern (([…])) hinweisen.

4.3 Die Expansion der Argumentation

```
Axel:   ((wendet schließlich die Folie))
Axel:   SO (.) °how does that look like?° so (.) ((weist
        kurz auf die neue Digitalfolie)) i have like
        a model here. and this model is kind of (.)
        (([…])) has a kind of more biological interpre-
        tation. (([…])) i'm just like saying, you are
        recognizing object alpha, which is like one of
        many objects in the scene. (.) and this gives
        you two things. >the first thing it gives< you
        is the class of the object (.) which goes up to
        ((weist mit dem Laserpointer auf die Floppy
        Disc in der Visualisierung seines Modells))
        this kind of storage (…) here. ((umkreist kurz
        das (jeweils von unten gezählt) zweite recht-
        eckige Kästchen)) and the second thing is, it
        gives you the state of the object x(alpha).
        ((wiederholt die vorangegangene Geste)) this
        state is ((umkreist das dritte Kästchen)) in
        my case (.) expanded with a couple of basis-
        functions. and ((wiederholt die vorangegan-
        gene Geste)) this basis-function that we have
        here is that you are going from ((umkreist das
```

	zweite Kästchen)) a one-dimensional state (.) >an attribute or something of the object< (.) ((umkreist das dritte Kästchen)) to a multidimensional state which is a functional-basis. ((umkreist erneut das dritte Kästchen)) (([…])) (2.0) now we are coming to a <u>selective point.</u> so i kind of ((Laserpointergeste vom dritten zum zweiten Kästchen)) (skip) back to the object recognition. the object recognition ((Laserpointergeste vom ersten Kästchen zur abgebildeten Floppy Disc)) (.) gave a class of the object into ((umkreist die Floppy Disc)) this memory object. >and this memory object basically maintains all the functions that the ape knows.< so ((weist auf die Darstellung eines Schimpansen)) >this ape here(([…])) so ((umkreist die Floppy Disc)) what you do is, you basically select one out of many functions here (.) and this gives you two things, ((umkreist ein weiteres Kästchen, rechts von der Disc, das mit dieser durch einen gebogenen Pfeil verbunden ist)) first thing is, it gives you the weight here. and these weights ((umkreist abermals das dritte Kästchen)) are basically the weights of this functional space on that particular variable of °x(alpha)°. and you just
Wolf:	and these are the coefficients (in front) of the basis functions?
Axel:	these are the coefficients, (.) well ((umkreist unspezifsch den oberen Teil seiner Visualisierung)) they also give you these coefficients, but this is like a weighting-vector (2.0).
Wolf:	but this is the coefficients (in front of the) phi(alpha).
Axel:	((umkreist das Kästchen rechts von der Floppy Disc)) these are the coefficients ((umkreist abermals das dritte Kästchen)) in front of the phi(alpha). exactly. SO (.) they weight,

Wolf: basically, so after you (.) you multiply ((umkreist das Kästchen rechts von der Floppy Disc)) this matrix with ((umkreist das dritte Kästchen)) this vector, you get ((umkreist das vierte Kästchen)) a new vector. and this is like another set of basis-functions.

Wolf: °sorry, but i don't understand this. i thought you compose a function as a linear combination of the phis (.) and those are the coefficients. and then you get one function of psi,°

Axel: ja, actually it's a little bit confusing ((zeigt mit dem Finger, konkret auf der Projektionsfläche, auf das Kästchen rechts von der Floppy Disc)) this thing here (.) the $b^i_{(alpha)}$ is the matrix. it's just the^i.

(([...]))

ehm, x(alpha) is a one-dimensional thing. but it's actually (.) it doesn't matter if it's one or multi-dimensional because it gets (...) here anyway. but it's one-dimensional.(1.0) >so, i can like< ((wechselt die Folie)) °maybe i give you the equation first°. so, maybe this is a little bit more, it's really simpler. ((auf der neuen Folie sind mathematische Gleichungen zu sehen. In einer der Gleichungen umkreist Axel nun einen mathematischen Term)) what you have here is an input, this is the x(a). ((umkreist einen weiteren Term)) this is like the functional expanding of it. ((umkreist einen weiteren Term)) this is the matrix, that makes ((umkreist einen weiteren Term)) these psis out of it. but now all of these psis are pointwise for each (.) each function in psi is pointwise multiplied with all the different (.) ((umkreist einen weiteren Term)) over all the alphas.

(([...]))

Wolf: (...) psi as a function of x_1 times psi as a function of x_2 times psi (.) so it's pointwise.

Axel: ja, exactly.

Wolf: okay.
          (([...]))
Axel: yeah. so (.) and the thing is (.) this function
          is a function of all variables and >even though
          i kind of realize now that i should have gone
          a little more into details, i basically present
          this functions for years now<. and no one ever
          asked me why they are so complicated,
z   no, °i think that the equations are simpler
          than the pictures°.
Axel: yea:::h, i think so too. i should have started
          with the equations.

In dieser gekürzten Sequenz, die eine umfangreiche Expansion der ursprünglich vorgesehenen Argumentation von Axel darstellt, beginnt dieser damit, sein Modell, das letztlich eine Programm-Architektur repräsentiert, schrittweise anhand einer *Visualisierung* (siehe Abb. 3) zu erklären. Seine Modelldarstellung ist an Abbildungen kybernetischer Regelkreise angelehnt. Materiell stellt die Abbildung eine Collage dar, die aus zufälligen Bildfunden aus dem Internet sowie aus Rechtecken, Kreisen und verschiedenartigen Pfeilen zusammengestellt wurde. In den Rechtecken befinden sich jeweils Teile der mathematischen Gleichung, die die Grundlage von Axels Modell bildet. Ein Auge, eine Floppy Disc und ein Profilbild eines nachdenklich wirkenden Schimpansen stellen die *visuellen* Elemente dar, die das mathematische Modell mit neurobiologischen Themenfeldern verknüpfen. Dabei sind das Auge (optische Wahrnehmung) und die Floppy Disc (Gedächtnis) über den Wahrnehmungsgegenstand (‚object alpha') miteinander verknüpft. Der Affe (Organismus) wiederum steht in einem Verhältnis zur Floppy Disc, denn, so Axel, Letztere enthalte alles, wovon Ersterer Kenntnis habe. Axel betont, dass seine *Visualisierung* (Abb. 3) eine ‚biologische Interpretation' seines Modells darstelle. Diesen Anspruch einer biologischen Interpretierbarkeit seines Modells bekräftigt er im Folgenden dadurch, dass er das Auditorium im Laufe seiner monologischen Ausführungen an die Stelle des Organismus setzt, der, in seiner Visualisierung (symbolisiert durch das Auge), den Sitz des optischen Wahrnehmungsprozesses repräsentiert (you are recognizing object alpha usw.). In diesem Sinn geht Axel die einzelnen Funktionen des von ihm visualisierten optischen Wahrnehmungs- und Lernprozesses schrittweise durch. Dabei begleitet er seine Erläuterungen mit zahlreichen Laserpointergesten auf die jeweils korrespondierenden Einzelelemente seiner Modellvisualisierung. Wieder und wieder verknüpft er dabei performativ seine Ausführungen mit

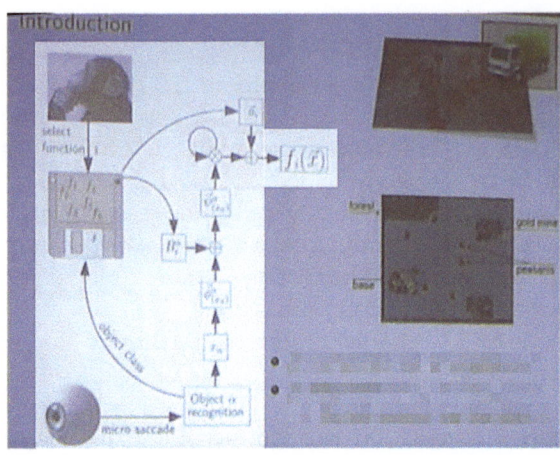

Abb. 3 Schematische Darstellung von Axels Modell. Sie beinhaltet ‚biologisierende' Elemente (Affe und Auge), informatische Elemente (Pfeile, die einen Datenverarbeitungsprozess symbolisieren) und mathematische Elemente (Rechenoperatoren und Funktionen). Rechts wieder die eingangs erläuterten Grafiken

einzelnen Berechnungsschritten, die er mittels entsprechender mathematischer Symbole in den untereinander durch Pfeile verbundenen Kästchen eingetragen hat. Dass sein Modell, in der von ihm vorgeschlagenen ‚biologischen Interpretation' einen Hybrid darstellt, verrät nicht zuletzt die Verwendung einer Floppy Disc als Symbol für das Gedächtnis, dessen Sitz aber der Kopf eines Affen ist.

Die Analyse des monologischen Teils von Axels Ausführung verdeutlicht im Kontext der Interaktion mit der Visualisierung, dass er sein mathematisches Grundlagenmodell, das die Basis für eine darauf abgebildete informatorische Datenverarbeitungsarchitektur darstellt, vor allem *visuell* mit dem biologischen Wahrnehmungsprozess verknüpft.[17] Nun aber, angesichts der Modellvisualisierung, stellt vor allem der Physiker und Gruppenleiter Wolf wiederholt Nachfragen bzgl. des mathematischen Grundlagenmodells (Wolf: sorry, i don't understand this. i thought you compose a function as a linear combination of phis?). Die umfangeiche Expansion, die aus den wiederholten Nachfragen von Wolf erfolgt,

---

[17]Entsprechend sagte er uns in einem Interview, das wir unabhängig von dem videografierten *Group Talk* mit ihm führten, dass er sich in Vorbereitung auf Präsentationen stets die Frage stelle, welcher Teil seiner Arbeit sich überhaupt visualisieren ließe, sodass er für ein interdisziplinäres Publikum interessant wirke.

illustriert, wie stark die *kommunikative Konstruktion* von *Evidenz* im *Group Talk* der Computational Neuroscience einerseits vom interdisziplinären Kontext der Gruppe und andererseits von dem Einsatz von *Visualisierungen* zum Zweck der Übersetzung geprägt ist. Wie uns ein Experte im Rahmen eines Elizitationsinterviews bestätigte, verwendet Axel die Visualisierung seines Modells vor allem dazu, seine Arbeit im Kontext der CNS-Forschungsgruppe zu verorten. Die Kontextualisierung seines im Grunde unspezifischen mathematischen Modells hängt dabei maßgeblich von den *visuellen* Elementen seiner Darstellung (Auge, Affe, Floppy Disc) und seinen rhetorischen Mitteln ab (‚biologische Interpretation'). Gleichzeitig führt diese Darstellungsweise aber unmittelbar zur Unterkomplexität der *Repräsentation* des mathematischen Grundlagenmodells, die nun, nicht zufällig seitens eines Fachvertreters der Physik, moniert wird. In diesem Sinn hat Axel den Versuch, seine Arbeit als anwendungsorientiert und biologisch plausibel zu rahmen, mit mathematischer Uneindeutigkeit bezahlt. Diese Entscheidung, die notwendig war, um in der Präsentation dem interdisziplinären Charakter der CNS gerecht zu werden, hat ihn zusätzliche Kommunikationsarbeit gekostet, um die resultierenden Unklarheiten situativ zu reparieren.

Nach einigen Minuten und wiederholten Nachfragen entscheidet sich Axel schließlich dazu, eine neue Folie zu zeigen (maybe i give you the equations first).[18] Diese zeigt u. a. eine Reihe von mathematischen Gleichungen. Nachdem er auf die Gleichungsfolie gewechselt ist, geht er auf ihr die Terme innerhalb der Gleichungen im Einzelnen durch. Dabei begleitet er die inhaltlich nun unbestimmten mathematischen Symbole in den Gleichungen abermals mit Pointergesten. Diese verleihen den indexikalen sprachlichen Ausdrücken (z. B. this und here) in Verbindung mit näheren Bestimmungen der gezeigten Terme als Elemente der Schemadarstellung (z. B. the x_a, the functional expanding of it, the matrix) kontextuell Sinn.

Erst nach dieser *visuellen Darstellung* und der begleitenden sprachlichen Erläuterung (einschließlich der performativen Herstellung der Beziehung zwischen beidem) treten die ersten Konsensmarkierungen auf. Wolf formuliert nun eine Verstehensmarkierung, die durchaus auch als Zustimmung verstanden werden kann (okay), und bietet einen Schluss, der eine Formulierung von Axel aufnimmt (pointwise). Dem stimmt Axel zu, was Wolf ausdrücklich ratifiziert. Schließlich thematisieren beide die Form der *Visualisierung* und bestätigen sich wechselseitig,

---

[18]Es kann hier nur am Rande erwähnt werden, dass diese Folie durch Axels deiktische Referenzen nicht einfach als „lineare" Fortsetzung der vorherigen Folie erscheint, sondern als eine Erläuterung der Kästchen des Regelkreises (siehe Abb. 3). Zur Umgehung der vermeintlichen Linearität von Powerpoint-Folien vgl. Knoblauch (2013, S. 71 ff.).

dass die *visuelle Repräsentation* des Modells schwerer zu verstehen sei als die Gleichungen. Unausgesprochen bleibt in der Situation hingegen, dass diese Feststellung so vermutlich nicht von allen Teilnehmer/-innen des Group Talks getroffen worden wäre.

Vergleicht man diese Situation mit der vorangegangen Dissensepisode, so wird der strukturelle Zwiespalt in dem sich die Forscher/-innen in der CNS befinden, überaus deutlich: Als Computational Neuroscientist ist Axel um die interdisziplinäre Perspektive seiner Forschungsgruppe auf den Gegenstand der neuronalen Datenverarbeitung bemüht. Um die Güte seiner Forschungsergebnisse *evident* zu machen bedient er sich deshalb sowohl sprachlicher als auch *visueller Register,* die es ihm erlauben, seine Arbeit mittels multidisziplinär geteilter Marker in den jeweiligen Fachgebieten der einzelnen Forschungsgruppenteilnehmer/-innen zu verankern. Doch die hybriden Darstellungsformen, die für das Feld typisch sind, garantieren nicht, dass wirklich allen *evident,* also offenbar wird, was gezeigt werden soll. So wurde in dieser Sequenz kein Konsens über die Visualisierung des Modells erlangt, die gleichsam als Abbildung auch das interdisziplinäre Feld repräsentiert, sondern lediglich über die Plausibilität des mathematischen Grundlagenmodells, das Axel ursprünglich gar nicht als Hauptgegenstand seiner Präsentation gerahmt hatte.

4.4 Die *Evidenz*

Auf die Rolle der *kommunikativ* realisierten Wissensunterschiede konnten wir bisher nur am Rande hinweisen; auch der Beitrag der *visuellen Repräsentationen* konnte bisher nur angedeutet werden. Beides spielt jedoch im letzten Teil dieser Episode eine tragende Rolle für die *Evidenzerzeugung.* Nach den ersten Zustimmungsmarkierungen gelingt es Axel mittels standardisierter *Visualisierungen* sein mathematisches Hauptargument, dass seine Algorithmen funktionieren, evident zu machen. Wir wollen darauf genauer eingehen. Denn aus den zuvor analysierten Beispielen wird deutlich, dass sich die Struktur der Argumentation bislang nicht grundlegend von Alltagsgesprächen unterscheidet.[19] Auch die Art der Verwendung von Powerpoint-Präsentationen ist keineswegs spezifisch für die Wissenschaft. Sehr spezifisch scheint uns dagegen, *wie* das hier grob skizzierte Argument beendet wird. Es ist diese Art der Beendigung der argumentativen

---

[19]Ein gradueller Unterschied zum Alltagsgespräch ist sicherlich, dass die Penetranz und Schärfe der Nachfragen in wissenschaftlichen Kontexten nicht als beleidigend empfunden wird, sondern legitim und erwartbar ist.

Präsentationales Wissen

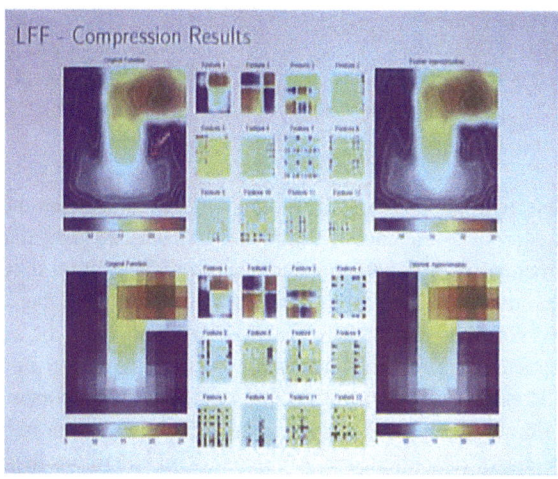

Abb. 4 Die von Axel verwendete finale Visualisierung. Links oben befindet sich die Darstellung der ursprünglichen Funktion, in der Mitte eine Aufspaltung der komprimierten Funktion in 12 Basis-Elemente, rechts oben die Darstellung der komprimierten Funktion

Episode, die sowohl hinsichtlich ihrer *(visuellen)* Erfahrbarkeit als auch hinsichtlich des besonderen *präsentationalen Wissens* die Bezeichnung *Evidenz* verdient. Wir möchten die Leser/-innen deswegen in groben Zügen mit der Art des Wissens und der Visualisierung (siehe Abb. 4) vertraut machen, die in dieser letzten Sequenz auftritt.

Axel: these are the results. so these are like the classical value functions that i am always dealing with. so they are really like something that i want. (...) so this is the original function. ((Pointergeste auf die Heatmap in der oberen linken Ecke von Abb. 4)) these are the first twelve features that my algorithm ((Pointergeste auf die zwölf kleineren Heatmaps, mitte/oben in Abb. 4)) my compression algorithm finds. and this is the linear combination of those twelve features. ((Pointergeste auf die Heatmap oben rechts von Abb. 4)) the l-square-error is somewhere in the range of ten to minus

> nine or so. it is really, really close. and when you really compare those things here (…) there is really (.) you can't find a difference with the eye between those two functions anymore.

Bei diesem Ausschnitt handelt es sich nun um den abschließenden monologischen Beitrag Axels, der sich sequenziell schon dadurch auszeichnet, dass ihm nicht mehr widersprochen wird. In seinen Ausführungen geht es Axel darum, die Güte seines Algorithmus final zu belegen. Den Nachweis führt er dabei anhand einer ursprünglichen, von ihm nicht näher spezifizierten Funktion, die er der Fachliteratur entnommen hat. Die Datengrundlage der ursprünglichen Funktion hat er mittels seines Kompressionsalgorithmus auf zwölf Hauptkomponenten reduziert, deren lineare Kombination, so Axel, die ursprüngliche Funktion näherungsweise abbilde. Auch dieses abschließende Argument wird allerdings keineswegs nur sprachlich vollzogen. Vielmehr bezieht sich Axel maßgeblich auf die präsentierte Digitalfolie und die darauf abgebildete *Visualisierung* (siehe Abb. 4). Im Wortsinn *evident* macht Axel seine Ergebnisse durch die *visuelle Repräsentation* der von ihm behaupteten statistischen Zusammenhänge *(visuelle Evidenz)*. Dazu bedient er sich der Form der Heatmap, einer Visualisierungsweise, die an das Bild einer Wärmebildkamera erinnert und zweidimensionale Korrelationen mittels unterschiedlicher Farben leicht einsichtig macht. Entsprechend dem Vorbild des Wärmebilds werden Rottöne i. d. R. für hohe, Blautöne dagegen eher für niedrige Werte gebraucht. Eine verbindliche Konvention gibt es innerhalb der CNS aber nicht. Auch wenn wir die *Visualisierung* hier nur schemenhaft wiedergeben können, lässt sich erkennen, dass sie sich in eine obere und eine untere Hälfte aufteilen lässt. In der oberen Hälfte der Digitalfolie finden sich zwei große sowie 12 kleinere Heatmaps. Die kleineren repräsentieren jeweils eine der 12 komprimierten Hauptkomponenten der Datengrundlage. Die linke große Heatmap ist eine Visualisierung der ursprünglichen Funktion, die Heatmap oben rechts stellt die lineare Kombination der 12 komprimierten Hauptkomponenten dar. Den Beweis der Güte seines Algorithmus führt Axel maßgeblich an der *visuellen* Übereinstimmung der linken mit der rechten *Datenrepräsentation*. Er weist auf die große Ähnlichkeit beider Visualisierungen hin und fordert die übrigen Teilnehmer/innen implizit dazu auf, sich selbst davon zu überzeugen: „there is really (.) you can't find a difference with the eye between those two functions anymore".

Aus wissenssoziologischer Perspektive interessant ist eine weitere Beobachtung, die diese Sequenz einfängt: Typisch für die finale *Evidenzerzeugung* im *Group Talk* ist auch, dass zu der *visuellen Evidenz* noch ein entsprechendes *präsentationales Wissen* hinzutreten muss, vor dessen Hintergrund sich das intersubjektive Verstehen *visuell* erst einstellen kann. Dieses Wissen umfasst sowohl die Fähigkeiten, a) *visuelle* Kompetenz, b) fachspezifische *Repräsentationsordnungen* und c) Sehgewohnheiten der jeweils anderen Anwesenden zu antizipieren als auch d) entsprechende Formen entwickeln oder auswählen zu können. Hierbei muss betont werden, dass die *Visualisierungen,* die Axel für seinen Talk gewählt hat, selbst *Visualisierungen* von *Repräsentationen* und keineswegs Abbildungen von Gegenständen sind. Diese *Visualisierungen,* die für den *Group Talk* in der beobachteten CNS-Forschungsgruppe typisch sind, werden von den Akteuren im Feld selbst hergestellt, wodurch wir es schon in dieser Hinsicht mit *präsentationalem Wissen* zu tun haben. Vor besonderen Herausforderungen steht die Hauptsprecher/-in des *Group Talks* vor diesem Hintergrund immer dann, wenn sie mit ihren Ausführungen den interdisziplinären Kontext der CNS und damit der Forschungsgruppe adressiert. In den Abschnitten 4.1 und 4.2 haben wir gesehen, dass diese Form der interdisziplinären *Evidenzerzeugung* auch infrage gestellt werden kann, wenn die Integration der unterschiedlichen fachdisziplinären Perspektiven in der Kommunikation nicht (sogleich) gelingt. So zeigt auch die vorliegende finale Sequenz, dass die Güte des Kompressionsalgorithmus nicht durch einen Bildervergleich allein *evident* wird. Dass es in diesem Fall nicht zu Einsprüchen und Dissensmarkierungen kommt, liegt vielmehr daran, dass unter den Teilnehmer/-innen der Forschungsgruppe ein geteiltes Wissen um statistische Standardverfahren besteht. Der Aufforderung zum Vergleich schickt Axel entsprechend eine Kennziffer voraus, deren Signifikanz erst vor dem Hintergrund dieses geteilten Wissens um quantitative Datenanalyseverfahren objektiv wird und die formale Grundlage dafür darstellt, wieso die in Form von Heatmaps präsentierten Funktionen optisch nicht zu unterscheiden sind: „the l-square-error is somewhere in the range of ten to minus nine or so. it is really, really close".

Evidenz entspringt hier, und dies ist der entscheidende Punkt, aus einem Zusammenspiel unterschiedlicher Wissensformen (hier *visuelles und statistisches Wissen*), das typisch für das *präsentationale Wissen* der CNS zu sein scheint. Im Gegensatz zu den beiden vorangegangenen Abschnitten dieser Episode zeichnet sich dieser letzte Abschnitt dadurch aus, dass hier ein von Wissen geleitetes Sehen relevant wird, dessen Wissensgrundlage von allen geteilt wird. Anders als der hier beschriebene Fall es allerdings nahezulegen scheint, ist *präsentationales Wissen* keineswegs auf die Integration von *visuellem Wissen* und Mathematik oder Statistik beschränkt. Vielmehr haben andere Fälle deutlich gemacht, dass es für die CNS ebenso typisch ist, dass neue *Präsentationsformen* entwickelt werden, die eine Brücke zwischen der Mathematik und anderen in der CNS vertretenen Fachbereichen schlagen, wie z. B. zur Medizin oder zur Psychologie (vgl. Wilke und Lettkemann in diesem Band). Wie wir an anderer Stelle zeigen konnten (vgl. Lettkemann und Wilke 2016) spielen für die Institutionalisierung der Kommunikation in der beobachteten Forschungsgruppe auch nicht nur disziplinäre Unterschiede eine Rolle, sondern auch forschungsbiografische. Schließlich durchlaufen die Teilnehmer/-innen auch innerhalb des hier beschriebenen Felds und durch ihren Austausch im *Group Talk* einen eigenen Sozialisationsprozess, in dem sie die Verknüpfung der jeweils anderen Formen *visueller Repräsentation* einüben, aushandeln und legitimieren lernen.

5 Fazit

Evidenz, so unser Argument, ist Teil einer *kommunikativen Form*. In unserem Fall haben wir es mit einer dialogischen Form zu tun. Was *evident* wird steht in diesem Sinne nicht bereits vor dem interaktiven Prozess fest. Vielmehr erweist sich die *Evidenz* hier als eine *kommunikative Konstruktion,* die sich sequenziell aus dem *kommunikativen Handeln* aller Teilnehmer/-innen konstituiert. Besonders in interdisziplinären Forschungszusammenhängen spielen hierbei schon die Erläuterung des eigenen Ansatzes und die Verortung des Forschungsgegenstands eine erhebliche Rolle für die finale Evidentmachung der Forschungsergebnisse. Typisch für den *Group Talk* ist überdies, dass die Erzeugung von *Evidenz* für die einzelnen Elemente einer Präsentation im Feld – Verortung des Forschungsgegenstands, Erläuterung des Modells, Darstellung der Ergebnisse – ähnlich fragile Prozesse darstellt. In der hier analysierten Episode stellt sich die finale *Evidenz* zum Ende des Vortrags über Axels Resultate ein. In anderen Fällen bleiben die thematische Verortung und/oder das Modell unhinterfragt, wohingegen die finale statistische *Evidenz* sich nicht einzustellen vermag. Das Datenbeispiel darf also nicht dahin gehend missverstanden werden, dass auf Misslingen strukturell die Evidenzerzeugung mittels statistischer Verfahren erfolgt. Der springende Punkt ist vielmehr die sequenzielle, kommunikative und kollektive Erzeugung von *Evidenz* im Rahmen des *Group Talks*.

Man könnte sicherlich auch monologische Formen betrachten und vermuten, dass hier *Evidenz* in einer anderen Weise präsentiert wird. In der Tat bietet ja gerade die Rhetorik zahlreiche Beispiele für solche monologischen Situationen. Es gibt aber gute Gründe für die Annahme, dass die argumentative Rolle von *Evidenz* mustergültig in der dialogischen Situation verankert ist. Man muss hier nur an die Habermas'sche Pragmatik erinnern, die die Ja/Nein-Stellungnahme auf eine Äußerung als universalen Ausgangspunkt der Einlösung von Geltungsansprüchen setzt (Habermas 1981). Während Habermas jedoch die Auffassung vertritt, die Geltungsansprüche seien an der sprachlichen Form der infrage gestellten Äußerungen festzumachen, scheint für uns die Annahme angemessener, dass das argumentative Problem in der Art der interaktiven Formulierung des Dissens angezeigt (und in den folgenden Zügen ausgehandelt) wird. Die Dissensformulierung bildet nicht nur interaktiv den Ausgangspunkt für die Argumentation; sie eröffnet eine episodische Sequenz, die – nach dem Dissens – einen dritten Redezug bzw. anderweitige *kommunikative Handlungen* erfordert, der bzw. die in der sequenziellen Rolle der Begründung steht bzw. stehen. Wie wir sehen, muss eine solche Begründung keineswegs notwendig eine *Evidenz* sein; es ist auch durchaus fraglich, ob man dem, was argumentativ angeführt wird, universale Funktionen zuordnen kann, wie dies Stephen Toulmin (2003) empfiehlt. Im Unterschied auch zu Habermas' Annahme kann es durchaus sein, dass diese dritten Züge (und ihre weiteren Expansionen) überhaupt nicht sprachlich sind, sondern durch Zeigen auf etwas gefüllt werden (das dann als *Evidenz* dient). Interessanterweise sind es gerade diese nichtsprachlichen Zeichen, die in der interaktiven Position der Begründung als das erscheinen, was man am ehesten *Evidenz* nennen könnte. Dabei ist beachtenswert, dass es sich hier nicht um die *Repräsentation* von Objektivem handelt, sondern um Visualisierung von etwas, das selbst ein sichtbares Handlungsprodukt ist und das in einen instrumentalen Handlungszusammenhang gestellt wird – also *präsentationales Wissen*. Dies geschieht auch in dem von uns untersuchten Fall: Die letzte *Visualisierung* erscheint als eine Form der *Evidenz,* an der die Behauptung des Referenten aufgezeigt werden kann, dass sein Kompressionsalgorithmus das gewünschte Resultat liefert. Die Folie dient Axel offensichtlich als Materialisierung des Augenscheins für das, was innerhalb der heterogenen Wissenskultur der Diskutierenden geteilt wird. Der Umstand, dass wir es hier mit einem sehr exklusiven Sonderwissen zu tun haben, verweist darauf, dass diese Art der Verbindung von *Visualisierung* und *präsentationalem Wissen* im *Group Talk* nicht nur das bietet, was in der Wissenskultur der CNS als *Evidenz* gelten kann; es ist zu vermuten, dass sie als eine Art Basisidiom dient, wie es für diese Formen der heterogenen wissenschaftlichen Forschung notwendig ist.

Literaturverzeichnis

Amann, Klaus. 1994. Menschen, Mäuse und Fliegen. *Zeitschrift für Soziologie* 23 (1): 22–40.
Berger, Peter L. und Thomas Luckmann. 1980 [1969]. *Die gesellschaftliche Konstruktion der Wirklichkeit. Eine Theorie der Wissenssoziologie.* Frankfurt a. M.: Fischer.

Carnap, Rudolf. 1998 [1928]. *Der logische Aufbau der Welt*. Berlin: Meiner.
Churchland, Patricia S., Christof Koch, und Terrence J. Sejnowski. 1993. What is Computational Neuroscience?. In *Computational Neuroscience*, hrsg. E. L. Schwartz, 46–55. Cambridge, MA und London: MIT Press.
Coopmans, Catelijne, Janet Vertesi, Michael Lynch und Steve Woolgar. 2014. *Representation in Scientific Practice Revisited*. Cambridge MA: MIT Press.
Coulter, Jeff. 1979. Elementary Properties of Argument Sequences. In *Interaction Competence*, hrsg. G. Psathas, 181–203. Washington, DC: University Press of America.
Daston, Lorraine und Peter Galison. 2007. *Objectivity*. New York: Zone Books.
Engelen, Eva-Maria, Christian Fleischhack, C. Giovanni Galizia und Katharina Landfester. 2010. *Heureka –Evidenzkriterien in den Wissenschaften. Ein Kompendium für den interdisziplinären Gebrauch*. Heidelberg: Spektrum Akademischer Verlag.
Galison, Peter. 1996. Computer Simulations and the Trading Zone. In *The Disunity of Science. Boundaries, Contexts, and Power*, hrsg. P. Galison und D. J. Stump, 118–157. Stanford, CA: Stanford University Press.
Goffman, Erving. 1981. The Lecture. In *Forms of Talk*, 160–96. Oxford: Blackwell.
Goffman, Erving. 2005. Rede-Weisen. Konstanz: UVK.
Günthner, Susanne und Hubert Knoblauch. 2007. Wissenschaftliche Diskursgattungen – PowerPoint. In *Reden und Schreiben in der Wissenschaft*, hrsg. P. Auer und H. Beßler, 53–66. Frankfurt am Main und New York: Campus Verlag.
Habermas, Jürgen. 1981. Theorie des kommunikativen Handelns. Bd. 2: Zur Kritik der funktionalistischen Vernunft. Frankfurt am Main: Suhrkamp.
Hackett, Edward J., Olga Amsterdamska, Michael Lynch und Judy Wajcman. 2008. *The Handbook of Science and Technology Studies*. Cambridge, MA und London: MIT Press.
Husserl, Edmund. 1977. Die Krisis der europäischen Wissenschaften. In *Die Krisis der europäischen Wissenschaften und die transzendentale Phänomenologie: eine Einleitung in die phänomenologische Philosophie*, hrsg. E. Ströker. Hamburg: Meiner.
Jacobs, Scott und Sally Jackson. 1981. Argument as a Natural Category: The Routine Grounds for Arguing in Conversation. *Western Journal of Speech Communication* 45 (2): 118–32.
Keller, Reiner, Knoblauch, Hubert und Jo Reichertz (hrsg.). 2013. Kommunikativer Konstruktivismus. Theoretische und empirische Arbeiten zu einem neuen wissenssoziologischen Ansatz. Wiesbaden: Springer VS.
Kemmann, Ansgar. 1996. Evidenz. In *Historisches Wörterbuch der Rhetorik*. Bd. 3, hrsg. G. Ueding, 33–47. Tübingen: Niemeyer.
Knoblauch, Hubert. 2000. Die Rhetorizität kommunikativen Handelns. In *Rhetorische Anthropologie. Studien zum Homo rhetoricus*, hrsg. J. Kopperschmidt, 183–204. München: Fink.
Knoblauch, Hubert. 2008. The Performance of Knowledge: Pointing and Knowledge in PowerPoint Presentations. *Cultural Sociology* 2 (1): 75–97.
Knoblauch, Hubert. 2009. Kommunikative Lebenswelt, die Kunst des Widerspruchs und die Rhetorik des Dialogs in informellen Diskussionen. In *Rhetorik im Gespräch: ergänzt um Beiträge zum Tübinger Courtshiprhetorik-Projekt*, hrsg. J. Knape, 149–75. Berlin: Weidler.
Knoblauch, Hubert. 2010. Wissenssoziologie. 2. Aufl. Konstanz: UVK.

Knoblauch, Hubert. 2013. PowerPoint, Communication, and the Knowledge Society. Cambridge: Cambridge University Press.
Knoblauch, Hubert. 2017. *Die kommunikative Konstruktion der Wirklichkeit*. Wiesbaden: Springer VS.
Knoblauch, Hubert und René Wilke. 2016. The Common Denominator: The Reception and Impact of Berger and Luckmann's The Social Construction of Reality. In: Human Studies 39, S. 51–69.
Knorr Cetina, Karin. 1999. Epistemic Cultures. How the Sciences Make Knowledge. Cambridge, MA und London: Harvard University Press.
Lettkemann, Eric und René Wilke. 2016. Kommunikationsformen. Zur kommunikativen Konstruktion institutioneller Ordnungen am Beispiel des Group Talks in der Computational Neuroscience. In *Wissen – Organisation – Forschungspraxis. Der Makro-Meso-Mikro-Link in der Wissenschaft*, hrsg. N. Baur, C. Besio, M. Norkus und G. Petschick, 447–479. Weinheim und Basel: Beltz Juventa.
Lynch, Michael und Steve Woolgar. 1990. Representation in Scientific Practice. Cambridge, MA: MIT Press.
Mead, George H. 1973. *Geist, Identität und Gesellschaft*. Frankfurt am Main: Suhrkamp.
Meyer, Ulrich. 2004. *Die Kontroverse um Neuronale Netze. Zur sozialen Aushandlung der wissenschaftlichen Relevanz eines Forschungsansatzes*. Wiesbaden: Deutscher Universitäts-Verlag.
Rheinberger, Hans-Jörg. 1997. Toward a History of Epistemic Things: Synthesizing Proteins in the Test Tube. Stanford: Stanford University Press.
Schmidt, Lisa-Marian. 2013. Sehen und gesehen werden. Visualisierungen in der Neuroinformatik. In *Visuelles Wissen und Bilder des Sozialen. Aktuelle Entwicklungen in der Soziologie des Visuellen*, hrsg. P. Lucht, L.-M. Schmidt und R. Tuma, 175–192. Wiesbaden: Springer VS.
Toulmin, Stephen E. 2003 [1958]. *The Uses of Argument*. Cambridge, U.K. und New York: Cambridge University Press.
Tuma, René, und René Wilke. 2016. Zur Rezeption des Sozialkonstruktivismus in der deutschsprachigen Soziologie. In *Handbuch Geschichte der deutschsprachigen Soziologie, Bd.1: Geschichte der Soziologie im deutschsprachigen Raum*, hrsg. S. Moebius und A. Ploder, 1–29. Wiesbaden: Springer VS.
Tuma, René, Hubert Knoblauch und Bernt Schnettler. 2013. Videographie. Einführung in die interpretative Videoanalyse sozialer Situationen. Wiesbaden: Springer VS.

Über die Autoren

René Wilke ist wissenschaftlicher Mitarbeiter im DFG- Projekt „Bildkommunikation in der Wissenschaft am Beispiel der Computational Neuroscience" am Institut für Soziologie der Technischen Universität Berlin. Neueste Publikationen (gemeinsam mit Hubert Knoblauch): The Common Denominator: The Reception and Impact of Berger and Luckmann's The Social Construction of Reality. In: Human Studies 39 (2016), S. 51–69.
Webseite: http://www.as.tu-berlin.de/?id=74299

Eric Lettkemann ist Postdoc im DFG-Graduiertenkolleg „Innovationsgesellschaft heute: Die reflexive Herstellung des Neuen" am Institut für Soziologie der Technischen Universität Berlin. Seine aktuellen Forschungsschwerpunkte sind sozialwissenschaftliche Wissenschafts- und Technikforschung, Theorien und Methoden interpretativer Videoanalysen, Mensch-Computer-Interaktion. Neueste Publikationen: Stabile Interdisziplinarität. Eine Biografie der Elektronenmikroskopie aus historisch-soziologischer Perspektive. Baden-Baden: Nomos (2016).
    Webseite: https://www.innovation.tu-berlin.de/v_menue/postdoc/

Hubert Knoblauch ist Professor für Allgemeine Soziologie/Theorie moderner Gesellschaften am Institut für Soziologie der Technischen Universität Berlin. Seine Arbeitsschwerpunkte umfassen Wissens-, Kommunikations- und Religionssoziologie, Thanatossoziologie, qualitative Methoden/Videografie. Neueste Publikationen: Die kommunikative Konstruktion der Wirklichkeit. Wiesbaden: Springer VS (2017).
    Webseite: http://www.tu-berlin.de/?id=73120

MIX
Papier aus verantwortungsvollen Quellen
Paper from responsible sources
FSC® C105338

If you have any concerns about our products,
you can contact us on
ProductSafety@springernature.com

In case Publisher is established outside the EU,
the EU authorized representative is:
**Springer Nature Customer Service Center GmbH
Europaplatz 3, 69115 Heidelberg, Germany**

Printed by Libri Plureos GmbH
in Hamburg, Germany